MBEDDED LINUX SOFTWARE AND HARDWARE DEVELOPMENT

E 嵌入式 Linux 软硬件开发详解

基于 S5PV210 处理器

刘龙 张云翠 申华 著

人 民 邮 电 出 版 社

北 京

图书在版编目（CIP）数据

嵌入式Linux软硬件开发详解 ：基于S5PV210处理器 / 刘龙，张云翠，申华著. -- 北京 ：人民邮电出版社，2015.12
ISBN 978-7-115-38789-9

Ⅰ. ①嵌… Ⅱ. ①刘… ②张… ③申… Ⅲ. ①Linux操作系统—程序设计 Ⅳ. ①TP316.89

中国版本图书馆CIP数据核字(2015)第109160号

内 容 提 要

本书针对嵌入式 Linux 开发中所涉及的内容进行讲解，既包括理论知识，又配以丰富的实例讲解，意在使读者能全面、深入地掌握嵌入式 Linux 软硬件开发的全过程。

本书分 5 篇，共计 14 章。其中硬件设计篇讲述核心板、扩展板电路的工作原理及设计方法；开发基础篇讲述嵌入式 Linux 开发环境的构建、Make 工程管理及 Shell 编程；系统移植篇介绍 U-Boot 移植、Linux 内核移植，根文件系统的制作、触摸库及 Qt4 库的移植；驱动开发篇介绍驱动开发基础、驱动开发核心技术及驱动开发的进阶内容；项目实战篇给出一系列基础实例和综合实例，将理论知识与真实案例相结合。

本书内容丰富、取材典型，可作为电子信息、通信、自动化、计算机等相关专业实践类课程的教学参考书，也适合有志于从事嵌入式系统开发的专业人员参考。

◆ 著　　　刘　龙　张云翠　申　华
责任编辑　陈冀康
责任印制　张佳莹　焦志炜

◆ 人民邮电出版社出版发行　　北京市丰台区成寿寺路 11 号
邮编　100164　　电子邮件　315@ptpress.com.cn
网址　http://www.ptpress.com.cn
固安县铭成印刷有限公司印刷

◆ 开本：800×1000　1/16
印张：30　　　　2015 年 12 月第 1 版
字数：574 千字　　　　2024 年 7 月河北第 5 次印刷

定价：69.00 元

读者服务热线：(010) 81055410　印装质量热线：(010) 81055316
反盗版热线：(010) 81055315

前言

近年来，嵌入式技术和嵌入式产品发展势头迅猛，其应用领域涉及通信产品、消费电子、汽车工业、工业控制、信息家电、国防工业等各个方面。嵌入式产品在 IT 产业以及电子工业的经济总额中所占的比重越来越大，对国民经济增长的贡献日益显著。随着智能手机、媒体播放器、数码相机和机顶盒等嵌入式产品的普及，嵌入式系统的知识在广大民众中的传播也越来越广泛。出于对嵌入式高科技知识的追求，广大在校学生纷纷选修嵌入式系统课程，以获得嵌入式系统的理论知识和开发技能。嵌入式系统目前已经成为高等院校计算机及相关专业的一门重要课程，也是相关领域研究、应用和开发专业技术人员必须掌握的重要技术之一。

嵌入式系统的设计与开发作为一项实践性很强的专业技术，只学习理论知识是无法真正深刻理解和掌握的，因此嵌入式系统课程教学的问题是讲授理论原理比较容易，如何让学生有效地进行实践比较难。作者根据近年嵌入式系统课程教学和工程实践体会到，只通过书本难以让学生提高嵌入式系统的实际设计能力。传统的以课堂讲授为主、以教师为中心的教学和学习方法会使学生感到枯燥和抽象，难以锻炼嵌入式系统设计所必需的对器件手册、源代码和相关领域的自学能力，难以提高学生嵌入式系统的实际设计能力。而本书以实用、切合实际为原则，采用了列举实例的方式，深入浅出地揭示嵌入式系统技术在具体项目中的应用。

本书分为 5 篇，共 14 章。硬件设计篇详细地介绍了基于 Smart210 和 GEC210 实验平台硬件系统设计内容；开发基础篇介绍了嵌入式 Linux 开发环境搭建、常用软件安装及 Makefile 和 Shell 编程；系统移植篇介绍了嵌入式 Linux 操作系统移植、根文件系统制作、Qt4 库移植及 QWT 移植等内容，这些内容都是嵌入式系统开发中的基本内容，也是嵌入式系统开发者的必备技能，驱动开发篇介绍了嵌入式 Linux 驱动开发内容；项目实战篇通过具体实例带领读者由浅入深地完成硬件驱动开发及 Qt 下应用程序开发，通过对具体项目的讲解，读者可以清楚地看到运行的现象或结果，从而留下直观和深刻的印象，这样才能迅速理解和掌握嵌入式系统基本工作原理、一般设计流程和常用的设计技巧，具备初步的系统设计能力。

本书由刘龙主编，张云翠、申华等参与了第 1、2、10、11、12 章的编写，张新强、图雅、李福星、张鲲鹏、闫慧琦、孙丽飞、陈功、韩媞等为本书提供了一些基础实例并对本书的章节结构提出了有益的建议。另外本书部分章节中的实例来自郭鑫书、彭程等同学的课程设计实例，在此一并表示感谢。

在本书的编写过程中，大连东软信息学院电子工程系主任孙晓凌教授给予了全面的支持并提出了建设性的指导思想，在此表示特别感谢。

由于水平有限，书中难免有遗漏和不足之处，恳请广大读者提出宝贵意见，本书作者联系方式是 edaworld@yeah.net，QQ 群为：321249990，欢迎交流。

刘 龙

2014 年 10 月

目录

第一篇 硬件设计篇

第二篇 开发基础篇

第三篇 系统移植篇

第四篇 驱动开发篇

第五篇 项目实战篇

第一篇
硬件设计篇

第 1 章 硬件系统概述

本章内容：

S5PV210 微处理器的特点及其内部构造。

教学目标：

- 了解 Smart210 开发板的硬件资源；
- 掌握 S5PV210 处理器的内部构造。

1.1 硬件系统资源

本书硬件平台以广州友善之臂 Smart210 开发板为基础进行讲解，同时支持广州粤嵌教育 GEC210 与网蜂公司的 WEBEE210 等开发系统。Smart210 开发板搭载三星公司出品的 S5PV210 处理器，配备 512M DDR2 内存和 512M SLC NAND Flash，外部应用接口非常丰富，如板载 WM8960 音频芯片、miniHDMI 高清输出、USB2.0 接口、CMOS 摄像头、矩阵键盘、电容屏触摸屏等。

Smart210 开发板主要核心器件构成如下。

（1）核心板硬件

- SAMSUNG S5PV210 处理器，ARMV7 核，主频高达 1GHz。
- 512MB SLC NAND FLASH（型号为 K9K4G08UOB）。
- WM8960GEFL 音频解码芯片。
- 512MB DDR2 SDRAM（型号为 K4T1G084QQ）。
- 100M 网口（型号为 DM9000AEP）。
- JTAG 接口。
- 4 个贴片绿色发光 LED。

（2）扩展底板硬件：

- 群创 7 寸电容触摸屏 LCD（型号为 AT070TN92）。
- 两个标准 5 线串行接口。
- 两个 USB 接口。
- EEPROM（型号为 AT24C02）。
- 8 个按键组成的独立式按键。
- AMS1086 和 RT9011 电源管理芯片，支持 1.8V、2.8V 及 3.3V 电压输出。

1.2 S5PV210 处理器

1.2.1 S5PV210 微处理器概述

S5VP210 是一款高效率、高性能、低功耗的 32 位 RISC 处理器，它集成了 ARM Cortex-A8 核心，实现了 ARM 架构 V7 并且支持众多外围设备。

S5PV210 采用 64 位内部总线结构，为 3G 和 3.5G 通信服务保证最优化的硬件性能，并且提供了许多强大的硬件加速器，例如运动视频处理、显示控制及缩放等。它内部集成的多格式转码器支持 MPEG-1/2/4、H.263 和 H.264 等的编解码，硬件加速器支持视频会议和模拟电视输出，高清晰度多媒体接口提供 NTSC 和 PAL 模式的输出。

S5PV210 具有多种外部存储器接口，能够承受大内存在高端通信服务所需的带宽，例如其 DRAM 控制器支持 LPDDR1、DDR2 或 LPDDR2 的存储器扩展，其 FLASH/ROM 接口支持 NAND 闪存、NOR 闪存、OneNAND 闪存、SRAM 和 ROM 类型的外部存储器。

为了降低系统的总成本并且提高整体功能，S5PV210 微处理器内部集成了众多外设，如 TFT 真彩 LCD 控制器、摄像头接口、MIPI DSI 显示串行接口、电源管理、ATA 接口、4 个通用异步收发器、24 通道的 DMA、4 个定时器、通用 I/O 端口、3 个 I2S、IIC 接口、两个 HS-SPI、USB Host2.0、高速运行的 USB2.0 OTG、4 个 SD Host 和高速多媒体接口等。

图 1-1 所示为 S5PV210 处理器的结构框图。

由图 1-1 可以看出，S5PV210 处理器主要由 6 大部分组成，分别为 CPU 核心、系统外设、多媒体、电源管理、存储器接口和 Connectivity 模块。CPU 和各个部分之间通过多层次 AHB/AXI 总线进行通信。

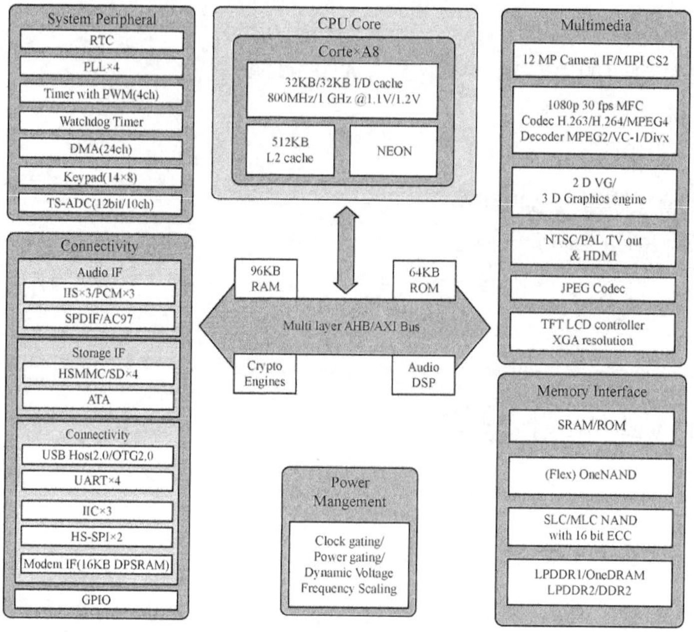

图 1-1 S5PV210 结构框图

1.2.2 内部各模块介绍

下面我们对各模块内部组成及特点进行简要介绍。

1. CPU 核心包括以下几点。

（1）Cortex A8 处理器

- Cortex A8 处理器是第一款基于 ARMv7 架构的应用处理器。
- 运行速度在 600MHZ～1GHZ 时，Cortex A8 处理器符合功率优化的移动设备小于 300mW 状态下运行的要求，同时符合性能优化的消费类应用需要 2000Dhrystone MIPS 的要求。
- 支持第一个超标量处理器，用于增强代码密度和性能。支持 JazelleRCT 技术用于超前和即时编译的 Java 和其他字节语言。
- 13 级主整数流水线。

（2）NEON: CortexA8 处理器内部集成的可以实现复杂算法的模块，比如图像的智能分析、数学上的运算等可以通过 NEON 来实现。

（3）32KB I/D 缓存、512KB L2 Cache。

2. 系统外设包括以下几点。

（1）RTC 实时时钟

- 提供完整的时钟功能：秒、分、小时、日、月、年。
- 使用 32.768KHZ 时钟基准。
- 提供报警中断。
- 提供定时器时钟节拍中断。

（2）PLL 锁相环

- 芯片具有 4 个锁相环(PLL)，分别为 ALL/MPL/EPL/VPLL。
- APLL 产生 ARM 核心和 MSYS 时钟。
- EPLL 生成特殊的时钟。
- VPLL 为视频接口生成时钟。

（3）具有脉宽调制功能的定时器

- 4 通道 32 位内部定时器。
- 3 通道带脉宽调制功能。
- 可编程工作周期、频率和极性。
- 具有死区产生功能。
- 支持外部时钟源。

（4）看门狗定时器——16 位看门狗定时器。

（5）DMA

- 特定的指令集提供 DMA 传输的灵活性。
- 内置增强型 8 通道的 DMA。
- 内存到内存转换 DMA 多达 16 组，外设到内存转换 DMA 支持多达 8 组。

（6）Keypad

- 支持 14×8 矩阵键盘。
- 提供内部消抖功能。

（7）ADC 转换器

- 10 通道多路复用 ADC。
- 支持最大 500K 采样率和 12 位的分辨率。

3. 多媒体包括以下几点。

（1）摄像头接口

- 支持多输入包括 ITU-R BT601/656 模式、DMA 模式和 MIPI 模式。

- 支持多输出包括 DMA 模式和直接 FIFO 模式。
- 支持数码变焦功能。
- 支持图像镜像和旋转功能。
- 支持生成各种图像格式。
- 支持捕捉画面管理。
- 支持图像效果。

（2）多格式视频编解码器

- ITU-TH.264、ISO/IEC 14496-10 即解码支持基线/主/High Profile 的 4.0 级，编码支持基线/主/高属性。
- ITU-TH.263 Profile level3 即解码支持 Profile3，限制 SD 分辨率每秒 30 帧，支持基线配置文件的编码。
- 编码支持 MPEG-4 简单类/高级简单类。
- ISO/IEC 13818-2 MPEG-2 即解码支持主要的轮廓高度，解码支持 MPEG-1。

（3）JPEG 编码器

- 支持压缩/解压到 65536x65536 分辨率。
- 支持的压缩格式即输入原始图像为 YCbCr422 或 RGB565，输出 JPEG 文件为基线 JPEG 格式的 YCbCr422 或 YCbCr420。
- 支持的解压缩格式即输入 JPEG 文件为基线 YCbCr444 或 YCbCr420 或 YCbCr422 格式、JPEG 或灰色，输出原始图像的 YCbCr422 或 YCbCr420 格式。
- 支持通用的色彩空间转换器。

（4）3D 图形引擎

- 支持 3D 图形、矢量图形、视频编码和解码。
- 具有通用可扩展渲染引擎、多线程引擎和顶点着色器功能。
- 支持 8000x8000 的图像尺寸。
- 支持 90/180/270 度旋转。
- 支持 16/24/35bpp，24 位颜色格式。

（5）模拟电视接口

- 输出视频格式为 NTSC/PAL。
- 支持的输入格式即 ITU-R BT.601 的 YCbCr444。
- 支持 480i/p 和 576i 协议。
- 支持复合视频。

（6）液晶显示器接口

- 支持 24/18/16 bpp 的并行 RGB 接口的 LCD。
- 支持 8/6bpp 串行 RGB 接口。
- 支持双 i80 接口的 LCD。
- 支持典型的屏幕尺寸：1024x768、800x480、640x480、320x240 和 160x160。
- 虚拟图像达到 16M 像素。
- ITU-BT601/656 格式输出。

4. 电源管理包括以下几点。

（1）时钟门控功能。

（2）各种低功耗模式可供选择，如空闲、停止、深度空闲和睡眠模式。

（3）睡眠模式下唤醒源可以是外部中断、RTC 报警、计时器节拍。

（4）停止和深度空闲模式唤醒源可以是触摸屏人机界面、系统定时器等。

5. 存储器接口包括以下几点。

（1）SRAM/ROM/NOR 接口

- 8 位或 16 位的数据总线。
- 地址范围支持 23 位。
- 支持异步接口。
- 支持字节和半字访问。

（2）OneNAND 闪存接口

- 16 位的数据总线。
- 地址范围支持 16 位。
- 支持字节和半字访问。
- Flex OneNAND 闪存支持 2KB 页面模式，OneNAND 闪存支持 4KB 页面模式。
- 支持专用的 DMA。

（3）NAND 接口

- 支持行业标准的 NAND 接口。
- 8 位的数据总线。

（4）LPDDR1 接口

- 32 位数据总线将支持 400Mbps/针双数据速率。
- 1.8V 接口电压。
- 每端口密度支持高达 4GB（2CS）。

（5）DDR2 接口

- 32 位数据总线将支持 400Mbps/引脚双数据速率。
- 1.8V 接口电压。
- 每端口密度支持高达 1GB（2CS，4BANK 的 DDR2）。
- 每端口密度支持高达 4GB（1CS，8BANK 的 DDR2）。

（6）LPDDR2 接口

- 32 位数据总线将支持 400Mbps/针双数据速率。
- 1.2V 接口电压。
- 每端口密度支持高达 4GB（2CS）。

6．Connectivity 模块包括以下几点。

（1）音频接口

- AC97 音频接口。
  - ◆ 独立通道的立体声 PCM 输入、立体声 PCM 输出和单声道麦克风输入。
  - ◆ 16 位立体声音频。
  - ◆ 可变采样率 AC97 编解码器接口。
  - ◆ 支持 AC97 规格。
- PCM 音频接口。
  - ◆ 16 位单声道音频接口。
  - ◆ 仅工作在主控模式。
  - ◆ 支持三种 PCM 端口。
- IIS 总线接口。
  - ◆ 基于 DMA 操作的三个 I2S 总线音频编解码器接口。
  - ◆ 串行 8 位、16 位、24 位每通道的数据传输。
  - ◆ 支持 I2S、MSB、LSB 对齐的数据格式。
  - ◆ 支持 PCM5.1 声道。
  - ◆ 支持不同比特时钟频率和编解码器的时钟频率。
  - ◆ 支持一个 5.1 通道 I2S 的端口和两个 2 通道 I2S 端口。
- SPDIF 接口。
  - ◆ 线性 PCM 每个样本支持多达 24 位。
  - ◆ 支持非线性 PCM 格式如 AC3，MPEG1、MPEG2。
  - ◆ 2x24 位缓冲器交替地用数据填充。

（2）存储接口

- HS-MMC/SDIO 接口。
  - 兼容 4.0 多媒体卡协议版本（HS-MMC）。
  - 兼容 2.0 版本 SD 卡存储卡协议。
  - 基于 128KBFIFO 的 TX/RX。
  - 4 个 HS-MMC 端口或 4 个 SDIO 端口。
- ATA 控制器支持 ATA/ATAPI-6 接口。

（3）通用接口

- USB2.0 OTG。
  - 符合 USB2.0 OTG 1.0a 版本。
  - 支持高达 480Mbps 的传输速度。
  - 具有 USB 芯片收发器。
- UART。
  - 具有基于 DMA 和中断功能的 4 个 UART。
  - 支持 5 位、6 位、7 位、8 位的串行数据发送和接收。
  - 独立的256字节FIFO的UART0，64字节FIFO的UART1和16字节FIFO的UART2/3。
  - 可编程的传输速率。
  - 支持 IrDA1.0 SIR 模式。
  - 支持回环模式测试。
- I2C 总线接口。
  - 3 个多主控 I2C 总线。
  - 8 位串行面向比特的双向数据传输，在标准模式下可以达到 100Kbps。
  - 快速模式下高达 400Kbps。
- SPI 接口。
  - 3 个符合 2.11 版本串行外设接口协议的接口。
  - 独立的 64K 字节 FIFO 的 SPI0 和 16 字节 FIFO 的 SPI1。
  - 支持基于 DMA 和中断操作。
- GPIO 接口。
  - 237 个多功能输入/输出端口。
  - 支持 178 个外部中断。

第 2 章 核心板电路设计

本章内容：

DDR2 SDRAM、NAND Flash、DM9000A 及 WM8960 工作原理，S5PV210 存储空间地址分配，S5PV210 与各芯片的接口电路设计方法。

教学目标：

- 理解 S5PV210 存储器地址分配；
- 掌握 NAND Flash 的访问方式及设计原理；
- 掌握 DDR2 SDRAM 与 S5PV210 连接原理；
- 掌握 DM9000A 与 S5PV210 连接原理；
- 掌握 WM8960 与 S5PV210 连接原理。

2.1 S5PV210 芯片地址分配

S5PV210 芯片地址空间总共为 4GB，具体分布如图 2-1 所示。

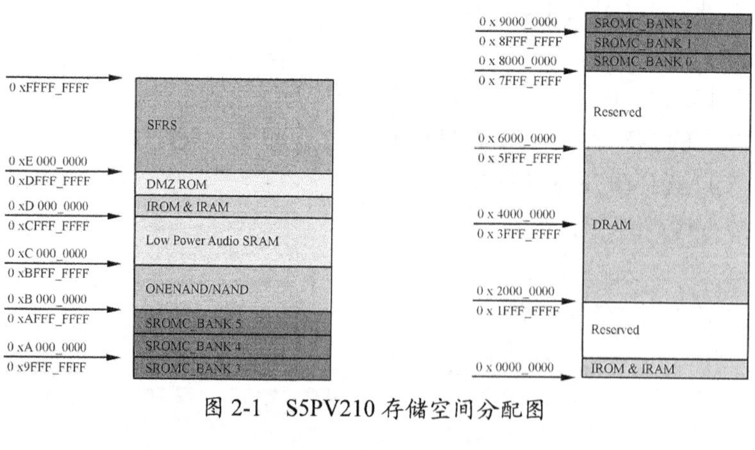

图 2-1 S5PV210 存储空间分配图

各个地址区间的功能如表 2-1 所示。

表 2-1 S5PV210 存储空间分配图

地址		大小	描述	备注
0 × 0000_0000	0 × 1FFF_FFFF	512MB	Boot area	此映射区域由启动模式决定
0 × 2000_0000	0 × 3FFF_FFFF	512MB	DRAM 0	
0 × 4000_0000	0 × 5FFF_FFFF	512MB	DRAM 0	
0 × 8000_0000	0 × 87FF_FFFF	128MB	SROM Bank 0	
0 × 8800_0000	0 × 8FFF_FFFF	128MB	SROM Bank 1	
0 × 9000_0000	0 × 97FF_FFFF	128MB	SROM Bank 2	
0 × 9800_0000	0 × 9FFF_FFFF	128MB	SROM Bank 3	
0 × A000_0000	0 × A7FF_FFFF	128MB	SROM Bank 4	
0 × A800_0000	0 × AFFF_FFFF	128MB	SROM Bank 5	
0 × B000_0000	0 × BFFF_FFFF	265MB	OneNAND/NAND Controller and SFR	
0 × C000_0000	0 × CFFF_FFFF	265MB	MP3_SRAM output buffer	
0 × D000_0000	0 × DFFF_FFFF	64MB	IROM	
0 × D000_0000	0 × DFFF_FFFF	96MB	Reserved	
0 × D000_0000	0 × DFFF_FFFF	128MB	IRAM	
0 × D800_0000	0 × DFFF_FFFF	128MB	DMZ ROM	
0 × E000_0000	0 × FFFF_FFFF	512MB	SFR region	

- 0x0000_0000～0x1FFF_FFFF(512MB)即系统启动配置区。
- 0x2000_0000～0x5FFF_FFFF(2x512MB)即内存配置区，用于 DDR2 SDRAM 寻址，比如 Smart210 开发板具有 1GB 的 DDR2 内存就接到了此区域。
- 0x8000_0000～0xAFFF_FFFF(6x128MB)即外接总线型设备寻址区，比如 Smart210 开发板的 DM9000 网卡芯片就接到了此区域。
- 0xB000_0000～0xBFFF_FFFF(256MB)即 OneNAND 和 NAND 寻址区，此处 Smart210 开发板没有用到。
- 0xC000_0000～0xCFFF_FFFF(256MB)即 MP3_SROM 输出缓存区，此处 Smart210 开发板没有用到。
- 0xD000_0000～0xD000_FFFF(64KB)即 IROM 区，设备引导使用，适用于所有以 S5PV210 为核心的开发系统。
- 0xD002_0000～0xD003_FFFF(128KB)即 IRAM 区，设备引导使用，适用于所有以

S5PV210 为核心的开发系统。

- 0xE000_0000～0xFFFF_FFFF(64KB)即特殊功能寄存器 SFR 区域，适用于所有以 S5PV210 为核心的开发系统。

从图 2-1 和表 2-1 所示我们可以看出，S5PV210 具有两个 DRAM 地址空间，六个 SROM 地址空间，针对上述空间，S5PV210 微处理器分别提供了地址、数据、控制总线接口。通过这三种总线接口，S5PV210 微处理器可以和具有同样接口的器件进行连接通信。

如图 2-2 所示为片选信号线 Xm0CSn0～Xm0CSn5，这六根片选信号线对应六个 SROM 的地址；比如 Smart210 开发板中 DM9000A 网卡芯片的片选信号端引脚接到了 Xm0CSn1 引脚，所以它的访问地址为 0x88000000 开始的地址空间。

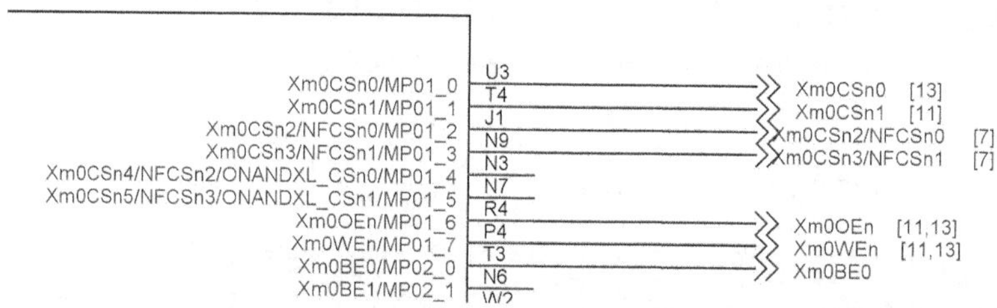

图 2-2 SROM 片选信号线

如图 2-3 所示为片选信号线 Xm1CSn0～Xm1CSn1，这两根片选信号线对应两个 DRAM 的地址，Smart210 开发板的 DDR2 SDRAM 的片选信号接到了 Xm1CSn0 引脚，所以它的访问地址为 0x20000000 开始的地址空间。

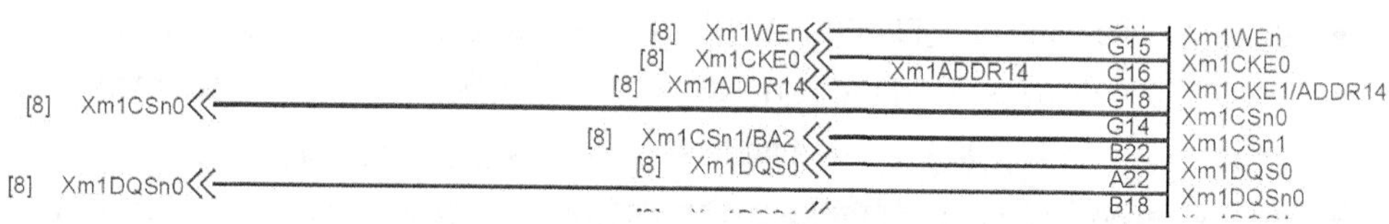

图 2-3 DRAM 片选信号线

2.2 DDR2 SDRAM 芯片

SDRAM 全称为同步动态随机存储器（Synchronous Dynamic Random Access Memory）。由于 SDRAM 集成度高，单片存储容量大，并且读写速度快，在设计嵌入式系统时，经常用其作为主存储器（或称为内存）。SDRAM 发展至今，经历了 SDRAM、DDR、DDR2、

DDR3 等几代产品，DDR SDRAM 是 Double Data Rate SDRAM 的缩写，是双倍速率同步动态随机存储器，较 SDRAM 速度更快。在 SDRAM 或 DDR RAM 定义中，同步是指其时钟频率与 CPU 前端总线的系统时钟频率相同，并且内部命令的发送与数据的传输都以它为基准；动态是指存储阵列需要不断的刷新来保证数据不丢失；随机是指数据不是线性依次存储，而是自由指定地址进行数据的读写。

Smart210 开发板使用的是 DDR2 SDRAM，型号为 K4T1G084QQ，单芯片容量设计为 16MBit×8BANK×8I/Os，共 128MByte，板载一共 4 片，总计 512MB。注意，芯片内部的 8Bank 不是指该芯片需要占用 S5PV210 芯片的 8 个存储块，而是指 SDRAM 芯片内部把 128MB 容量分成了 8 块存储区，每块存储区的容量为 16Mx8bit。

2.2.1 DDR2 SDRAM 工作原理

如图 2-4 所示，SDRAM 内部是一个存储阵列，我们可以把它想象成一个表格，和表格的检索原理一样，先指定行，再指定列，就可以准确找到所需要的存储单元。这个表格的整体则称为 BANK。DDR2 SDRAM 具有 8 个 BANK。对 SDRAM 的访问，我们应该先找到读写地址，才能对其进行访问。找到地址的流程为首先指定 BANK，然后指定行地址，最后指定列地址。

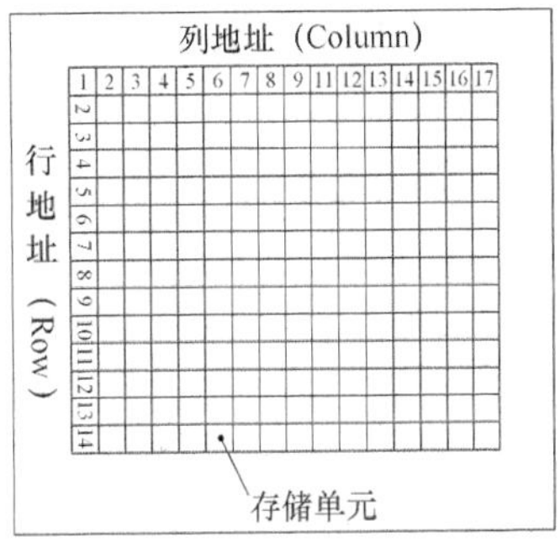

图 2-4 DDR2 SDRAM 存储结构示意图

K4T1G084QQ 采用的是 FBGA 球形封装，不同于普通的贴片封装。K4T1G084QQ 的引脚分布及封装示意图如图 2-5、图 2-6 所示。

	1	2	3	4	5	6	7	8	9
A	V_{DD}	NU/$\overline{RDQS}$	V_{SS}				V_{SSQ}	DQS	V_{DDQ}
B	DQ6	V_{SSQ}	DM/RDQS				$\overline{DQS}$	V_{SSQ}	DQ7
C	V_{DDQ}	DQ1	V_{DDQ}				V_{DDQ}	DQ0	V_{DDQ}
D	DQ4	V_{SSQ}	DQ3				DQ2	V_{SSQ}	DQ5
E	V_{DDL}	V_{REF}	V_{SS}				V_{SSDL}	CK	V_{DD}
F		CKE	$\overline{WE}$				$\overline{RAS}$	$\overline{CK}$	ODT0
G	BA2	BA0	BA1				$\overline{CAS}$	$\overline{CS}$	
H		A10/AP	A1				A2	A0	V_{DD}
J	V_{SS}	A3	A5				A6	A4	
K		A7	A9				A11	A8	V_{SS}
L	V_{DD}	A12	NC				NC	A13	

图 2-5 K4T1G084QQ 引脚分布示意图

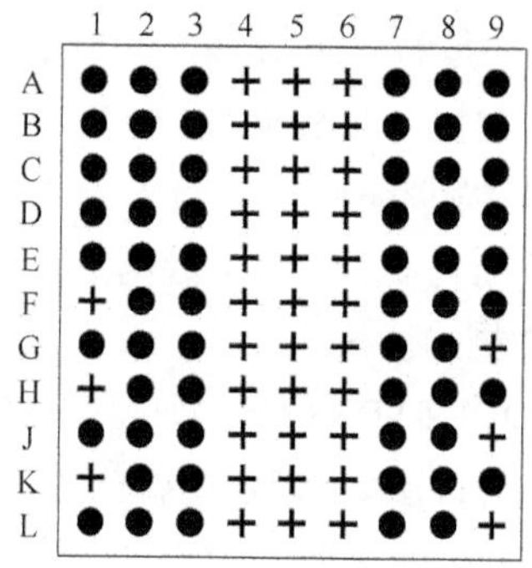

图 2-6 K4T1G084QQ 封装示意图

K4T1G084QQ 引脚功能如表 2-2 所示。

表 2-2 K4T1G084QQ 引脚功能

引　脚	引脚名称	引脚功能描述
CK，$\overline{CK}$	时钟	系统时钟差分输入引脚，所有的地址和控制信号在 CK 的上升沿或者 $\overline{CK}$ 的下降沿采样，输出数据在 CK 或者 $\overline{CK}$ 的电平发生变化时被采样
CKE	时钟使能	内部时钟使能信号，高电平有效，当系统处于掉电、挂机等状态时关闭 SDRAM
$\overline{CS}$	片选	使能或者禁止所有的引脚，当该引脚为高电平时，所有命令失效
ODT	内部核心终结电阻	设置为高电平时使能终端电阻匹配
RAS、CAS、WE	命令控制	这三个引脚配合 CS 片选引脚决定命令是否进入 SDRAM
DM	输入数据控制	当向 SDRAM 写入数据时来控制数据的输入，在高电平时被采样，如果有不想存入的数据，可以运用此引脚信号来屏蔽
BA0、BA1、BA2	Bank 地址	这三个引脚决定 SDRAM 中哪一个 Bank 被选中激活
A0～A13	地址	行地址引脚：A0～A13，列地址引脚：A0～A9，Bank 自动预充电指示引脚：A10，此 14 个引脚为复用引脚
DQ0～DQ8	数据	双向数据输入输出引脚
DQS	数据输入/输出控制位	在数据读模式下控制数据输出 在数据写模式下禁止写数据
VDD/VSS	电源/地	1.8V
VDDQ/VSSQ	数字电源/地	1.8V
NC	无连接	无功能
Vref	参考电压	提供参考电压，1.8V

上述引脚中，比较特殊的是 ODT 引脚。ODT(On-Die Termination)的含义为内建核心终结电阻器。所谓的终结，就是让电路的终端将信号吸收掉，而不会在电路上面形成反射，对后面的信号造成影响。在 DDR 时代，控制与数据信号的终结在主板上面完成，每块 DDR 主板在内存槽的旁边都会有一个终结电压部分的设计，它主要由一排终结电阻构成。随着 SDRAM 技术的发展，ODT 技术将终结电阻移植到了芯片内部。主板上面不再有终结电路，而且 DDR2 可以根据自己的特点内建合适的终结电阻，这样可以保证最佳的信号波形。ODT 技术允许 CPU 通过配置 DDR2 SDRAM 的内部寄存器以及控制 ODT 信号，来实现对匹配电阻的值及其开关状态的控制，从而实现读、写操作时最佳的信号完整性。在 Smart210 开发板上面，DDR2 RAM 芯片的 ODT 引脚与 S5PV210 的 ODT1 引脚连接，信号由 S5PV210 来控制。

2.2.2 DDR2 SDRAM 硬件设计

DDR2 SDRAM 与 S5PV210 的地址线、数据线及控制引脚连接方式如图 2-7 所示。Smart210 开发板一共有 4 片 K4T1G084QQ，4 片 DRAM 的连接方式不同：第 1 片的 8 位数据引脚连接至 CPU 的 Xm1DATA0 ~ Xm1DATA7；第 2 片的 8 位数据引脚连接至 CPU 的 Xm1DATA8～Xm1DATA15；第 3 片的 8 位数据引脚连接至 CPU 的 Xm1DATA16 ~ Xm1DATA23；第 4 片的 8 位数据引脚连接至 CPU 的 Xm1DATA24 ~ Xm1DATA31。可以看出，4 片 DDR2 RAM 采用的是并接到一起组成 32 位数据总线的方式。

Smart210 开发板具有 4 片 K4T1G084QQ，共计 512MB。在 CPU 的内部寻址空间中，字节 BYTE（8 位）是表示存储容量的唯一单位，而在 DDR2 RAM 中存储单位为位 Bit（1 位），K4T1G084QQ 的存储容量为 1GBit，折合成 BYTE 为 128MB。Smart210 开发板设计中 K4T1G084QQ 采用 8 位的数据输出方式，所以 4 片 DDR2 SDRAM 的数据引脚并接（4×8Bit=32Bit），正好组成 S5PV210 处理器的 32 位数据总线宽度。

K4T1G084QQ 的地址总线 A0～A13 连接到 S5PV210 的 Xm1ADDR0～Xm1ADDR13 引脚，共 14 根地址总线，采用的是 8 位的数据输出方式，因此地址总线给出的地址范围为 2^{14}×8Bit=16MB，K4T1G084QQ 的 BA0、BA1 和 BA2 引脚为内部 8 个 Bank 的选择引脚(2^3=8)，连接到 S5PV210 的 Xm1BA0、Xm1BA1 和 Xm1CSn1/BA2 引脚。S5PV210 控制对 K4T1G084QQ 内部 Bank 的选择使用。3 条 Bank 选择引脚和 14 根地址总线共完成 2^3×2^{14}×8Bit=128MB 内存空间的访问。

4 片 DDR2 SDRAM 的片选信号 nCS 引脚连接的皆为 S5PV210 的 Xm1CSn0 引脚，即 S5PV210 的 DRAM0 控制引脚，从表 2-1 可以看出，DDR2 SDRAM 的地址应该是从

0x20000000 开始的连续 512MB 地址空间。

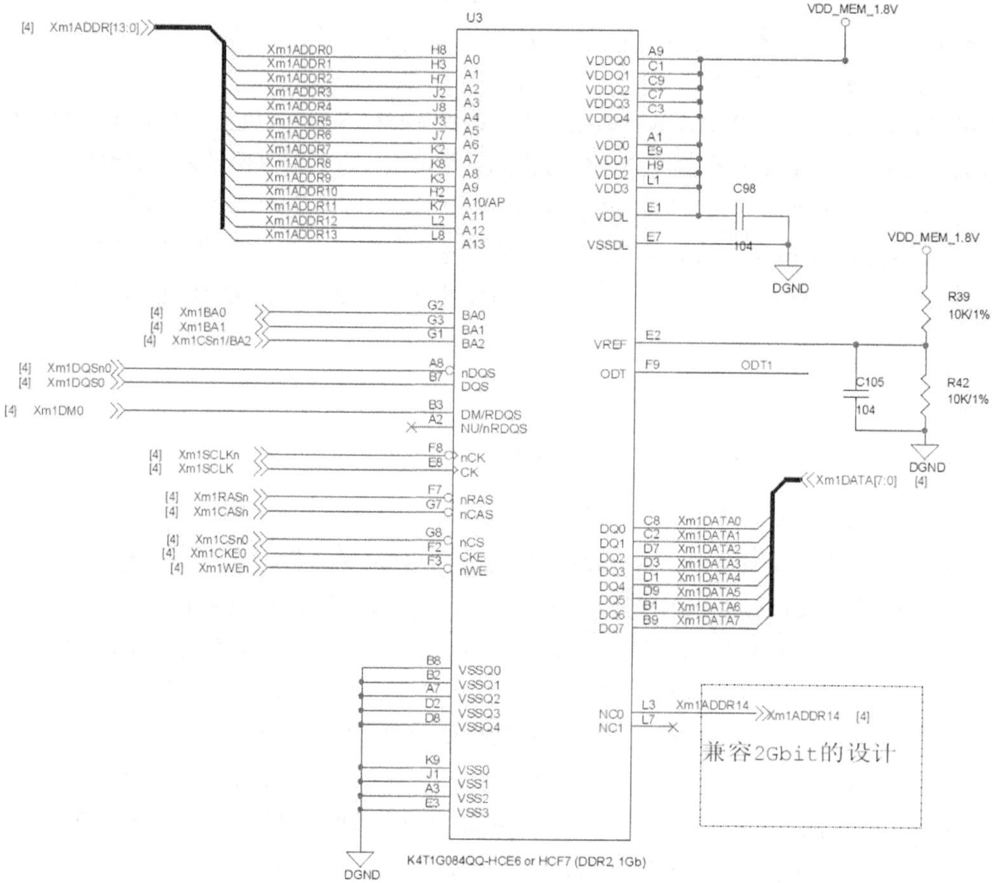

图 2-7 DDR2 SDRAM 存储器接口电路

2.3 SLC NAND Flash 芯片

2.3.1 NOR Flash 与 NAND Flash 对比

在嵌入式系统中，很多信息在系统关闭电源后不能够丢失，这些信息需要使用非易失性存储器来存储，我们可以使用 NOR Flash 和 NAND Flash 来实现。

NOR Flash 和 NAND Flash 是现在市场上两种主要的非易失闪存技术。Intel 公司于 1988 年首先开发出 NOR Flash 技术；1989 年，东芝公司开发出 NAND Flash 技术。NAND Flash 和 NOR Flash 的主要区别如表 2-3 所示。

表 2-3 两种 Flash 特性对比

		NOR Flash	NAND Flash
容量		1MB～32MB	16MB～几 G
XIP		Yes	No
性能	擦除	非常慢	快
	写	慢	快
	读	快	快
可靠性		比较高，位翻转的比例小于 NAND Flash 的 10%	比较低，位翻转比较常见，必须有校验措施
可擦写次数		10000～100000	100000～1000000
接口		与 RAM 相同	IO 接口
访问方法		随机访问	顺序访问
易用性		容易	复杂
主要用途		常用于保存关键代码和关键数据	保存数据
价格		高	低

2.3.2 SLC 与 MLC NAND Flash 技术对比

在嵌入式设备中使用 SLC 和 MLC 这两种不同类型的 NAND Flash 闪存技术的设备都很常见。SLC 全称为 Single-Level Cell，单层单元闪存；MLC 全称为 Multi-Level Cell，多层单元闪存。两者的主要区别是 SLC 每一个单元储存一位数据，而 MLC 通过使用多个电压等级，每一个单元储存两位数据，数据密度比较大。

SLC 生产成本较高，但在效能上大幅胜于 MLC。SLC 晶片可重复写入约 10 万次，而 MLC 晶片的写入次数约为 1 万次，目前三星采用的 MLC 芯片写入寿命在 5000 次左右。在读写速度上，相对于主流 SLC 芯片，MLC 芯片理论速度较慢。MLC 能耗大于 SLC，在相同使用条件下比 SLC 要多 15%左右的能耗，因为 MLC 理论写入次数上限相对较少，所以在相同使用情况下，使用寿命比 SLC 短。

两种闪存技术对应芯片区别如表 2-4 所示。

表 2-4　SLC 与 MLC NAND Flash 对比

类　别	SLC NAND Flash	MLC NAND Flash
电压	3.3V/1.8V	3.3V
生产工艺 / 芯片尺寸	0.12μm	0.16μm
页容量 / 块容量	2KB/128KB	512KB/32KB 或 2KB/256KB
访问时间（最大）	25μs	70μs
页编程时间（典 型）	250μs	1.2μs
可否局部编程	Yes	No
擦写次数	100K	10K
数据写入速率	8MB/S+	1.5MB/S

Smart210 开发板无 NOR Flash。采用的是 SLC 类型 NAND Flash，容量为 512MB，型号为 K9F4G08UOB。

2.3.3　K9F4G08UOB 引脚功能

K9F4G08UOB 的引脚排列如图 2-8 所示，各个引脚的功能如表 2-5 所示。

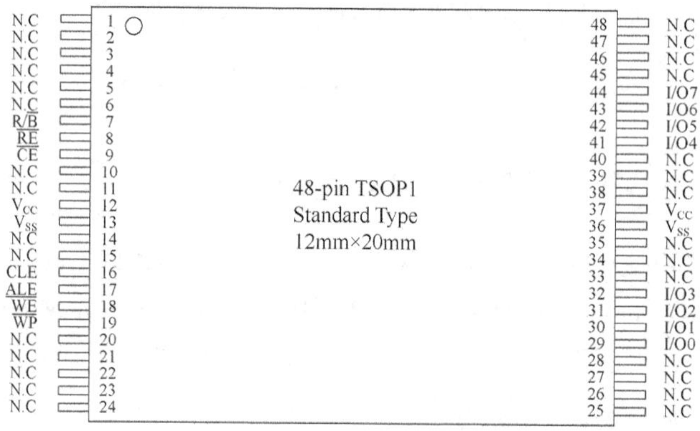

图 2-8　K9F4G08UOB 引脚示意图

表 2-5　K9F4G08UOB 引脚说明

引脚名称	功　能
I/O0 ~ I/O7	数据输入输出引脚
CLE	命令锁存引脚
ALE	地址锁存引脚

续表>>

引脚名称	功能
$\overline{CE}$	片选引脚
$\overline{RE}$	读使能
$\overline{WE}$	写使能
$\overline{WP}$	写保护
$\frac{\overline{R}}{B}$	读判忙
Vcc	电源
Vss	地
NC	无连接

- I/O0 ~ I/O7：地址、数据和命令输入/输出引脚。
- CLE、ALE：命令锁存使能引脚和地址锁存使能引脚，用来选择 I/O 输入的信号是命令还是地址。
- $\overline{\text{CE}}$、$\overline{\text{RE}}$、$\overline{\text{WE}}$：片选信号、读使能信号和写使能信号引脚。
- $\frac{\overline{\text{R}}}{\text{B}}$：状态引脚，表示设备的状态，当数据写入、编程和随机读取时，$\frac{\overline{\text{R}}}{\text{B}}$ 处于高电平，表明芯片正忙，否则输出低电平。

K9F4G08UOB 内部结构如图 2-9 所示。

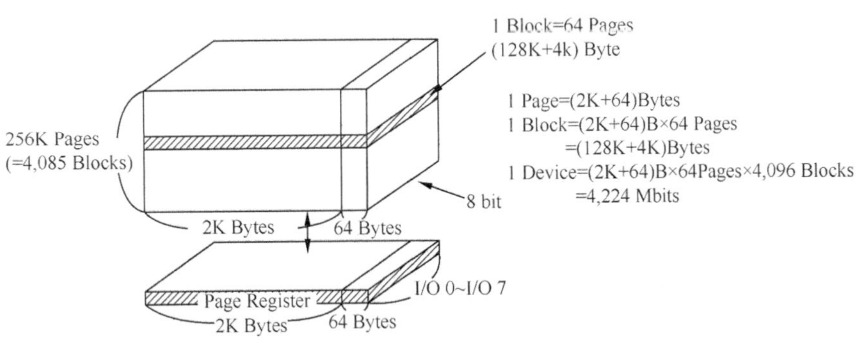

图 2-9　SLC NAND Flash 存储器内部结构示意图

NAND Flash 设备的存储容量是以页（Page）和块（Block）为单位，1Block=64Page，1Page=2112Byte（2048Byte 用于存放数据，其余 64Byte 用于存放其他信息，如块好坏的标记、块的逻辑地址、页内数据的 ECC 校验和等）。

容量为 512MB 的 NAND Flash 存储结构为：2048Byte × 64Page × 4096Blocks。

芯片（Device）、块（Block）、页（Page）之间的关系如下。

1 Device = 4,096 Blocks = 4096×64 Pages = 256K Pages

1 Block = 64 Page

1 Page = 2112 Byte = 2048 Byte + 64 Byte

用于数据存储的单元有 2048 Bytes×64 Pages×4096 Blocks = 512 MB。

用于 ECC 校验或其他功能的单元有 64 Bytes×64 Pages×4096 Blocks = 16MB 。

NAND Flash 以页为单位进行读和编程（写）操作，一页为 2048Byte；以块为单位进行擦除操作，一块为 2048Byte × 64page=128KB。

K9F4G08UOB 的内部对每一页又进行了划分，每页分成前 2048Byte 的 Main 域和 64Byte 的 Spare 域，在 Main 域中，分成 A、B、C、D 四个扇区；Spare 域中，分成 E、F、G、H 四个扇区。每个扇区占据不同的存储空间，具体分布情况如图 2-10、图 2-11 所示。

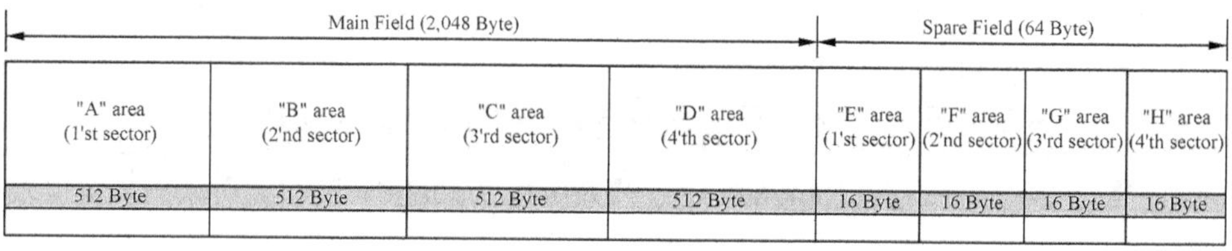

图 2-10　NAND Flash 存储器每页存储空间划分

Sector	Main Field (Column 0~2,047)		Spare Field (Column 2,048~2,111)	
	Area Name	Column Address	Area Name	Column Address
1'st 528-Byte Sector	"A"	0~511	"E"	2,048~2,063
2'nd 528-Byte Sector	"B"	512~1,023	"F"	2,064~2,079
3'rd 528-Byte Sector	"C"	1,024~1,535	"G"	2,080~2,095
4'th 528-Byte Sector	"D"	1,536~2,047	"H"	2,096~2,111

图 2-11　NAND Flash 存储器每页存储空间地址分配

2.3.4　NAND Flash 硬件设计

S5PV210 和 K9F4G08UOB 的连接方式如图 2-12 所示。

K9F4G08UOB 的访问地址、数据和控制命令只能在引脚 I/O[7:0]上传递。对于不同的数据类型，S5PV210 微处理器和 NAND Flash 之间是通过控制总线和一些命令序列来进行区分的。该 NAND Flash 芯片所支持的命令序列如表 2-6 所示。

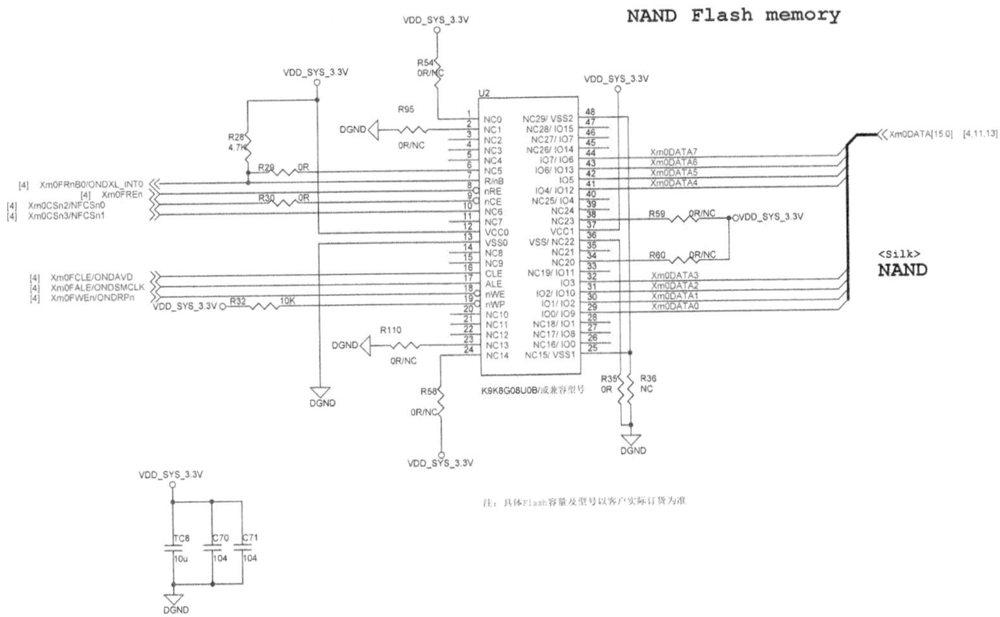

图 2-12 NAND Flash 存储器接口电路

表 2-6 K9F4G08UOB 命令序列

Function	1st Cycle	2nd Cycle	Acceptable Command during Busy
Read	00h	30h	
Read for Copy Back	00h	35h	
Rcad ID	90h	-	
Reset	FFh	-	O
Page Program	80h	10h	
Two-Plane Page Program(3)	80h---11h	81h---10h	
Copy-Back Program	85h	10h	
Two-Plane Copy-Back Program(3)	85h---11h	81h---10h	
Block Erase	60h	D0h	
Two-Plane Block Erase	60h---60h	D0h	
Random Data Input(1)	85h	-	
Random Data Output	05h	E0h	
Read Status	70h		O
Read EDC Status(2)	7Bh		O

通过表2-6我们可以看出，如果微处理器想要读NAND Flash的内容，可以在CLE和$\overline{RE}$引脚的配合下，通过I/O0~I/O7引脚先后发送00h与30h命令；如果想要读取NAND Flash的内部厂商内置的ID，可以在CLE和$\overline{RE}$引脚的配合下，发送90h命令；如果S5PV210想要对NAND Flash进行随机地址的写操作，可以在CLE和$\overline{WE}$引脚的配合下，首先发送85h命令，然后指定所要写的地址。

K9F4G08UOB容量为512MB，需要30根地址线确定微处理器要访问的地址，而K9F4G08UOB只有8个I/O口，所要操作的地址是在控制引脚的配合下，先后5次发送至Flash内部。发送地址时地址序列如表2-7所示。

表2-7 访问NAND Flash地址序列

	I/O 0	I/O 1	I/O 2	I/O 3	I/O 4	I/O 5	I/O 6	I/O 7	
1st Cycle	A_0	A_1	A_2	A_3	A_4	A_5	A_6	A_7	Column Address
2nd Cycle	A_8	A_9	A_{10}	A_{11}	*L	*L	*L	*L	Column Address
3rd Cycle	A_{12}	A_{13}	A_{14}	A_{15}	A_{16}	A_{17}	A_{18}	A_{19}	Row Address
4th Cycle	A_{20}	A_{21}	A_{22}	A_{23}	A_{24}	A_{25}	A_{26}	A_{27}	Row Addres
5th Cycle	A_{28}	A_{29}	*L	*L	*L	*L	*L	*L	Row Address

序列中列地址为A0～A11，行地址为A12～A29，L表示在写的时候置为0。对S5PV210访问NAND Flash地址的指定，只需要分5步将地址值写入S5PV210的NAND Flash控制寄存器即可，NAND Flash控制器会自动地通过8个I/O，在控制引脚帮助下，分五次通过I/O0~I/O7完成对NAND Flash地址的写操作。

2.4 DM9000A以太网控制器

为了实现以太网通信功能，Smart210开发板搭载了一片以太网芯片DM9000A，它是一款高度集成、低成本的单片快速以太网MAC控制器，含有通用的处理器接口、10M/100M物理层和16KB的SRAM。

该芯片具有如下特点。

- 支持处理器读写内部存储器的数据操作，命令以字节/字/双字的长度进行。
- 集成10/100M自适应收发器。
- 支持背压模式半双工流量控制模式。

- IEEE802.3x 流量控制的全双工模式。
- 支持唤醒帧，链路状态改变和远程的唤醒。
- 内部具有 4K 双字 SRAM。
- 支持自动加载 EEPROM 里面生产商 ID 和产品 ID。
- 支持 4 个通用输入输出口。
- 兼容 3.3V 和 5.0V 输入输出电压。
- 100 脚 LQFP 封装工艺。

2.4.1 DM9000A 引脚及功能

DM9000A 的引脚排列如图 2-13 所示，各个引脚的功能如表 2-8 所示。

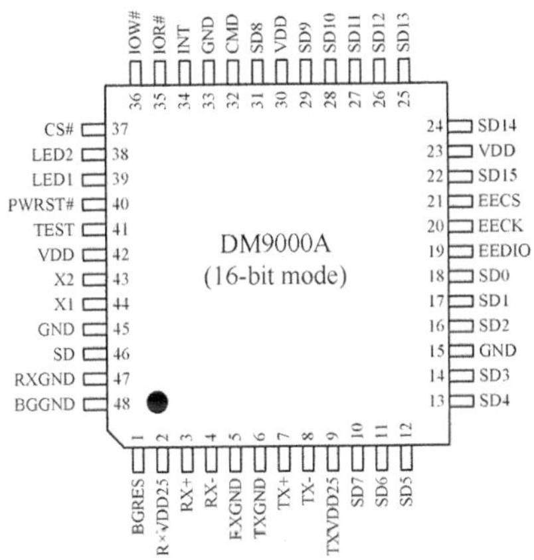

图 2-13 DM9000A 引脚分布图

表 2-8 DM9000A 引脚功能说明

引脚名称	引脚编号	描述
IOR#	35	处理器读命令，低电平有效，极性能够被 EEPROM 设置
IOW#	36	处理器写命令，低电平有效，极性能够被 EEPROM 设置
CS#	37	片选信号，低电平有效，极性能够被 EEPROM 设置
CMD	32	访问类型，高电平是访问数据端口；低电平是访问地址端口
INT	34	中断请求信号,高电平有效，极性能够被 EEPROM 设置
SD0～7	18,17,16,1,4,13,12,1	处理器数据总线 0～7

续表>>

引脚名称	引脚编号	描　述
SD8～15	31,29,28,2,7,26,25,24,22	数据总线 8～15；在 16 位模式下，这些引脚被作为数据位 8～15
EEDIO	19	EEPROM 数据输入、输出引脚
EECK	20	EEPROM 时钟信号；该引脚也被用于中断极性的设置。当这个引脚为上拉高电平时，中断低有效，否则中断引脚高有效
EECS	21	EEPROM 片选信号；该引脚也被用于设置内部存储器数据总线宽度。当引脚为上拉高电平时，总线为 8 位，否则为 16 位
X2	43	25M 晶振输出
X1	44	25M 晶振输入
LED1	39	速度 LED；低电平输出表示内部 PHY 工作于 100M/s 的速率下，悬空表示内部 PHY 工作于 10M/s 的速率下
LED2	38	连接/运行 LED；在 LED 模式 1，它作为 PHY 链路通断和载波侦测的公用灯；在 LED 模式 0，它作为 PHY 载波侦测的专用灯
SD	46	光纤信号检测,PECL 电平信号，显示光纤接收是否有效
BGGND	48	能带隙地信号
BGRES	1	能带隙引脚
RXVDD25	2	2.5V 接收端口电源
TXVDD25	9	2.5V 发送端口电源
RX+/RX-	3,4	物理层接收端的正极/物理层接收端的负极
RXGND/TXGND	5,47,6	接收端口地/发送端口地
TEST	41	操作模式；在正常模式时被强制置接地
TX+/TX-	7,8	物理层发送端口正极/物理层发送端口负极
PWRST#	40	上电复位，低电平激活 DM9000 的重新初始化，5μs 后初始化当该引脚测试到电平变化
VDD	23,30,42	数字电源，3.3V 电源输入
GND	15,33,45	数字地

2.4.2 DM9000A 硬件设计

如图 2-14 所示，DM9000A 的读信号线 IOR#、写信号线 IOW#分别与 S5PV210 的读信号控制线 XmoOEn、写信号控制线 Xm0WEn 相连；由于其片选信号 CS#与 S5PV210 微处理器的 SROM_BANK1 片选信号 Xm0CSn1 相连，因此 DM9000A 网络控制器的端口地址的基址(IOAddr)可以为 0x88000000 开始的 0x88000000 ～08FFFFFF 空间的任一地址。DM9000 的地址信号和数据信号复用，使用 CMD 引脚来区分，CMD 引脚为低的时候总线上传输的是地址信号，引脚为高的时候总线上传输的是数据信号，S5PV210 的地址线 Xm0ADDR2 连接至 CMD 引脚，通过控制 Xm0ADDR2 引脚的高低电平来区分 S5PV210 传输的是地址还是数据。访问 DM9000A 内部寄存器时，我们需要先将 CMD 置为低电平，发出地址信号，然后将 CMD 置为高电平，读写数据。

通过以上分析，DM9000A 的地址与数据端口地址分别为如下所示。

```
ADDR 端口地址 = IOAddr + 0x00
DATA 端口地址 = IOAddr + 0x04
```

DATA 端口加上 0x04 是因为 DM9000A 的 CMD 引脚连在了 CPU 的 Xm0ADDR2 地址线上，当写数据时，此引脚必须为高，所以地址为 IOAddr 加上 0x04，这样既可以选择访问不同的端口，同时也能将端口数据写在两块不同的存储空间。

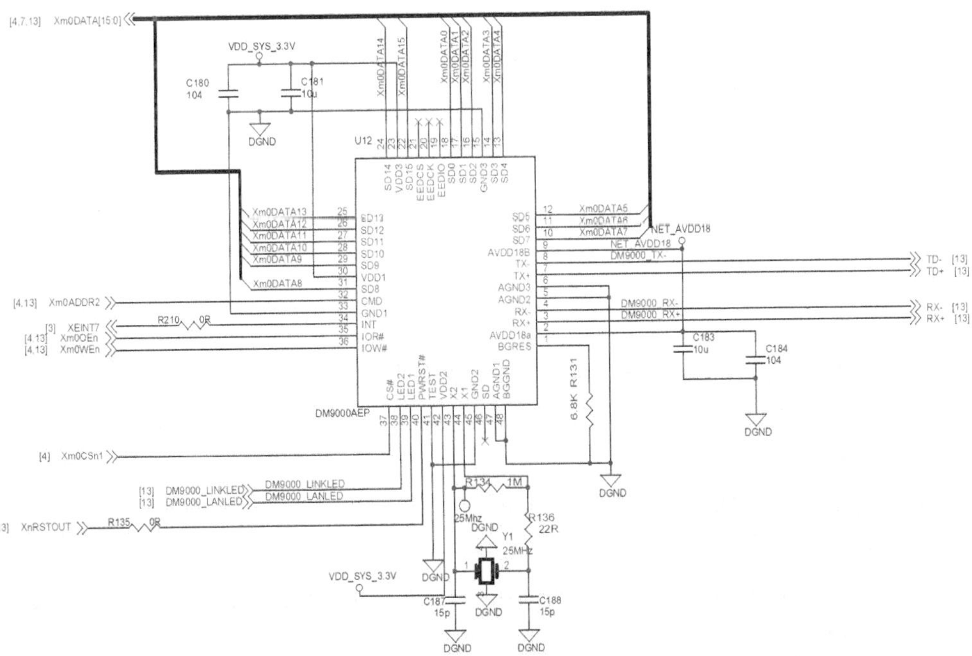

图 2-14 DM9000A 与 CPU 连接示意图

2.5 WM8960 音频编解码芯片

2.5.1 IIS 总线接口概述

Smart210 开发板具有音频信号的输入输出功能，通过麦克接口，它可以接收音频信号输入；通过一个耳机插孔，可以连接音频信号线输出音频数据，音频信号的处理是通过一片具有 IIS 总线接口的 WM8960 芯片来完成的。

IIS（Intel-IC Sound）总线一般称为集成电路内部声音总线，写作 I2S。IIS 总线源于 SONY 和 PHILIPS 等公司共同提出的一个串行数字音频总线协议，许多音频编解码器（CODEC）和微处理器都提供了对 IIS 总线的支持，S5PV210 微处理器支持 IIS 总线接口。IIS 总线只传送音频数据，其他信号（如控制信号）必须另行传送。

通常 IIS 只使用 3 部分串行总线（不同芯片可能会有所不同），3 条线分别如下。

- 数据线：提供分时复用功能，数据线传送数据时由时钟信号同步控制，而且以字节为单位传送。
- 字段选择线：为 0 或 1，表示选择左声道或右声道。
- 时钟信号线，能够产生时钟信号的设备称为主设备，从设备引入时钟信号作为内部时钟使用。

2.5.2 WM8960 概述

WM8960 是欧胜(WOLFSON)电子推出的一款低功耗、高质量的音频编解码芯片。该芯片内置有麦克风接口、立体声耳机驱动器、立体声 24 比特模数转换器（ADC）和数模转换器（DAC）。它主要应用于便携式电脑游戏、DVD 播放器、手机多媒体等。WM8960 编解码芯片的特点如下。

- 数模转换器（DAC）信噪比为 98dB，采样率为 48kHz、电压为 3.3V 时总谐波失真为−84dB。
- 模数转换器（ADC）信噪比为 95dB，采样率为 48kHz、电压为 3.3V 时总谐波失真为−82dB。
- 它具有噪声抑制功能。

- 该芯片具有麦克风接口。
- 该芯片可编程自动电平控制/抑制器和噪声门限。
- 该芯片支持 3D 立体声增强音效。
- 该芯片支持立体声 D 类扬声器驱动器。
- 该芯片每声道输出到 8 欧姆 BTL 扬声器的功率为 1W。
- 该芯片具有灵活的开关时钟。
- 该芯片支持无滤波连接。
- 片上集成耳机驱动器，16 欧姆负载和 3.3V 供电时，输出功率为 40mW。
- 该芯片支持无电容模式。
- 该芯片支持低功率消耗。
- 该芯片支持低电源电压。

WM8960 的引脚分布如图 2-15 所示。

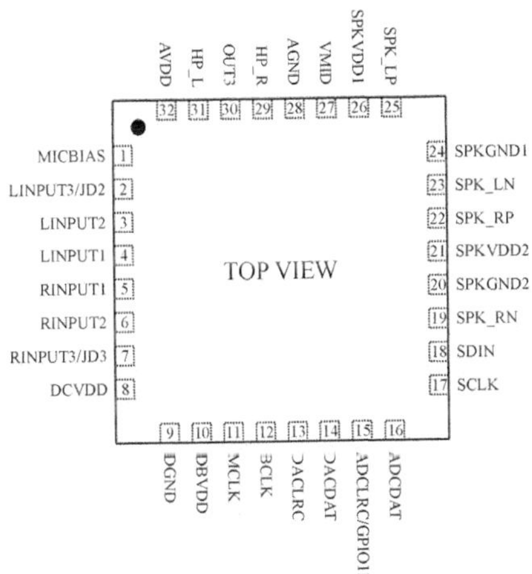

图 2-15 WM8960 引脚分布图

WM8960 各个引脚功能如表 2-9 所示。

表 2-9 WM8960 引脚功能

引脚名称	引脚编号	功 能
MICBIAS	1	麦克风电压引脚
LINPUT3/LINPUT2/LINPUT1	2,3,4	第三路、第二路、第一路左声道差分输入引脚
RINPUT1/RINPUT2/RINPUT3	5,6,7	第三路、第二路、第一路右声道差分输入引脚

续表>>

引脚名称	引脚 编号	功　能
DCVDD/DBVDD	8,10	数字核心电压引脚/数字 I/O 电压引脚
DGND	9	数字地引脚
MCLK	11	IIS 主时钟，也叫系统时钟
BCLK	12	IIS 串行时钟，也叫位时钟
DACLRC	13	IIS 帧时钟，用于切换左右声道的数据
DACDAT	14	DAC 音频数据引脚
ADCLRC / GPIO1	15	光纤信号检测，PECL 电平信号，显示光纤接收是否有效
ADCDAT	16	ADC 音频数据引脚
SCLK	17	IIC 协议的时钟引脚
SDIN	18	IIC 协议的数据引脚
SPK_RN	19	扬声器右声道差分输出负端
SPKGND2	20	扬声器地
SPKVDD2	21	扬声器电源
SPK_RP	22	扬声器右声道差分输出正端
SPK_LN	23	扬声器左声道差分输出正端
SPKGND1	24	扬声器地
SPK_LP	25	扬声器左声道差分输出正端
SPKVDD1	26	扬声器电源
VMID	27	ADC 和 DAC 去耦参考电压
AGND	28	模拟地，供给 ADC 和 DAC
HP_R/HP_L	29,31	耳机左右输出
OUT3	30	单声道，或者左右声道无电容耦合输出引脚
AVDD	32	模拟供给电压，供给 ADC 和 DAC

2.5.3 WM8960 硬件设计

WM8960 与 S5PV210 硬件连接如图 2-16 所示。S5PV210 具有 IIS 控制单元，通过 IIS 总线接口和 I2C 总线接口与音频编解码芯片 WM8960 进行交互，其中 IIS 接口传输声音数据，I2C 传输控制信息(如音量调节、静音等)，WM8960 接收音频数据完成编解码功能。

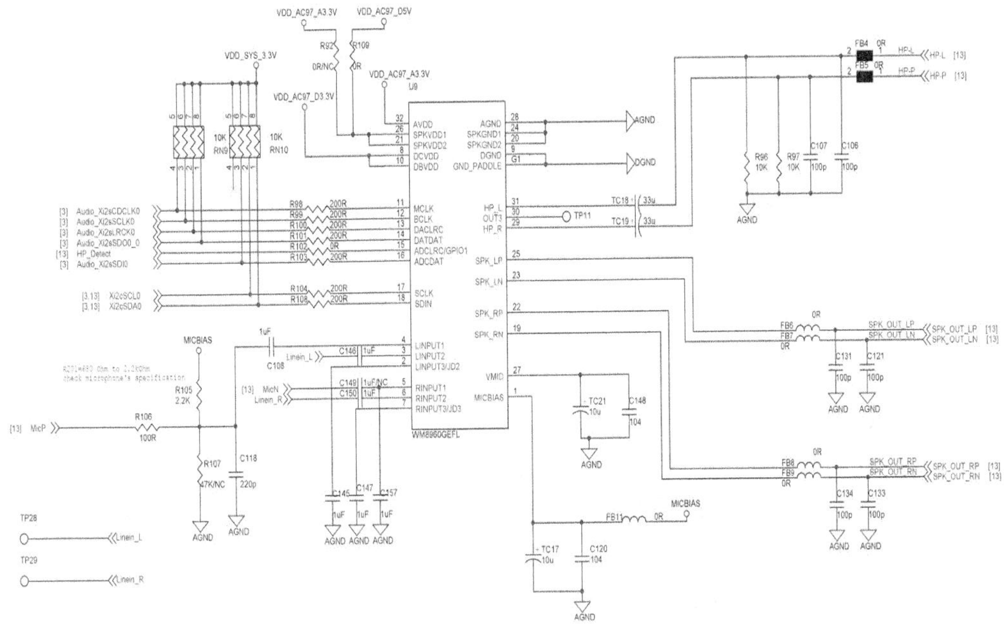

图 2-16 WM8960 与 S5PV210 硬件连接示意图

对于声音信号需要对音频数据的采集与播放。采集是对模拟声音信号进行采集、用数字量进行标示，通过 ADC 模数转换器来完成。播放将以数字量的形式保存在缓冲区里面的音频数据恢复为模拟信号输出，通过 DAC 数模转换器来完成。

WM8960 同时具备采集和播放所需的 ADC 与 DAC，录音的时候，对模拟声音信号采样，通过内置 ADC 将模拟信号转换为数字量，经过 IIS 控制器将转化为的数字量存放在音频芯片内存中；播放的时候，从音频芯片内存中读取数字量，经 IIS 控制器将数字量传输给 WM8960，通过内置 DAC 将数字量转换为模拟量播放出来。

从图 2-15 与表 2-9 所示可以看出，三个引脚与音频信号频率有关。BCLK 为串行时钟（也叫位时钟），每一个时钟信号传送一位音频信号，因此 BCLK 的频率 = 声道数 × 采样频率 × 采样位数（采样频率即每秒钟取样数），如采样频率 fs 为 44.1kHz，采样的位数为 16 位，声道数两个（左、右两个声道），则 BCLK 的频率 = 32fs = 1411.2kHz。

XXXLRC 为帧时钟，用于切换左、右声道，如 LRC 为高电平表示正在传输的是左声道数据，为低电平表示正在传输的是右声道数据，因此 XXXLRC 的频率应该正好等于采样频率。

MCLK 为系统时钟，由于 IIS 控制器只负责数字音频信号的传输，而要真正实现音频信号的放与录还需要额外的处理单元，MCLK 为芯片提供系统同步时钟，即编解码时钟，主要用于音频的 A/D、D/A 采样，一般 MCLK 为 256fs 或 384fs（fs 为采样频率）。通过以上分析我们可以发现，采样频率 fs 对频率的设置至关重要。fs 不是任意设置的，一般基于不同的应用场合和听觉效果，设置不同的值，如 8kHz、16kHz、22.05kHz、44.1kHz、48kHz、96kHz 等。

在图 2-16 中，CPU 的 Audio_Xi2sLRCK0 连接到了 DACLRC，HP_Detect 连接到了 ADCLRC。ADCLRC 和 DACLRC 分别是输入输出的左右声道时钟引脚。当采样的时候，首先将采样数据传输到左声道缓冲区，然后将下一个采样数据传输到右声道缓冲区，然后又传输到左声道缓冲区，依次往复；当播放的时候，首先将左声道数据提取出来播放，然后是右声道数据，之后又是左声道数据，依次往复。

Audio_Xi2sSDO0_0 连接到了 DACDAT 数模转换数字音频信号输入引脚，Audio_Xi2sSDI0 连接到了 ADCDAT 引脚。DACDAT 从内存里面取出的数据经 IIS 控制器传输给编解码芯片，数模转换后播放。采样的模拟信号转换为数字信号之后，从 ADCDAT 输出，经 IIS 控制器传递给内存。采样速率及串行的音频数据的输入输出，则由连接至 MCLK 与 BCLK 的 S5PV210 的 Audio_Xi2sCDCLK0 引脚和 Audio_Xi2sSCLK0 引脚来控制。WM8960 的 SCLK 和 SDIN 引脚接至 S5PV210 的 IIC 总线接口第一个通道，通过 S5PV210 实现对 WM8960 的配置。

第 3 章 扩展板电路设计

本章内容：

扩展板电路设计原理，如发光二极管、蜂鸣器、按键、串行通信、EEPROM、USB、HDMI 接口、RJ45 接口及复位电路等。

教学目标：

- 了解 EEPROM、SD 卡、LCD 接口的电路设计方法；
- 了解 USB 接口定义及电路设计方法；
- 掌握发光二极管、蜂鸣器、按键的工作原理及电路设计方法；
- 掌握异步串行通信接口、RJ45 接口设计方法；
- 掌握电源模块及复位电路设计方法。

3.1 LED 电路

3.1.1 发光二极管简介

发光二极管在嵌入式设备中很常见，通常用作电路工作状态的指示，能够发出红色、绿色、黄色、蓝色、白色光，外形有圆柱形和长方形。与普通二极管一样，发光二极管也是由半导体材料制成的，具有单向导电性，只有接对极性才能发光。发光二极管实物如图 3-1 所示。发光二极管的电路符号如图 3-2 所示，比一般二极管电路图多两个箭头，示意能够发光。

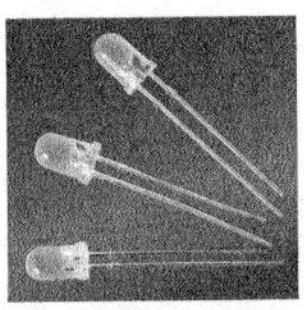

图 3-1　发光二级管

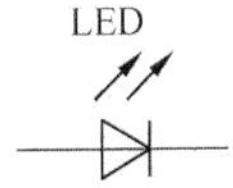

图 3-2　发光二极管电路符号

3.1.2 发光二极管的检测

发光二极管有正负极之分，辨别发光二极管正负极的方法有实验法和目测法。

1. 实验法

如果万用表有检测短路档，由于使用9V或者15V的电池，可将发光二极管接至红黑两表笔之间测试，正负两极与红黑表笔相接时，会发现发光二极管发光，由此判断发光二极管正负极。

2. 目测法

对于直插型发光二极管,通过观察我们可以发现内部的两个电极一大一小。一般来说，电极较小、个头较矮的一个是正极，电极较大的一个是负极。如果是新的发光二极管，管脚较长的一个是正极。如果是贴片发光二极管，芯片背后有绿色的箭头指示标志，箭头方向为负极。

3.1.3 发光二极管电路设计

发光二极管是一种电流型器件，虽然在它的两端直接接上5V的电压后能够发光，但容易损坏，在实际使用中一定要串接限流电阻。发光二极管工作电流根据型号不同一般为1mA到30mA。发光二极管的导通电压一般在1.7V以上，一般取2V如果工作电流选10mA，那么限流电阻值为(5V−2V)/10mA，即为300Ω。

Smart210开发板发光二极管与S5PV210连接方式如图3-3所示，正极接VDD_SYS_3.3V，

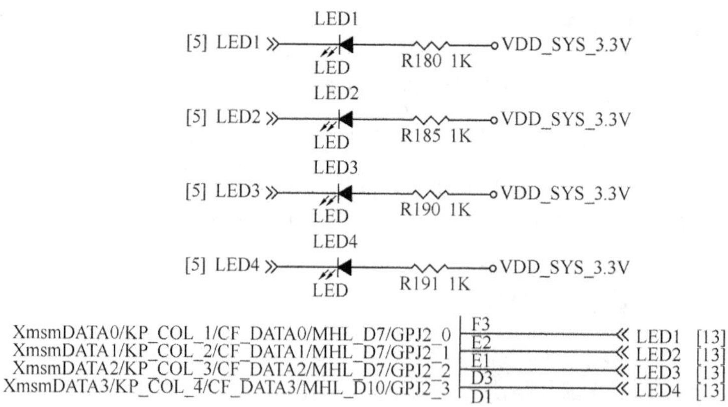

图3-3 发光二极管与S5PV210连接示意图

工作电压为 3.3V，LED1～LED4 连接 S5PV210 的 J2 组端口引脚 0～引脚 3，当 GPJ2_0～GPJ2_3 端口为低电平时，发光二极管发光。

3.2 蜂鸣器电路

3.2.1 蜂鸣器简介

蜂鸣器是一种电子讯响器，因为其发出的声音像蜜蜂一样，所以被称为蜂鸣器。它广泛应用于计算机、打印机、报警器、电子玩具、汽车电子设备等电子产品中作为发声器件。蜂鸣器的外观如图 3-4 所示。

图 3-4 蜂鸣器外观图

蜂鸣器分为压电式蜂鸣器和电磁式蜂鸣器两种类型，也可以分为有源蜂鸣器和无源蜂鸣器。

1. 第一种分类

（1）压电式蜂鸣器

压电式蜂鸣器主要由多谐振荡器、压电蜂鸣片、阻抗匹配器、共鸣箱及外壳组成。多谐振荡器由晶体管或集成电路构成。当接通电源后（1.5～15V 直流工作电压），多谐振荡器起振，输出 1.5～2.5kHz 的音频信号，阻抗匹配器驱动压电蜂鸣片发声。

（2）电磁式蜂鸣器

电磁式蜂鸣器由振荡器、电磁线圈、磁铁、振动膜片及外壳组成。接通电源后，振荡器产生的音频信号电流通过电磁线圈，使电磁线圈产生磁场。振动膜片在电磁线圈和磁铁的相互作用下，周期性地振动发声。

从外表上看，这两种蜂鸣器都是一个黑色的圆柱体、两个引脚。判断蜂鸣器属于哪个结构可以用磁铁去吸引，粘在一起的为电磁式蜂鸣器，反之为压电式蜂鸣器，因为压电式蜂鸣器没有磁铁，膜片多数是铜片，不会相吸；或者从音孔向内看，可看到内部黄铜片的即为压电式蜂鸣器。

2. 第二种分类

（1）有源式蜂鸣器

这里的“源”不是指电源，而是指震荡源，压电式蜂鸣器就属于此类。由于有源蜂鸣器内部带震荡源，只要一通电就会发声。

（2）无源式蜂鸣器

无源蜂鸣器内部无震荡源，内部具有可以通过电磁场控制振动的电磁片，电磁式蜂鸣器就属于此类。因此驱动无源蜂鸣器必须加以周期变化的方波式电压来完成。

无源蜂鸣器的优点是价格低廉，声音频率可控，可以做出“多来米发索拉西”的音乐效果。有源蜂鸣器因为内部具有震荡电路价格会高些，其优点是程序控制方便，通电即可发声。Smart210 开发板采用的是无源式蜂鸣器。

3.2.2 蜂鸣器电路设计

蜂鸣器与 S5PV210 的硬件连接示意图如图 3-5 所示。BUZZER 为蜂鸣器，9014 为 NPN 型三极管，3 个引脚分别是集电极、基极和发射极。集电极接蜂鸣器，基极通过一个限流电阻接到 S5PV210 的 XpwmTOUT0 端口，发射极接地，S5PV210 的 XpwmTOUT0 端口通过控制三极管基极来控制蜂鸣器的导通与否。当基极为高电平时，三极管导通，电流流过蜂鸣器，蜂鸣器发声；当基极为低电平时，三极管截止，无电流流过蜂鸣器，蜂鸣器关闭。由于蜂鸣器的工作电流一般比较大，而 S5PV210 的端口驱动能力较弱，利用三极管的电流放大作用，微弱信号通过三极管电流放大电路，集电极得到较大电流，连接的蜂鸣器能够充分发声。

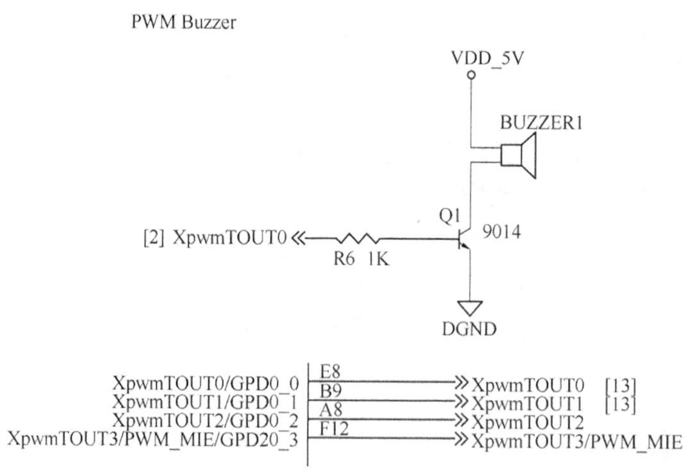

图 3-5 蜂鸣器接口电路

XpwmTOUT0 是 S5PV210 的 D 组 0 号引脚，通过该引脚提供相应的高低电平（高电平 3.3V，低电平 0V），加到三极管基极控制三极管导通与否，从而控制蜂鸣器发声。

3.3 按键电路

3.3.1 按键分类

键盘是最常用的人机输入设备，在设计嵌入式硬件系统时，通常根据应用的具体要求来设计键盘的硬件接口电路。常用按键有带锁与不带锁两种，不带锁按键如图 3-6 所示，常用来制作个性的小键盘；带锁按键如图 3-7 所示，常用作电源开关等。

图 3-6 不带锁按键

图 3-7 带锁按键

3.3.2 按键设计技巧

按键有两种方式，分别为独立式按键接法和矩阵式按键接法，下面我们对其进行简要介绍。

1. 按键接法分类

（1）独立式按键

将每一个按键分别连接到一个输入引脚上，如图 3-8 所示，微处理器根据对应输入引脚上的电平是高还是低来判断按键是否按下并且完成相应按键的功能。由于在图 3-8 中按键在未按下时被电阻上拉到 3.3V，按键未按下时为高电平；按下按键时接地，因此为低电平。

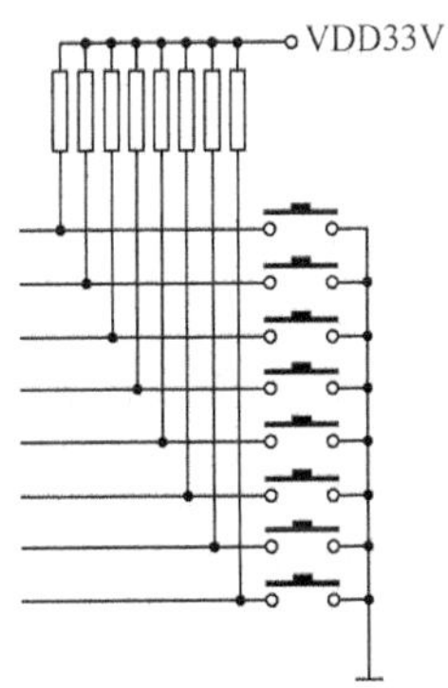

图 3-8 独立式键盘

（2）矩阵键盘

把按键排成阵列形式，按键位于行、列的交叉点上，当按键按下的时候，行列线导通，如图 3-9 所示。由于占用 I/O 口较少，节省资源，该接法通常用于按键数目较多的场合，但是工作原理复杂。

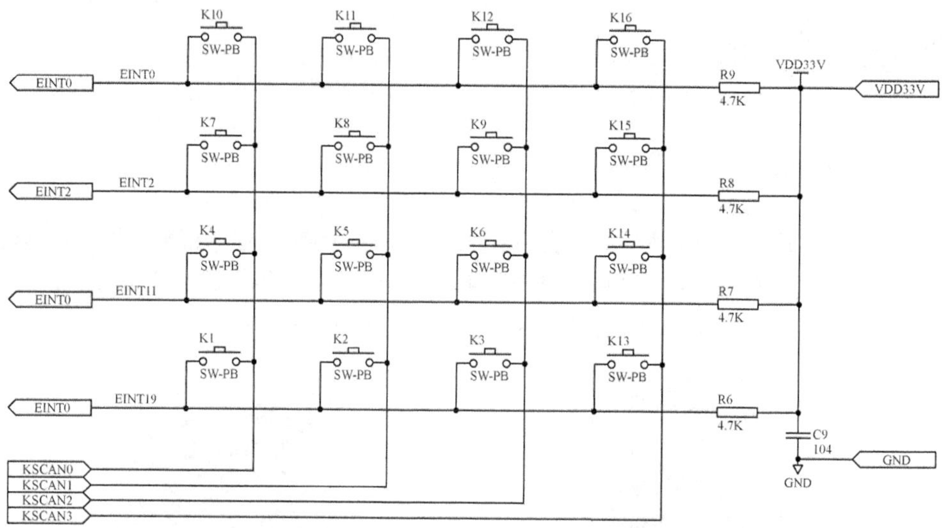

图 3-9　矩阵键盘

2．矩阵键盘扫描原理

从图 3-9 我们可以看出，无键按下时行线为高电平；当有键按下时，行线电平由列线电平来决定。由于行、列线为多键共用，各按键彼此将相互发生影响，必须将行、列线信号配合起来处理，才能确定闭合键的位置。常用的矩阵按键扫描法有行列扫描法和线反转法等。下面我们对行列扫描法进行介绍。

行列扫描法主要分为以下两步。

（1）首先置行线为输入状态，列线为输出状态，将所有列线置低电平，判断行线变化。如果有按键按下，对应的行线为低；否则，所有的行线都为高电平。此步为判断是否有按键按下，并不能得到最后的键值。

（2）其次采用逐列扫描，依次将各个列线置低电平，使行线为低电平的那一列，行列交叉点即为按键按下的位置。

3．按键消抖

按键无论采用独立式接法还是矩阵式接法，按下或抬起时，都会出现抖动，这是由按键机械开关本身特点决定的。当按键按下时，机械开关在外力的作用下，开关簧片的闭合有一个从断开到不稳定接触、最后到可靠接触的过程，即开关在达到稳定闭合前，会反复闭合，断开几次；同样的现象在按键释放时也存在，按键机械开关这种抖动的影响如果不设法消除，会使系统误认为键盘按下若干次。

按键抖动的示意图如图 3-10 所示。抖动的时间一般为 10～20ms。消除按键抖动的方法主要为软件延时方法。

消除按键抖动的软件延时方法为检测到有键按下，读到的键值为低，软件延迟 10ms 后如果仍为低，再确认有键按下；按键松开时，行线变高，软件延时 10ms 后仍为高，再确认按键已松开。采取这种措施，可以避开两个抖动期的影响，确保读到正确的键值。

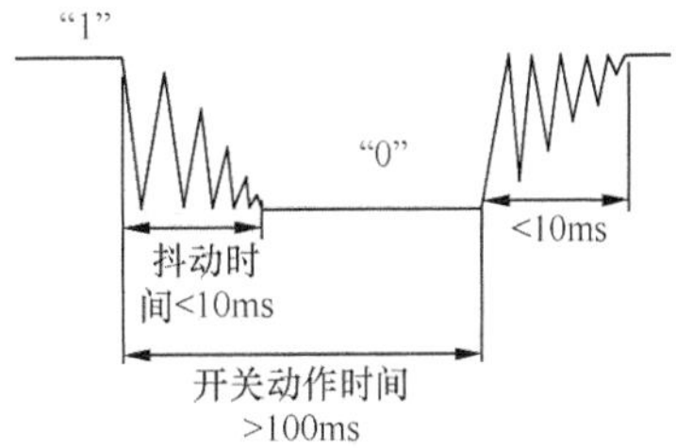

图 3-10　按键抖动示意图

3.3.3　按键电路设计

Smart210 开发板按键与 S5PV210 连接方式如图 3-11 所示，我们可以看出，采用的是独立式按键的接法。

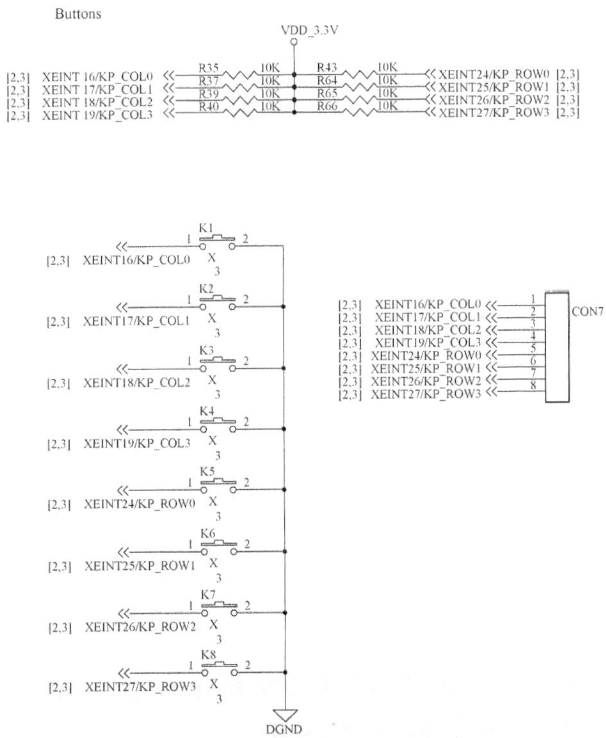

图 3-11　按键抖动示意图

3.4 串行通信接口电路

3.4.1 RS-232C 标准

嵌入式设备之间的数据通信的基本方式可分为并行通信与串行通信两种。并行通信是利用多条数据传输线将一个资料的各位同时传送，特点是传输速度快，适用于短距离通信，主要应用在要求通信速率较高的场合。串行通信是利用一条传输线将资料一位位地顺序传送，特点是通信线路简单，利用简单的线缆就可以实现通信，降低成本，适用于远距离通信、传输速度慢的场合。S5PV210 处理器具有 4 个串行通信接口并且符合通用的 RS232C 串行通信标准。

RS-232C 串行通信标准是美国 EIA（电子工业联合会）与 BELL 等公司一起开发、于 1969 年公布的串行通信协议，它适合于数据传输速率不高的场合，这个标准对串行通信接口的有关问题如信号线功能、电气特性都做了明确规定，作为一种串行通信接口标准，目前已经在嵌入式系统中广泛应用。

它的电气特性及物理特性特点如下。

1. 电气特性

RS-232C 对电气特性规定如下。

（1）数据线(TXD,RXD)上的信号电平(负逻辑)

```
mark(逻辑 1) = -5～-15V
space(逻辑 0) = +5～+15V
```

（2）控制和状态线(其他)上的信号电平

```
ON(逻辑 0)= +5～+15V(接通)
OFF(逻辑 1)= -5～-15V(断开)
```

2. 物理接口

图 3-12 及图 3-13 分别为“D”型 9 针 RS232C 物理接口的公头与母头。

“D”型 9 针插头串口各个引脚功能定义如图 3-14 所示。

图 3-12 “D”型 9 针插头（公头或阳头）

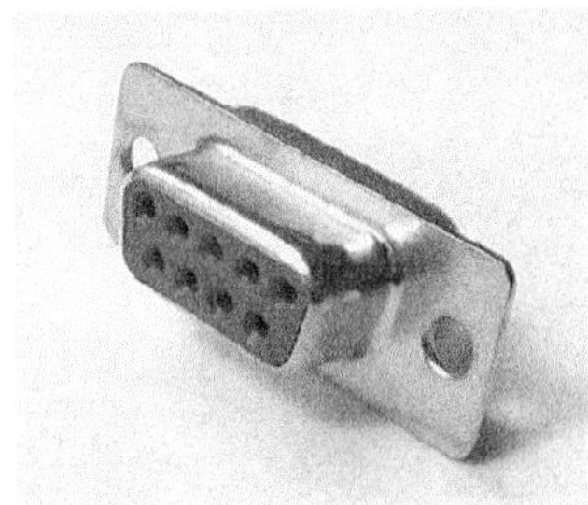

图 3-13 “D”型 9 针插头（母头或阴头）

9针 信号接口

引脚	信号名	功能
1	DCD	载波检测
2	RXD	接收数据
3	TXD	发送数据
4	DTR	数据终端准备就绪
5	GND	信号地线
6	DSR	数据准备完成
7	RTS	发送请求
8	CTS	发送清除
9	RI	振铃指示

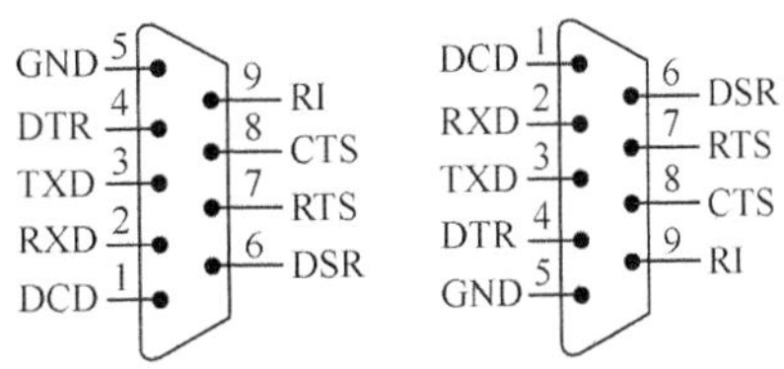

(a) 阳头 (b) 阴头

图 3-14 “D”型 9 针插头引脚定义

由于 RS-232C 标准中表示逻辑 0、1 状态的电平与嵌入式微处理器表示逻辑 0、1 状态的电平不同，为了使 S5PV210 微处理器能与 RS-232C 接口的设备连接，我们必须在电路设计中设计电平转换电路。实现这种转换的集成电路芯片有多种，目前广泛使用的芯片有 SP3232、MAX3232 等。

3.4.2 MAX3232 芯片

MAX3232 内部原理如图 3-15 所示。MAX3232 芯片为+3.3V 供电，配备专有的低漏失电压发射器，通过双电荷泵，在 3.3V 供压下，能够将 TTL 电平转换为 RS-232C 电平。MAX3232 芯片硬件连接中只需要 4 个 0.1μF 用于电荷泵的外部小电容即可完成 RS232C 电平和 TTL 电平之间的转换。

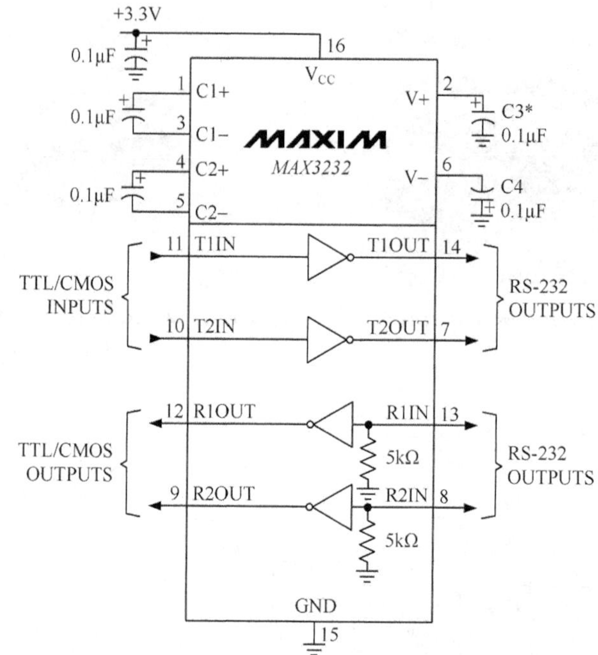

图 3-15　MAX3232 引脚示意图

3.4.3　串行通信接口电路设计

Smart210 异步串行接口设计如图 3-16 所示，由 RS-232C 物理接口及 RS-232C 电平转换芯片 SP3232 两部分构成。S5PV210 具有 4 个串行接口。一片 SP3232 能够驱动两个简单串口，如图 3-16 所示，串口 0 和 3 采用一片 SP3232，其余串口通过普通接插件引出。

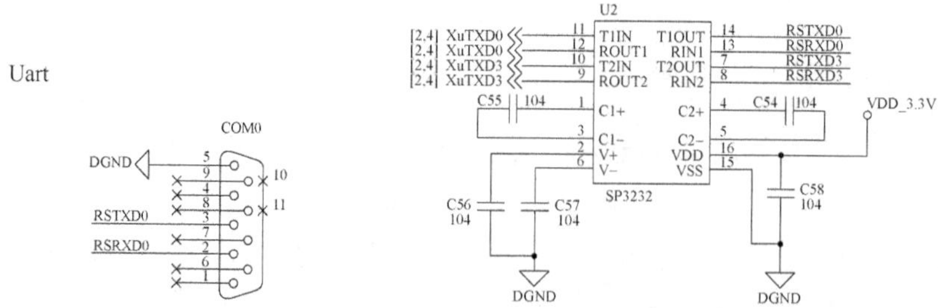

图 3-16　串行通信接口连接图

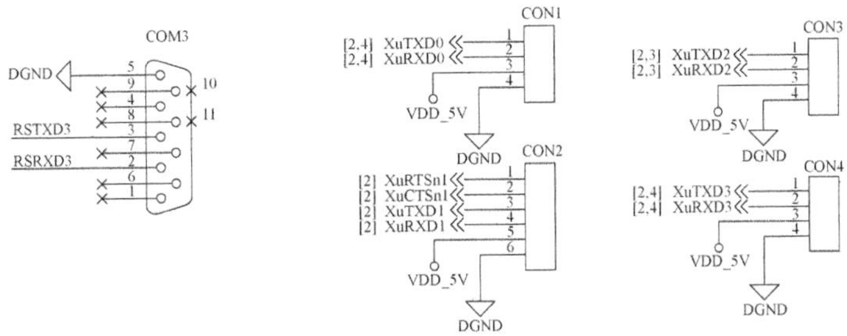

图 3-16　串行通信接口连接图（续）

3.5　EEPROM 电路

3.5.1　I2C 总线协议概述

在一些应用中，我们需要对工作数据进行掉电保护，具有 I2C 接口的串行 EEPROM 存储器可很好地解决数据保存问题，而且硬件电路简单、芯片体积小。该芯片的典型代表为 ATMEL 公司的 AT24CXX 系列。Smart210 开发板具有一片 AT24C02。我们首先简要介绍 I2C 总线协议内容，然后介绍 AT24C02 的使用方法以及它与 S5PV210 的硬件设计电路。

I2C 总线是 NXP 公司为实现电子器件之间的控制而开发的一种简单双向两线总线，具有完善的通信协议，支持多种芯片。目前 I2C 总线已经成为一种国际标准的通信总线，广泛应用于嵌入式系统中。

I2C 总线是通过两根线连接到总线上，一根时钟线（SCL 串行时钟线），一根数据线（SDA 串行数据线）。每个器件都有一个唯一的地址，而且都可以作为发送器或接收器。

I2C 总线上的设备分为主设备和从设备两种，总线支持多主多从。主设备通过寻址来识别总线上的 I2C 总线器件，所以省去了每一个器件的片选线，使得整个系统的连接非常简洁。典型的应用如图 3-17 所示。

I2C 总线上数据的传输速率在标准模式下为 100Kbps，在快速模式下可达 400Kbps，在高速模式下可以达到 3.4Mbps。总线速率越高，总线上拉电阻就要越小。100Kbps 总线速率，通常使用 5.1KΩ的上拉电阻。连接到总线的设备数量受 I2C 总线规范对 I2C 总线电容最大不能超过 400pF 规定的限制。

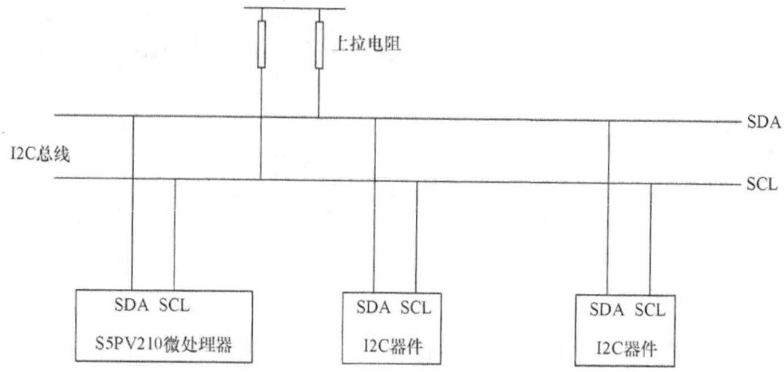

图 3-17 I2C 总线配置

3.5.2 AT24C02 介绍

AT24CXX 系列 EEPROM 是 ATMEL 公司生产的串行电可擦的可编程只读存储器，产品广泛，包括 AT24C01/02/04/08/16 等，其容量分别为 128B/256B/512B/1KB/2KB，适用电压范围为 2～5V，封装形式为 8 引脚双排直插式或贴片式，具有结构紧凑、存储容量大等特点。

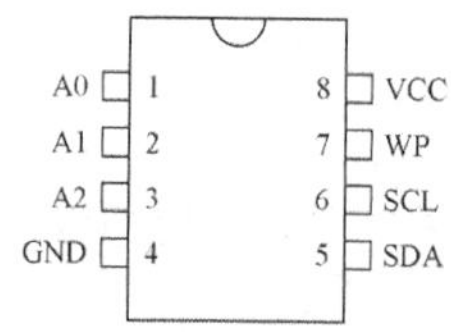

图 3-18 AT24C02 引脚示意图

1. AT24C02 引脚分布及功能

AT24C02 引脚排列如图 3-18 所示，引脚功能如表 3-1 所示。

表 3-1 AT24C02 的引脚功能

引脚编号	引脚名称	功能
1～3	A0、A1、A2	可编程地址输入端
4	GND	地
5	SDA	串行数据输入输出端
6	SCL	串行时钟输入端
7	WP	输入写保护引脚。WP=0，允许写操作；WP=1，所有的写存储器操作被禁止
8	VCC	电源

AT24C02 由于 SCL 和 SDA 引脚为漏极开路输出，所以在使用时，需外接上拉电阻。

2. AT24C02 存储结构与寻址

AT24C02 的存储容量为 256B，分为 32 页，每页 8B，对它的访问有两种寻址方式：芯片寻址和片内子地址寻址。

AT24C02 的芯片地址固定为 1010，它是 I2C 总线器件的特征编码，其地址控制字的格式为 1010 A2 A1 A0 R/W，A2A1A0 引脚为高、低电平后得到的确定的 3 位编码，与 1010 形成 7 位编码，即为该器件的地址码，最低一位 R/W 表示对 AT24C02 是读操作还是写操作。由于 A2A1A0 共有 8 种组合，系统最多可外接 8 片 AT24C02。

确定 AT24C02 芯片的 7 位地址码后，片内的存储空间可用 1 字节作为地址码进行寻址，寻址范围为 00H～FFH，即可对内部的 256 个单元进行读写操作。

3.5.3 AT24C02 的读写操作

1. 写操作

AT24C02 有两种写入方式，即字节写入方式与页写入方式。

（1）字节写入方式

图 3-19 所示为 AT24C02 字节写时序图。在字节写模式下，主机给从机发送起始命令和地址信息（R/W 位置 0）。主机在收到从机产生的应答信号后，发送 1 个 8 位地址写入从机地址指针。主机在收到从机的另一个应答信号后，再发送数据到被寻址的存储单元，从机再次应答并在主机产生停止信号后开始内部数据的擦写，所以在器件写入数据后需要延时几个毫秒。

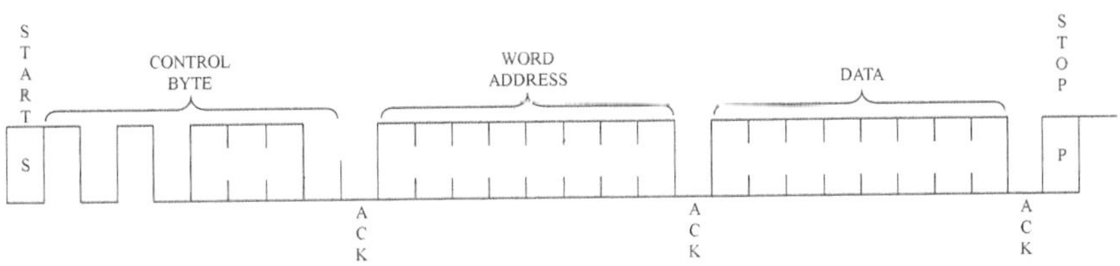

图 3-19　AT24C02 字节写时序

（2）页写入方式

图 3-20 所示为 AT24C02 页写入时序图。在页写模式下，AT24C02 可以一次写入 8 字节。页写操作的启动和写一字节是一样的，不同之处在于传送了一个字节数据后并不产生停止信号。每发送一字节数据后，AT24C02 产生一个应答位，内部低位地址加 1，高位保持不变。如果在发送停止信号之前主器件发送超过 P+1 个字节，则地址计数器自动翻转，覆盖先前写入的数据。接收到停止信号后，AT24C02 会启动内部写周期将数据写入数据区，所有接收的数据会在一个写周期内写入 AT24C02 中。

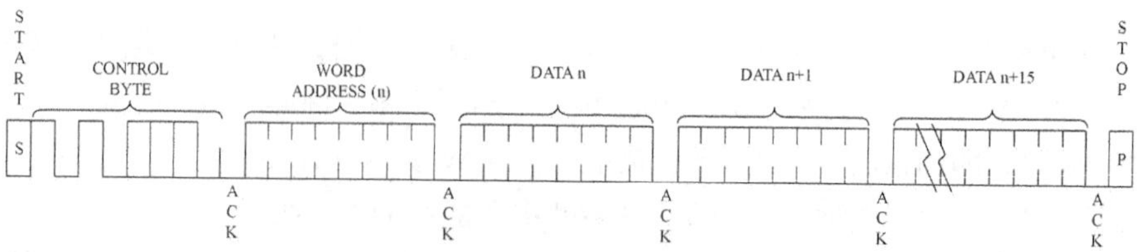

图 3-20 AT24C02 页写入时序图

页写入时应该注意器件的页翻转现象，不同的 EEPROM 页的大小是不一样的。当 AT24C02 的页写入字节数为 8 时，从 0 页首地址 0x00 处开始写入数据；当页写入数据超过 8 个字节时，就会发生页翻转；如果从 0x01 处开始写数据，当写入 7 个数据后，就会发生页翻转；其他情况以此类推。

2. 读操作

AT24C02 有两种读方式，即指定地址读方式和指定地址连续读方式。

（1）指定地址读方式

图 3-21 所示为 AT24C02 读取一字节时序图。主机首先发送起始信号、从机地址和想读取字节数据的地址执行一个伪写操作。在 AT24C02 应答之后，主机重新发送起始信号和从机地址，此时 R/W 位置 1；AT24C02 响应并发送应答信号，然后输出所要求的一个 8 位数据字节，主机不发送应答信号，但会产生一个停止信号。

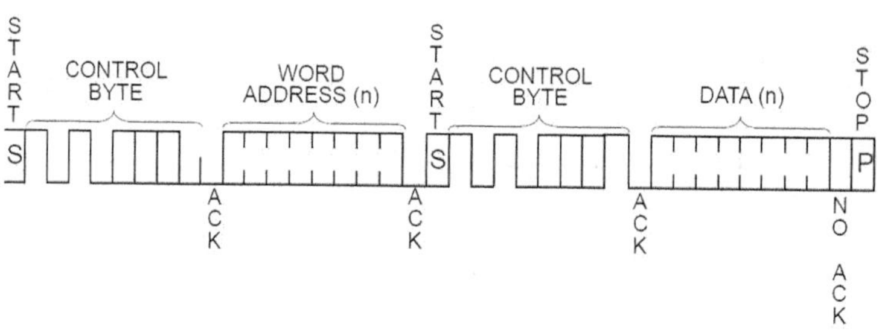

图 3-21 AT24C02 读字节时序图

（2）指定地址连续读方式

图 3-22 所示为 AT24C02 多字节读取时序图。AT24C02 发送完一个 8 位数据后，主机产生一个应答信号来响应，告知 AT24C02 主器件要求更多的数据，对应每个主机产生的应答信号，AT24C02 将发送一个 8 位数据，当主机不发送应答信号而发送停止位时结束读操作。

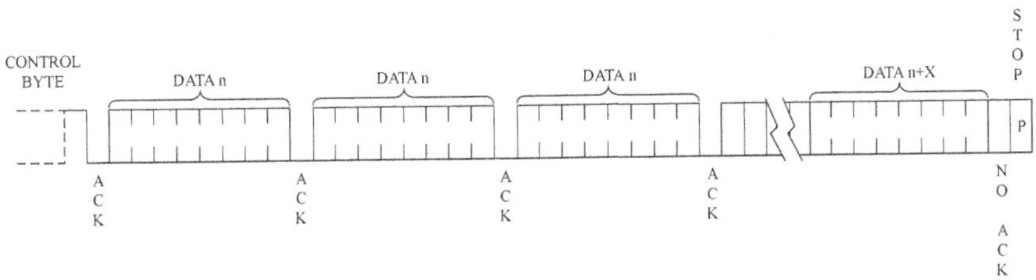

图 3-22 AT24C02 多字节读取时序图

3.5.4 AT24C02 电路设计

Smart210 开发板使用 S5PV210 微处理器内置的 I2C 控制器作为通信主设备，AT24C02 为从设备。电路设计如图 3-23 所示，AT24C02 的存储容量为 256B，器件 ID 是 1010，A0、A1、A2 三位地址线决定了芯片的访问地址和要访问的部件。在 Smart210 开发板中，A0、A1、A2 分别接地，所以该器件的访问地址为 1010000X，X 表示是读还是写操作。

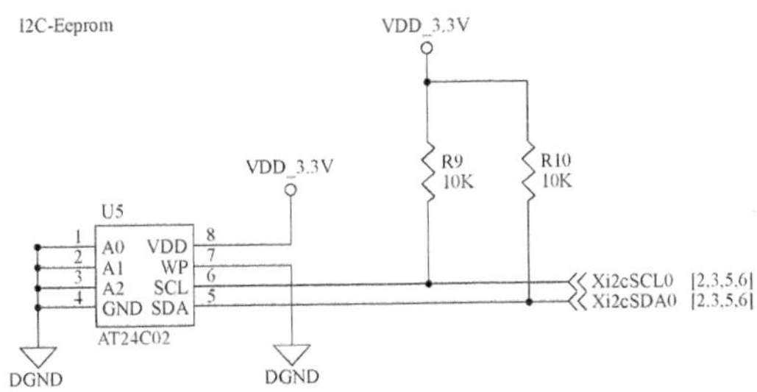

图 3-23 AT24C02 连接图

3.6 SD 卡电路

3.6.1 SD 卡概述

随着嵌入式设备对大容量、高性价比、小体积、访问接口简单的存储卡的需求不断加大，市场上出现了几种常见的存储卡，如图 3-24 所示。

（a）CF 卡　（b）MMC 卡　（c）SD 卡　（d）SDHC 卡　（e）TF 卡

图 3-24　几种常见的存储卡

在这几种卡中，CF（Compact Flash）卡由于体积比较大，管脚多等因素，已经很少使用了。MMC(Multimedia Card)卡由于容量、价格和速度等原因也很少使用了。SD（Secure Digital）卡是一种兼容 MMC 卡的大容量、高性能、安全的多功能存储卡，比 MMC 卡多了一个进行数据著作权保护的暗号认证功能（SDMI 规格）。普通的 SD（SD 1.1 规范）卡只能支持 2GB 的容量。为了提高容量、加快读写速度，SD 协会随后推出了 SD2.0 规范，符合该规范的 SD 卡就被成为 SDHC（High Capacity SD Memory Card）卡。随着人们对体积的要求变化，市场上出现了 TF（Trans Flash Card）卡，又名 Micro SD 卡。这是一种超小型卡，大小约为 SD 卡的 1/4，是目前市场上最新的存储卡；加上 SD 卡转换器后，和 SD 卡的使用方法是一样的。

3.6.2　SD 卡的物理接口

由于各方面的原因，嵌入式领域比较常见的还是普通 SD 卡，下面将详细介绍普通 SD 卡的应用方法。至于其他的存储卡，读者可以阅读相关资料。在本书中，除了特别说明外，SD 卡都指普通的 SD 卡。

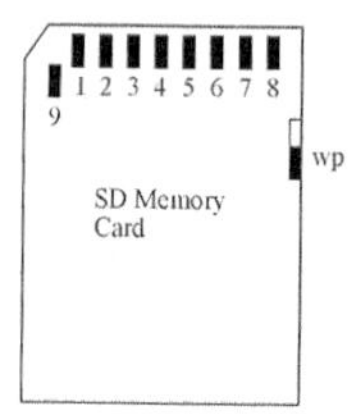

图 3-25　SD 卡的外形和接口图

SD 卡外形和接口如图 3-25 所示，内部结构如图 3-26 所示，一共由 9 个触点组成，侧面还有一个读写保护开关 WP。

SD 卡的读写有三种传输模式：

（1）SPI 模式（独立序列输入和序列输出）；

（2）1 位 SD 模式（独立指令和数据通道，独有的传输格式）；

（3）4 位 SD 模式（使用额外的针脚以及某些重新设置的针脚，支持四位宽的并行传输）。

低速卡通常支持 0～400Kbps 的 SPI 和 1 位 SD 传输模式；高速卡支持 0～100Mbps 的 4 位 SD 传输模式，支持 0～25Mbps 的 SPI 和 1 位 SD 模式。SPI 模式和 1、4 位 SD 模式接

口触点的定义是不一样的，如表 3-2 所示。

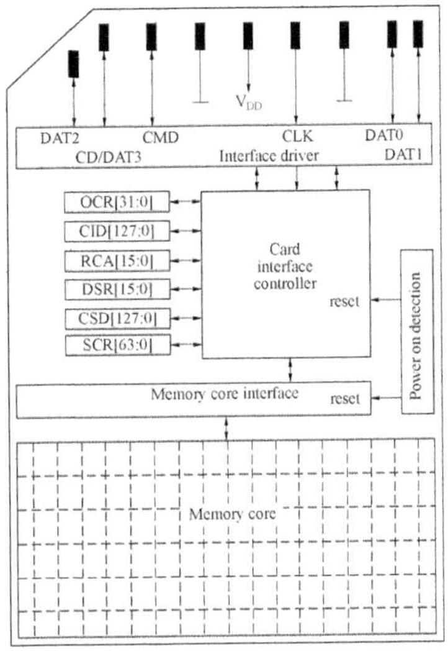

图 3-26 SD 卡内部结构

表 3-2 SD 卡接口触点说明

引脚	SD 模式			SPI 模式		
	名称	类型	描 述	名称	类型	描述
1	CD/DAT3	I/O/PP	卡的检测/数据线[位 3]	CS	I	片选（低电平有效）
2	CMD	PP	命令/响应	DI	I	数据输入
3	VSS1	S	电源地	VSS	S	电源地
4	VDD	S	电源	VDD	S	电源
5	CLK	I	时钟	SCLK	I	时钟
6	VSS2	S	电源地	VSS2	S	电源地
7	DAT0	I/O/PP	数据线[位 0]	DO	O/PP	数据输出
8	DAT1	I/O/PP	数据线[位 1]	RSV	-	-
9	DAT2	I/O/PP	数据线[位 2]	RSV	-	-

3.6.3 SD 卡的应用模式

1. SD 模式

在 SD 模式下，主机使用 SD 总线方式访问 SD 卡，其结构如图 3-27 所示，我们可以看出，总线上可以挂多个 SD 卡或别的卡。

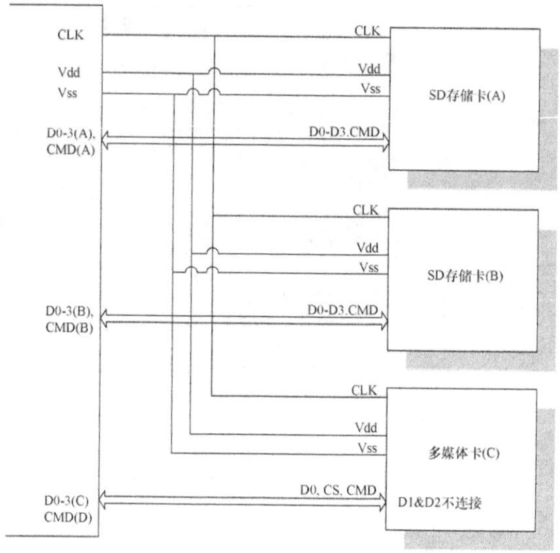

图 3-27　SD 模式访问结构图

2. SPI 模式

在 SPI 模式下，主机使用 SPI 总线访问 SD 卡，基本上所有的 ARM 微处理器或其他单片机都带有硬件 SPI 接口，所以使用 SPI 接口访问 SD 卡是非常方便的，其结构如图 3-28 所示，我们可以看出，同一 SPI 总线上可以挂多个 SD 卡或其他 SPI 器件。

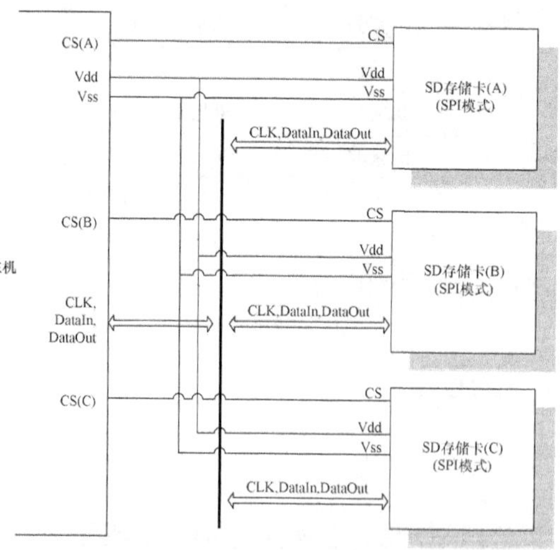

图 3-28　SPI 模式访问结构图

3.6.4 S5PV210 与 SD 卡的电路设计

Smart210 开发板中，SD 卡工作在 SD 模式，S5PV210 内部具有高速的 SD MMC 控制器，相应引脚为 XmmcCLK0、XmmcCMD0、XmmcCDn、Xmmc0DATA0、Xmmc0DATA1、Xmmc0DATA2、Xmmc0DATA3，分别与 SD 卡对应引脚相连接即可，如图 3-29、图 3-30 所示。S5PV210 支持 4 块 SD 卡接口，在本书中，我们仅使用了一块 SD 卡作为启动引导设备。

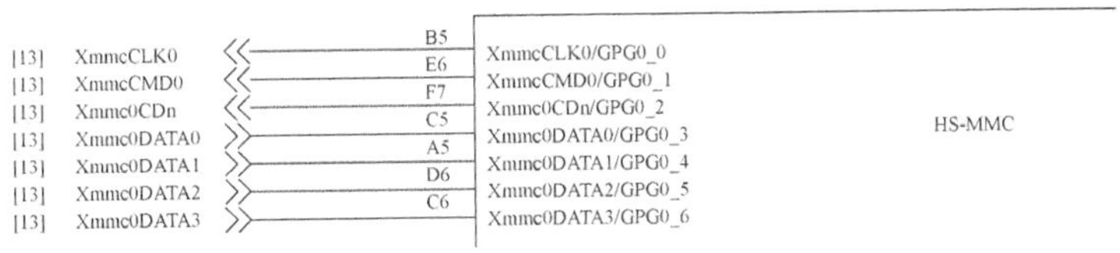

图 3-29 S5PV210 SD MMC 控制引脚

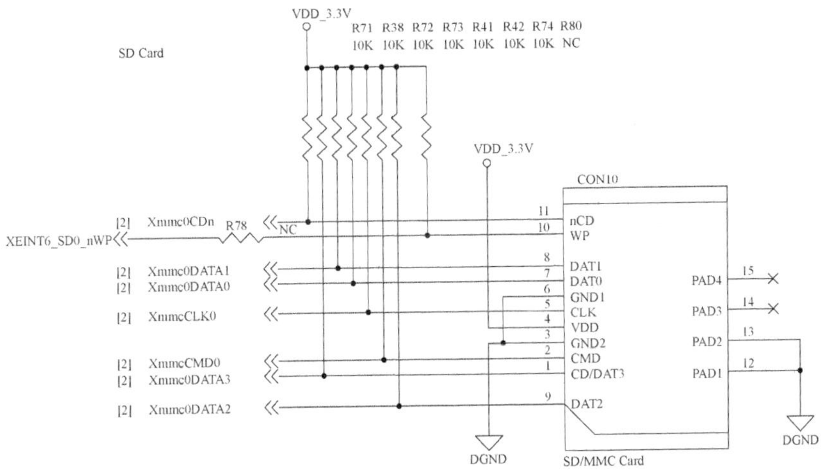

图 3-30 SD 卡接口电路

3.7 重力传感器电路

MMA7660 是一款单芯片三轴向高灵敏度加速度传感器，具有三轴向检测功能，能在 x、y、z 三个轴向上以极高的灵敏度读取低重力水平的坠落、倾斜、移动、放置、震动和摇摆的变化，使便携式设备能够智能地响应位置、方位和移动的变化。

MMA7660 的特性如下。

- I2C 数字接口输出。
- 提供 x、y、z 三轴向检测。
- 可选灵敏度。
- 低功耗。
- 提供休眠模式。
- 能够低压运行：1.7～3.6V。
- 快速启动：1ms。
- 低噪声。
- 封装小：16 针脚 QFN 无针脚型方体扁平封装。

MMA7660 根据物件运动和方向改变输出内部信号的电压值。各轴的信号在不运动或不被重力作用的状态下，其输出为某一数值；如果沿着某一个方向活动，或者受到重力作用，输出电压就会根据其运动方向以及设定的传感器灵敏度而改变其输出电压。MMA7660 芯片使用 I2C 接口输出数据，S5PV210 的 I2C 接口与其直接相连即可读取其数值，进而检测其运动和方向等。

MMA7660 与 S5PV210 的第 1 组 I2C 接口相连接，如图 3-31 所示。

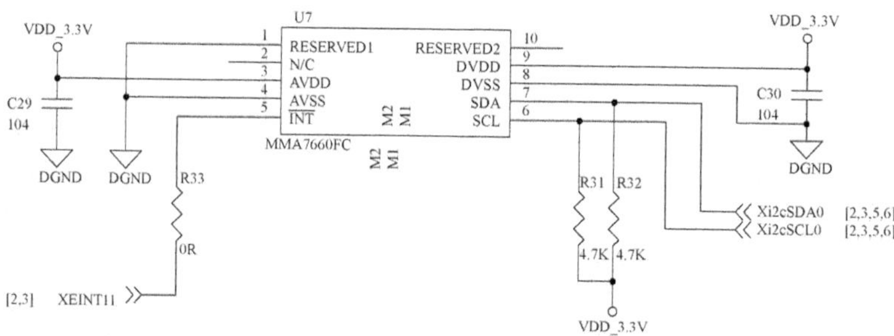

图 3-31　MMA7660 接口电路

3.8　USB 电路

3.8.1　USB 基础知识

通用串行总线协议（Universal Serial Bus，USB）是由 Intel、Compaq、Microsoft 等公

司联合提出的一种新的串行总线标准，主要用于 PC 机与外围设备的互联，1994 年 11 月发布第一个草案，1996 年 2 月发布第一个规范版本 1.0，2000 年 4 月发布高速模式版本 2.0，对应的设备传输速率也从 1.5Mbps 的低速和 12Mbps 的全速提高到 480Mbps。目前 USB 技术已经发展到 USB3.0，传输速率达到 5Gbps，相应硬件接口也发生了变化。

在普通用户看来，USB 系统就是外设通过一根 USB 电缆和 PC 机连接，通常把外设称为 USB 设备(Device)，把其所连接的 PC 机称为 USB 主机(Host)。

USB 接口实物如图 3-32 所示。

USB 使用一根屏蔽的 4 线电缆与总线上的设备进行互联，4 线电缆中，一个差分双绞线负责数据传输，这两根线分别标为 D+和 D-；另外两根线是 VCC 和 Ground，其中 VCC 向 USB 设备供电。为了避免混淆，USB 电缆中的线都用不同的颜色标记，如图 3-33 所示。

图 3-32 USB 接口实物

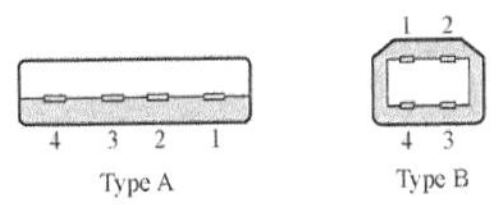

USB PIN Definition

Pin	Name	Cable color	Description
1	VCC	Red	+5V
2	D–	White	Data–
3	D+	Green	Data+
4	GND	Black	Ground

图 3-33 USB 接口引脚定义

从设备连接到主机，称为上行连接；从主机到设备的连接，称为下行连接。为了防止回环情况的发生，上行和下行端口使用不同的连接器，所以 USB 在电缆和设备的连接中分别采用了两种类型的连接头，图 3-34 所示为 A 型连接头和 B 型连接头。A 型连接头用于上行连接，即在主机或集线器上有一个 A 型插座，连接到主机或集线器电缆的一端是 A 型插头。USB 设备上有 B 型插座，B 型插头连接从主机或集线器接出的下行电缆的一端。采用这种连接方式，可以确保 USB 设备、主机/集线器和 USB 电缆始终以正确的方式连接，而不会出现电缆接入方式出错或直接将两个 USB 设备连接到一起的情况。

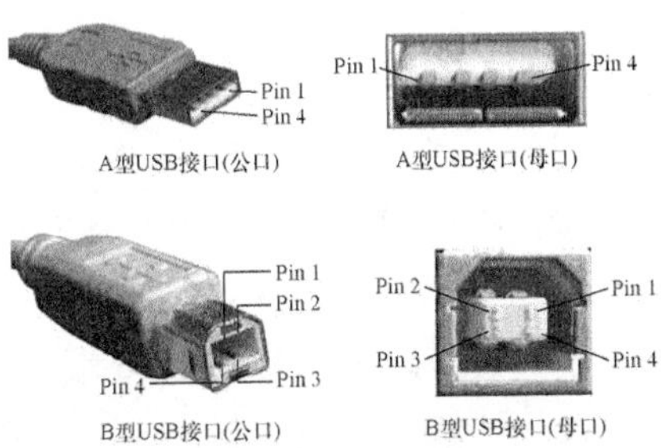

USB引脚定义：

引脚	功能	颜色	备注
1	V Bus	红	电源正5V
2	Data–	白	数据–
3	Data+	绿	数据+
4	GND	黑	地

图 3-34 USB 接口种类

3.8.2 USB 设备检测

在 USB 设备连接时，USB 系统能自动检测到电路连接，并识别出其采用的数据传输速率。USB 采用在 D+或 D-线上增加上拉电阻的方法来识别低速和全速设备。USB 支持三种类型的传输速率：1.5Mbps 的低速传输、12Mbps 的全速传输和 480Mbps 的高速传输。

USB 主机与设备的连接方式如图 3-35 所示。当主控制器或集线器的下行端口上没有 USB 设备连接时，其 D+和 D-线上的下拉电阻使得这两条数据线的电压都是近地的（0V）；当低速/全速设备连接以后，电流流过由集线器的下拉电阻和设备在 D+/D-的上拉电阻构成的分压器，因为下拉电阻的阻值是 15kΩ，上拉电阻的阻值是 1.5kΩ，所以在 D+/D-线上会出现大小为（Vcc×15/（15+1.5））的直流高电平电压，当 USB 主机探测到 D+/D-线的电压已经接近高电平而其他的线保持接地时，它就知道全速/低速设备已经连接了。

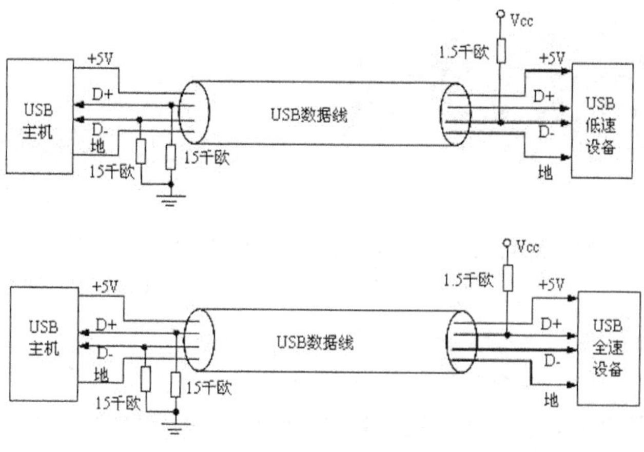

图 3-35 USB 设备检测检测示意图

3.8.3 USB2.0 OTG 接口

USB OTG 是 USB On-The-Go 的缩写，2001 年 12 月由 USB Implementers Forum 公布，主要应用于各种不同的设备或移动设备间的联接。USB OTG 既可以作为 USB HOST 端口，又可以作为 USB 从机端口。我们如何判断是哪种工作模式？USB OTG 接口引脚中多了一个 ID 信号引脚，如果接到 USB OTG 端口的线缆 ID 是悬空的，那么 OTG 端口工作在从机状态；如果接入的线缆 ID 是接地的，那么 OTG 端口就工作在主机模式，同时要提供 5V 电源。USB OTG 连接线如图 3-36 所示。

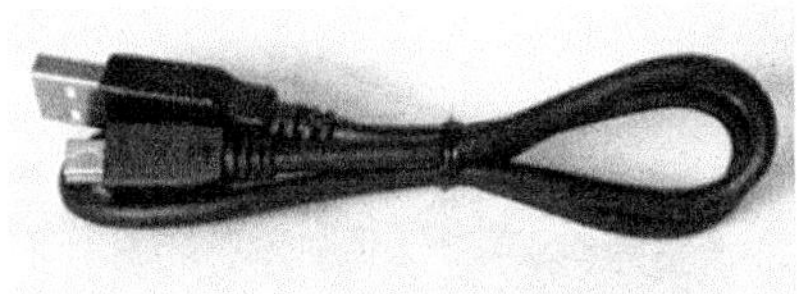

图 3-36 USB OTG 硬件接口示意图

3.8.4 S5PV210 的 USB 接口电路设计

S5PV210 微处理器提供了 USB 主机控制器和 USB 设备控制器，用户只需简单地通过电阻将 S5PV210 的相应引脚连接至 USB 接口器件即可。S5PV210 与 USB 接口连接方式如图 3-37 所示。Smart210 开发板配置的 miniUSB 线、ID 引脚是悬空的，开发板是作为从设备连接到 PC 上的 USB 主机端口的。

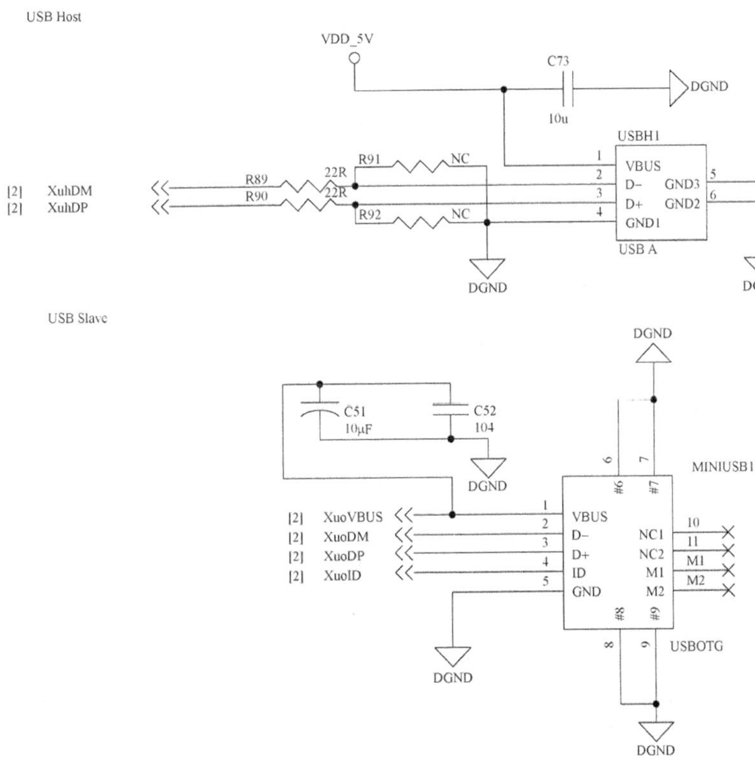

图 3-37 USB 硬件设备连接图

3.9 LCD电路

3.9.1 液晶显示屏

液晶显示屏（Liquid Crystal Display，LCD）具有轻薄、体积小、低耗电量、无辐射危险、平面直角显示以及影像稳定不闪烁等特点，在许多嵌入式应用系统中，常作为人机显示界面。

1. 主要类型及性能参数

液晶显示屏按显示原理分为 STN 和 TFT 两种。

STN 液晶显示屏使用 x、y 轴交叉的单纯电极驱动方式，即 x、y 轴由垂直与水平方向的驱动电极构成，水平方向驱动电压控制显示部分为亮或暗，垂直方向的电极则负责驱动液晶分子的显示。STN 液晶显示屏加上彩色滤光片并将单色显示矩阵中的每一像素分成三个子像素，分别通过彩色滤光片显示红、绿、蓝三原色，也可以显示出其他色彩。单色液晶屏及灰度液晶屏都是 STN 液晶屏。

TFT 液晶显示屏采用“背透式”照射方式，光源路径不像 STN 液晶那样从上至下，而是从下向上。做法是在液晶的背部设置特殊光管，光源照射时通过下偏光板向上透出。由于上下夹层的电极改成 FET 电极和共通电极，在 FET 电极导通时，液晶分子的表现也会发生改变，通过遮光和透光来显示。

Smart210 开发板的显示部分采用 7 寸 TFT 液晶显示屏，型号为 AT070TN92。

2. 驱动与显示

液晶屏的显示要求设计专门的驱动与显示控制电路。驱动电路包括提供液晶屏的驱动电源、液晶分子偏置电压以及液晶显示屏的驱动逻辑；显示控制部分由专门的硬件电路组成，也可以采用集成电路（IC）模块，还可以使用处理器外围 LCD 控制模块。Smart210 开发板的驱动与显示系统包括 S5PV210 片内 LCD 控制器、液晶显示屏的驱动逻辑以及外围驱动电路。关于液晶显示屏的驱动逻辑电路及外围驱动电路不在本书介绍范围内，本书仅介绍 S5PV210 片内 LCD 控制器原理。

3.9.2 S5PV210 内部 LCD 控制器

S5PV210 内部 LCD 控制器模块由 VSFR，VDMA，VPRCS，VTIME 以及 video clock 几部分组成。为了配置 LCD 显示控制模块，VSFR 有 121 个可编程寄存器集，一个 gamma LUT 寄存器集（64 个寄存器），一个 i80 命令寄存器集（12 个寄存器）和 5 个 256×32 调色板内存。VDMA 是一个专用的显示 DMA 通道，能够将 frame 内存里视频数据传输到 VPRCS。利用特殊的 DMA，用户可以在没有 CPU 干涉的情况下将视频数据传输到屏幕上显示。VPRCS 从 VDMA 中接收视频数据并转换为合适的数据格式后（例如：8BPP 或 16BPP 模式）通过 RGB_VD 或 SYS_VD 端口传送到显示设备上。VTIME 由可编程逻辑模块组成，在不同的 LCD 驱动下支持各种接口时序和波特率。VTIME 模块产生 RGB_VSYNC、RGB_HSYNC、RGB_VCLK、RGB_VDEN 和 SYS_CS0、SYS_CS1、SYS_WE 等控制信号。

S5PV210 内部 LCD 控制器控制引脚如表 3-3 所示。

表 3-3　S5PV210 内部 LCD 控制器引脚定义

输出接口信号	描　述
VSYNC	垂直同步信号
HSYNC	水平同步信号
VCLK	时钟信号
VD[23:0]	YCbCr 显示数据输出端口
VDEN	数据使能信号

3.9.3 LCD 接口电路设计

S5PV210 的 LCD 控制器输出引脚与 7 寸电容屏的硬件连接如图 3-38 所示。该液晶屏接口有 45 个引脚，其中 VD0～VD23 是数据信号线引脚，VDEN 是数据信号使能引脚，VSYNC 是垂直同步信号引脚，HSYNC 是水平同步信号引脚，VCLK 是像素时钟信号引脚，Xi2cSCL2、Xi2cSDA2 分别是触摸屏控制器 FT5406 的 I2C 总线接口的 SCL、SDA 引脚，XENIT14、XEINT15 引脚是触摸事件需要的外部中断引脚，XpwmTOUT1 是背光控制引脚。

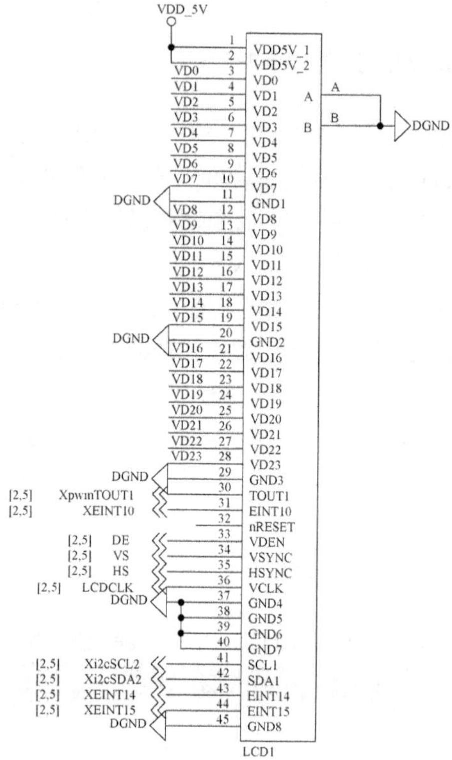

图 3-38　LCD 设备硬件连接示意图

3.10　HDMI 高清多媒体接口

3.10.1　HDMI 概述

Smart210 开发板具有 HDMI 的接口，接下来我们对它进行简单介绍。高清晰度多媒体接口（High Definition Multimedia Interface，HDMI）是一种数字化视频、音频接口技术，是适合影像传输的专用型数字化接口，可同时传送音频和影音信号，最高数据传输速度为 5Gbps。2002 年 4 月，日立、松下、飞利浦、Silicon Image、索尼、汤姆逊、东芝等 7 家公司共同组建了 HDMI 高清多媒体接口组织 HDMI Founders，着手制定一种符合高清时代标准的全新数字化视频、音频接口技术。HDMI founders 在 2002 年 12 月 9 日正式发布了 HDMI1.0 版标准。2006 年 5 月，针对日益发展的数字影像技术对高分辨率、高传输速率、高色深图像的要求，HDMI Founders 推出 HDMI1.3 版本。S5PV210 的 HDMI 接口目前支持 HDMI1.3 版本。

3.10.2 HDMI 物理接口

Smart210 开发板具有的标准 19 针的 HDMI 的物理接口分布如图 3-39 所示，各个引脚的定义如表 3-4 所示。19 针 HDMI 接口称之为 Type A 接口型接口，普及率最高。HDMI 接口还有另外两种常用的形式，一种是 mini HDMI（Type C），另一种是 micro HDMI（Type D）。这三种接口在信号上没有差别，主要是物理尺寸上的差异。Mini HDMI 尺寸小一些，一般平板电脑上用得比较多。micro HDMI 更小，主要在手机上应用。图 3-40 所示为三种插座对应的 HDMI 电缆比较。另外还有 29 针的 Type B 型 HDMI 接口，因为较为少见，本书不作介绍。

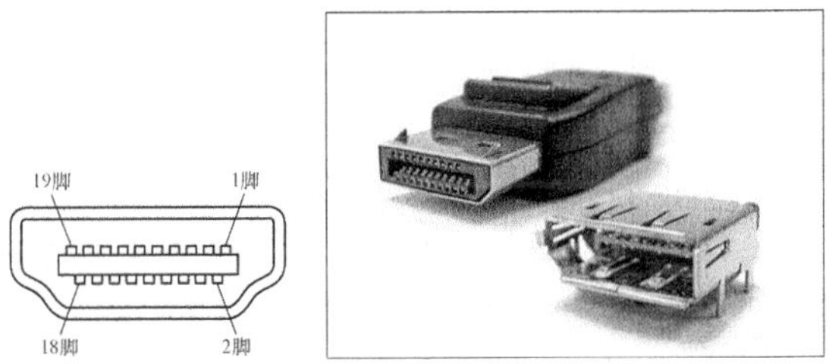

图 3-39 HDMI 接口实物图

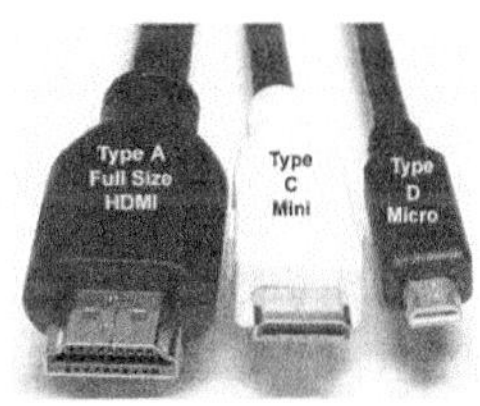

图 3-40 其他 HDMI 接口实物图

表 3-4 HDMI 引脚定义

HDMI 引脚标号	引脚定义
1	TMDS Data2+
2	TMDS Data2 Shield 信号屏蔽层，接地
3	TMDS Data2–
4	TMDS Data1+
5	TMDS Data1 Shield 信号屏蔽层，接地
6	TMDS Data1–
7	TMDS Data0+

续表>>

HDMI 引脚标号	引脚定义
8	TMDS Data0 Shield 信号屏蔽层，接地
9	TMDS Data0–
10	TMDS Clock+
11	TMDS Clock Shield 信号屏蔽层，接地
12	TMDS Clock–
13	CEC 消费电子控制连接
14	Reserved (N.C. on device)保留
15	SCL 时钟引脚
16	SDA 数据引脚
17	DDC/CEC Ground
18	+5V Power
19	Hot Plug Detect 热插拔检测引脚，高电平时候表示有设备插入

在表 3-4 中，TMDS(Time Minimized Differential Signal)的含义为最小化传输差分信号传输技术，是利用两个信号之间的电压差来传输信号。HDMI 数据有 3 对差分数据信号引脚 TMDS DataX-和 TMDS DataX+，有 1 对差分时钟信号引脚 TMDS ClockX+/-。

3.10.3 S5PV210 的 HDMI 接口电路设计

S5PV210 与 HDMI 接口的连接示意图如图 3-41 所示。HDMI 的差分数据与时钟引脚与 S5PV210 的 HDMI 引脚对接。CEC（Consumer Electronics Control）引脚为消费电子控制通道，通过这条通道可以实现 HDMI CEC 网络中设备之间的交互和控制，该引脚与 S5PV210 的 HDMI_CEC 引脚相连接。Hot Plug Detect 引脚与 S5PV210 的 HDMI_HPD 引脚连接，用于实现热插拔的查询，控制是否允许下端设备读取显示数据通道内的数据。HDMI 配有一个 I2C 接口，该接口用于 S5PV210 读取 HDMI 显示器的 EDID，EDID 表示 HDMI 接收器能支持的分辨率、色彩空间等。S5PV210 根据 I2C 接口传输的数据内容决定发送音视频信号的类型。

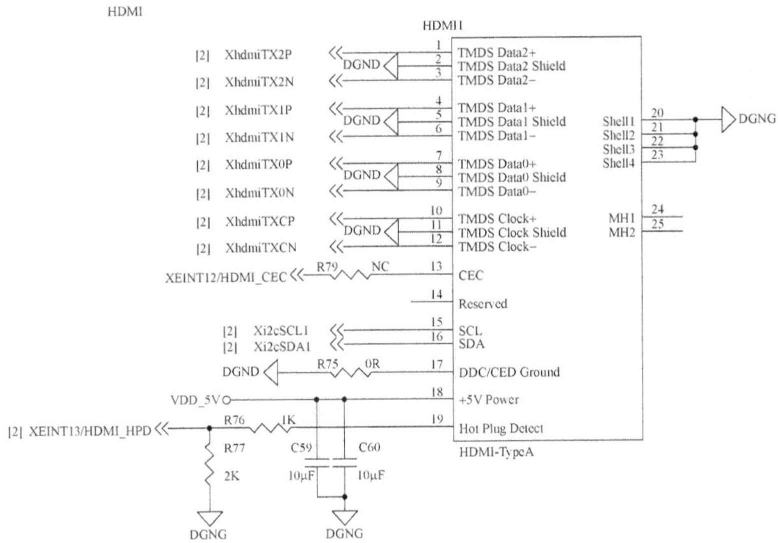

图 3-41 HDMI 接口硬件连接示意图

3.11 RJ45 网络接口

Smart210 核心板网卡芯片 DM9000A 通过 RJ45 接口与其他网络设备连接。RJ45 接口型号为 HR911105A，是一款集成了网络变压器和 LED 指示灯的 RJ45 插座，其实物与引脚定义如图 3-42 所示。

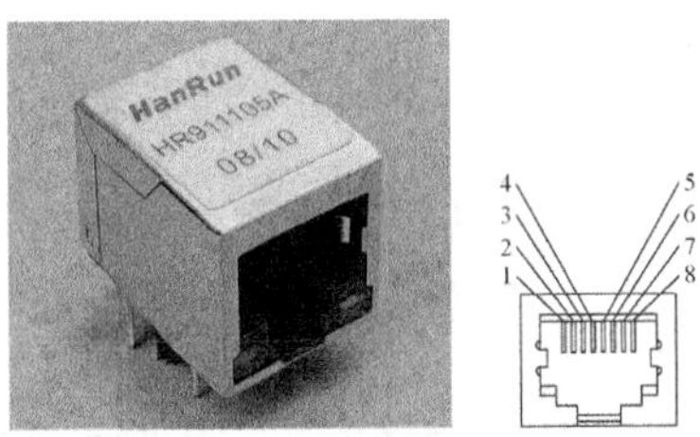

图 3-42 RJ45 引脚示意图

各个引脚的功能如表 3-5 所示。

表 3-5 RJ45 引脚功能

引脚编号	引脚名称	描述
1	TX+	发信号+
2	TX-	发信号-
3	RX+	收信号+
4	NC	空脚
5	NC	空脚
6	RX-	收信号-
7	NC	空脚
8	NC	空脚

3.12 电源及复位电路

Smart210 开发板采用 5V 电源适配器供电，通过低压差稳压芯片 AMS1086 将电压调节至 3.3V，再通过 RT9011-MGPJ6 将电压调节至 1.8V 和 2.8V，其中 3.3V 供给 S5PV210 微处理器的端口及外围设备，1.8V 供给 S5PV210 微处理器 CPU 内核供电，2.8V 提供给摄像头接口。

3.12.1 AMS1086 电源芯片

AMS1086 是一个低压差电压调节器，电流输出可达 1.5A，它有可调电压和固定电压输出两种系列，Smart210 开发板采用固定电压 3.3V 输出的版本。AMS1086 芯片工作电路如图 3-43 所示。

图 3-43 中 VIN 为 AMS1086 的电压输入端，VOUT 为 AMS1086 的电压输出端，各个电压版本的产品有不同的电压输出值，在正常工作期间，输出电压的绝对误差不超过±1%。DGND 引脚为接地端。

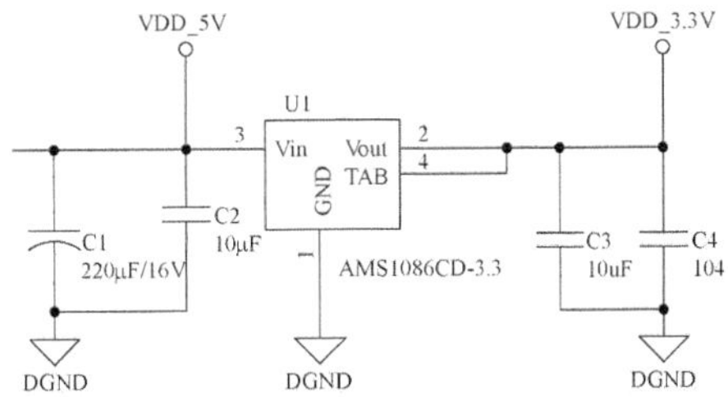

图 3-43 AMS1086 电源设计示意图

3.12.2 RT9011 电源芯片

RT9011 是一个双通道的低压差电压调节器，它能够将输入的 2.5～5.5V 的信号转换为 1.2～3.6V 输出，两个通道中每通道提供 300mA 的电流。RT9011 的芯片尾缀不同，输出电压的版本不同，Smart210 开发板摄像头接口需要 2.8V 驱动电压，所以选用 RT9011-MGPJ6 型号，其中 MG 表示电压输出为 2.80V/1.80V 版本。

RT9011 的 3、4 号引脚为使能端引脚，高电平有效，接至 5V；5 号引脚为电源输入引脚；1、6 号引脚为电压输出引脚，如图 3-44 所示。

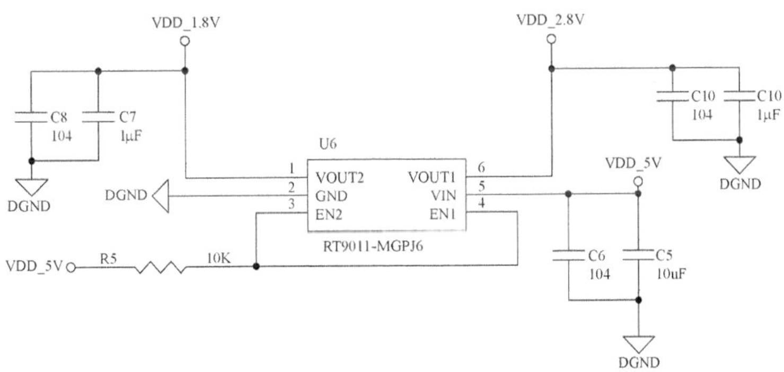

图 3-44 RT9011 电源设计示意图

3.12.3 IMP811 电源监控及复位芯片

IMP811/IMP812 是在嵌入式系统中用来监视 3.0V、3.3V 和 5.0V 电源工作情况的低功耗监控电路，其工作温度范围为-40℃～105℃。当电源电压降至预置的复位门限以下时，该电路就发出一个复位信号并在电源已经升高到此复位门限后保持这个信号 140ms。

IMP811 具有低电平有效的 RESET 输出，IMP812 则具有高电平有效的 RESET 输出。芯片同时具有去抖动的手动复位输入功能。Smart210 开发板采用的是 IMP811 芯片进行电源监控及低电平电压复位，如图 3-45 所示。

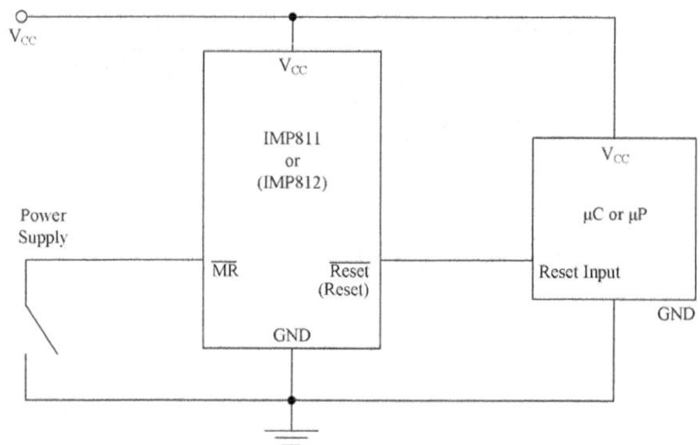

图 3-45 IMP811 电源监控及复位电路设计

IMP811 各个引脚功能如表 3-6 所示。

表 3-6 IMP811 引脚说明

引脚编号	引脚名称	描　述
1	GND	地
2	RESET（低电平）	当 Vcc 低于复位门限时，RESET 为低电平并在复位条件中止后保持低电平至少 140ms。另外，只要手动复位输入为低电平，RESET 就为低电平有效
2	RESET	当 Vcc 低于复位门限时，RESET 为高电平并在复位条件中止后保持高电平至少 140ms。另外，只要手动复位输入为低电平，RESET 就为高电平有效
3	MR（低电平）	手动复位输入。MR 为逻辑低电平可确定 RESET。只要 MR 为低电平并在 MR 返回高电平之后 180ms 内，RESET 都保持有效。低电平有效输入端具有内部 20kΩ上拉电阻，如果不用，该输入端应为开路。它可由 TTL 或 CMOS 逻辑驱动或用开关短路到地
4	VCC	电源输入电压（3.0V、3.3V、5.0V）

IMP811/812 器件在进行电源监控时，有六种电压门限，用以支持 3V 至 5V 系统，IMP811 芯片尾缀如表 3-7 所示。S5PV210 的 CPU 及外围接口采用 3.3V 供电，因此采用的是 T 后缀 IMP811 芯片。当供电电压低于 3.08V 时，IMP811 自动产生复位信号，使 S5PV210 微处理器复位。

表 3-7 IMP811 芯片尾缀

复位门限	
后　缀	电压（V）
L	4.63
M	4.38
J	4
T	3.08
S	2.93
R	2.63

第二篇
开发基础篇

第 4 章 嵌入式 Linux 开发环境构建

本章内容：

嵌入式开发中的基本概念，常用的 Linux 命令，常用开发软件的安装与配置。

教学目标：

- 熟悉常用 Linux 命令；
- 安装 Linux 软件包；
- 安装交叉编译器；
- 设置 Windows 与虚拟机中 Linux 文件共享。

4.1 基本概念

要进行嵌入式 Linux 的开发，我们首先要了解基本的嵌入式 Linux 开发的概念，嵌入式 Linux 开发中常见概念如下。

1. 交叉编译

交叉编译就是在一个平台上生成另一个平台上的可执行代码。平台有两层含义：处理器的体系结构和所运行的操作系统。对于我们而言，即在 Windows 操作系统平台上面安装 VMWare，在 VMWare 中安装桌面 PC 版本的 Linux，然后在 Linux 中、X86 硬件平台架构上面，编译运行于 ARM 架构（S5PV210 硬件平台）的应用程序，ARM 开发板上面的操作系统是嵌入式 Linux。

2. 宿主机与目标机

宿主机（Host）：编辑和编译程序的平台，一般是基于 X86 的 PC 机，通常也称为主机。

通常我们在 Windows 平台下使用各种编辑器编写 Linux 代码，然后在 Linux 平台下进行编译。此时的宿主机即为 VMware 中的 Linux 平台。

目标机(Target)：开发系统，通常都是非 X86 平台。主机编译得到的可执行代码在目标机上运行。对于我们来说就是基于 ARM 架构的 Smart210 开发板。

3. 调试模型

嵌入式 Linux 的开发平台示意图如图 4-1 所示。

宿主机方面：在宿主机 Windows 操作系统中安装 VMware 虚拟机软件，在 VMware 中安装桌面 Linux 操作系统，安装完毕后安装交叉编译器，利用交叉编译器编译适合于目标机运行的程序。交叉编译器版本有很多，如 arm-linux-gcc-3.4.1、arm-none-linux-gnueabi-gcc 等。

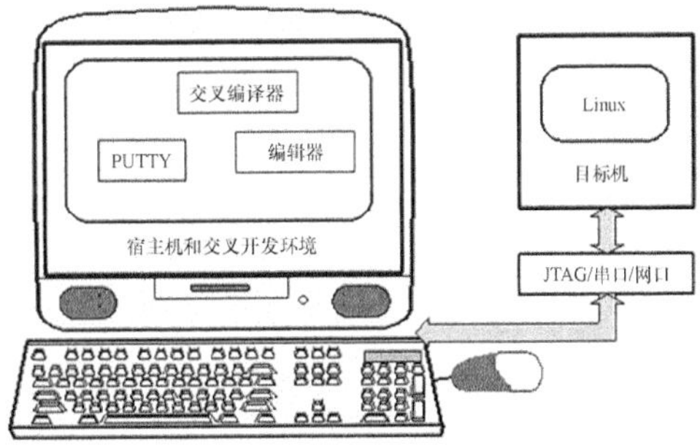

图 4-1 开发平台示意图

目标机方面：当电路板刚焊接完毕后，存储器没有可执行程序，此时，宿主机需要通过 JTAG 下载调试器下载程序，将 BootLoader（目标板引导代码）下载到目标机。BootLoader 的作用是初始化 CPU、SDRAM、串口等。下载成功后，目标机就可以在 BootLoader 作用下通过网口反复快速地下载 Linux 内核及文件系统映像到目标机中调试运行。同时 BootLoader 可以通过串口与宿主机进行通信、输出调试信息等。宿主机通常使用的串口终端软件有 PuTTY，SecureCRT 等。

4.2 常用 Linux 命令

掌握常用的 Linux 命令，对于在 Linux 下开发非常必要，嵌入式 Linux 开发常用的命令如表 4-1 所示。

表 4-1 Linux 下常用命令

类 别	命 令	含 义
-	uname –r	显示 Linux 操作系统版本号
关机命令	shutdown –fh now	立即关机

续表>>

类别	命令	含义
关机命令	halt	最简单的关机命令，其实 halt 就是调用 shutdown -h。halt 执行时，杀死应用进程，执行 sync 系统调用，文件系统写作完成后就会停止内核
	poweroff	关机
重新启动机器	shutdown -fr now	立即重新启动
	reboot	工作过程跟 halt 一样，不过它是引发主机重启，而 halt 是关机
目录及文件管理命令	ls	查看当前目录信息
	pwd	查看当前路径
	cd	切换目录
	mkdir	创建目录
	rmdir	删除空目录
	rm/rm –rf	删除文件/直接删除
	touch	创建/更新文件
	cp –r	复制文件及目录连同目录一起复制
	mv	剪切/重命名文件及目录
	ln -d	建立目录的硬连接 如：ln –d existfile newfile
	ln -s	对源文件建立符号连接 如：ln –s source_file softlink_file
	file	查看文件的信息
信息显示命令	cat	显示文件内容
	more	逐屏显示内容
	less	浏览文件内容
	tail	显示文件尾部信息
	head	显示文件头部信息
查询系统命令	find	查找文件 –name <文件名> 查找指定文件名的文件
	grep	在特定的文件夹下的文件查找字符串，如查找 struct s3c24x0_gpio： grep "struct s3c24x0_gpio" * -r（此处*位任何文件，也可以*.c，只查找 c 文件）
	which	在环境变量指定的路径中查找文件
	whereis	在特定目录查找文件
网络相关命令	ifconfig	显示和设置网络设备
	ifconfig eth0	查看设备 eth0 的 IP 信息
	ntsysv	激活和停止服务简单的界面
	chkconfig	激活和停止服务的命令，如 chkconfig –list
	chkconfig named on	设置 named 服务在某一指定的运行级别内启动

4.3 软件包安装及配置

4.3.1 PuTTY 安装及配置

1. PuTTY 简介

PuTTY 是一个免费的、Windows 平台下的 Telnet、Serial 和 SSH 客户端，用它来管理目标板十分好用，其主要优点如下，完全免费；在 Windows XP/NT/7 下都运行得非常好；全面支持 SSH1 和 SSH2；绿色软件，无需安装；体积很小，仅 364KB(0.54 beta 版本)；操作简单，所有的操作都在一个控制面板中实现。

Smart210 开发板运行 BootLoader 后，会通过串口 0 输出调试信息，通过串口电缆线连接宿主机与目标机，在宿主机运行 PuTTY，在 PuTTY 中打开与串口电缆线连接的串口。这样就建立了宿主机与目标机的串行通信连接，此后，宿主机可以通过 PuTTY 查看信息或发送命令。

2. PuTTY 操作

（1）把 PuTTY 下载到 PC 机，双击“putty.exe”，启动界面如图 4-2 所示。

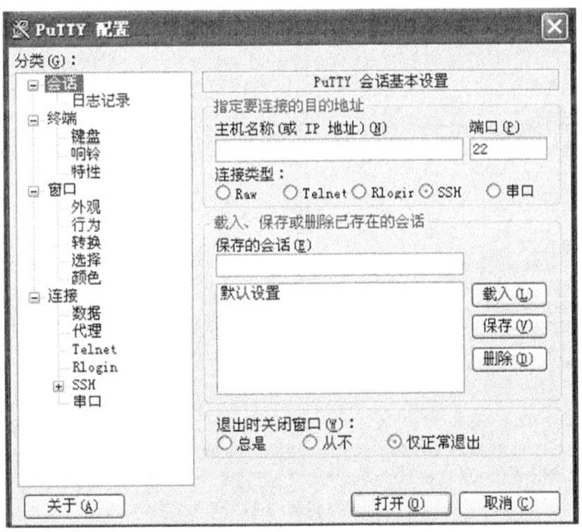

图 4-2 PuTTY 启动界面

（2）点击“串口”选项，出现如图 4-3 所示的串口协议界面，在“连接到的串口”位置填写设备管理器中实际使用的串口号，“设备管理器”界面如图4-4所示，我们可以选择为COM1或COM2，再将“波特率”设为115200，“数据位”设为8，停止位设为1，“奇偶校验位”设为无，“流量控制位”设为无。

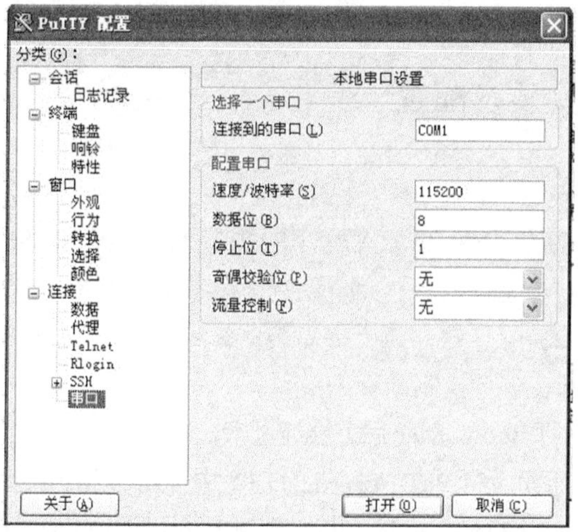

图4-3 串口协议界面

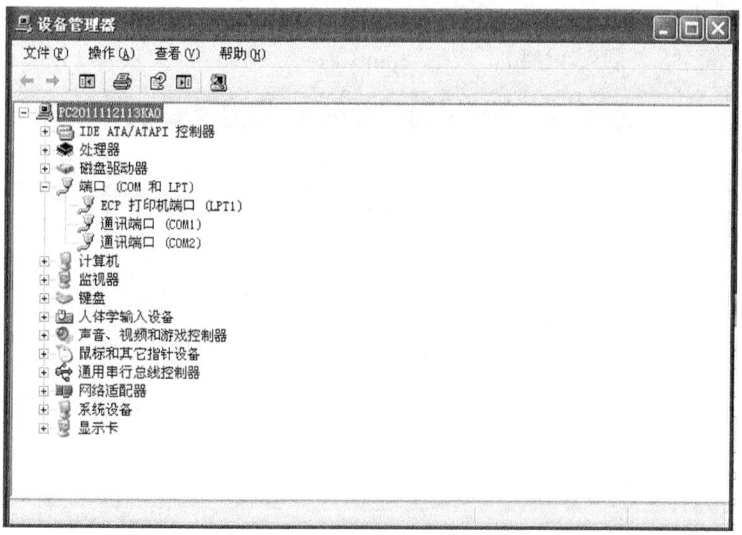

图4-4 设备管理器界面

（3）我们在如图4-2所示的界面中点击“会话选项”，出现初始启动界面，如图4-5所示，默认的连接类型为“SSH”。

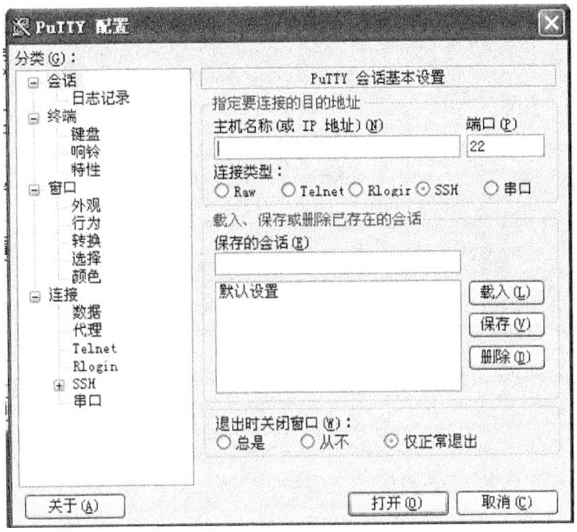

图 4-5 初始启动界面

（4）在“连接类型”选项选择“串口”，此时窗口出现“串行口”与“速度”设置的内容，如图 4-6 所示。串口波特率常用的有 9600 或 115200，我们可以根据自己的需要进行选择。

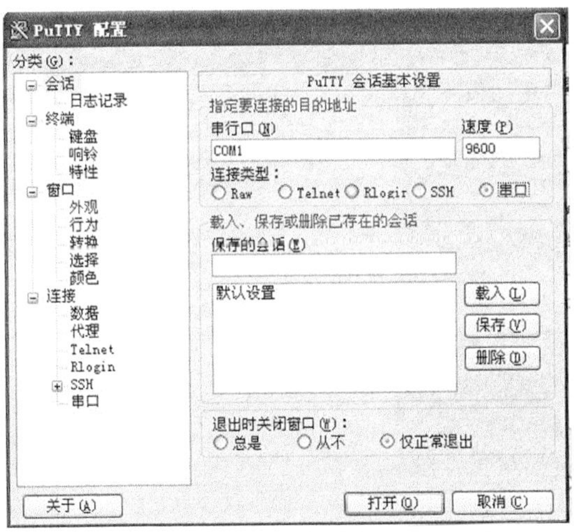

图 4-6 连接类型选择界面

（5）在“保存的会话”窗口输入想要保存的名字，保存界面如图 4-7 所示，点击“保存”按钮即保存了用户的配置，接着点击“载入”按钮打开工作界面。

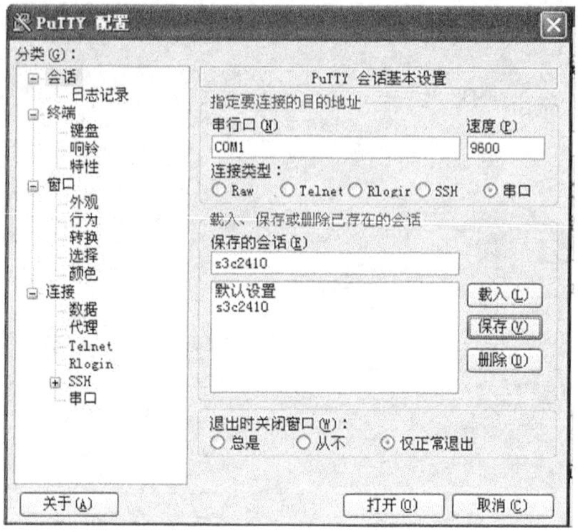

图 4-7　保存界面

4.3.2　VMware8 安装

（1）双击 VMware 安装包，启动安装，界面如图 4-8 所示。

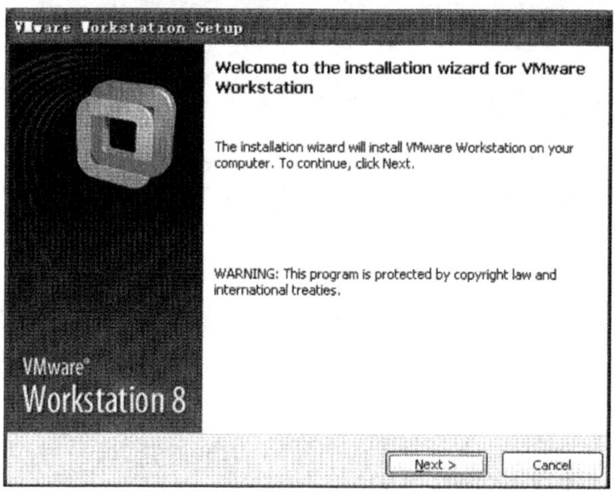

图 4-8　启动 VMware 安装界面

（2）选择典型安装方式“Typical”，如图 4-9 所示，安装程序会提示相应信息，均选择默认选项即可。

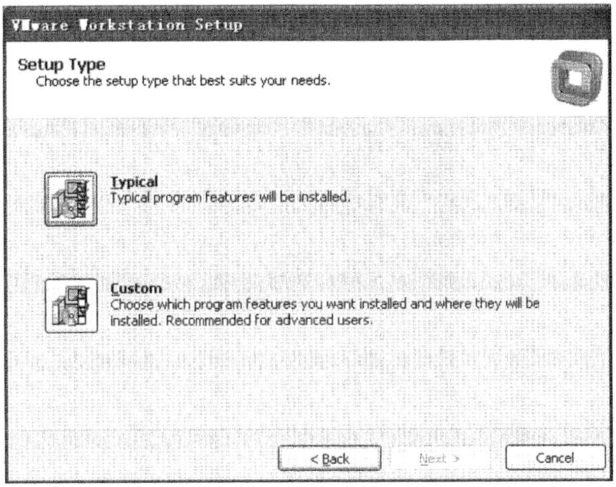

图 4-9 安装类型选择界面

（3）完成安装，出现如图 4-10 所示界面。

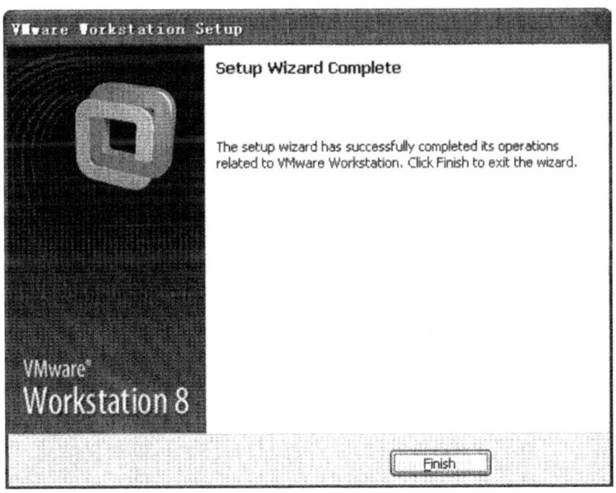

图 4-10 完成安装界面

4.3.3 RedHat Enterprise 5.5 安装

（1）启动 VMware，新建虚拟机，选择典型创建模式，如图 4-11 所示。

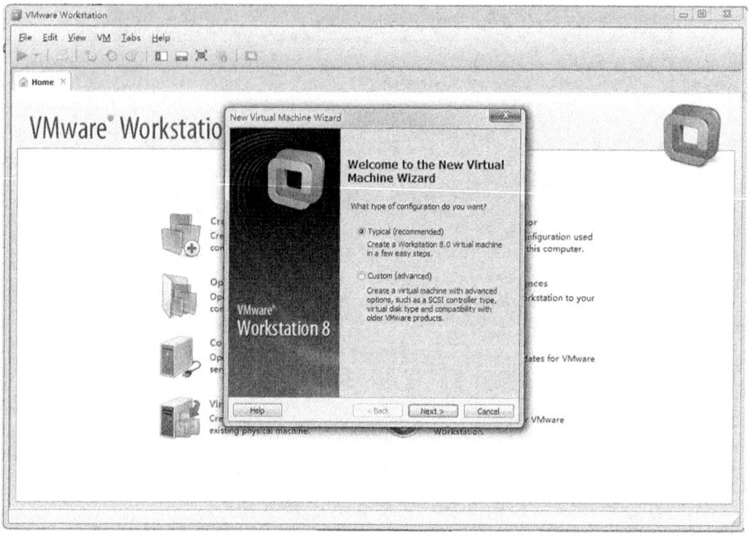

图 4-11 VMware 安装方式选择界面

（2）选择虚拟机硬件兼容性，如图 4-12 所示。

（3）选择稍后安装 Linux，如图 4-13 所示。

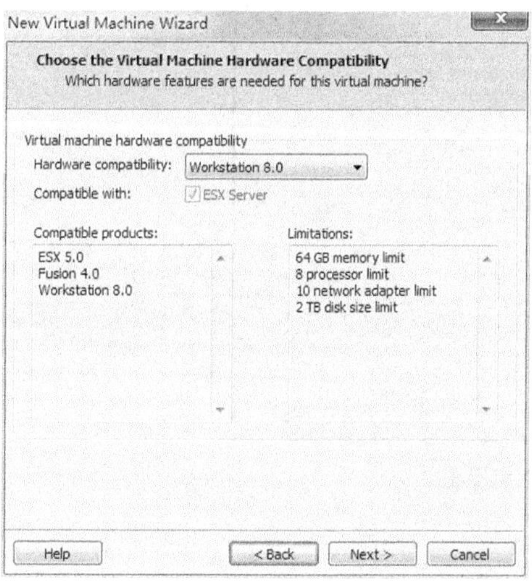

图 4-12 选择虚拟机硬件兼容性选择界面

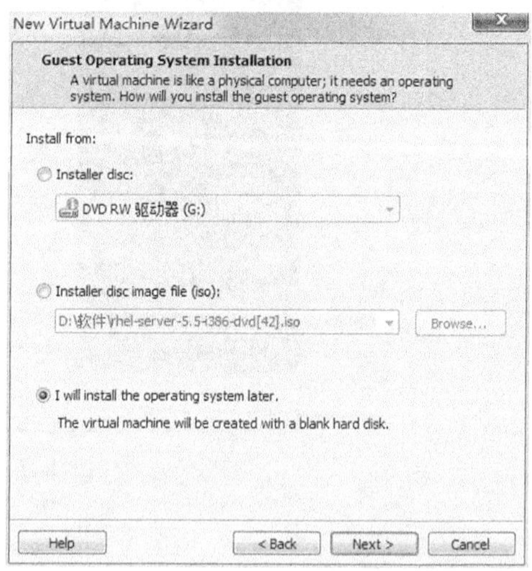

图 4-13 新建虚拟机界面

（4）虚拟机类型选择“Linux”，版本为 Linux2.6 版本，如图 4-14 所示。

（5）选择虚拟机处理器类型，如图 4-15 所示，我们可根据所使用 PC 机实际情况选择。

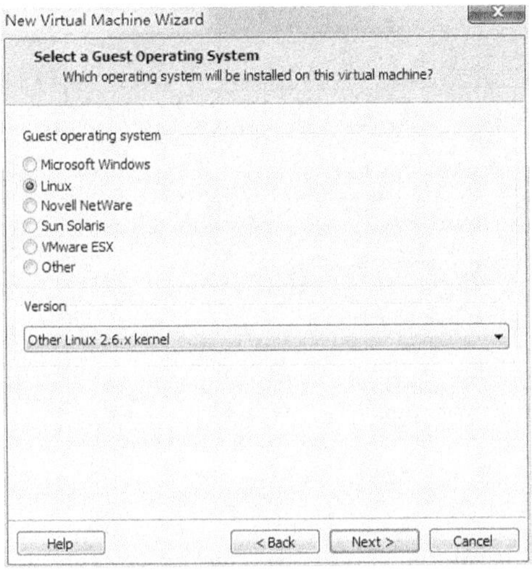

图 4-14　选择操作系统种类界面

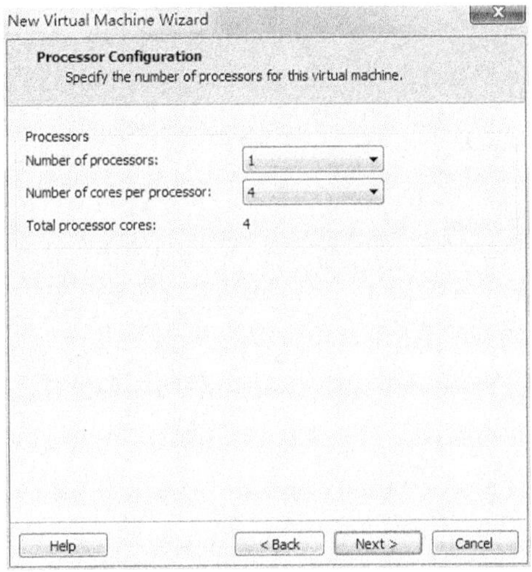

图 4-15　处理器类型选择界面

（6）接下来为虚拟机内存大小选择界面，如图 4-16 所示，一般设为系统配置内存的四分之一即可。

（7）设置虚拟机网卡采用默认的桥接方式，如图 4-17 所示。

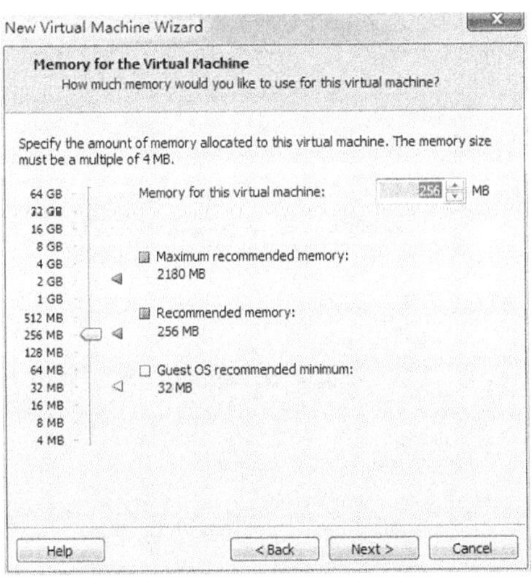

图 4-16　内存大小选择界面

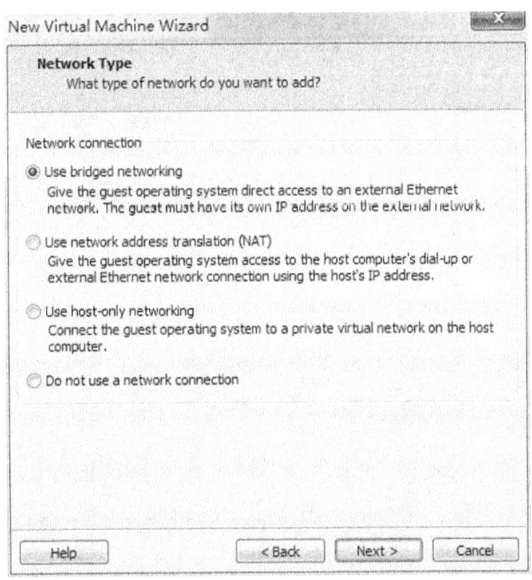

图 4-17　网卡配置模式界面

（8）接下来为虚拟机 I/O 工作模式设置界面，如图 4-18 所示。

（9）对于虚拟机文件创建模式，我们选择创建一个独立的文件，如图 4-19 所示。

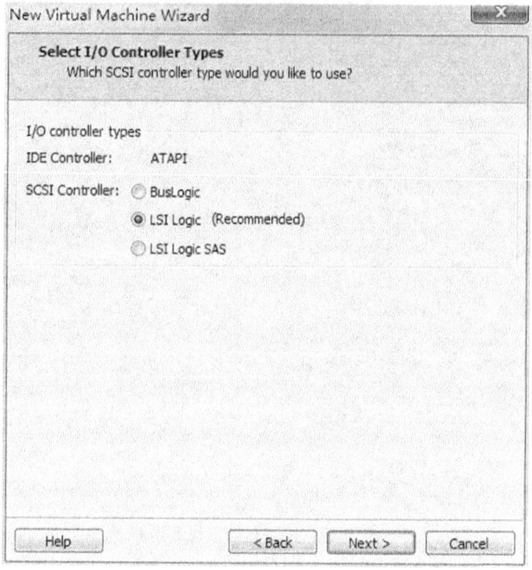

图 4-18 I/O 配置模式界面

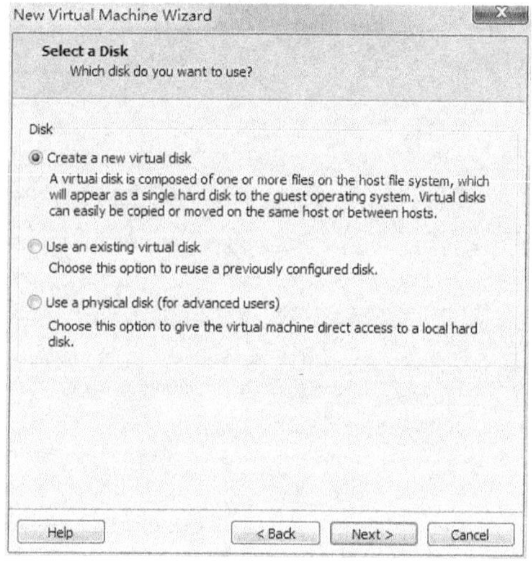

图 4-19 虚拟机文件创建模式选择界面

（10）虚拟机硬盘工作模式设置界面如图 4-20 所示。

（11）选择虚拟机硬盘大小，这里我们选为 40G，如图 4-21 所示。

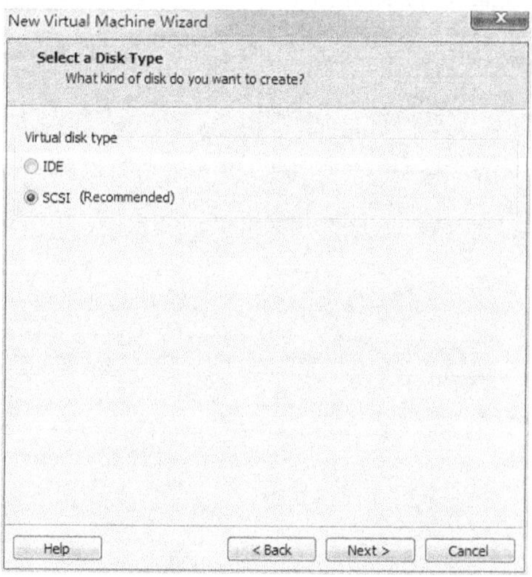

图 4-20 虚拟机硬盘工作模式设置选择界面

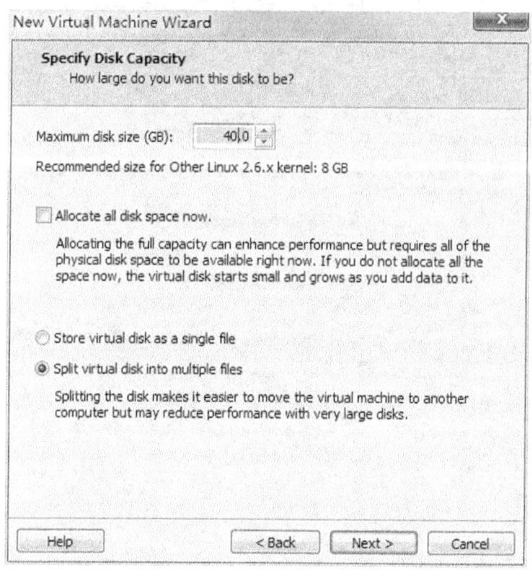

图 4-21 虚拟机硬盘设置界面

（12）虚拟机创建成功，如图 4-22 所示，但是此时我们还没有安装 Linux，接下来安装 Linux。

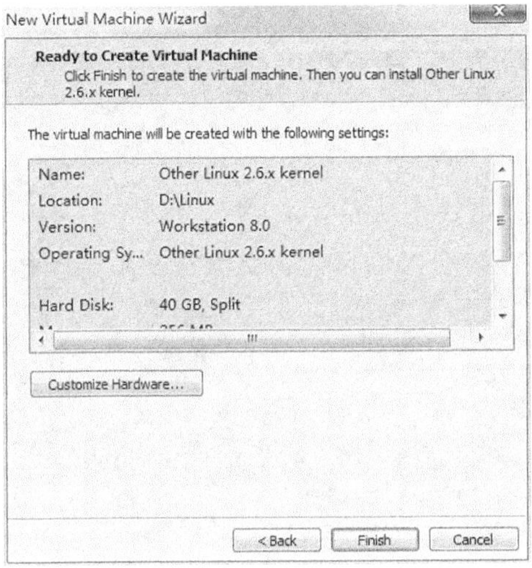

图 4-22 虚拟机创建成功界面

（13）在创建的虚拟机窗口，单击标题栏“VM”按钮，选择“Setting”，弹出界面中指定光驱 use iso image 的文件位置，为红帽企业版安装文件 rhel-server-5.5-i386-dvd.iso 的位置。

（14）我们启动虚拟机，开始 Linux 安装，在如图 4-23 所示界面中，直接按下回车键（注意，鼠标指针在 Windows 下面和在 Linux 下面切换的组合键是 Ctrl+Alt），启动 Linux 的安装。

图 4-23 Linux 安装启动界面

（15）安装时系统会提示是否检查安装光盘，如图 4-24 所示，点击“Skip”按钮，跳过安装光盘的检索。

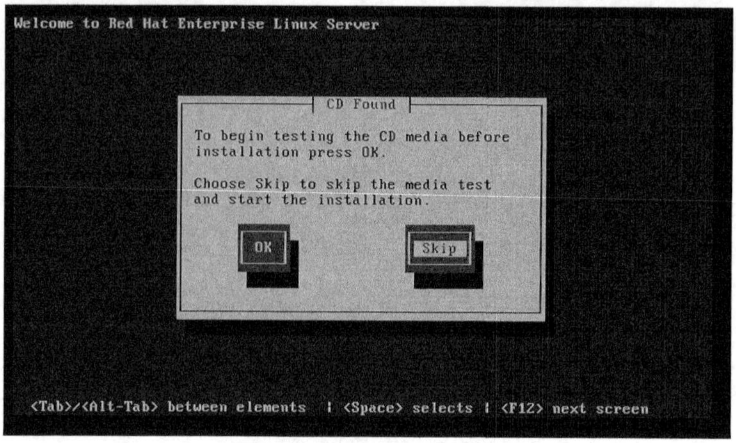

图 4-24 检查光盘确认界面

（16）我们选择提示语言种类为简体中文，如图 4-25 所示。

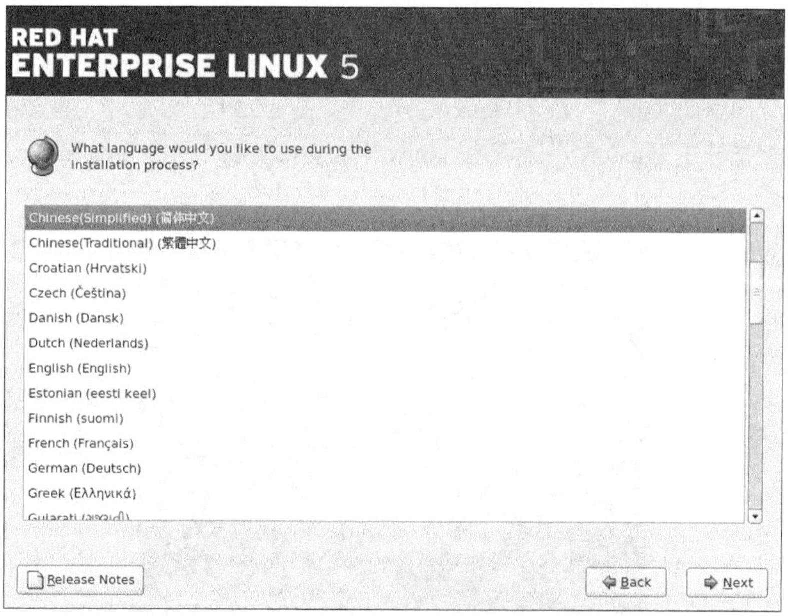

图 4-25 语言选择界面

（17）接下来创建新分区，进行格式化硬盘，选择“是（Y）”，如图 4-26 所示。

（18）我们选择默认的分区方案，如图 4-27 所示。

图 4-26 驱动器设置界面

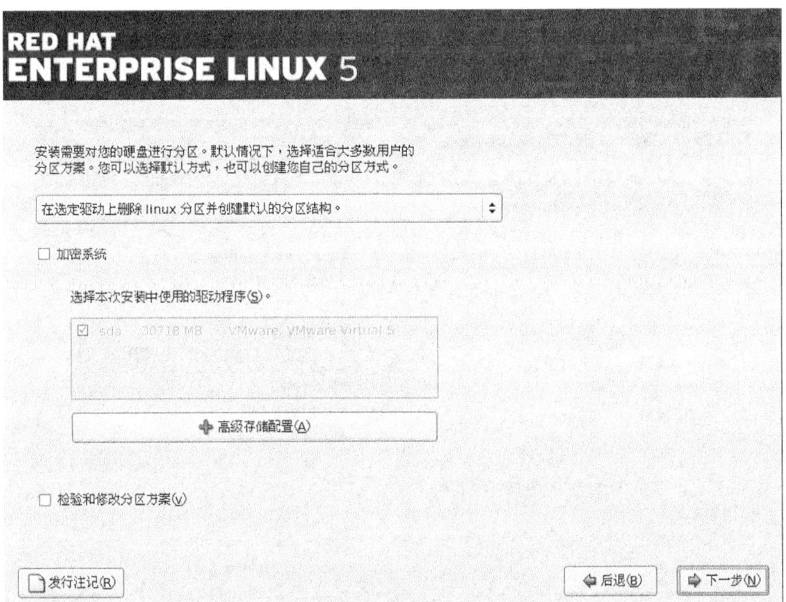

图 4-27 驱动器分区设置界面

（19）我们将“软件开发”、“虚拟化”、“网络服务器”的安装包全部选上并立即定制软件安装包，如图 4-28 所示。

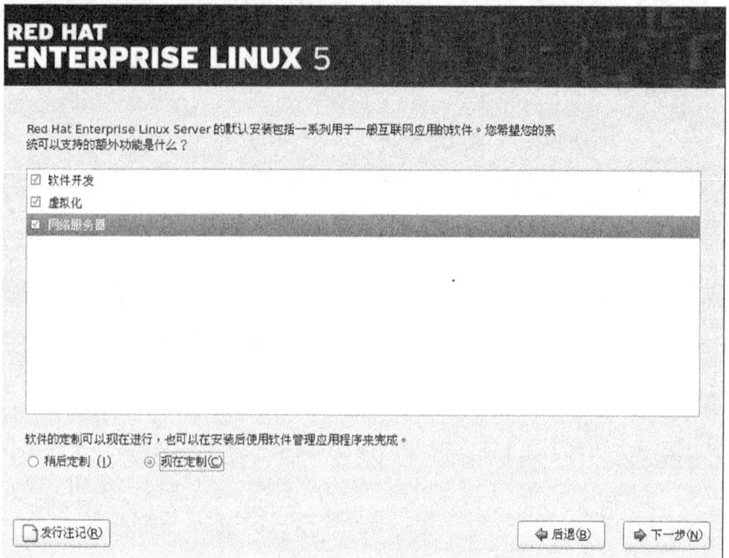

图 4-28 安装包选择界面

（20）然后我们将服务器类的二级菜单“服务器配置工具”前面对勾打上，如图 4-29 所示。

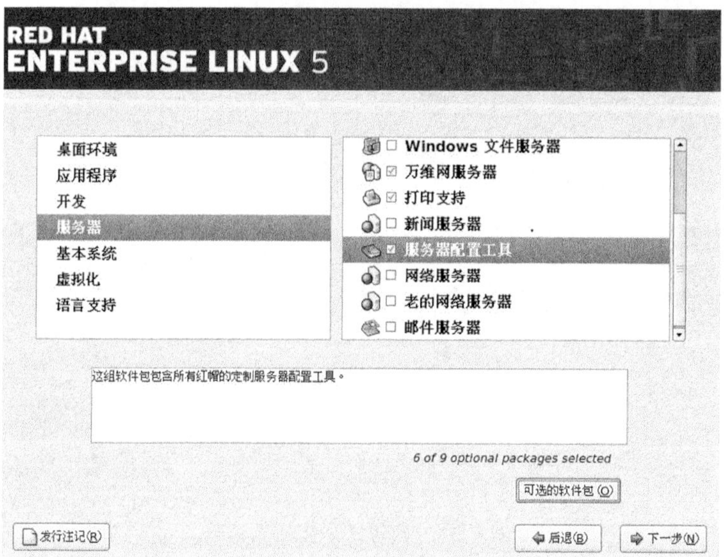

图 4-29 服务器包选择界面

（21）同时将"服务器"类的二级菜单"老的网络服务器"前面对勾打上并进一步选择，如图 4-30 所示。

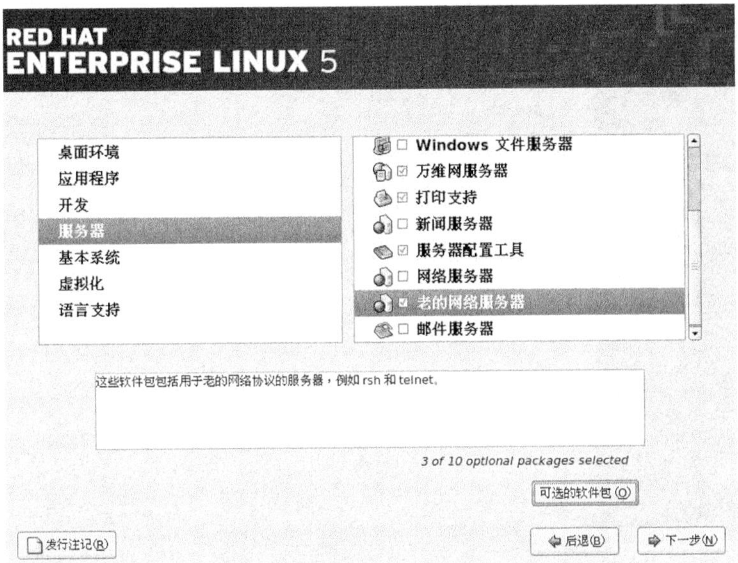

图 4-30 老网络服务器选择界面

（22）我们选择 tftp-server-0.49-2.i386 安装包，如图 4-31 所示。

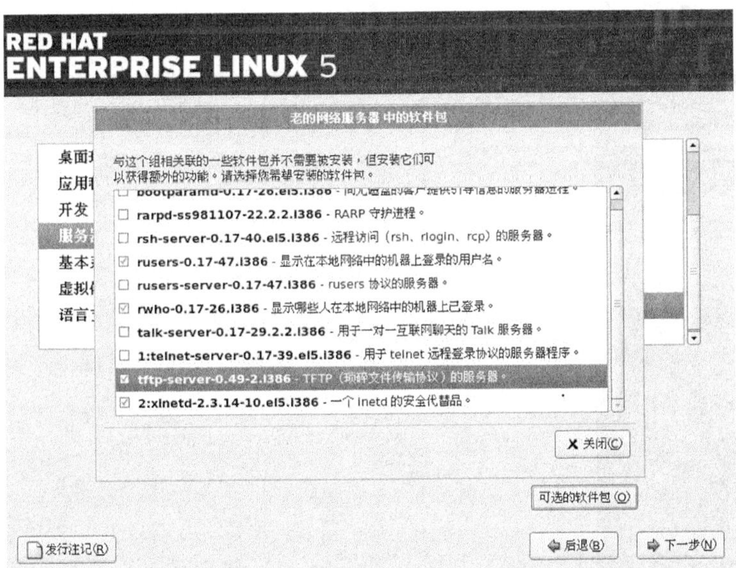

图 4-31 TFTP 服务器选择界面

（23）安装完毕，重新引导后禁用防火墙，如图 4-32 所示。

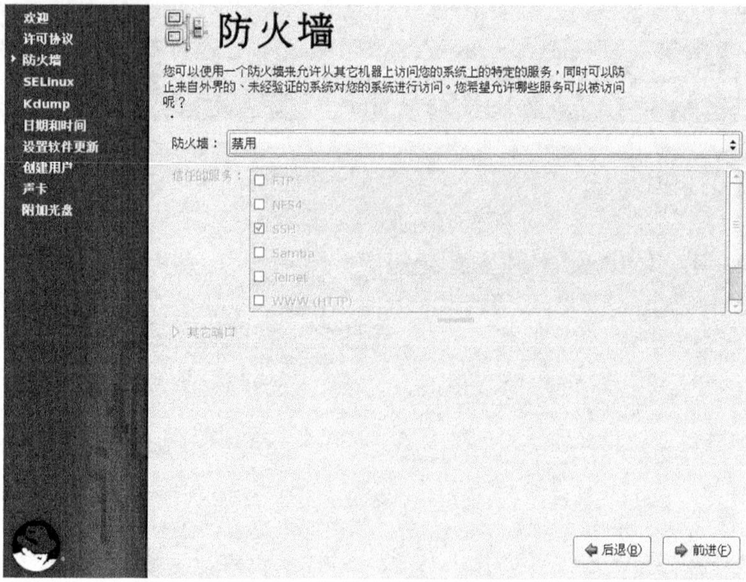

图 4-32　防火墙设置界面

（24）禁用 SELinux，如图 4-33 所示。

图 4-33　SELinux 设置界面

（25）结束后我们重新启动计算机，经过上述过程即完成了虚拟机中 Linux 的安装，在上述说明中，没有出现的安装界面请选择默认的选项，单击 "Next" 按钮进行下一步即可。

4.4 交叉编译器安装

交叉编译器所需软件包为 arm-2009q3.tar.bz2。

（1）在/usr/local/目录下建立目录 arm，将软件包解压至该目录（需要 root 用户权限）。

```
#mkdir /usr/local/arm
#tar jxvf arm-2009q3.tar.bz2 -C /usr/local/arm/
```

代码中命令行中-C 的作用是指明交叉编译器的安装路径为根目录下面的 usr/local/arm。

（2）在 Linux 中，启动一个 "终端"，即启动了一个 Shell，为了让 Shell 能够自动找到编译器的路径，我们可以使用两种方法添加。

方法一：使用 export 命令增加环境变量。

```
#export PATH=$PATH:/usr/local/arm/arm-2009q3/bin/arm-none-linux-gnueabi-
```

此命令在打开一个终端后键入即可，不方便之处是每次都要键入。我们还可以选用第二种方法。

方法二：修改/etc/profile 文件。

```
#gedit /etc/profile
```

我们增加路径设置：pathmunge /usr/local/arm/arm-2009q3/bin/，然后注销用户，重启 Linux 桌面系统，即实现了系统对交叉编译器的自动识别。

4.5 Windows 与 Linux 共享文件设置

嵌入式 Linux 开发过程中，我们通常需要在 Windows 和 VMware 下 Linux 之间共享文件。下面介绍一种共享方法，其他方法读者可以通过网络自行查找。

（1）启动 VMware 进入 Linux 后，按 Ctrl+Alt 返回至 Windows，单击 VM 菜单下

"Install VMware Tools"按钮，如图 4-34 所示。

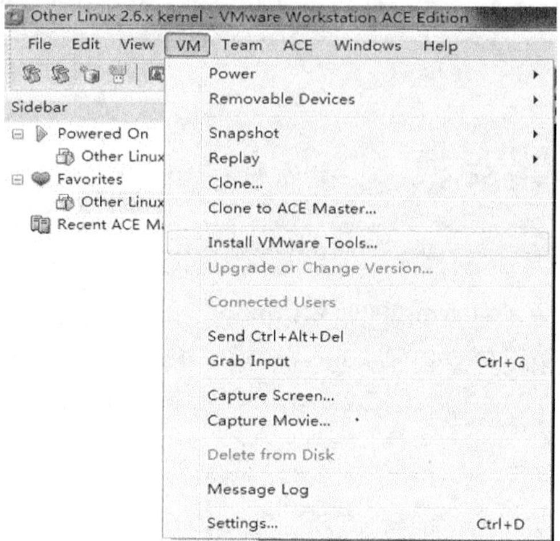

图 4-34 安装 VMwareTools 界面

（2）此时桌面弹出一个光盘图标，我们将光盘中 VMwareTools-6.0.3.80004.tar.gz 源代码包复制到 Linux 根目录下，使用 tar xvzf VMwareTools-6.0.3.80004.tar.gz 命令解压，生成 vmware-tools-distrib 文件夹，进入 vmware-tools-distrib 文件夹，执行文件夹中 vmware-install.pl 脚本文件。

（3）安装的过程中会出现如图 4-35 所示的安装提示，直接按下回车键选择默认即可。

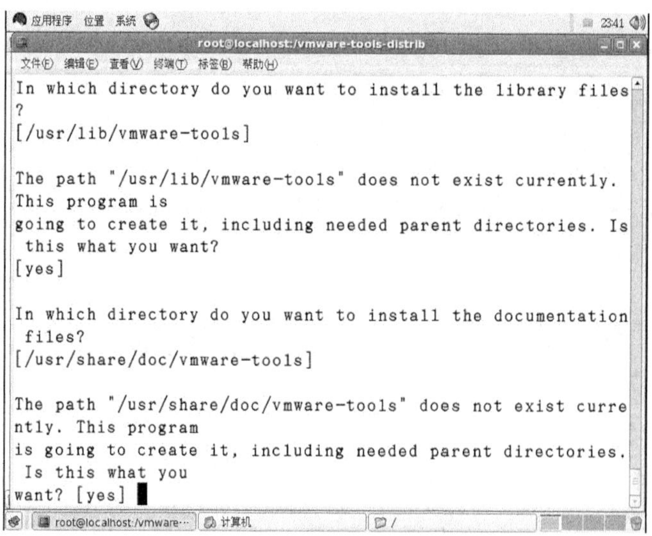

图 4-35 一般用户创建界面

（4）出现如图 4-36 所示的提示，表示 vmwaretools 安装成功。

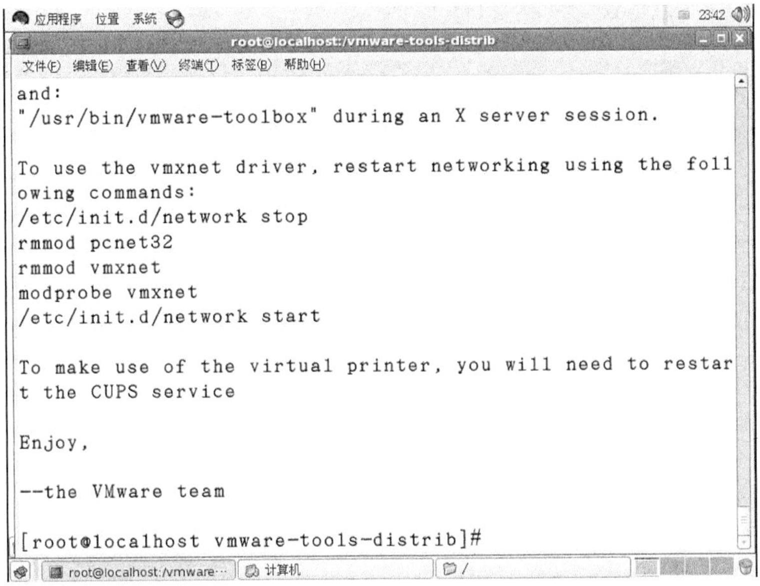

图 4-36 一般用户创建界面

（5）接下来我们单击 VMware 的 VM 菜单下“Setting”选项，在“Options”子选项中可以看到“Share Folders”设置项，默认情况下是“Disabled”，选择“Always Enabled”选项，单击“Add”按钮，增加 Windows 与 Linux 之间的共享文件夹，如图 4-37 所示。

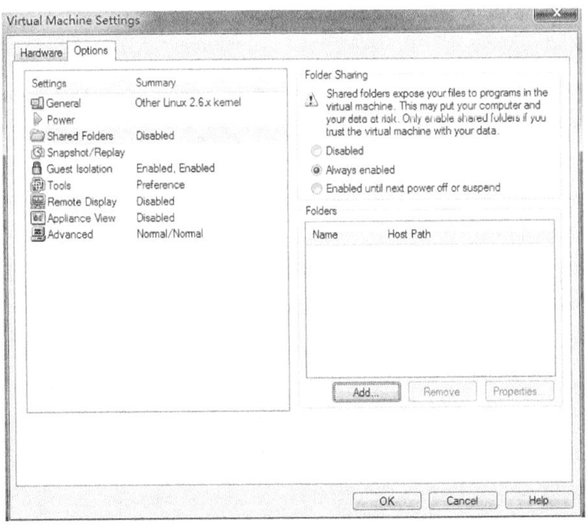

图 4-37 一般用户创建界面

（6）弹出如图 4-38 所示设置共享文件夹向导界面时，我们对共享文件夹进行命名，确定要在 Windows 和 Linux 之间共享的文件夹。

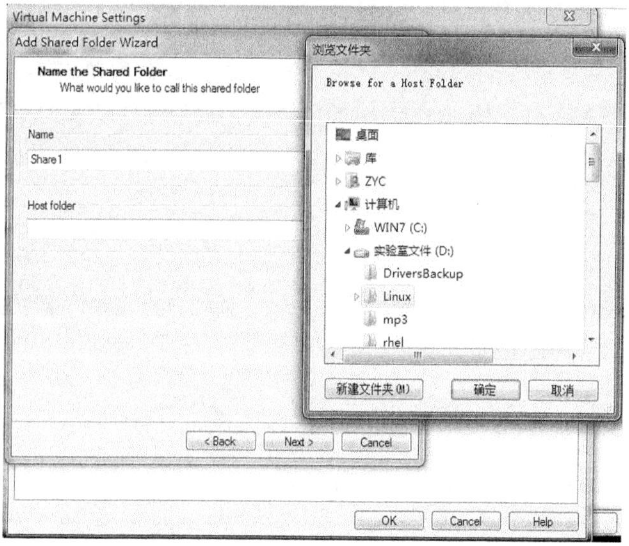

图 4-38　一般用户创建界面

（7）本例子中设置的共享文件夹名字为 Share1，Windows 下的文件夹为 D 盘的 Linux 文件夹，如图 4-39 所示。

（8）出现设置共享属性的按钮，我们选择默认的“Enable this share”，如图 4-40 所示。

图 4-39　一般用户创建界面

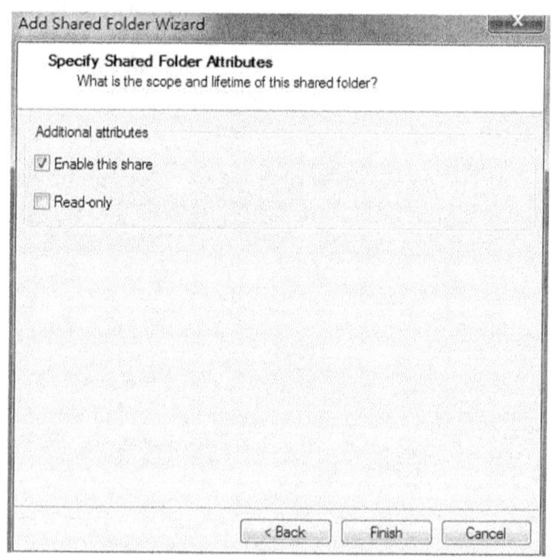

图 4-40　一般用户创建界面

（9）根据设置向导设置后的情况如图 4-41 所示，单击“OK”按钮。

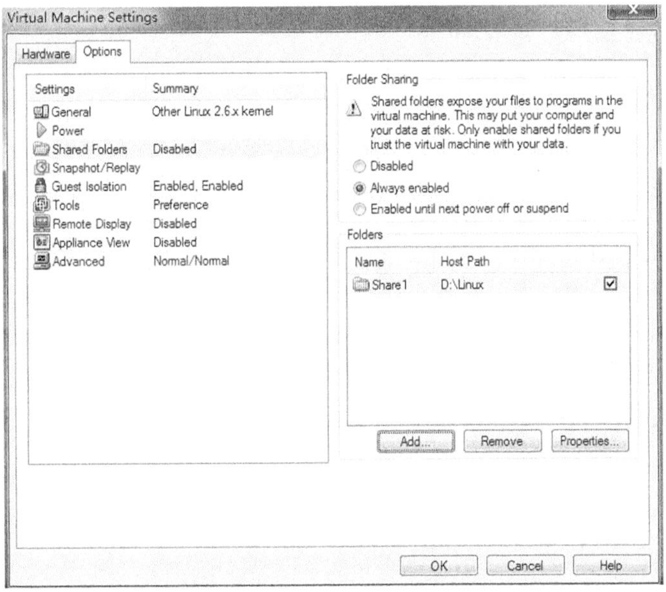

图 4-41　一般用户创建界面

（10）此时我们回到 Linux 系统中，在根目录下 mnt/hgfs 下面可以看到设置共享成功的 Linux 文件夹。经过以上步骤，Windows 下面 D 分区内的 Linux 文件夹成为了 Windows 和 VMware 中的 Linux 的共享通道，可以用来实现文件的复制等操作。

4.6　TFTP 与 NFS 服务器配置

在本书后面的系统移植篇中，我们将带领读者移植 BootLoader，内核及根文件系统，而且会将三者下载并烧录到 Smart210 开发板中。在移植内核过程中，存储在 SD 卡中的 BootLoader 需不断通过网络将内核从宿主机下载到目标机中运行，宿主机交叉编译生成的内核需放到其 TFTP 网络服务器文件夹下，因此我们需安装 tftp-server 文件包并配置好 tftp-server 服务器。内核启动成功后需挂载根文件系统，根文件系统通常使用 BusyBox 制作，制作好的根文件系统放到宿主机 NFS 服务器目录下，目标板通过网络接口从宿主机下载到开发板中运行，所以我们需配置 NFS 网络服务器。

4.6.1 配置 TFTP 服务器

TFTP 服务器配置过程如下。

（1）首先确认 xinetd 与 tftp-server 文件包是否安装。

```
# rpm -q tftp-server
```

如果显示 tftp-server-0.49-2 信息即为安装成功。

```
# rpm -q xinetd
```

如果显示 xinetd-2.3.14-10.el5 信息即为安装成功。

如果未安装成功，我们可在 rhel-server-5.5-i386-dvd.iso 中提取上述两个软件包安装。

（2）修改 TFTP 配置文件。

```
#gedit /etc/xinetd.d/tftp
```

配置信息如下。

```
# default: off
# description: The tftp server serves files using the trivial file transfer \
#    protocol.  The tftp protocol is often used to boot diskless \
#    workstations, download configuration files to network-aware printers, \
#    and to start the installation process for some operating systems.
service tftp
{
 socket_type      = dgram
 protocol         = udp
 wait             = yes
 user             = root
 server           = /usr/sbin/in.tftpd
 server_args      = -s /tftpboot
 disable          = no
 per_source       = 11
 cps              = 100 2
 flags            = IPv4
}
```

我们将 server_args 处设置为 tftp-server 的文件夹，一般取默认值(/tftpboot)即可，即根目录下 tftpboot 文件夹为 Linux 的 tftp-server 文件夹，将 disable 的值改为 "no"，保存后退出。

（3）重新启动 tftp-server。

```
# service xinetd restart
停止 xinetd:                                          [确定]
启动 xinetd:                                          [确定]
```

（4）配置成功，此后我们编译内核后即可将生成的文件放入 tftpboot 文件夹，供 BootLoader 下载，除了内核文件外，其他文件也可通过 TFTP 协议进行下载。

4.6.2 配置 NFS 服务器

NFS 服务器配置过程如下。

（1）首先打开 Linux 下服务器设置菜单，如图 4-42 所示。

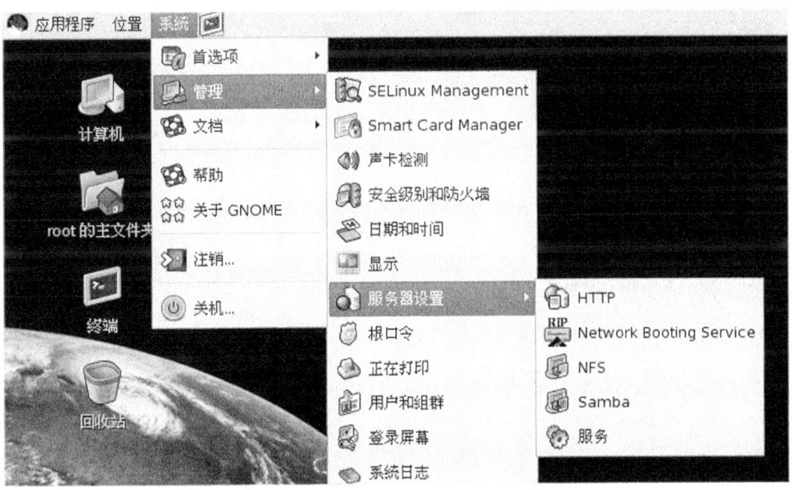

图 4-42 NFS 服务器配置示意图 1

（2）进入 NFS 设置，我们点击"添加"按钮，出现如图 4-43 所示菜单。

（3）对 NFS 共享属性进行如图 4-44、图 4-45 所示设置。

（4）点击"确定"后关闭窗口，在终端下执行以下命令。

图 4-43　NFS 服务器配置示意图 2

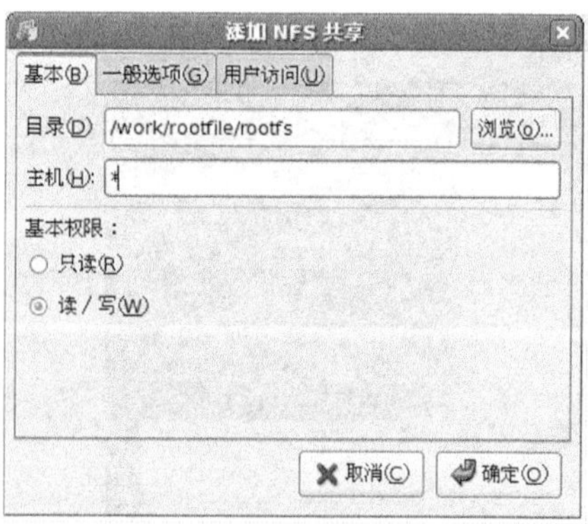

图 4-44　NFS 服务器配置示意图 3

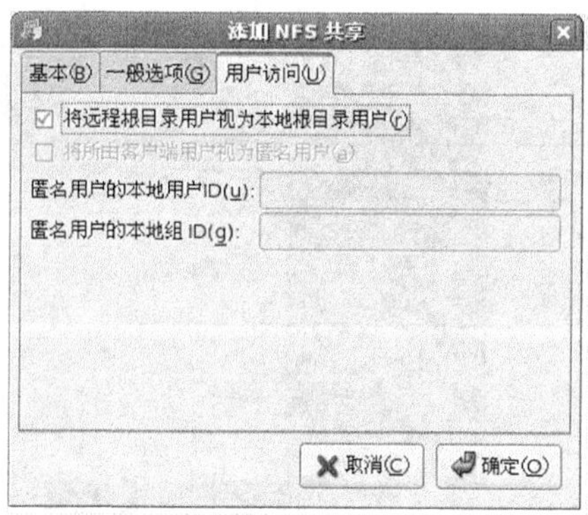

图 4-45　NFS 服务器配置示意图 4

```
# service nfs restart
关闭 NFS mountd:                                   [确定]
关闭 NFS 守护进程:                                 [确定]
关闭 NFS quotas:                                   [确定]
关闭 NFS 服务:                                     [确定]
启动 NFS 服务:                                     [确定]
关掉 NFS 配额:                                     [确定]
```

```
启动 NFS 守护进程：                                    [确定]
启动 NFS mountd：                                      [确定]
```

通过以上步骤，我们即启动了 NFS 服务器并且将服务器目录设置为/work/rootfile/rootfs 位置，为后续的根文件系统挂载工作做好了准备。

第 5 章 Make 工程管理及 Shell 编程

本章内容：

Makefile 文件编写方法，常用 Shell 编程方法。

教学目标：

- 能够编写常用 Makefile；
- 理解 Shell 编程语法。

5.1 Make 工程管理

5.1.1 Make 工程管理器

Make 工程管理器，顾名思义，是指管理较多的文件的工具。假设有一个上百个代码文件构成的项目，如果我们只对其中一个或少数几个文件进行了修改的话，按照传统 GCC 方法，就不得不把这所有的文件重新编译一遍，因为编译器并不知道哪些文件是最近更新的。要把源代码编译成可执行文件，程序员就不得不再重新输入数目如此庞大的文件名以完成最后的编译工作。

但是，编译过程是分为编译、汇编、链接不同阶段，其中编译阶段仅检查语法错误以及函数与变量的声明是否正确声明，在链接阶段主要完成函数链接和全局变量的链接。因此，那些没有改动的源代码不需要重新编译，只要把它们重新链接进去即可。所以人们希望有一个工程管理器能够自动识别更新了的文件代码，同时又不需要重复输入冗长的命令行，Make 工程管理器应运而生。

Make 工程管理器能够根据文件的时间戳自动发现更新过的文件而减少编译的工作量，它通过读入 Makefile 文件的内容来执行大量的编译工作。用户只需要编写一次简单的编译语句，大大提高了实际项目的工作效率。几乎所有 Linux 下的项目编程均使用 Make 工程管理器。

5.1.2 Make 工作步骤

Make 工程管理器执行 make 操作，编译文件的工作步骤如下。

（1）读入所有的 Makefile。

（2）读入被包含的其它 Makefile。

（3）初始化文件中的变量。

（4）推导隐晦规则并分析所有规则。

（5）为所有目标文件创建依赖关系链。

（6）根据依赖关系，决定哪些目标要重新生成。

（7）执行生成命令。

1-5 步为第一个阶段，6-7 为第二个阶段。第一个阶段中，如果使用了定义的变量，那么，make 会把其展开在使用的位置。但 make 并不会马上完全展开，如果变量出现在依赖关系的规则中，那么仅当这条依赖要被使用时，变量才会在其内部展开。

从以上的 Make 管理器执行 make 操作时的步骤我们可以看出，Makefile 文件是执行编译过程的关键，下面我们通过一个实例来介绍其工作原理。

5.1.3 Make 程序示例

假设一个项目的程序由 5 个文件组成，源代码如下。

```
/*main.c*/
#include "mytool1.h"
#include "mytool2.h"
int main()
{
    mytool1_print("hello mytool1!");
    mytool2_print("hello mytool2!");
    return 0;
}
```

```
/*mytool1.c*/
#include "mytool1.h"
#include <stdio.h>
void mytool1_print(char *print_str)
{
    printf("This is mytool1 print :%s",print_str);
}

/*mytool1.h*/
#ifndef _MYTOOL_1_H
#define _MYTOOL_1_H
void mytool1_print(char *print_str);
#endif

/*mytool2.c*/
#include "mytool2.h"
#include <stdio.h>
void mytool2_print(char *print_str)
{
    printf("This is mytool2 print :%s",print_str);
}

/*mytool2.h*/
#ifndef _MYTOOL_2_H
#define _MYTOOL_2_H
void mytool2_print(char *print_str);
#endif
```

我们按照常规的方法编写第一个 Makefile。

```
main:main.o mytool1.o mytool2.o
	gcc -o main main.o mytool1.o mytool2.o
main.o:main.c mytool1.h mytool2.h
	gcc -c main.c
mytool1.o:mytool1.c mytool1.h
	gcc -c mytool1.c
```

```
mytool2.o:mytool2.c mytool2.h
     gcc -c mytool2.c
clean:
     rm -f *.o main
```

在 shell 提示符下输入 make，执行显示如下。

```
gcc -c main.c
gcc -c mytool1.c
gcc -c mytool2.c
gcc -o main main.o mytool1.o mytool2.o
```

执行结果如下。

```
# ./main
This is mytool1 print : hello mytool1!
This is mytool2 print : hello mytool2!
```

这只是最为初级的 Makefile，main 是最终目标，main.o、mytool1.o 和 mytool2.o 是目标所依赖的源文件，命令为“gcc -o main main.o mytool1.o mytool2.o”（以 Tab 键开头）。

这个 Makefile 包含两方面内容。

（1）文件的依赖关系：main 依赖于 main.o、mytool1.o 和 mytool2.o 文件，如果 main.o、mytool1.o 和 mytool2.o 的文件日期比 main 文件日期要新或是 main 不存在，那么依赖关系发生。

（2）如何生成（或更新）main 文件。目标、依赖、命令的书写格式如下。

```
targets : prerequisites
     command
```

或是如下格式。

```
targets : prerequisites ; command
     command
```

代码中，command 是命令行，如果它不与“target:prerequisites”在一行，那么，必须以[Tab 键]开头；如果和 prerequisites 在一行，那么可以用分号作为分隔。

clean 是一个伪目标，在编译过程中生成了许多编译文件，我们应该提供一个清除它们的“目标”来清除编译过程中生成的文件。clean 即是这个目标。“伪目标”只是一个标签，make 无法生成它的依赖关系，只是通过它来完成需要的一些工作。

"伪目标"的取名不能和其他目标文件重名，为了避免这种情况，我们可以使用一个特殊的标记".PHONY"来显示地指明一个目标是"伪目标"，向 make 说明不管是否有这个文件，这个目标就是"伪目标"。

```
.PHONY: clean
clean:
     rm *.o temp
```

这个 Makefile 中有 4 个目标体（target），分别为 main、main.o、mytool1 和 mytool2，其中第一个目标体的依赖文件就是后三个目标体。如果用户使用命令"make main"，那么 make 管理器就是找到 main 目标体开始执行。这时，make 会自动检查相关文件的时间戳。首先，在检查"main.o"、"mytool1.o"、"mytool2.o"和"main"4 个文件的时间戳之前，它会向下查找那些把"main.o"或"mytool1.o"或"mytool2.o"作为目标文件的时间戳。比如，"mytool1.o"的依赖文件为"mytool1.c"、"mytool1.h"。如果这些文件中任何一个的时间戳比"mytool1.o"新，那么命令"gcc–c mytool1.c"将会执行，从而更新文件"mytool1.o"。在更新完"mytool1.o"或"mytool2.o"或"main.o"之后，make 会检查最初的"main.o"、"mytool1.o"、"mytool2.o"和"main"文件，只要文件"main.o"或"mytool1.o"或"mytool2.o"中的任何文件时间戳比"main"新，那么第二行命令就会被执行。这样，make 就完成了自动检查时间戳的工作，开始执行编译工作。

以上就是 Make 工程管理器工作的基本流程。

5.1.4 Makefile 语法

现在，我们对上面的 makefile 进行逐步改进，过程如下。

（1）改进一：使用变量。

```
OBJ=main.o mytool1.o mytool2.o
make:$(OBJ)
    gcc -o main $(OBJ)
main.o:main.c mytool1.h mytool2.h
    gcc -c main.c
mytool1.o:mytool1.c mytool1.h
    gcc -c mytool1.c
mytool2.o:mytool2.c mytool2.h
    gcc -c mytool2.c
```

```
clean:
    rm -f main $(OBJ)
```

Makefile 中的变量分为用户自定义变量、预定义变量、自动变量及环境变量。如上例中的 OBJ 就是用户自定义变量。自定义变量的值由用户自行设定，而预定义变量和自动变量为通常在 Makefile 都会出现的变量，其中部分有默认值，也就是常见的设定值，用户也可以对其进行修改。

在 Makefile 中定义的变量就像是 C/C++语言中的宏一样，它代表一个文本字串，在 Makefile 中执行的时候会自动地展开在所使用的地方。与 C/C++所不同的是，它可以在 Makefile 中改变其值。在 Makefile 中，变量可以使用在“目标”、“依赖目标”、“命令”或是 Makefile 的其它部分中。

预定义变量包含了常见编译器、汇编器的名称及其编译选项。Makefile 中常见预定义变量及其部分默认值如表 5-1 所示。

表 5-1 Makefile 中常见的预定义变量

命令格式	含义
AR	库文件维护程序的名称，默认值为 ar
AS	汇编程序的名称，默认值为 as
CC	C 编译器的名称，默认值为 cc
CPP	C 与编译器的名称，默认值为$(CC) -E
CXX	C++编译器的名称，默认值为 g++
FC	FORTRAN 编译器的名称，默认值为 f77
RM	文件删除程序的名称，默认值为 rm -f
ARFLAGS	库文件维护程序的选项，无默认值
ASFLAGS	汇编程序的选项，无默认值
CFLAGS	C 编译器的选项，无默认值
CPPFLAGS	C 预编译其的选项，无默认值
CXXFLAGS	C++编译器的选项，无默认值
FFLAGS	FORTRAN 编译器的选项，无默认值

变量在声明时需要赋予初值，在使用时需要在变量名前加上“$”符号，用小括号“( )”或是大括号“{}”括起来。如果要使用真实的“$”字符，那么我们需要用“$$”来表示。

在定义变量的值时，Makefile 中有两种方式来定义变量的值。

第一种方式为使用“=”号，“=”左侧是变量，右侧是变量的值，右侧变量的值可以定义在文件的任何一处，也就是说，右侧中的变量不一定非要是已定义好的值，它也可以使用后面定义的值；另一种定义变量的方法是使用“:=”操作符。

（2）改进二：使用自动推导。

```
CC = gcc
OBJ = main.o mytool1.o mytool2.o
make: $(OBJ)
    $(CC) -o main $(OBJ)
main.o: mytool1.h mytool2.h
mytool1.o: mytool1.h
mytool2.o: mytool2.h
.PHONY: clean
clean:
    rm -f main $(OBJ)
```

让 Make 工程管理器自动推导，我们只需要有一个.o 文件，它就会自动地把对应的.c 文件加到依赖文件中，而且 gcc – c *.c 也会被推导出来。

（3）改进三：自动变量（$^、$<、$@）的应用。

```
CC = gcc
OBJ = main.o mytool1.o mytool2.o
main: $(OBJ)
  $(CC) -o $@ $^
main.o: main.c mytool1.h mytool2.h
  $(CC) -c $<
mytool1.o: mytool1.c mytool1.h
  $(CC) -c $<
mytool2.o: mytool2.c mytool2.h
  $(CC) -c $<
.PHONY: clean
clean:
  rm -f main $(OBJ)
```

命令行中的“$<”和“$@”是自动化变量，另外还有“$^”，意义分别是：“$@”为

目标文件，“$^”为所有的依赖文件，“$<”为第一个依赖文件。

（4）改进四：使用函数。

```
CC = gcc
CFLAGS = -Wall -c
LDFLAGS = -lpthread
SRCS = $(wildcard *.c)
OBJS = $(patsubst %c,%o,$(SRCS))
TARGET = main
.PHONY: all clean
all: $(TARGET)
    $(TARGET): $(OBJS)
    $(CC) $(LDFLAGS) -o $@ $^
%.o: %.c
    $(CC) $(CFLAGS) -o $@ $<
clean:
    @rm -f *.o $(TARGET)
```

我们可以在此 Makefile 中使用 wildcard 和 patsubst 函数来处理变量，从而让 Makefile 中的命令或规则更加灵活和智能。函数调用后，函数的返回值可以当作变量来使用。wildcard 和 patsubst 函数的作用分别是扩展通配符和替换通配符。SRCS = $(wildcard *.c)等于指定编译当前目录下所有.c 文件。在$(patsubst %.c,%.o,$(SRCS))中，patsubst 把$(SRCS)中的变量符合后缀是.c 的全部替换成.o。

Makefile 保存了编译器和连接器的参数选项，还表述了所有源文件之间的关系。Make 过程首先读取 Makefile 文件，然后再激活编译器、汇编器、资源编译器和连接器等生成最后的可执行文件。

5.2 Shell 编程

5.2.1 Bash Shell 简介

Shell 是一个作为用户与 Linux 系统间接口的程序，它允许用户向操作系统输入需要执行的命令。与 Windows 的命令提示符类似。Shell 就是位于内核与操作者之间的一层使用者界面，用来负责接收使用者输入的指令，然后将指令解释成内核能够了解的方式，传给内核去执行，再将结果传回至预设的输出终端。

Bash Shell 是 Linux 操作系统中标准的 Shell，当前几乎所有 Linux 版本都使用 Bash Shell 作为系统管理的核心，相比其他 Shell，Bash Shell 具有更加强大的功能。

（1）命令记忆功能。

我们通过按键盘上的『上下键』可以查看到之前使用过的指令。每次登录后执行的指令都被暂存在缓冲区中，成功退出系统后，该指令记忆便会记录到 bash_history 文件当中。通过这一功能，我们可以很方便地修正错误的执行命令。

（2）命令与文件补全功能。

使用此功能，我们可以少打很多字并且确保输入的数据是正确的。[Tab]接在一串命令的第一个字的后面，为“命令补全”；[Tab]接在一串命令的第二个字的后面，则为“文件补全”。通过这一功能，我们可以快速查看或匹配当前目录下相关命令或文件。

（3）命令别名设置功能。

Linux 系统中包含有千差万别的命令名及参数，既不方便使用也不好管理。Bash Shell 中提供了利用 Alias 自定义命令别名的功能。

（4）编程功能。

Shell 不仅可以作为命令解释器用来定制工作环境，还可以作为一门高级编程语言编写执行用户指令的脚本，从而更加快速有效地处理复杂的任务。

5.2.2 Bash Shell 常用命令

当用户登录到 Linux 系统时，便开始与 Bash 进行互动，一直到用户注销为止。如果是普通用户，则 Bash 的默认提示符为“$”（代表一般身份使用者），如果是超级用户（root），提示符则变为“#”。用户与系统互动的过程便是通过在提示符后面输入操作命令来完成的。

为了加强 Shell 的处理能力，Bash Shell 除本身内置一部分命令，如 cd 等，还增加了对外部应用命令支持，如 ls、ps 等。

在 Shell 的命令提示符后面输入的命令，如果是 Bash Shell 内置的命令，则由它自己负责回应；如果是外部应用命令，则 Shell 会找出其对应的外部应用程序，然后将控制权交给内核，由内核执行该应用程序之后再将控制权交回给 Shell。

常用命令如下。

1. type

命令格式：type 参数命令。

功能：判断一个命令是内置命令还是外部命令。

参数分析如下。

表 5-2 type 命令参数

参 数	作 用
无	显示出命令是外部命令还是 Bash 内置命令
-t	File：表示为外部命令 Alias：表示该命令为命令别名所设置的名称 Builtin：表示该命令为 Bash 内置的命令功能
-p	显示完整文件名（外部命令）或显示内置命令
-a	在 PATH 变量定义的路径中，列出所有含有 name 的命令

例子如下。

```
# type ls
ls is aliased to 'ls --color=tty'
```

该例没有任何参数，仅列出 ls 命令的最主要使用情况。

```
# type -t ls
Alias
```

-t 参数仅列出 ls 命令的最主要使用情况。

```
# type -a ls
ls is aliased to 'ls --color=tty'
ls is /bin/ls
```

-a 利用所有方法找出来的 ls 相关信息都会列举出来。

通过 type 命令的用法，我们可以知道每个命令是否为 Bash 的内置命令。此外，使用 type 搜索后面的名称时，如果后接的名称并不能以执行文件的状态找到，那么该名称不会显示。

2. echo

命令格式：echo arg。

功能：在屏幕上显示出由 arg 指定的字符串。

例子如下。

```
# vi sh_01.sh
#!/bin/bash
echo "hello world!"
# ./sh_01.sh
hello world!
```

3. export

命令格式 1：export variable。

功能：Shell 可以用 export 把它的变量向下带入子 Shell，从而让子进程继承父进程中的环境变量。但子 Shell 不能用 export 把它的变量向上带入父进程。

命令格式 2：export。

功能：显示出当前所有环境变量及其内容。

4. readonly

命令格式 1：readonly variable。

功能：将一个用户自定义的 Shell 变量标识为不可变。

命令格式 2：readonly。

功能：显示出所有只读的 Shell 变量。

5. read

命令格式：Read variable。

功能：从标准输入设备读入一行，分解成若干行，赋值给 Shell 程序定义的变量。

例子如下。

```
# vi readtest.sh
#!/bin/bash
echo -e "Please enter: \c"
read x
echo "you enter: $x"
# ./readtest.sh
Please enter: hello
you enter: hello
```

6. env

命令格式：env。

功能：显示环境变量及其内容。

7. set

命令格式：set。

功能：显示所有变量及其内容。

8. unset

命令格式：unset。

功能：unset 命令的作用是从环境中删除变量或函数。这个命令不能删除 shell 本身定义的只读变量。

例：

```
#!/bin/bash
foo="Hello World"
echo $foo
unset foo
echo $foo
```

第一次输出字符串“Hello World”，但第二次只输出一个换行符。

9. grep

命令格式：grep 参数 string 目标文件。

功能：在指定文件一堆文件中查找一个特定的字串并将字串所在行输出到终端或平台。

例子如下。

编辑查找文件 test_file。

```
# vi test_file
CD0001 ,jakey ,hello world
CD0002 ,peter ,good morning
CD0003 ,kety ,how are you
CD0004 ,tony ,see you later
```

编辑实验脚本。

```
# vi sh.sh
#!/bin/bash
grep -v "^CD0002" test_file
```

运行脚本。

```
# ./sh.sh
CD0001 ,jakey ,hello world
CD0003 ,kety ,how are you
CD0004 ,tony ,see you later
```

-v 反义选项，使 grep 选择所有和模式不匹配的行，所以输出文件中为除了 CD0001 所在行之外的所在信息。

10. wc

命令格式：wc 参数文件 1 文件 2 ……
功能：统计指定文件中的字节数、字数、行数并将统计结果显示输出。
参数分析如下。

表 5-3 wc 命令参数

参 数	作 用
无	显示命令是外部命令还是内置命令
-c	统计文件字节数
-l	统计文件行数
-w	统计文件字数

例子如下。

```
# wc -lcw test_file
4 18 111 test_file
```

5.2.3 重定向与管道

shell 命令在执行时，会自动打开三个标准文件，标准输入文件（stdin，一般对应终端的键盘），标准输出文件（stdout）和标准出错输出文件（stderr，对应终端的屏幕）。在实际应用中，这三个文件常常需要按照新的格式进行定向，从其他文件中导入内容或将内容导出到其他文件中，这个过程就是重定向；使内容按一定格式输出，这就是管道。

1. 重定向

一个命令的执行可以用图 5-1 表示。执行时，这个命令会通过键盘读入数据，经过处理后，再将数据输出到屏幕上。

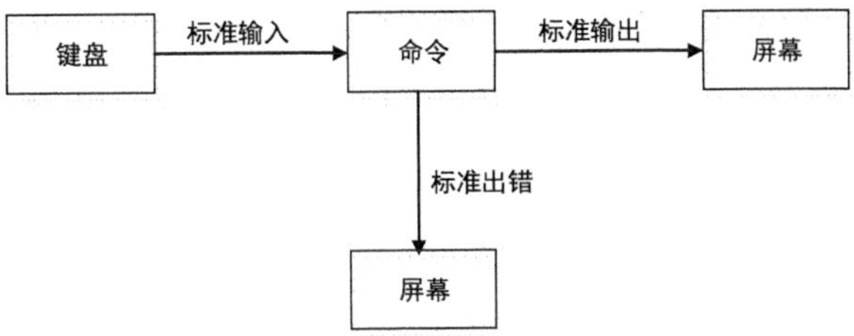

图 5-1 一般命令执行过程

数据流重定向就是命令执行后，从某文件中读入数据，经过处理后，再将数据输出到另一文件中。执行过程如图 5-2 所示。

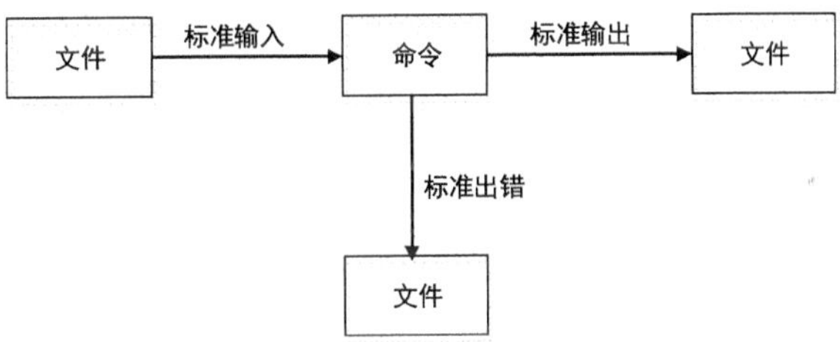

图 5-2 数据流重定向示意图

重定向可分为输出重定向、错误重定向与输入重定向。

（1）输出重定向：通过重定向符“>”或“>>”将命令的标准输出重新定向到指定文件中。

一般形式：命令>文件名。

“>”与“>>”都能将内容重新写入到文件中，但如果文件中有内容，执行“>”后新的内容将会覆盖掉原来的内容，而“>>”则是将新的输出内容附加到原来内容的结尾。

例 1 如下。

```
# ls
# ps > test
```

```
# ls
test
# cat test
100
PID TTY TIME CMD
6459 pts/2 00:00:00 bash
6479 pts/2 00:00:00 bash
6774 pts/2 00:00:00 ps
```

将 ps 命令的内容重定向到 test 文件中，执行完命令后，终端上确实没有输出内容，而当前目录下却多了 test 文件，再利用 cat 我们可以看到内容的确写到里面去了。

例 2 如下。

```
# ls -a >> test
# cat test
PID TTY TIME CMD
6459 pts/2 00:00:00 bash
6479 pts/2 00:00:00 bash
6774 pts/2 00:00:00 ps
...
```

用“>>”将当前目录下的所有文件名写入到例 1 中创建的 test 文件中，执行完命令后用 cat 命令查看，新的内容的确是添加到文件原有内容的尾部。

（2）错误重定向

通过重定向符“2>”或“2>>”将命令的标准错误输出重新定向到指定文件中。

一般形式：命令 2> 文件名；

命令 2>> 文件名。

例子如下。

```
# cat ./jingzhao
cat: ./jingzhao: 没有那个文件或目录
# cat ./jingzhao > test
cat: ./jingzhao: 没有那个文件或目录
# cat ./jingzhao 2> test
# ls
test
```

```
# cat test
cat: ./jingzhao: 没有那个文件或目录
```

由于当前目录中不存在文件 jingzhao，我们用 cat 命令输出其中内容时会在终端上打印出错信息，改用输出重定向符号时错误信息还是没能重定向到 test 中，最后利用错误重定向符号将错误提示输出到 test 文件中。从上面也可以知道，采用“>”或“>>”是不能将错误的信息重定向的。

（3）输入重定向

通过重定向符“<”将命令的标准输入重新定位到指定文件中。一般形式：命令<文件名。

例子如下。

```
# ls
sh.sh
# cat sh.sh
echo "your working directory is $(pwd)"
echo "the time is $(date)"
# bash < sh.sh
your working directory is /shell
the time is 四 7 月 29 15:16:23 CST 2010
```

Shell 命令解析程序将从脚本程序 sh.sh 中读取命令行并加以执行。

2. 管道

在 Linux 下我们可以采用管道操作符“|”来连接多个命令或进程，如图 5-3 所示，在连接的管道线两边，每个命令执行时都是一个独立的进程。前一个命令的输出正是下一个命令的输入。这些进程可以同时运行，而且随着数据流在它们之间的传递可以自动地进行协调，从而能够完成较为复杂的任务。

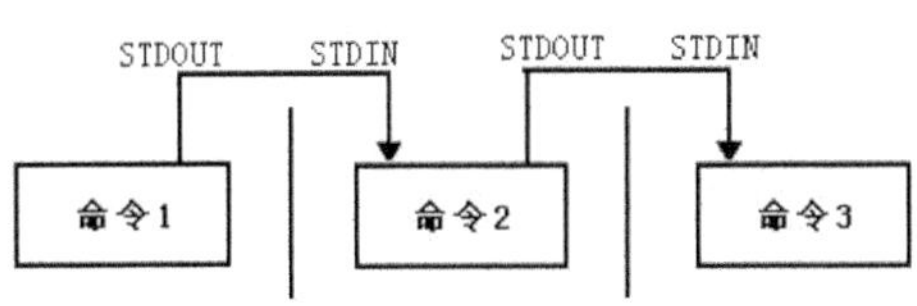

图 5-3 管道示意图

一般形式：[命令 1] | [命令 2] | [命令 3]。

例：显示/etc 目录下面内容。

```
# ls /etc/
……
esd.conf pwdb.conf
exports quotagrpadmins
```

```
fb.modes quotatab
fdprm racoon
......
```

因为/etc 下面的文件太多了，当我们利用 ls /etc/来查看时发现整个屏幕都被塞满了文件，非常不方便，可利用 more 来分页显示。

```
[root@localhost bin]# ls /etc | more
a2ps.cfg
a2ps-site.cfg
acpi
adjtime
alchemist
aliases
aliases.db
alsa
......
--More--
```

命令 ls /etc 显示/etc 目录的内容，命令 more 是分页显示内容。

5.2.4 简单 Shell 应用

Shell 除了作为命令编译器用于管理命令外，还可以用来进行程序设计。它提供了定义变量和参数的手段以及丰富的过程控制结构。使用 Shell 编程类似于使用 DOS 中的批处理文件，称为 Shell 脚本，又叫 Shell 程序或 Shell 命令文件。

1. 基本语法

（1）开头

程序必须以下面的行开始（必须放在文件的第一行）。

```
#!/bin/bash
```

符号“#!”用来告诉系统它后面的参数是用来执行该文件的程序，在这个例子中使用/bin/bash 来执行程序。当编辑好脚本时，如果要执行该脚本，我们还必须使其可执行。要使脚本可执行，我们需赋予该文件可执行的权限，可以使用如下命令文件。

```
#chmod 777 [文件]
```

（2）注释

在进行 Shell 编程时，以“#”开头的句子表示注释，直到这一行的结束，我们建议在程序中使用注释。使用注释，即使相当长的时间内没有使用该脚本，我们也能在很短的时间内明白该脚本的作用及工作原理。

2. 创建过程

（1）创建文件：建立一个内容如下的文件，文件名为 date，将其放在/root 目录。

```
#!/bin/bash
#program date
#show the date in this way.
echo "Mr.$USER,Today is:"
#echo $(date)
echo $(date)
echo Wish you a lucky day !
```

（2）设置可执行权限。

使用命令：chmod 777 date。

（3）执行程序。

```
#./date
Mr.root,Today is:
三 6 月 30 11:24:47 CST 2010
Wish you a lucky day !
```

5.2.5 Shell 编程语法

Shell 编程语法主要有变量、控制结构和函数三部分。

1. 变量

与各种高级程序设计语言相似，Shell 环境下我们也可以使用一组文字或符号，来替换一些设置或者是一串保留的数据，这组文字或符号便是 Shell 变量。根据使用功能不同我们将 Shell 变量分为用户自定义变量、位置参数与环境变量。

（1）自定义变量。

定义：变量名=变量值。

在使用变量之前不需要事先声明，我们只需要通过“=”给它们赋初始值便可使用，但等号两边不能留空格，如果一定要出现空格，就要用双引号括起来。

例子如下。

```
# myname=zhao
```

此时系统便定义了 myname 这个内容为 zhao 的变量。查看变量内容我们可以在变量名前面加上一个$符号，再用 echo 命令将其内容输出到终端上，如下所示。

```
# echo $myname
zhao
```

此时我们可以看到前面定义好的变量 myname 的内容 zhao，同样方法可以查看系统已有的变量，如下所示。

```
# echo $HOME
/root
```

利用“unset 变量”可以取消系统中已有变量，如下所示。

```
# echo $myname
zhao
# unset myname
# echo $myname
#
```

在此之前所创建的变量均为当前 Shell 下的局部变量，不能被其他 Shell 利用，因此我们可以使用“export 变量名”将局部变量转化为全局变量，也可以直接利用“export 变量名=变量值”来创建一个全局变量，如下所示。

```
# myname=zhao
# echo $myname
zhao
# bash
# echo $myname
# exit
exit
```

```
# export myname
# bash
# echo $myname
zhao
# ps
PID TTY TIME CMD
12528 pts/1 00:00:00 bash
16815 pts/1 00:00:00 bash
16831 pts/1 00:00:00 ps
#
```

（2）位置参数变量

在 Linux/UNIX 系统中，Shell 脚本执行时是可以带实参的。这些实参在脚本执行期间将会被赋予系统中自动定义好的一类变量中，这类变量就是位置参数变量。

命令行实参与脚本中位置参数变量的对应关系如下所示。

Exam m1 m2 m3 m4

$0 $1 $2 $3 $4 $5 $6 $7 $8 $9 ${10} ${11}

$0：脚本名称；

$1 - $9：第 1 至第 9 个参数；

${ }：获取第 9 个以上参数；

$#：表示传给脚本或者函数的位置参数的个数（不包括“$0”）；

$*：所有位置参数的列表，形式是一个单个字符串，串中第 1 个参数由第 1 个字符串分隔；

$@：所有位置参数被分别表示为双引号中的 N（参数个数-不含$0）个字符串。

例子如下。

```
# echo one two three
```

分析：有 4 个位置参数---1 个命令名（echo）+ 3 个参量（one、two 和 three），$0 = echo $1 = one $2 = two $3 = three。

通过对位置参数的解析我们可以发现，如果执行 Shell 脚本时没有传递任何实参，$0（脚本名称）、$#（为 0）等也存在，而$1、$2 等则不存在；等脚本执行完毕，位置参数又恢复回系统初始值。

例子如下。

```
# vi sh.sh
#!/bin/bash
```

```
echo "first_parameter=$1"
echo "second_parameter=$2"
echo "third_parameter=$3"
echo "count_num=$#"
echo "all_parameter*=$*"
echo "all_parameter@=$@"
```

运行脚本执行如下。

```
# ./sh.sh yang jing zhao
first_parameter= yang
second_parameter=jing
third_parameter=zhao
count_num=3
all_parameter*=yang jing zhao
all_parameter@=yang jing zhao
```

“$*”和“$@”均可以表示所有位置参数，但它们之间却存在着很大的不同，这种不同允许用两种方法来处理命令行参数。第一种“$ *”，因为它是一个单个字符，所以可以不需要很多 Shell 代码来显示它，相比之下更加灵活。第二种“$@”，它允许我们独立处理每个参数，因为它的值是 N 个分离参数。

例子如下。

```
# vi bash.sh
#!/bin/bash
function cntparm
{
echo -e "inside cntparm: $# parms: $@\n"
}
echo -e "outside cntparm: $*\n"
echo -e "outside cntparm: $@\n"
cntparm "$*"
cntparm "$@"
```

运行脚本执行如下。

```
# ./bash.sh yang jing zhao
outside cntparm: yang jing zhao
```

```
outside cntparm: yang jing zhao
inside cntparm: 1 parms: yang jing zhao
inside cntparm: 3 parms: yang jing zhao
```

函数第一次使用“$*”，它把位置参数作为单个字符串，所以 cntparm 打印只有一个参数；第二次调用 cntparm，把脚本的命令行参数当作了三个字符串，所以 cntparm 报告了三个参数。在打印的时候，参数的外观没有任何区别，最后两行输出清楚地表明了这一点。

echo 命令的-e 选项强行要求它把字符串序列\n 当作一个新行；如果没有-e 选项，就不要用\n 来产生一个新行，因为 echo 会自动地在输出后面加上一个\n。

在执行 Shell 程序时，位置参数变量并不是固定不变的，利用 set 命令可以为位置参数赋值或重新赋值，其格式如下所示。

```
set paramet1 paramet2 paramet3
```

例子如下。

```
# vi sh.sh
#!/bin/bash
echo "first_parameter= $1"
echo "second_parameter=$2"
echo "third_parameter=$3"
set one two three
echo "parameters chance:"
echo "first_parameter= $1"
echo "second_parameter=$2"
echo "third_parameter=$3"
```

运行脚本执行如下。

```
# ./sh.sh yang jing zhao
first_parameter= yang
second_parameter=jing
third_parameter=zhao
parameters chance:
first_parameter= one
second_parameter=two
third_parameter=three
```

（3）环境变量

在用户注册过程中系统需要做的一件事就是建立用户环境。所有的 Linux 进程都有各自独立并且不同于程序本身的环境。Linux 环境由许多变量及这些变量的值组成。这些变量及变量的值决定了用户环境的外观。

Shell 环境变量 hell 类型、主目录所在位置及正在使用的终端类型等多方面的内容。决定这些内容的变量有许多是在注册过程中定义的，一些为只读，意味着不能改变这些变量；而一般为非只读变量，可以随意增加或修改。

常用环境变量

当一个 Shell 开始执行时，一些变量会根据环境设置中的值进行初始化。我们的 Shell 脚本程序就是根据这些初始化的环境变量来解析运行。在 Bash 中，我们可以利用 env 或 export 命令查看系统中环境变量。

```
[root@localhost test]# env
SSH_AGENT_PID=5025
HOSTNAME=localhost.localdomain
SHELL=/bin/bash
TERM=xterm
HISTSIZE=1000
GTK_RC_FILES=/etc/gtk/gtkrc:/root/.gtkrc-1.2-gnome2
WINDOWID=50342033
QTDIR=/usr/lib/qt-3.3
USER=root
……
LESSOPEN=|/usr/bin/lesspipe.sh %s
DISPLAY=:0.0
GTK_IM_MODULE=iiim
G_BROKEN_FILENAMES=1
COLORTERM=gnome-terminal
XAUTHORITY=/root/.Xauthority
_=/bin/env
OLDPWD=/root/shell/test
```

环境文件

用 env 所查看到的均为环境变量及其内容，这些变量都是通过系统中一系列脚本来配置完成的。从系统起来到用户注册进入系统，Shell 会读取一系列称为脚本的环境文件并执行其中命令。常见的环境文件包括以下几种。

系统级：

/etc/profile：初始化一些基本的环境变量并执行/etc/profile.d/目录下的脚本，引导系统进一步启动，在系统启动会话时被调用。

/etc/bashrc：保存一些变量设置并执行/etc/profile.d/目录下脚本的命令，每次打开终端时会被.bashrc 调用。

/etc/profile.d：包含了配置特别程序的跨系统行为的文件。

/etc/inputrc：配置命令行响铃风格的跨系统的行读取初始化文件。

用户级：（每个用户均有独立的配置文件，在此以超级用户 root 为例）

.bash_history：记录用户以前输入的命令。

.bash_logout：用户退出注册时执行的命令。

.bash_profile：功能同上面系统级一样，只是属于具体同户。

.bashrc：功能同上面系统级一样，只是属于具体同户。

从系统启动到用户登录 Bash Shell，上面的环境文件是按照一定的先后顺序来读取的。首先读取/etc/profile，根据/etc/profile 中的内容去执行相关命令或读取其他附加的环境文件，如/etc/profile.d、/etc/inputrc 等，根据其中内容搭建起基本的系统环境；根据不同用户，到 home 目录去读取.bash_profile，根据内容执行相关命令并读取.bashrc 以搭建起满足不同用户的环境。

主要环境变量

PATH：搜索路径

定义：Shell 从中查找命令的目录列表，它是一个非常重要的 Shell 变量。PATH 变量包含带冒号分界符的字符串，这些字符串指向含有用户所使用命令。

i. 查看 PATH 变量内容

```
# echo $PATH
/usr/kerberos/sbin:/usr/kerberos/bin:/usr/local/sbin:/usr/local/bin:/sbin:/b
in:/usr/sbin:/usr/bin:/usr/X11R6/bin:/root/bin
```

ii. 修改 PATH 变量

因为 PATH 是命令搜索路径的环境变量，所以我们修改变量时不能替换变量，只能采用添加的方式。如主目录下有一个 jingzhao 目录，存放编写的所有可执行命令，要把这个目录加到 PATH 变量中，我们可以输入以下命令行。

```
# echo $PATH
/usr/kerberos/sbin:/usr/kerberos/bin:/usr/local/sbin:/usr/local/bin:/sbin:/b
```

```
in:/usr/sbin:/usr/bin:/usr/X11R6/bin:/root/bin
    # PATH=$HOME/jingzhao
    # echo $PATH
    /root/directory
    # ls
    bash: ls: command not found
```

修改后，除了 Bash Shell 内置命令外，其他外部命令再也无法使用，主要是外部命令的搜索路径被新的变量替代。所以应该做如下修改。

```
    # echo $PATH
    /usr/kerberos/sbin:/usr/kerberos/bin:/usr/local/sbin:/usr/local/bin:/sbin:/b
in:/usr/sbin:/usr/bin:/usr/X11R6/bin:/root/bin
    # PATH=$PATH:$HOME/jingzhao
    # echo $PATH
    /usr/kerberos/sbin:/usr/kerberos/bin:/usr/local/sbin:/usr/local/bin:/sbin:/b
in:/usr/sbin:/usr/bin:/usr/X11R6/bin:/root/bin:
    /root/directory
    # ls
    achievements_file applicate.sh students_file test
```

至此，我们只是为当前终端设置了新的“$PATH”变量，如果打开一个新的终端，运行“echo $PATH”，显示的还是没修改前的“$PATH”值。因为先前重新定义的是一个局部环境变量，只能作用在当前终端。要将它定义为一个全局变量，使其在以后打开的终端中生效，我们可以采用 export 来定义并将其写入配置文件实现。/etc/profile 与.bash_profile 只在会话时被读取一次，因此常用来设置不常变化的环境变量，如 PATH 等。而.bashrc 与/etc/bashrc 则在每次打开终端时都要被读取一次，故可以用来配置一些个性设置，如终端字体大小、色调等。

```
    # gedit .bash_profile
    # .bash_profile
    # Get the aliases and functions
    if [ -f ~/.bashrc ]; then
    . ~/.bashrc
    fi
    # User specific environment and startup programs
    PATH=$PATH:$HOME/bin
```

```
export PATH
unset USERNAME
export PATH=$PATH:$HOME/jingzhao
```

保存退出后，我们重新打开一个新的终端，键入“echo $PATH”，屏幕上显示的还是修改前的“$PATH”，这是怎么回事呢？原来/etc/profile 与.bash_profile 只在会话时被读取一次，所以我们必须重启机器让会话进行一次，随后在重启后的机器中再次键入“echo $PATH”，这次可以看到修改后的变量了。

```
# echo $PATH
/usr/kerberos/sbin:/usr/kerberos/bin:/usr/local/sbin:/usr/local/bin:/sbin:/bin:/usr/sbin:/usr/bin:/usr/X11R6/bin:/root/bin:/root/jingzhao
```

如果不想每次修改完 PATH 后都重启，而且打开新的终端也能应用修改后的变量，我们就只能在.bashrc 与/etc/bashrc 环境文件中修改了。

```
# gedit .bashrc
# .bashrc
# User specific aliases and functions
alias rm='rm -i'
alias cp='cp -i'
alias mv='mv -i'
# Source global definitions
if [ -f /etc/bashrc ]; then
./etc/bashrc
fi
export PATH=$HOME/jingzhao
```

我们保存退出后查看下变量。

```
# echo $PATH
/usr/kerberos/sbin:/usr/kerberos/bin:/usr/local/sbin:/usr/local/bin:/sbin:/bin:/usr/sbin:/usr/bin:/usr/X11R6/bin:/root/bin
```

执行 source 命令。

```
# source .bashrc
```

再次查看变量内容。

```
# echo $PATH
/usr/kerberos/sbin:/usr/kerberos/bin:/usr/local/sbin:/usr/local/bin:/sbin:/bin:/usr/sbin:/usr/bin:/usr/X11R6/bin:/root/bin:/root/jingzhao
```

另外打开一个新的终端我们也可以看到变量已修改。但这样做也会存在一个较为严重的问题，就是每次打开一个终端，文件被读取一次，目录也会添加一次，这样将导致 PATH 变量由于目录复制而不断地增长。

如果使用 Bash，我们可以把它加到.bash_profile 文件中（环境文件）。这样，它会在每次注册时起作用。一般情况下，PATH 量中往往有一个目录/usr/local/bin，这个目录中的命令不是 Linux 标准的命令，而是由系统管理员添加和维护的、供所有用户使用的命令。如果 PATH 变量中不存在这个目录，我们可以自己将它添加进去。

PS1：提示符。

每次打开一个控制台时，我们最先看到的就是提示符，如下所示。

```
#
```

在默认的设置下，提示符将显示用户名、主机名、当前所在目录（“~”表示用户的宿主目录），最后一个字符可以标识是普通用户（$）还是 root 管理员（#）。我们可以通过 $PS1 变量来设置提示符。

如下命令将显示当前的设定值。

```
# echo $PS1
[\u@\h \W]\$
```

PS1 的值由一系列静态文本或\和转义字符序列组成，比较有用的转义序列如下所示。

```
\e ASCII 转义字符
\h 主机名
\H 完整的主机名
\l 终端设备名
\t 24 小时制时间
\T 12 小时制时间
\u 用户名
\w 当前工作目录（绝对路径）
\w 当前工作目录（basename）
\! 当前命令在历史缓冲区的位置
\$如果当前用户是 super user，则插入字符#；否则插入字符$
```

```
\[出现在不移动光标的字符序列之前
\]出现在非打印字符之后
```

通过这些转义序列来设置 PS1 的值，我们可以将提示符进行个性化设置。对于初学者来说，系统自带的一些设置有些不友好，因为提示符只显示当前目录的最后一部分。如果我们看到如下所示的提示符：

```
[root@localhost bin]#
```

当前目录可能是/bin、/usr/bin、/usr/local/bin 或者是/me/X11R6/bin，只能用 pwd 命令来查看绝对路径。能不能让 Shell 自动告诉当前目录呢？当然可以。这里将提到的设置，包括提示符，大都包含在文件/etc/bashrc 中。我们可以通过编辑各用户/home 目录下的“.bashrc_profile”和“.bashrc”文件来改变设置。

如下面基本设置我们可以看到绝对路径。

```
export PS1="[\w]\\$"
[~/vod/photo]#
```

此外，我们还可以设置提示符的颜色、当前时间、命令的历史记录等。

2. 控制结构

Shell 程序设计语言的基础是对条件进行测试判断，根据不同的测试结果采取相应的程序处理。下面我们先分析在 Shell 脚本程序中可以使用的判断条件，然后讲解使用这些条件的控制结构。

（1）判断条件

条件测试

条件测试有两种常用形式：第一种是用 test 命令与系统运算符一起使用，第二种是用一对方括号与系统运算符一起使用。这两种形式是完全等价的。

例如测试位置参数$1 是否是已存在的普通文件，可写为 test -f "$1"，也可写成[-f "$1"]。利用一对方括号表示条件测试时，左方括号“[”之后、右方括号“]”之前各应有一个空格。

```
#!/bin/bash
if test -f "$1"
then echo "$1 is an ordinary file . "
else echo "$1 is not an ordinary file . "
fi
```

Shell 程序设计中被广泛使用的判断条件主要是布尔判断命令[]与 test，在大多数系统中，两者没有太大的区别，都使得程序设计语法看起来更加简单与明了。

test/[]命令可以使用的条件类型可以归为以下三类。

- 字符串比较。
- 算术比较。
- 与文件有关的条件测试。

三种情况下的比较内容如表 5-4、表 5-5 和表 5-6 所示。

表 5-4　字符串比较

字符串比较	结　果
String1 = string2	如果两个字符相同则结果为真
String1 != string2	如果两个字符不相同则结果为真
-n String	如果字符串不为空则为真
-z string	如果字符串为空（一个空串）则结果为真

表 5-5　算术比较

算术比较	结　果
Expression1 -eq expression2	如果两个表达式相等则结果为真
Expression1 -ne expression2	如果两个表达式不同则结果为真
Expression1 -g t expression2	如果 expression1 大于 expression2 则结果为真
Expression1 -ge expression2	如果 expression1 大于或等于 expression2 则结果为真
Expression1 - l t expression2	如果 expression1 小于 expression2 则结果为真
Expression1 - le expression2	如果 expression1 小于或等于 expression2 则结果为真
！ Expression1	如果表达式为假则结果为真，反之亦然

表 5-6　文件条件比较

文件条件比较	结　果
-d file	如果文件是一个目录则结果为真
-e file	如果文件存在则结果为真。要注意的是历史上-e 选项不可移植，所以通常使用的是-f 选项
-f file	如果文件是一个普通文件则结果为真
-g file	如果文件的 SGID 位被设置则结果为真

续表>>

文件条件比较	结　果
-r file	如果文件可读则结果为真
-s file	如果文件的长度不为 0 则结果为真
-u file	如果文件的 SUID 位被设置则结果为真
-w file	如果文件可写则结果为真
-x file	如果文件可执行则结果为真

例：检查环境变量 PATH 是否为空。

```
test -z $PATH
[ -z $PATH ]
```

使用[]时要特别注意，每个组件之间均要用空格键分隔，否则将会提示出错。

条件测试应用

在实际 Shell 程序设计中，使用单一判断条件的情况很少，它往往与&&、||等组成复合判断条件来使用。

语法结构如下。

- 判断条件 1 &&判断条件 2。
- 判断条件 3 ||判断条件 4。

语法分析如下。

- 判断条件 1 为真时才会执行判断条件 2，否则忽略判断条件 2。
- 判断条件 3 为假时才会执行判断条件 4，否则忽略判断条件 4。

例：设计出满足下面条件的 shell 程序。

- 当执行一个程序的时候，这个程序会让用户选择 y 或 n。
- 如果用户输入 y，就显示“OK，continue”。
- 如果用户输入 n，就显示“Oh，interrupt”。
- 如果是其他字符，就显示“Please enter y or n”。

```
[/home]# vi sh_1.sh
#!/bin/bash
echo -e "Are you sure?(y/n):\c"
read yn
[ $yn == "y" ] && echo "OK,continue" && exit 0
[ $yn == "n" ] && echo "Oh,interrupt" && exit 0
```

```
echo -e "Please enter y or n"
 [/home]# ./sh_1.sh
Are you sure?(y/n):y
OK,continue
```

（2）条件判断结构

if 语句

if 语句用于条件控制结构中。

语法格式 1 如下。

```
if [条件判断表达式]; then
```

当条件表达式成立时，可以执行的命令如下。

```
fi
```

例子如下。

```
[/home]# vi sh_1.sh
#!/bin/bash
echo -e "Are you sure?(y/n):\c"
read yn
if [ $yn == "y" ] ;then
echo "OK,continue"
exit 0
fi
if [ $yn == "n" ]
echo "Oh,interrupt"
exit 0
fi
echo -e "Please enter y or n"
[/home]# ./sh_1.sh
Are you sure?(y/n):y
OK,continue
```

语法格式 2 如下。

```
if [条件判断表达式];then
```

当条件表达式成立时，可以执行的命令如下。

```
else
```

当条件表达式不成立时，可以执行的命令如下。

```
fi
```

例子如下。

```
[/home]# vi sh_2.sh
#!/bin/bash
echo -e "Are you sure?(y/n):\c"
read yn
if [ $yn == "y" || $yn == "n" ] ;then
if [ $yn == "y" ];then
echo "OK,continue"
exit 0
else
echo "Oh,interrupt"
exit 0
fi
else
echo -e "Please enter y or n"
fi
[/home]# ./sh_2.sh
Are you sure?(y/n):y
OK,continue
```

语法格式 3 如下。

```
if [条件判断表达式 1 ];then
```

当条件表达式 1 成立时，可以执行的命令如下。

```
elif [条件判断表达式 2 ];then
```

当条件表达式 2 成立时，可以执行的命令如下。

```
else
```

当条件表达式 1 与 2 均不成立时，可以执行的命令如下。

```
fi
```

例子如下。

```
[/home]# vi sh_3.sh
#!/bin/bash
echo -e "Are you sure?(y/n):\c"
read yn
if [ $yn == "y" ] ;then
echo "OK,continue"
exit 0
elif [$yn == “n” ];then
echo "Oh,interrupt"
exit 0
else
echo -e "Please enter y or n"
fi
[/home]# ./sh_3.sh
Are you sure?(y/n):y
OK,continue
```

case 语句

case 语句允许进行多重条件选择。

语法结构如下。

```
case $变量名称 in
第一个变量内容）
程序段（满足第一个变量内容）
;;
第二个变量内容）
程序段（满足第二个变量内容）
;;
…
*)
程序段（均不满足前面的条件下）
…
;;
esac
```

语法分析如下。

该语句执行过程是用“字符串”的值依次与各模式字符串进行比较，如果发现同某一个匹配，那么就执行该模式字符串之后的各个命令，直至遇到两个分号为止；如果没有任何模式字符串与该字符串的值相符合，则不执行任何命令。

在使用 case 语句时我们应注意以下几点。

- 每个模式字符串后面可有一条或多条命令，它的最后一条命令必须以两个分号（即;;）结束。
- 模式字符串中可以使用通配符。
- 如果一个模式字符串中包含多个模式，那么各模式之间应以竖线（|）隔开，表示各模式是“或”的关系，即只要给定字符串与其中一个模式相配，就会执行其后的命令表。
- 各模式字符串应是唯一的，不应重复出现，而且要合理安排它们的出现顺序。例如，不应将“*”作为头一个模式字符串，因为“*”可以与任何字符串匹配，它如果第一个出现，就不会再检查其他模式了。
- case 语句以关键字 case 开头，以关键字 esac（是 case 倒过来写！）结束。
- case 的退出（返回）值是整个结构中最后执行的那个命令的退出值；如果没有执行任何命令，那么退出值为零。

例：设计一个简单选择菜单，用户输入不同选择时，执行不同动作。

```
# vi sh.sh
#!/bin/bash
echo " a) choice a"
echo " b) choice b"
echo " c) choice c"
echo -e "Please enter your choice:\c"
read menu_choice
case "$menu_choice" in
a) echo "you choice a" ;;
b) echo "you choice b" ;;
c) echo "you choice c" ;;
*) echo "sorry,choice not exist" ;;
esac
```

运行脚本执行如下。

```
# ./sh.sh
a) choice a
b) choice b
c) choice c
Please enter your choice:c
you choice c
# ./sh.sh
a) choice a
b) choice b
c) choice c
Please enter your choice:dfjsk
sorry,choice not exist
```

（3）循环结构

循环可以不断执行某个程序段，直到用户设置的条件实现为止。下面我们介绍几种常用的循环结构。

while do done 语句语法结构如下。

```
While [条件判断表达式]
do
程序段
done
```

语法分析：当条件判断表达式成立时，就进行循环，直到条件判断表达式不成立才停止。

例子如下。

```
# ./sh.sh
#!/bin/bash
echo " a) choice a"
echo " b) choice b"
echo " c) choice c"
echo -e "Please enter your choice:\c"
read menu_choice
while [ "$menu_choice" != "a" ] && [ "$menu_choice" != "b" ] &&
[ "$menu_choice" != "c" ]
do
```

```
echo -e "Please enter your choice(a/b/c) to stop this program:\c"
read menu_choice
done
```

脚本运行如下。

```
# ./sh.sh
a) choice a
b) choice b
c) choice c
Please enter your choice:k
Please enter your choice(a/b/c) to stop this program :e
Please enter your choice(a/b/c) to stop this program :a
```

until do done 语句语法结构如下。

```
Until [条件判断表达式]
do
程序段
done
```

语法分析：与前面的 while do done 刚好相反，它说的是“当条件判断表达式成立时，就终止循环，否则就持续执行循环的程序段”。

例子如下。

```
# vi sh.sh
#!/bin/bash
echo " a) choice a"
echo " b) choice b"
echo " c) choice c"
echo -e "Please enter your choice:\c"
read menu_choice
until [ "$menu_choice" == "a" ] || [ "$menu_choice" == "b" ] ||
[ "$menu_choice" == "c" ]
do
echo -e "Please enter your choice(a/b/c) to stop this
program:\c"
```

```
read menu_choice
done
```

脚本运行如下。

```
# ./sh.sh
a) choice a
b) choice b
c) choice c
Please enter your choice:k
Please enter your choice(a/b/c) to stop this program :e
Please enter your choice(a/b/c) to stop this program :a
```

for do done 语句语法结构如下。

```
for [条件判断表达式]
do
程序段
done
```

语法分析：for 语句是最常用的建立循环结构的语句，其条件判断表达式更是形式多样，同 while 一样，是当满足条件判断时，就进行循环，直到条件不成立才停止。

例：用一个变量实现多次赋值。

```
#!/bin/bash
for day in Monday Wednesday Friday Sunday
do
echo "$day"
done
```

运行脚本如下。

```
# ./sh.sh
Monday
Wednesday
Friday
Sunday
```

程序分析如下。

它的执行过程是，变量 day 依次取值表中各字符串，即第一次将“Monday”赋给 day，然后进入循环体，执行其中的命令，显示出 Monday；第二次将“Wednesday”赋给 day，然后执行循环体中命令，显示出 Wednesday；依次处理，当 day 把值表中各字符串都取过一次之后，下面 day 的值就变为空串，从而结束 for 循环。因此，值表中字符串的个数就决定了 for 循环执行的次数。在格式上，值表中各字符串之间以空格隔开。

（4）其他结构：break 命令和 continue 命令。

break 命令可以使我们从循环体中退出来。其语法格式如下。

```
break[ n ]
```

命令中，n 表示要跳出几层循环，默认值是 1，表示只跳出一层循环。

continue 命令跳过循环体中在它之后的语句，回到本层循环的开头，进行下一次循环，其语法格式如下。

```
continue[ n ]
```

命令中，n 表示从包含 continue 语句的最内层循环体向外跳到第几层循环，默认值为 1。循环层数由内向外编号。

3. 函数

到目前为止所编写的 Shell 程序都是非常短小的。在实际应用中，有时为项目所编写的脚本程序是非常大型的，这时我们该如何来构造自己的代码呢？可能想到说将大型脚本按照功能模块拆分成多个小型脚本，但这种做法存在如下几个缺点。

- 在一个脚本程序中运行另外一个脚本程序要比执行一个函数慢得多。
- 返回执行结果变得更加困难，而且可能存在非常多的小脚本。

基于上面原因及拆分思想，我们可以定义并使用 Shell 函数，其语法格式如下。

```
[function]函数名( )
{
命令表（Statements）
}
```

语法结构分析如下。

关键字 function 可以默认。通常，函数中的最后一个命令执行之后，就退出被调函数。我们也可利用 return 命令立即退出函数，其语法格式如下。

```
return [ n ]
```

命令中，n 值是退出函数时的退出值（退出状态），即$?的值。当 n 值缺省时，退出值是最后一个命令执行结果。

函数应先定义，后使用。调用函数时，我们可以直接利用函数名，如 foo，不必带圆括号，就像一般命令那样使用。使用函数的最大作用就是可以简化很多代码，这在较大的 Shell 脚本设计中可能会更加明显。

例 1：利用 Shell 函数写一个简单的显示例子。

```
# vi sh.sh
#!/bin/bash
first()
{
   echo "***********************************"
}
second()
{
   echo "======================="
}
third()
{
   echo "* *"
}
four()
{
   echo "* hello,welcome to linux world *"
}
five()
{
   echo "* (http://www.ptpress.com.cn) *"
}
second
first
third
```

```
third
four
five
third
third
first
second
```

运行这个脚本程序会显示如下的输出信息。

```
# ./sh.sh
==========================
*****************************
* *
* *
* hello,welcome to linux world *
* (http://www.ptpress.com.cn) *
* *
* *
*****************************
==========================
```

这个脚本程序还是从自己的顶部开始执行，这一点与其他脚本程序没有什么分别。但当它遇见 first()结构时，它知道定义了一个名为 first 的函数，会记住 first 代表一个函数并从}字符之后的位置继续执行。当执行到单独的行 first 时，Shell 就知道应该去执行刚才定义的函数了，当这个函数执行完毕以后，执行过程会返回到调用 first 函数的那条语句的后面继续执行。我们必须在调用一个函数之前先对它进行定义。

Shell 脚本与函数间的参数传递可利用位置参数和变量直接传递。当一个函数被调用时，变量的值可以直接由 Shell 脚本传递给被调用的函数，而脚本程序中所用的位置参数$*、$@、$#、$1、$2 等则会被替换为函数的参数。当函数执行完毕后，这些参数会恢复为它们之前的值。

例 2：变量作为参数被 Shell 函数调用。

```
# vi sh_01.sh
#!/bin/bash
input_data()
{
```

```
  echo -e "Enter your data:\c"
  read tmp
  data=${tmp%%,*}
}
insert_title()
{
  echo $* >> title_file
  return
}
input_data
insert_title $data
```

运行这个脚本程序会显示如下的输出信息。

```
# ls
sh_01.sh
# ./sh_01.sh
Enter your data:yang jing zhao
# ls
sh_01.sh title_file
# cat title_file
yang jing zhao
```

例 3：脚本的位置参数作为参数被 Shell 函数调用。

```
# vi sh_02.sh
#!/bin/bash
get_sure ()
{
echo "Is your data: $*"
echo -n "Enter yes or no:"
while true
do
read x
case "$x" in
y | yes ) return 0;;
n | no ) return 1;;
```

```
*) echo "answer yes or no" ;;
esac
done
}
echo "shell parameters you input are:$*"
if get_sure "$*"
then
echo "the data you enter is:$*"
else
echo "you enter nothing"
fi
exit 0
```

运行这个脚本程序会显示如下的输出信息。

```
# ./sh_02.sh yang jing zhao
shell parameters you input are:yang jing zhao
Is your data: yang jing zhao
Enter yes or no:y
the data you enter is:yang jing zhao
# ./sh_02.sh yang jing zhao
shell parameters you input are:yang jing zhao
Is your data: yang jing zhao
Enter yes or no:n
you enter nothing_
```

第三篇 系统移植篇

第 6 章 移植 U-Boot

本章内容：

BootLoader 工作原理，U-Boot 移植方法，U-Boot 的命令格式及参数设计。

教学目标：

- 熟练使用 U-Boot 设置各项参数及调试内核等；
- 理解 U-Boot 命令参数含义。

6.1 BootLoader 简介

1. BootLoader 概念

BootLoader 就是在操作系统内核运行之前运行的一段小程序。通过这段小程序，我们可以初始化硬件设备、建立内存空间映射图，将系统的软硬件环境带到一个合适状态，以便为最终运行 Linux 操作系统内核准备好正确的环境。在嵌入式系统中，通常并没有像 BIOS 那样的固件程序，因此整个系统的加载启动任务就完全由 BootLoader 来完成。在一个嵌入式系统中，系统在上电或复位时通常都从程序存储器地址 0x00000000 处开始执行，而在这个地址处安排的通常就是系统的 BootLoader 程序。

在嵌入式领域，BootLoader 通常都是严重依赖于硬件实现的。因此构建一个通用的 BootLoader 是不可能的。但是我们可以归纳出一些通用的概念，以指导用户特定的 BootLoader 设计与实现。

2. BootLoader 工作模式

（1）下载模式

产品研发阶段，BootLoader 工作在下载模式。研发人员在调试内核或者 BootLoader 本身时，通过串口终端与 BootLoader 进行交互操控硬件，如通过网口或者串口下载内核、烧写 Flash 等。

（2）启动加载模式

当嵌入式产品发布时，BootLoader 工作在启动加载模式。在此模式下，BootLoader 上电后完成硬件自检、配置，从 Flash 中将内核复制到 SDRAM 中并跳转到内核入口，实现自启动，全过程不需要人为干预。

3. BootLoader 的安装媒介

系统上电时或者复位以后，都从芯片厂商预先安排的地址处取第一条指令实行（从 0x0 地址处开始运行程序），由于上电或复位需要运行的第一段程序就是 BootLoader，我们必须把 BootLoader 放入该地址，将 BootLoader 写入固态存储设备（如 NAND Flash 等），永久保存，系统上电后将自动执行 BootLoader。

4. BootLoader 的烧写

如果系统中没有 BootLoader，我们可以借助 JTAG 软件，通过 JTAG 仿真器烧写到指定位置。Smart210 开发板使用的方法是，先将 BootLoader 通过读卡器等烧写至 SD 卡，SD 卡成功启动 BootLoader 后，再将其自身烧写至 NAND Flash 中。

另外大部分国内 ARM 板卡代理商提供了针对自己生产的板卡的系统软件备份方法，如深圳优龙公司在自己出品的开发板 NorFlash 中固化了自己独特的 BIOS 文件，用来对 NAND Flash 中的文件进行烧写或恢复，读者可自行参考。

6.2 常见的 BootLoader

嵌入式领域常见的 BootLoader 有如下几种。

1. RedBoot

RedBoot 是 RedHat 公司随 eCos 发布的一个 Boot 方案，是一个开源项目。RedBoot 支持的处理器构架有 ARM，MIPS，MN10300，PowerPC，Renesas SHx，V850，X86 等，是一个完善的嵌入式系统 BootLoader。RedBoot 是在 eCos 的基础上剥离出来的，继承了 eCos 的简洁、轻巧、可灵活配置、稳定可靠等品质优点。它可以使用 X-modem 或 Y-modem 协议经由串口下载，也可以经由以太网口通过 BOOTP/DHCP 服务获得 IP 参数，使用 TFTP

方式下载程序映像文件，常用于调试支持和系统初始化（Flash 下载更新和网络启动）。RedBoot 可以通过串口和以太网口与 GDB 进行通信，调试应用程序，甚至能中断被 GDB 运行的应用程序。RedBoot 是标准的嵌入式调试和引导解决方案，支持几乎所有的处理器构架以及大量的外围硬件接口，而且还在不断地完善过程中。

2. BLOB

BLOB（Boot Loader Object）是由 Jan-Derk Bakker 和 Erik Mouw 发布的，是专门为 StrongARM 构架下的 LART 设计的 BootLoader。BLOB 的最后版本是 blob-2.0.5。BLOB 支持 SA1100 的 LART 主板，但用户也可以自行修改移植。BLOB 功能比较齐全，代码较少，比较适合做修改移植用来引导 Liunx。

3. U-Boot

U-Boot 全称 Universal Boot Loader，是遵循 GPL 条款的开放源码项目，从 FADSROM、8xxROM、PPCBOOT 逐步发展演化而来，1999 年由德国 DENX 软件工程中心的 Wolfgang Denk 发起。U-Boot 不仅仅支持嵌入式 Linux 系统的引导，它还支持 NetBSD、VxWorks、QNX、RTEMS、ARTOS、LynxOS 嵌入式操作系统等。U-Boot 除了支持 PowerPC 系列的处理器外，还能支持 MIPS、X86、ARM、NIOS、XScale 等诸多常用系列的处理器。U-Boot 项目的开发目标即支持尽可能多的嵌入式处理器和嵌入式操作系统。

就目前来看，U-Boot 支持的处理器最为丰富，对 Linux 的支持最完善。U-Boot 的成功归功于 U-Boot 的维护人德国 DENX 软件工程中心 Wolfgang Denk 本人精湛的专业技术和坚持不懈的努力。当前 U-Boot 项目正在他的领军之下，众多有志于开放源码 BootLoader 移植工作的嵌入式开发人员正如火如荼地将各个不同系列嵌入式处理器的移植工作不断展开和深入，以支持更多的嵌入式操作系统的装载与引导。

本书将引导读者移植一个适用于 Smart210 开发板的 U-Boot 并使用它引导内核及文件系统。

6.3 U-Boot 分析

1. U-Boot 源码构成

U-Boot 源码目录与 Linux 内核很相似，事实上，不少 U-Boot 源码就是相应的 Linux

内核源程序的简化，尤其是一些设备的驱动程序。

下面我们来分析一下 U-Boot 源码构成，熟悉 U-Boot 源代码组织。

- Board 文件夹：存放目标板相关文件代码，主要包含硬件初始化，SDRAM 初始化等。
- Common 文件夹：存放独立于处理器体系结构的通用代码。
- Cpu 文件夹：存放与处理器相关文件，包含 CPU 初始化、串口初始化、中断初始化等代码。
- Doc 文件夹：存放 U-Boot 的说明文档。
- Drivers 文件夹：存放设备驱动代码，如 flash 驱动、网卡驱动、串口驱动等。
- Fs 文件夹：存放 U-Boot 支持的文件系统的实现，如 cramfs、fat、ext2、jffs2 等。
- Include 文件夹：存放 U-Boot 使用的头文件，包括不同硬件构架的头文件。
- Lib-xxx 文件夹：存放处理器相关文件，如要 Lib-arm，即与 ARM 体系结构相关的文件。
- Net 文件夹：存放网络功能的上层文件，实现各种协议，如 NFS、TFTP、ARP 等。

2. U-Boot 启动流程

大多数 BootLoader 都分为 stage1 和 stage2 两部分，U-Boot 也不例外。依赖于 CPU 体系结构的代码（如设备初始化代码等）通常都放在 stage1 部分，用汇编语言来实现，而 stage2 则通常用 C 语言来实现，这样可以实现复杂的功能，而且有更好的可读性和移植性。

（1）stage1 完成的工作。

- 屏蔽所有中断。为中断提供服务通常是操作系统设备驱动程式的责任，因此在 BootLoader 的启动全过程中可以不必响应任何中断。屏蔽中断可以通过写 CPU 的中断屏蔽寄存器或状态寄存器来完成。
- 设置 CPU 速度和时钟频率。
- 初始化 RAM，包括正确设置系统内存控制器等。
- 初始化 LED，通过 GPIO 来驱动 LED，其目的是检查当前系统的状态是正常还是错误；如果开发板没有 LED，也可以通过初始化 UART 向串口打印 BootLoader 的 Logo 字符信息来完成。
- 关闭 CPU 内部指令和数据 cache 等。
- 准备 RAM 空间加载 stage2。为了获得更快的执行速度，我们通常把 stage2 加载到 RAM 空间来执行，所以必须准备好一段可用的 RAM 空间范围用来加载 BootLoader 的 stage2，复制 stage2 到 RAM 中。执行复制时要确定两类地址，首先是 stage2 的可执行映像在固态存储的存放起始地址和终止地址，其次是 RAM 空间的起始地址。

- 设置堆栈指针 SP。设置堆栈指针是为执行 C 语言代码做准备，在设置堆栈指针 SP 之前，我们也可以关闭 LED 灯，以提示用户我们准备跳转到 stage2。
- 跳转到 stage2 的 C 入口点。

（2）Stage2 完成的工作。

- 初始化本阶段要使用到的硬件设备，至少初始化一个串口，以便和终端用户进行信息交互、初始化计时器等。
- 检测系统的内存映射。检测内存映射就是指检测在整个 4GB 物理内存地址空间中，有哪些地址范围被分配用来寻址系统。
- 加载内核映像文件和根文件系统映像文件，包括规划内存分配布局和从 FLASH 上复制数据。规划内存分配布局包括内核映像所占用的内存范围和根文件系统所占用的内存范围。
- 设置内核的启动参数。

上述简单介绍了 U-Boot 启动的两个阶段，其中具体的实现代码请读者自行分析。

6.4 U-Boot 移植

6.4.1 配置 U-Boot

三星公司推出 S5PV210 处理器时，设计了一套硬件评估系统，名称为 SMDKV210，同时提供了相应的软件包。国内嵌入式开发板厂商生产的基于 S5PV210 处理器的开发板，大都在 SMDKV210 评估板的基础上将软硬件做了少部分裁剪和调整，因此三星公司提供的 U-Boot、Linux 内核、文件系统都适用于这些以 S5PV210 处理器为核心的开发板。

下面我们就将三星提供的 U-Boot 源码包 android_uboot_smdkv210.tar.bz2 移植到 Smart210 开发板上面。

（1）解压 android_uboot_smdkv210.tar.bz2 源代码包。

```
tar jxvf android_uboot_smdkv210.tar.bz2
cd u-boot-samsung-dev
```

（2）查看根目录下 Makefile 文件。

```
gedit Makefile
```

在 147 行我们可以看到，默认 U-Boot 使用 arm-2009q3 编译器，此编译器已经在前面装好了。

```
ifeq ($(ARCH),arm)
#CROSS_COMPILE = arm-linux-
#CROSS_COMPILE = /usr/local/arm/4.4.1-eabi-cortex-a8/usr/bin/arm-linux-
#CROSS_COMPILE = /usr/local/arm/4.2.2-eabi/usr/bin/arm-linux-
CROSS_COMPILE = /usr/local/arm/arm-2009q3/bin/arm-none-linux-gnueabi-
endif
```

（3）修改配置文件，原文件设定调试信息通过串口 3 输出，改为串口 0 输出。

```
gedit include/configs/smdkv210single.h
```

将：

```
#define CONFIG_SERIAL3         1    /* we use UART3 on SMDKC110 */
```

修改为：

```
#define CONFIG_SERIAL1         1    /* we use UART1 on SMDKC110 */
```

（4）使用三星公司推出的 SMDKV210 评估系统的配置文件配置 U-Boot。

```
make smdkv210single_config
```

（5）编译。

```
Make
```

编译完毕后我们在 U-Boot 根目录下可以得到 u-boot.bin。可以利用 6.7 节介绍的方法将生成的 U-boot.bin 烧写到 SD 卡中，然后将 SD 卡放入 Smart210 开发板插槽启动。

6.4.2 修改内存配置

Smart210 或 WeBee210 核心板有四块 DDR2 内存芯片，每块 128MB，总共 512MB。S5PV210 的地址分配中有两个 DRAM 区域：0x20000000-0x3FFFFFFF 与 0x40000000-0x7FFFFFFF，如图 6-1 所示。

由 Smart210 核心板的原理图 6-2 我们可以看出，四块 DDR 芯片依次按照 8 位数据线模式挂在 DRAM0 区域。我们可以据此修改配置文件。

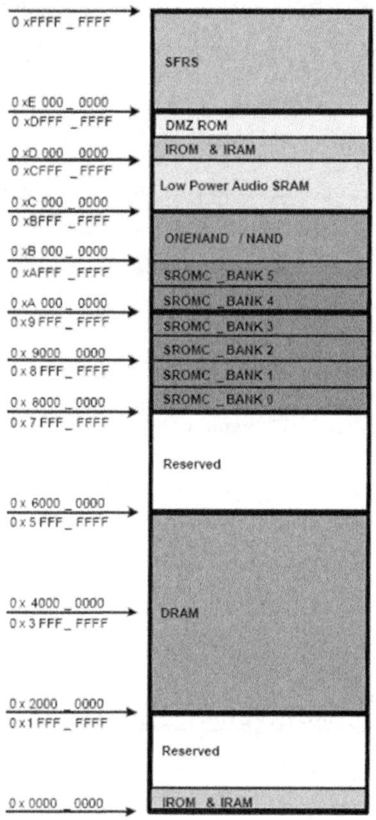

图 6-1　S5PV210 地址分配示意图

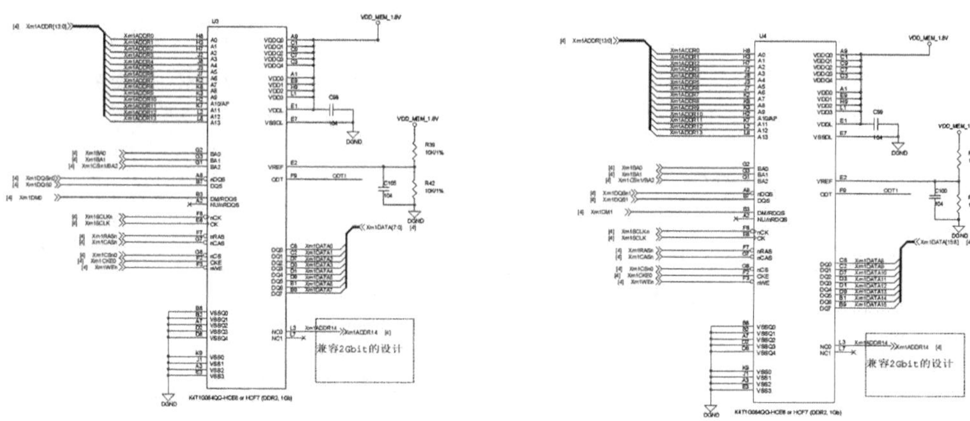

图 6-2　Smart210 内存硬件连接示意图

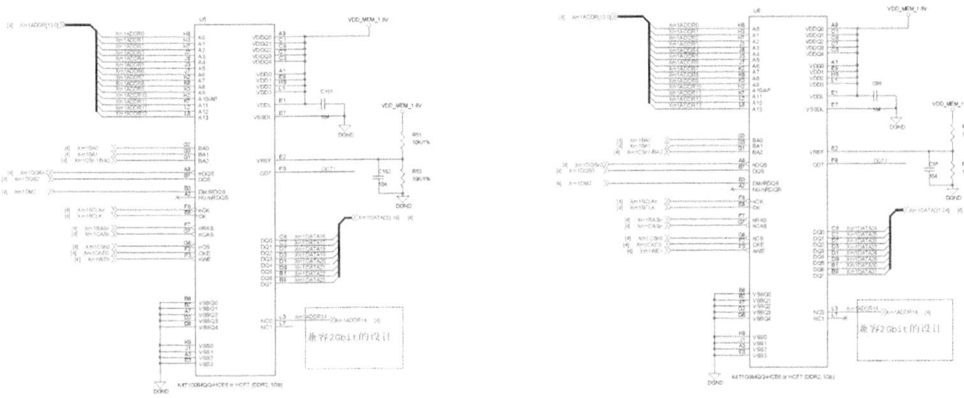

图 6-2 SMART210 内存硬件连接示意图（续）

（1）修改配置文件。

```
gedit include/configs/smdkv210single.h
```

修改如下。

```
#define MEMORY_BASE_ADDRESS     0x20000000
#define DMC0_MEMCONTROL         0x00202400
#define DMC0_MEMCONFIG_0        0x20E00323
#define DMC0_MEMCONFIG_1        0x40F00323
#define DMC1_MEMCONTROL         0x00202400
#define DMC1_MEMCONFIG_0        0x40F00313
#define DMC1_MEMCONFIG_1        0x00F00313
#define SDRAM_BANK_SIZE         0x20000000  /* 512 MB */
#define CONFIG_NR_DRAM_BANKS    1          /* we have 1 bank of DRAM */
#if 0
#define PHYS_SDRAM_2        (MEMORY_BASE_ADDRESS + SDRAM_BANK_SIZE) /* SDRAM Bank #2 */
#define PHYS_SDRAM_2_SIZE   SDRAM_BANK_SIZE
#endif
```

（2）修改 CPU 初始化文件。

```
gedit cpu/s5pc11x/s5pc110/cpu_init.S
```

我们将 122 行：

```
ldr r1, =0x00212400
```

修改为在 smdkv210single.h 头文件中定义的内容。

```
ldr r1, =DMC0_MEMCONTROL
```

（3）重新编译下载运行，我们可以看出 DRAM 的大小已经正确认出。

```
OK
U-boot 1.3.4 (Dec 25 2013 - 10:07:18): for E&E210
CPU:  S5PV210@1000MHz(OK)
        APLL = 1000MHz, HclkMsys = 200MHz, PclkMsys = 100MHz
        MPLL = 667MHz, EPLL = 80MHz
                       HclkDsys = 166MHz, PclkDsys = 83MHz
                       HclkPsys = 133MHz, PclkPsys = 66MHz
                       SCLKA2M  = 200MHz
Serial = CLKUART
Board:   SMDKV210
DRAM:    512 MB
SD/MMC:  1946MB
NAND:    512 MB
In:      serial
Out:     serial
Err:     serial
checking mode for fastboot ...
Hit any key to stop autoboot:  0
SMDKV210 #
```

对于 GEC210 开发板来说，硬件连接方式与 Smart210 或 WeBee210 有所不同。由 GEC210 核心板的原理图图 6-3 我们可以看出，两块 DDR 芯片按高低 16 位数据线模式挂在 DRAM0 区域，另外两块 DDR 芯片按高低 16 位数据线模式挂在 DRAM1 区域。

（4）修改配置文件：include/configs/smdkv210single.h。

```
#define MEMORY_BASE_ADDRESS1    0x40000000
#define DMC0_MEMCONTROL         0x00202400
#define DMC0_MEMCONFIG_0        0x20F00313
#define DMC0_MEMCONFIG_1        0x00F00313
#define DMC1_MEMCONTROL         0x00202400
```

```
#define DMC1_MEMCONFIG_0        0x40F00313
#define DMC1_MEMCONFIG_1        0x00F00313
#define SDRAM_BANK_SIZE         0x10000000    /* 256 MB */
#define PHYS_SDRAM_2            (MEMORY_BASE_ADDRESS1) /* SDRAM Bank #2 */
#define CONFIG_NR_DRAM_BANKS    2          /* we have 2 bank of DRAM */
```

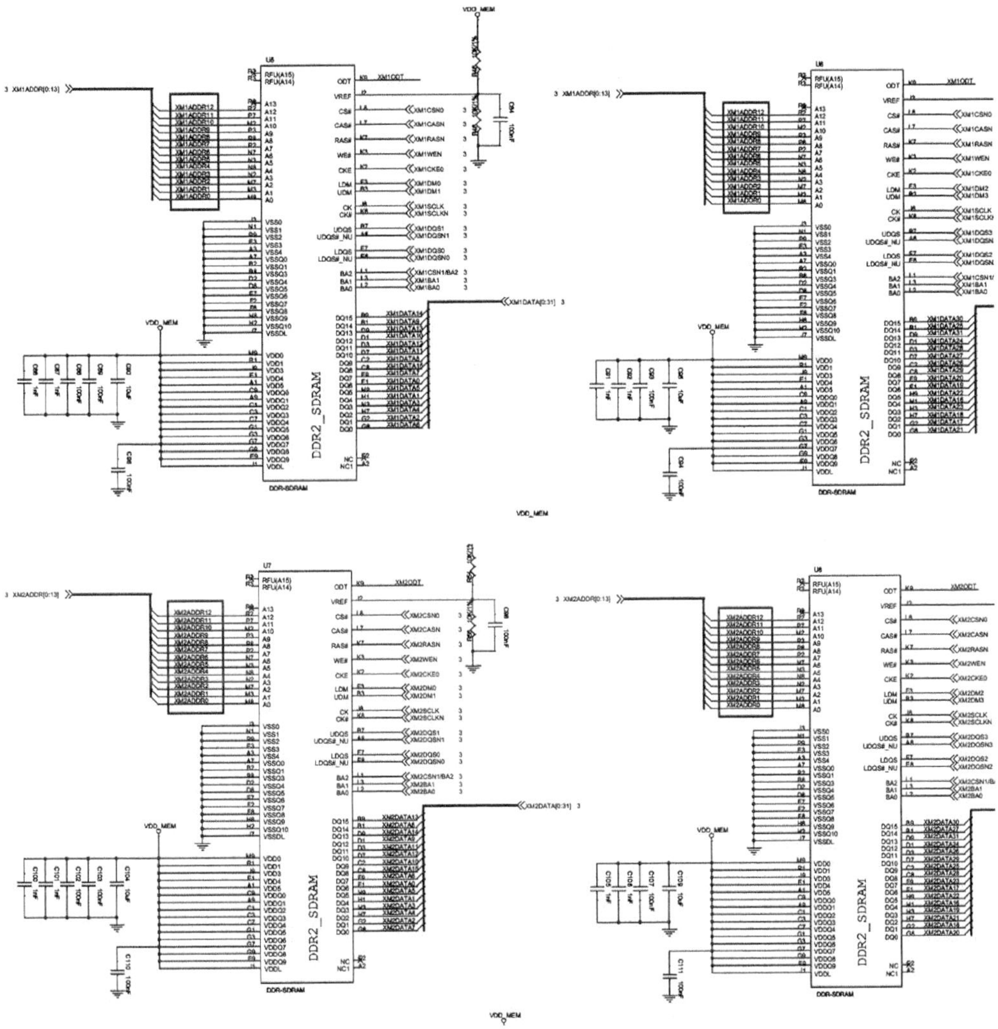

图 6-3　GEC210 内存硬件连接示意图

修改位置如图 6-4 所示。

```
#if defined(CONFIG_MCP_SINGLE)

#define DMC0_MEMCONFIG_0       0x20F00313    // MemConfig0
#define DMC0_MEMCONFIG_1       0x00F00313    // MemConfig1
#define DMC0_TIMINGA_REF       0x00000618    // TimingAref
#define DMC0_TIMING_ROW        0x28233287    // TimingRow fc
#define DMC0_TIMING_DATA       0x23240304    // TimingData
#define  DMC0_TIMING_PWR       0x09C80232    // TimingPower

#define  DMC1_MEMCONTROL       0x00202400    // MemControl
down off
#define DMC1_MEMCONFIG_0       0x40F00313    // MemConfig0
#define DMC1_MEMCONFIG_1       0x00F00313    // MemConfig1
#define DMC1_TIMINGA_REF       0x00000618    // TimingAref
#define DMC1_TIMING_ROW        0x28233289    // TimingRow fc
#define DMC1_TIMING_DATA       0x23240304    // TimingData
#define  DMC1_TIMING_PWR       0x08280232    // TimingPower
```

图 6-4 DRAM 修改位置示意图

6.4.3 修改 DM9000 网卡配置

与 SMDKV210 评估板一样，Smart210 和 GEC210 开发板同样使用 DM9000 芯片作为以太网芯片，但 Smart210 开发板上 DM9000 芯片的片选线与 SMDKV210 评估板有所不同，如图 6-5 所示。

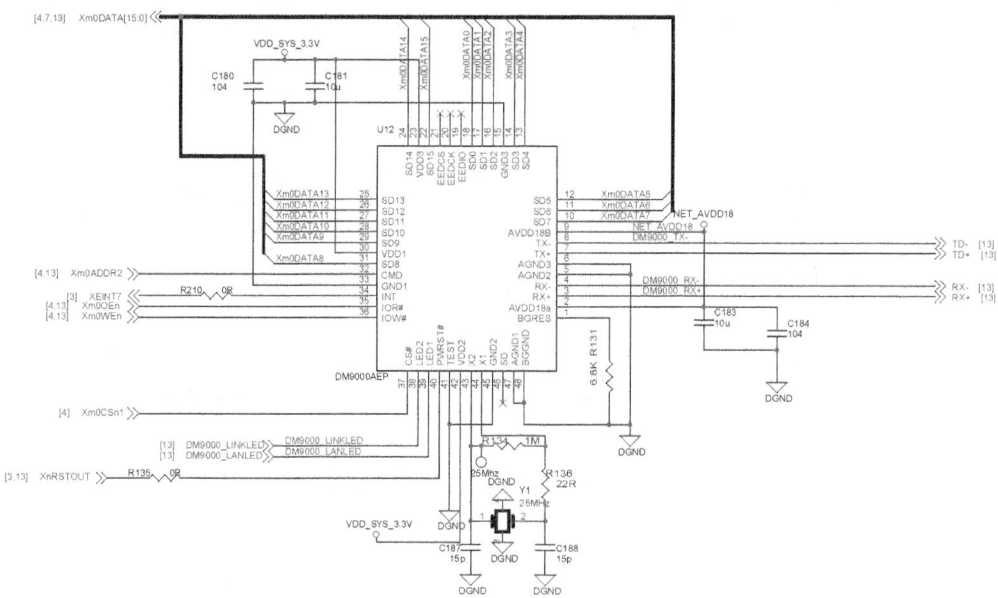

图 6-5 DM9000 网卡连接示意图

DM9000 的片选线 CS#接到了 S5PV210 的 CSn1，即 SROMC_BANK1，由表 6-1 所示可

知访问 DM9000 的基址是 0x88000000，DM9000 的 CMD 接到了地址线 ADDR2，访问 DM9000 数据的地址 0x88000000+0b100（0x8）。

表 6-1 s5pv210 内存地址分配表

地 址		大 小	描 述	备 注
0x0000_0000	0x1FFF_FFFF	512MB	Boot area	此映射区域由启动模式决定
0x2000_0000	0x3FFF_FFFF	512MB	DRAM 0	
0x4000_0000	0x5FFF_FFFF	512MB	DRAM 1	
0x8000_0000	0x87FF_FFFF	128MB	SROM Bank 0	
0x8800_0000	0x8FFF_FFFF	128MB	SROM Bank 1	
0x9000_0000	0x97FF_FFFF	128MB	SROM Bank 2	
0x9800_0000	0x9FFF_FFFF	128MB	SROM Bank 3	
0xA000_0000	0xA7FF_FFFF	128MB	SROM Bank 4	
0xA800_0000	0xAFFF_FFFF	128MB	SROM Bank 5	
0xB000_0000	0xBFFF_FFFF	256MB	OneNAND/NAND Controller and SFR	
0xC000_0000	0xCFFF_FFFF	256MB	MP3_SRAM output buffer	
0xD000_0000	0xD000_FFFF	64KB	IROM	
0xD001_0000	0xD001_FFFF	96KB	Reserved	
0xD002_0000	0xD003_FFFF	128KB	IRAM	
0xD800_0000	0xDFFF_FFFF	128MB	DMZ ROM	
0xE000_0000	0xFFFF_FFFF	512MB	SFR region	

（1）修改配置文件。

```
gedit include/configs/smdkv210single.h
```

将：

```
#define CONFIG_DM9000_BASE      (0xA8000000)
```

修改为以下格式。

```
#define CONFIG_DM9000_BASE      (0x88000000)
```

（2）将：

```
#define DM9000_DATA             (CONFIG_DM9000_BASE+2)
```

修改为以下格式。

```
#define DM9000_DATA            (CONFIG_DM9000_BASE+8)
```

（3）修改板初始化文件。

```
gedit board/samsung/smdkc110/smdkc110.c
```

（4）修改 DM9000 预初始化函数 dm9000_pre_init。

```
static void dm9000_pre_init(void)
{
     unsigned int tmp;
         /* DM9000 on SROM BANK1, 16 bit */
     SROM_BW_REG &= ~(0xf << 4);
     SROM_BW_REG |= (0x1 << 4);
     SROM_BC1_REG = ((0<<28)|(0<<24)|(5<<16)|(0<<12)|(0<<8)|(0<<4)|(0<<0));
     /* Set MP01_1 as SROM_CSn[1] */
     tmp = MP01CON_REG;
     tmp &=~(0xf<<4);
     tmp |=(2<<4);
     MP01CON_REG = tmp;
}
```

（5）重新编译下载运行，用 TFTP 下载测试网卡驱动，或者设置好开发板 IP 地址和服务器 IP 地址后，使用 ping 来测试连通性。

```
SMDKV210 # setenv serverip 192.168.0.5
SMDKV210 # tftp 0x20000000 U-boot.bin
dm9000 i/o: 0x88000000, id: 0x90000a46
DM9000: running in 16 bit mode
MAC: 00:40:5c:26:0a:5b
operating at 100M full duplex mode
TFTP from server 192.168.0.5; our IP address is 192.168.0.1
Filename 'U-boot.bin'.
Load address: 0x20000000
Loading: ###################
done
Bytes transferred = 278528 (0x44000)
```

6.4.4 修改电源管理功能

因为 Smart210 开发板并不像 SMDKV210 那样拥有 16MB 的 SRAM 和电源管理芯片，所以我们还要对代码进一步修改。

（1）修改底层初始化文件。

```
gedit board/samsung/smdkc110/lowlevel_init.S
```

我们可以使用条件编译屏蔽掉下面的代码。

```
#if 0
        /* SRAM(2MB) init for SMDKC110 */
        /* GPJ1 SROM_ADDR_16to21 */
        ldr     r0, =ELFIN_GPIO_BASE

        ……省略部分代码……

        /* PS_HOLD pin(GPH0_0) set to high */
        ldr     r0, =(ELFIN_CLOCK_POWER_BASE + PS_HOLD_CONTROL_OFFSET)
        ldr     r1, [r0]
        orr     r1, r1, #0x300
        orr     r1, r1, #0x1
        str     r1, [r0]
#endif
```

我们可以使用条件编译屏蔽掉下面的代码。

```
#if 0
        /* init PMIC chip */
        bl PMIC_InitIp
#endif
```

重新编译。

（2）固化 U-Boot。

NAND FLASH 相关的代码已能识别出系统拥有的 NAND Flash，所以 NAND Flash 的读写应该没问题，U-Boot 本身提供了 NAND Flash 的相关读写功能，如 nand erase 擦除指令、

nand read 读指令、nand write 写指令、nand scrub 格式化指令等。接下来我们首先擦除 NAND Flash 的前 5M 内容，然后将上面下载到 RAM 中的 U-Boot 写到 NAND Flash 中。

```
SMDKV210 # nand erase 0 0x60000
NAND erase: device 0 offset 0x0, size 0x60000
Erasing at 0x40000 -- 100% complete.
OK
SMDKV210 # nand write 0x20000000 0 0x60000
NAND write: device 0 offset 0x0, size 0x60000
Checksum is calculated.
Main area write (3 blocks):
393216 bytes written: OK
```

（3）现在已经把 U-boot.bin 烧写到 NAND Flash 了，把开发板的启动方式开关打到 NAND-Boot 一侧，然后复位开发板，启动信息如下。

```
OK
U-boot 1.3.4 (Jan 17 2013 - 11:25:27) for SMDKV210
CPU:  S5PV210@1000MHz(OK)
        APLL = 1000MHz, HclkMsys = 200MHz, PclkMsys = 100MHz
        MPLL = 667MHz, EPLL = 80MHz
                       HclkDsys = 166MHz, PclkDsys = 83MHz
                       HclkPsys = 133MHz, PclkPsys = 66MHz
                       SCLKA2M  = 200MHz
Serial = CLKUART
Board:   SMDKV210
DRAM:    512 MB
Flash:   8 MB
SD/MMC:  Card init fail!
0 MB
NAND:    512 MB
In:      serial
Out:     serial
Err:     serial
checking mode for fastboot ...
Hit any key to stop autoboot:  0
SMDKV210 #
```

（4）输入 saveenv 保存环境变量，提示保存环境变量到 NAND Flash。

```
SMDKV210 # saveenv
Unknown command 'saveebnv' - try 'help'
SMDKV210 # saveenv
Saving Environment to SMDK bootable device...
Erasing Nand...
Writing to Nand...
Saved enviroment variables
```

6.4.5 加入 USB 下载功能

（1）将 cmd_usbd.c、usbd-otg-hs.c 和 usbd-otg-hs.h 复制至 common 文件夹下，在 Makefile 中键入如下代码。

```
COBJS-$(CONFIG_S3C_USBD) += cmd_usbd.o
COBJS-$(CONFIG_S3C_USBD) += usbd-otg-hs.o
```

（2）编译，烧写到 SD 卡或者 NAND Flash 中；启动，在 SMDKV210#提示符下键入 DNW 0x20000000 命令，此时会提示安装 USB 驱动，将驱动安装文件指向文件 secusb2.sys 和 secusb2.inf 文件所在目录，此文件三星公司提供，各个评估板厂商也提供。

6.4.6 添加启动 zImage 内核支持

u-boot1.3.4 默认不支持 zImage 内核格式的引导，下面我们给 U-Boot 添加此项功能，同时掌握为 U-Boot 添加新的命令的方法。

（1）在 U-Boot 的 common/目录下添加 cmd_bootzImage.c 文件。

```
#include <common.h>
#include <command.h>
#define LINUX_MACHINE_ID  2456//根据平台修改
static void setup_linux_param(long param_base)
{
    /* start of tags */
    struct tag *params = (struct tag *)param_base;
    params->hdr.tag = ATAG_CORE;
```

```
        params->hdr.size = tag_size (tag_core);
        params->u.core.flags = 0;
        params->u.core.pagesize = 0;
        params->u.core.rootdev = 0;
        params = tag_next (params);
        /* importart set SDRAM */
        params->hdr.tag = ATAG_MEM;
        params->hdr.size = tag_size (tag_mem32);
        params->u.mem.start = 0x20000000;
        params->u.mem.size = 0x20000000;
        params = tag_next (params);
        /* set bootargs */
        char *commandline = getenv ("bootargs");
        if (!commandline)
        goto end;
        params->hdr.tag = ATAG_CMDLINE;
        params->hdr.size = (sizeof (struct tag_header) + strlen (commandline) + 1 +
4) >> 2;
        strcpy (params->u.cmdline.cmdline, commandline);
        params = tag_next (params);
    end:
        /* end of tags */
        params->hdr.tag = ATAG_NONE;
        params->hdr.size = 0;
    }
    void do_bootzImage(cmd_tbl_t *cmdtp, int flag, int argc, char *argv[])
    {
        int i;
        u32 addr;
        ulong to=0x20008000; //内核在 SDRAM 中的起始地址
        char *cmdline = getenv("bootargs");
        void(*run)(int zero, int arch);
        void(*kernel)(int zero, int arch, uint params);
        setup_linux_param(0x20000100);
        printf("NOW, Booting Linux.........\n");
```

```
        kernel = (void(*)(int, int, uint))(to);
        kernel(0, LINUX_MACHINE_ID,0x20000100);
    }
    U_BOOT_CMD(
        bootzImage, 2, 1, do_bootzImage,
        "bootzImage --boot zImage from ram./n",
        "boot zImage from 0x20008000."
    );
```

U_BOOT_CMD 是一个宏，在 include/command.h 头文件中被定义，U_BOOT_CMD 宏各个参数含义如表 6-2 所示。

```
#define U_BOOT_CMD(name,maxargs,rep,cmd,usage,help) \
cmd_tbl_t __u_boot_cmd_##name Struct_Section = {#name, maxargs, rep, cmd, usage}
```

表 6-2 U_BOOT_CMD 的参数

参　数	含　义
name	命名的名字
maxargs	命令执行函数中的最大参数个数
rep	重复数
cmd	命令执行函数名字
usage	命令用法信息
help	命令帮助信息

（2）在 common/Makefile 中添加 COBJS-$(CONFIG_CMD_BOOTZIMAGE) += cmd_bootzImage.o。

（3）在 smdkv210single.h 配置文件中添加#define CONFIG_CMD_BOOTZIMAGE。

（4）通过以上的修改我们就可以用 bootzImage 来启动内核了，如可以设置 U-Boot 自启动参数是 tftp 0x20008000 zImage;bootzImage。

6.5 U-Boot 常用命令

在产品开发阶段，程序设计者通过串口操控 U-Boot 与目标机进行交互，因此必须熟悉 U-Boot 的相应命令，现对其进行简要介绍。

进入 U-Boot 控制界面后，我们可以运行各种命令，比如下载程序到内存、擦除、读写 Flash 等。

使用各种命令时，我们可以使用其开头的若干个字母代替它，比如 tftpboot 命令，可以使用 t、tf、tft、tftp 等字母代替，只要其他命令不以这些字母开头即可。另外 U-boot 接收的数据都是十六进制的，输入时可以省略前缀 0x 或 0X。

1．帮助命令 help

运行 help 命令，我们可以看到 U-Boot 中所有命令的作用，如果要查看某个命令的使用方法，运行“help 命令名”，比如“help bootm”。

2．下载命令

U-Boot 支持串口下载和网络下载，相关命令有 loadb、tftp 和 nfs 等。

loadb 用于下载二进制文件，用法为“loadb [off] [baud]”。“[]”表示里面的参数可以省略，off 表示文件下载后存放的内存地址，baud 表示使用的波特率，如果 baud 参数省略，则使用当前的波特率；如果 off 参数省略，存放的地址为 U-Boot 配置文件（例如 smdkv210single.h）中定义的宏 CFG_LOAD_ADDR。

tftp 命令使用 TFTP 协议从宿主机 TFTP 服务器目录下载文件，服务器的 IP 地址为环境变量 serverip，用法为“tftp [loadaddr] [filename]”，loadaddr 表示文件下载后存放的内存地址，filename 表示要下载的文件的名称。例如 tftp 0x20008000 zImage，即将内核文件 zImage 从 TFTP 服务器下载至目标板内存 0x20008000 地址处。如果 loadaddr 省略，存放的地址为 U-Boot 配置文件（例如 smdkv210single.h）中定义的宏 CFG_LOAD_ADDR；如果 filename 省略，则使用开发板的 IP 地址构造一个文件名，比如开发板 IP 为 192.168.1.17，则默认文件名为 C0A80711.img。

nfs 命令使用 NFS 协议下载文件，用法为“nfs [loadaddr] [host ip addr:filename]”，loadaddr 表示文件下载后存放的内存地址，filename 表示要下载的文件名称，host ip addr 表示宿主机的 ip 地址，默认为环境变量 serverip。例如 nfs 0x20008000 192.168.0.5:/work/rootfile/rootfs/zImage。

下载文件成功后，U-Boot 会自动创建或更新环境变量 filesize，它表示下载的文件的长度，可以在后续的命令中使用“$(filesize)”来引用它。

3．NAND Flash 操作命令

NAND Flash 操作命令只有一个：nand，它根据不同的参数进行不同的操作，比如擦

除、读取、烧写等。

nand info 命令表示查看 NAND Flash 信息。

nand erase [clean] [off size]命令表示擦除 NAND Flash，加上“clean”时，表示在每个块的第一个扇区的 OOB 区加入写清除标记；off、size 表示要擦除的开始偏移地址和长度，如果省略 off 和 size，表示要擦除整个 NAND Flash。

nand read.yaffs addr off size 命令表示从 NAND Flash 偏移地址 off 处读取 size 个字节的数据，存放到开始地址为 addr 的内存中。

nand write.yaffs addr off size 命令表示把开始地址为 addr 的内存中的 size 个字节数据写到 NAND Flash 的偏移地址 off 处。

4．环境变量命令

printenv 打印环境变量命令，打印 U-Boot 的环境变量，包括串口波特率、IP 地址、mac 地址、内核启动参数、服务器 IP 地址等。

setenv 设置环境变量命令，对环境变量的值进行设置，保存在 SDRAM 中，但不写入 Flash 或 SD 卡，系统掉电以后设置的环境变量会消失。

saveenv 保存环境变量命令，将环境变量写入 Flash 或 SD 卡，永久保存，掉电以后不消失。

5．启动命令

不带参数的 boot 和 bootm 命令都是执行环境变量 bootcmd 所指定的命令。

“bootm [addr [arg…]]”命令启动存放在地址 addr 处的 U-Boot 格式的映像文件（使用 U-Boot 目录 tools 下的 mkimage 工具制作得到），[arg…]表示参数，如果 addr 参数省略，映像文件所在地址为 U-Boot 配置文件（例如 smdkv210single.h）中定义的宏 CFG_LOAD_ADDR。

“go addr [addr…]”与 bootm 命令类似，启动存放在地址 addr 处的二进制文件，[arg…]表示参数。

6．ping 测试网络命令

ping 命令用于测试目标板的网络是否通畅，用法为“ping addr”，addr 为要判断是否连通的宿主机 IP 地址。

6.6 U-Boot 启动参数分析

1. 启动参数

U-Boot 成功启动后，串口终端下使用 printenv 向终端输出 U-Boot 参数，显示结果可能会出现以下两种情况。

（1）下载模式参数。

```
mtdpart=80000 400000 3000000
baudrate=115200
ethaddr=00:40:5c:26:0a:5b
bootdelay=1
filesize=5CE080
fileaddr=20000000
gatewayip=192.168.0.1
netmask=255.255.255.0
ipaddr=192.168.0.1
serverip=192.168.0.5
bootcmd=tftp 20008000 zImage;bootzImage
machid=0x998
bootargs=root=/dev/nfs nfsroot=192.168.0.5:/work/rootfile/rootfs ip=192.168.
0.1:192.168.0.5:192.168.0.1:255.255.255.0:www.neusoft.edu.cn:eth0:off console=ttySAC0
```

（2）启动加载模式。

```
mtdpart=80000 400000 3000000
baudrate=115200
ethaddr=00:40:5c:26:0a:5b
bootdelay=1
filesize=5CE080
fileaddr=20000000
gatewayip=192.168.0.1
netmask=255.255.255.0
ipaddr=192.168.0.1
```

```
serverip=192.168.0.5
bootcmd=nand read 0x20007fc0 0x40000 0x1c0000;bootm
machid=0x998
bootargs=console=ttySAC0,115200 root=/dev/mtdblock2 init=/linuxrc
```

下面我们对出现的各个参数含义进行讲解。

2. 参数含义

（1）bootcmd：决定在 bootloader 启动后，下一步内核的加载位置。

当 `bootcmd=nand read 0x20007fc0 0x40000 0x1c0000;bootm` 时，此命令决定的是把内核从 NAND Flash 的 0x40000 的位置读到 SDRAM 的 0x20008000 位置，内核的大小是 0x1c0000，然后在内存中运行内核，即 bootm。

当 `bootcmd=tftp 0x20008000 zImage;bootzImage` 的时候，此命令决定的是把内核通过 TFTP 协议，通过网口，从 PC 机的 tftpserver 中下载到 SDRAM 的 0x20008000 中，然后再内存中运行内核，即 bootzImge。

（2）bootargs：决定根文件系统的加载位置。

当 `bootargs=root=/dev/nfs nfsroot=192.168.0.5:/work/rootfile/rootfs ip=192. 168.0.1:192.168.0.5:192.168.0.1:255.255.255.0: www. neusoft. edu.cn:eth0:off console=ttySAC0` 时，root 表明采用的是网络 NFS 形式加载根文件系统；nfsroot 表明根文件系统存在于 NFS 服务器（192.168.0.5）目录（/work/rootfile/rootfs）下。“ip=”后第一项（192.168.0.1）是目标板的临时 IP；第二项（192.168.0.5）是宿主机 IP；第三项（192.168.0.1）是目标板上网关（GW）；第四项（255.255.255.0）是子网掩码；第五项是开发主机的名字（一般无关紧要，可随便填写）；eth0 是网卡设备的名称；console 指定 U-Boot 输出调试信息端口为 ttySAC0，即第 0 个串口。

当 `bootargs=console=ttySAC0,115200 root=/dev/mtdblock2 init=/linuxrc` 时，采用的是从 NAND Flash 中加载根文件系统，root 指定 NAND Flash 的第 2 个分区为根文件系统所在分区；init 指定的是内核启动起来后，进入系统中运行的第一个脚本，一般 init=/linuxrc，即执行系统根目录下 linuxrc 脚本。

（3）bootdelay：启动 Bootloader 后在#提示符下，如果用户不按下任意键，自动执行 bootcmd 指定的命令时等待的时间，一般默认是 3 秒。

（4）ipaddr=192.168.0.1：目标板 IP 地址。

（5）serverip=192.168.0.45：宿主机 IP 地址，与目标板 IP 在同一网段。

6.7 烧写 U-Boot 至 NAND Flash

6.7.1 将 U-Boot 烧写至 SD 卡

在移植过程中，编译 U-Boot 成功后需要将生成的 u-boot.bin 文件烧写至 SD 卡。下面介绍如何制作烧写 u-boot.bin 文件所需要的 SD 卡。

准备一张不小于 2GB 的 SD 卡，在确保 PC 上面 VMware 中 Linux 操作系统正在运行的情况下，通过 USB 读卡器插到 PC 机 USB 端口。在 PC 机识别 SD 读卡器的时候，我们有可能遇到被 Windows 识别出来而 Linux 看不到的情况，此时在 VMware 的菜单栏上依次点选 VM→Removable Devices→USB Devices→（正在使用的 SD 卡）（USB2.0 Device），选择 connect 选项。我们可以看到 Windows 系统右下角弹出安全退出 USB 设备的消息提示，说明 U 盘已被虚拟系统识别，在 VMware 的右下角会看到一个 USB 的图标，如图 6-6、图 6-7 所示。

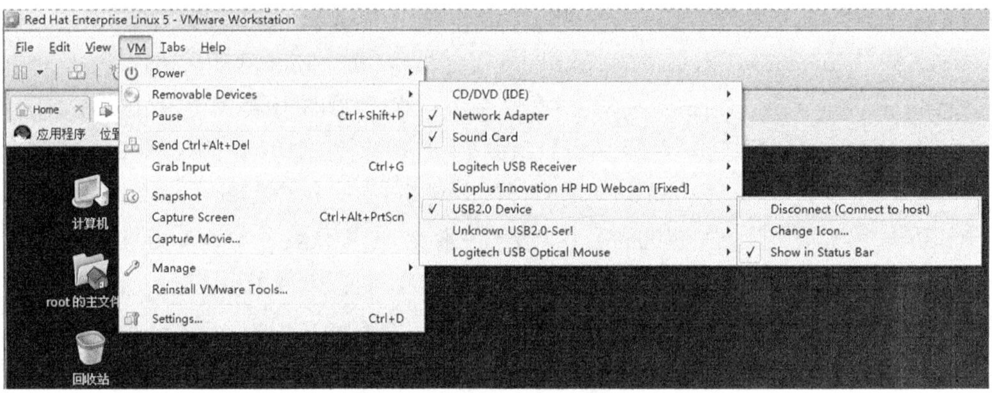

图 6-6 识别 SD 卡示意图 1

图 6-7 识别 SD 卡示意图 2

我们通过 fdisk -l 命令确认虚拟机中 Linux 系统是否已经识别 U 盘。如图 6-8 所示，2G 的 SD 卡已经被识别，设备文件名称为/dev/sdb。注意，SD 卡的设备节点名称有可能是 sdc、sde 等，可使用 cat /proc/partitions 指令查询设备节点，如图 6-9 所示。

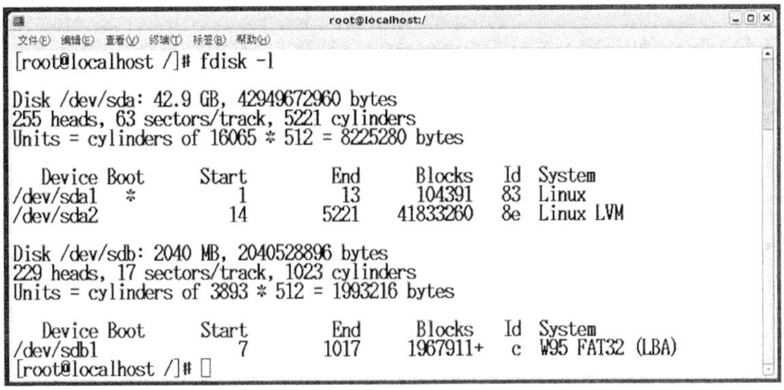

```
[root@localhost /]# fdisk -l

Disk /dev/sda: 42.9 GB, 42949672960 bytes
255 heads, 63 sectors/track, 5221 cylinders
Units = cylinders of 16065 * 512 = 8225280 bytes

   Device Boot      Start         End      Blocks   Id  System
/dev/sda1   *           1          13      104391   83  Linux
/dev/sda2              14        5221    41833260   8e  Linux LVM

Disk /dev/sdb: 2040 MB, 2040528896 bytes
229 heads, 17 sectors/track, 1023 cylinders
Units = cylinders of 3893 * 512 = 1993216 bytes

   Device Boot      Start         End      Blocks   Id  System
/dev/sdb1               7        1017     1967911+   c  W95 FAT32 (LBA)
[root@localhost /]#
```

图 6-8 识别 SD 卡示意图 3

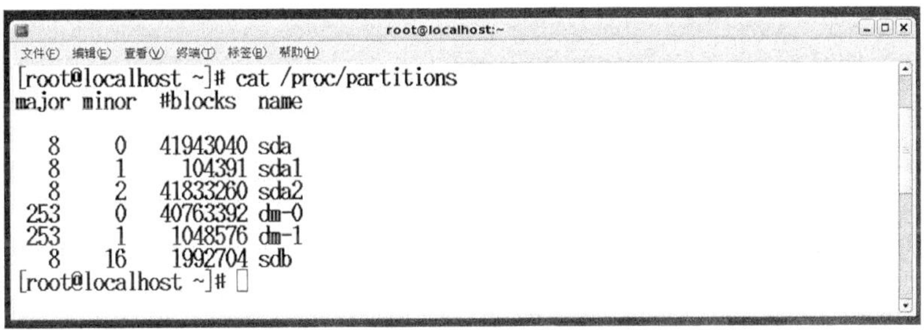

```
[root@localhost ~]# cat /proc/partitions
major minor  #blocks  name

   8     0   41943040 sda
   8     1     104391 sda1
   8     2   41833260 sda2
 253     0   40763392 dm-0
 253     1    1048576 dm-1
   8    16    1992704 sdb
[root@localhost ~]#
```

图 6-9 查看磁盘分区

确定 sdb 为用户插入的 SD 卡后，我们在终端下键入 fdisk /dev/sdb 命令，参数中选择 d 和 w，输入 d，表示删除分区，输入 w 表示保存已经修改的分区信息，如图 6-10 所示。

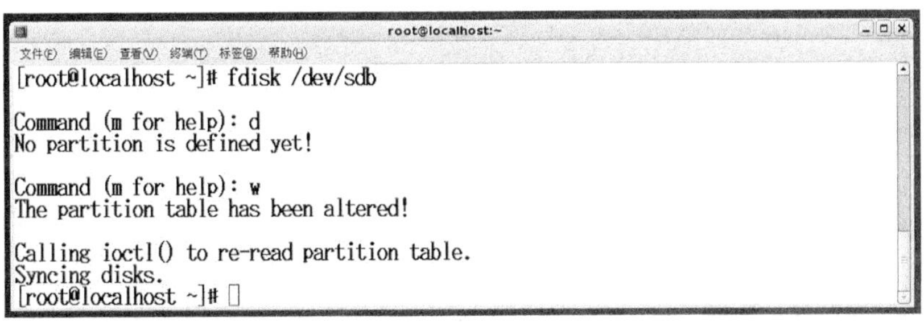

```
[root@localhost ~]# fdisk /dev/sdb

Command (m for help): d
No partition is defined yet!

Command (m for help): w
The partition table has been altered!

Calling ioctl() to re-read partition table.
Syncing disks.
[root@localhost ~]#
```

图 6-10 进行磁盘分区

至此，原SD卡的设备分区被删除，可以在Linux下使用了。我们拔掉SD卡，再插入PC机上，注意必须拔掉后再插入，否则仍然会提示存在/dev/sdb节点，会造成出错，然后就可以使用U-Boot源代码提供的sd_fusing.sh脚本文件烧写U-boot.bin。

在android_uboot_smdkv210.tar.bz2解压后的源代码包下，有sd_fusing文件夹，里面提供了诸多烧写SD卡的脚本，如sd_fusing.sh，该脚本内容如下。

```
#
# Copyright (C) 2010 Samsung Electronics Co., Ltd.
#              http://www.samsung.com/
#
# This program is free software; you can redistribute it and/or modify
# it under the terms of the GNU General Public License version 2 as
# published by the Free Software Foundation.
#
####################################
reader_type1="/dev/sdb"
reader_type2="/dev/mmcblk0"

if [ -z $1 ]
then
    echo "usage: ./sd_fusing.sh <SD Reader's device file>"
    exit 0
fi

if [ $1 = $reader_type1 ]
then
    partition1="$11"
    partition2="$12"
    partition3="$13"
    partition4="$14"

elif [ $1 = $reader_type2 ]
then
    partition1="$1p1"
    partition2="$1p2"
```

```
    partition3="$1p3"
    partition4="$1p4"

else
    echo "Unsupported SD reader"
    exit 0
fi

if [ -b $1 ]
then
    echo "$1 reader is identified."
else
    echo "$1 is NOT identified."
    exit 0
fi

####################################
# make partition
echo "make sd card partition"
echo "./sd_fdisk $1"
./sd_fdisk $1
dd iflag=dsync oflag=dsync if=sd_mbr.dat of=$1
rm sd_mbr.dat

####################################
# format
umount $partition1 2> /dev/null
umount $partition2 2> /dev/null
umount $partition3 2> /dev/null
umount $partition4 2> /dev/null

echo "mkfs.vfat -F 32 $partition1"
mkfs.vfat -F 32 $partition1

#echo "mkfs.ext2 $partition2"
```

```
#mkfs.ext2 $partition2

#echo "mkfs.ext2 $partition3"
#mkfs.ext2 $partition3

#echo "mkfs.ext2 $partition4"
#mkfs.ext2 $partition4

####################################
# mount
#umount /media/sd 2> /dev/null
#mkdir -p /media/sd
#echo "mount -t vfat $partition1 /media/sd"
#mount -t vfat $partition1 /media/sd

####################################
#<BL1 fusing>
bl1_position=1
uboot_position=49

echo "BL1 fusing"
./mkbl1 ../U-boot.bin SD-bl1-8k.bin 8192
dd iflag=dsync oflag=dsync if=SD-bl1-8k.bin of=$1 seek=$bl1_position
rm SD-bl1-8k.bin

####################################
#<U-boot fusing>
echo "U-boot fusing"
dd iflag=dsync oflag=dsync if=../U-boot.bin of=$1 seek=$uboot_position

####################################
#<Message Display>
echo "U-boot image is fused successfully."
echo "Eject SD card and insert it again."
```

在准备烧写 U-boot.bin 文件至 SD 卡前，我们首先了解一下 S5PV210 处理器的启动流程。S5PV210 的启动流程如图 6-11 所示。

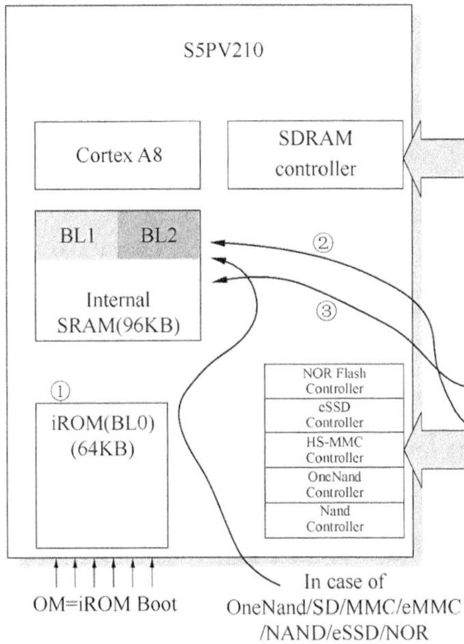

图 6-11 S5PV210 启动流程示意图

图 6-11 中有一些概念，我们先对其进行简要介绍。

（1）BL0：S5PV210 的 iROM 中固化的启动代码，作用为初始化系统时钟，设置看门狗，初始化堆和栈，加载 BL1。

（2）BL1：运行在 iRAM 中，是 BL0 从外扩存储器（Nand、SD 等）中复制的 U-boot.bin 中提取出来的前 8K 代码，作用为初始化 RAM，关闭 Cache，设置栈，加载 BL2。

（3）BL2：在代码重定向（也就是把 U-Boot 从 NAND 或 SD 卡复制至 RAM 中）后在内存中执行的 U-Boot.bin 的完整代码。作用为初始化其他外设，加载 Linux 内核。

图 6-11 所描述的 S5PV210 启动流程如下：

（1）CPU 上电后首先从 iROM(interal ROM)处执行固化的启动代码 BL0；

（2）BL0 从启动设备（SD 卡或 NAND Flash）中复制 BL1 到 iRAM 处并对 BL1 进行校验，检验成功后转入 BL1 进行执行；

（3）BL1 执行完成后，将 BL2 加载到 RAM 中，开始执行 BL2；

（4）BL2 加载 Linux 内核至 RAM 中；

（5）Linux 内核在 RAM 中运行。

接下来我们了解一下 SD 卡分区情况，如图 6-12 所示。

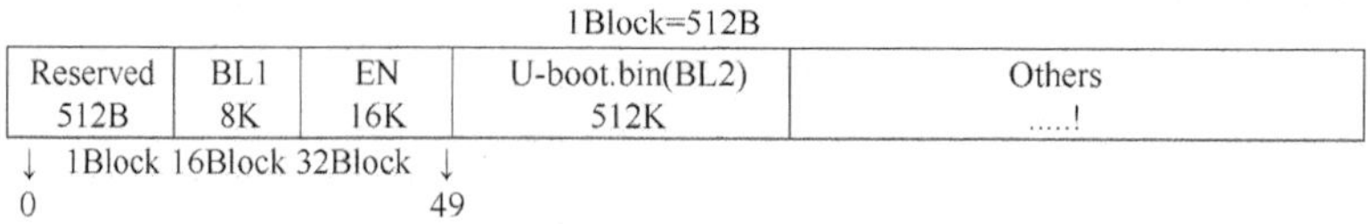

图 6-12　SD 卡分区示意图

SD 卡块（Block）的大小为 512B，第一块为保留块，紧接着的 8K 存放 BL1，所以 BL1 烧写的起始块标号为 1，接下来存放环境变量。有的资料中将环境变量与 BL1 文件总称为 BL1 文件，不过这时的 BL1 文件就不再是 8K 大小，而是加上环境变量的大小共 24K，也就是 48 块（Block）；之后存放 BL2 文件，也就是 u-boot.bin，起始块（Block）标号 49。剩余的部分可做他用。

烧写脚本 sd_fusing.sh 首先探测 Linux 系统 SD 卡设备节点/dev/sdb，进行格式化，然后将编译生成的 u-boot.bin 前 8K 的内容，通过 mkbl1 可执行文件提取出来，烧写到存储介质的 bl1_position 位置，即第 1 个扇区，成功后将剩余完整的 U-boot.bin 烧写到 u-boot_position 位置，即第 49 个扇区开始的位置。

通过 sd_fusing.sh 脚本烧写 SD 卡成功后，我们可将 SD 卡插入 Smart210 开发板的 SD 卡插槽，将启动设置按键扳至 SD 卡启动一侧，同时开启 PuTTY 调试终端，成功运行后 u-boot.bin 后显示内容如下。

```
OK
U-boot 1.3.4 (Dec 25 2013 - 10:07:18): for E&E210
CPU:  S5PV210@1000MHz(OK)
        APLL = 1000MHz, HclkMsys = 200MHz, PclkMsys = 100MHz
        MPLL = 667MHz, EPLL = 80MHz
                        HclkDsys = 166MHz, PclkDsys = 83MHz
                        HclkPsys = 133MHz, PclkPsys = 66MHz
                        SCLKA2M  = 200MHz
Serial = CLKUART
Board:   SMDKV210
DRAM:    256 MB
SD/MMC:  1946MB
NAND:    512 MB
In:      serial
```

```
Out:     serial
Err:     serial
checking mode for fastboot ...
Hit any key to stop autoboot:  0
SMDKV210 #
```

6.7.2 将 U-Boot 烧写至 Flash

Smart210 开发板支持 SD 卡和 NAND Flash 启动 U-Boot 两种方式。在移植 U-Boot 过程中，可以使用 6.6 节所介绍的烧写方法，通过 U-Boot 自身提供的烧写脚本，将编译生成的 u-boot.bin 文件烧写至 SD 卡中，然后启动系统，另外还可以将 U-Boot 启动文件烧写至 NAND Flash，通过 NAND Flash 来引导系统。

下面我们介绍通过 SD 卡启动 U-Boot 成功后，将其 u-boot.bin 烧写至 NAND Flash 的方法。

（1）在 SD 卡启动的 U-Boot 终端下，设置上位机 serverip，如 192.168.0.5；设置目标板 ipaddr，如 192.168.0.1，使用的 U-Boot 设置命令为 setenv。

（2）将编译成功的 u-boot.bin 复制至 Linux 根目录下 tftpboot 文件夹下面，同时确认虚拟机的 Linux 系统中 tftp-server 服务器已经启动（方法详见 4.6 节）。

（3）在 U-Boot 终端提示符下面输入 tftp 0x20008000 u-boot.bin，将 u-boot.bin 通过网络端口下载到目标板 DDR2 SDRAM 中。

（4）执行 nand scrub 低级格式化命令，格式化 NAND Flash，出现提示选 y，删除 Nand Flash 上面所有的信息。

（5）执行 nand write 0x20008000 0x0 0x40000 将保存到 DDR2 SDRAM 中的 u-boot.bin 烧写到 NAND Flash 中。

（6）将 Smart210 启动方式选为 NAND Flash 启动（拨动开发板上面的选择开关），重新启动开发板，从提示信息即可看到 U-Boot 从 NAND Flash 启动。

上述步骤中 nand scrub 及 nand write 命令为 U-Boot 自身提供的 NAND Flash 操作指令。

第 7 章 移植 Linux 内核

本章内容：

Linux 内核的构成，针对 S5PV210 平台的移植方法。

教学目标：

- 掌握 Kernel（2.6.35）的裁剪方法；
- 掌握调试内核的方法。

7.1 Linux 内核版本简介

Linux 有桌面版本和内核版本两种，桌面版本是面向 PC 用户的版本，有 RedHat，Fedora，Ubuntu，Debian，RHEL，Gentoo 等。Linux 内核指的是所有 Linux 系统的中心软件组件，移植 Linux 指的是移植内核到目标平台。

Linux 发展历史如表 7-1 所示。

表 7-1 Kernel 内核发展历程

版　本	时　间	特　点
0.1	1991.1	最初的原型
1.0	1994.3	包含了对 386 的官方支持，仅支持单 CPU 系统
1.2	1995.3	第一个包含多平台支持的版本（Alpha，MIPS 等）
2.0	1996.6	第一个支持 SMP（对称多处理机系统）的系统
2.2	1998.1	极大提升 SMP 系统上 Linuxd 的性能，支持更多硬件
2.4	2001.1	进一步提升 SMP 系统的扩展性，对桌面系统的支持更好
2.6	2003.12	无论对企业服务器还是嵌入式应用，都是一个巨大进步
3.0	2012.8	正式推出 3.0 版本内核，标志进入一个新时代

Linux 内核版本号说明如下。

例如版本号为 2.6.35，其中，2 是主版本号，6 是次版本号，35 是修订版本号。如果次版本号是偶数，说明是稳定版本。如果次版本号是奇数，则是开发版本，一般使用稳定版本。截止到本书发稿日期，Linux 内核已经更新到了 3.16.3 版本。读者可以在 www.kernel.org 下载更新的版本。

本章接下来要讲述的就是将 2.6.35 版本的 Linux 内核移植到 Smart210 开发板。

7.2 内核源码结构

Linux 内核文件有 3 万多个，除去其他架构 CPU 的文件，支持 S5PV210 微处理器的内核文件有 8000 多个。Linux 文件组织结构并不复杂，分别位于顶层目录下的 21 个子目录，各个目录互相独立，与内核相关目录如表 7-2 所示。

表 7-2 Linux 内核子目录结构

目录名	描述
arch	包含和硬件体系结构相关的代码，每种平台占一个相应的目录。如 arm、avr32、blackfin、mips 等
block	块设备驱动程序的 I0 调度
crypto	常用的加密和离散算法，还有一些压缩和 CRC 效验算法
documentation	内核的说明文档
drivers	设备驱动程序，其下细分为不同种类的设备，如 block、char、mtd、net、usb、video 等
fs	内核支持的文件系统的实现，如 ext2、ext3、cramfs、jffs2、nfs 等
include	头文件，与系统相关的文件放在 include/linux 下，与 ARM 体系结构相关的头文件放在 include/asm-arm 下
init	内核初始化代码
ipc	进程间通信代码
kernel	内核的核心代码，包括进程调度、定时器等，和 ARM 平台相应的核心代码在 arch/arm/kernel 目录下
lib	库文件代码
mm	内存管理代码，和 ARM 平台相关的内核管理代码在 arch/arm/mm 目录下

续表>>

目录名	描述
net	网络相关的代码，实现了各种常见的网络协议
scripts	包含用于配置内核的各种脚本文件，只在配置时是有意义的
sound	音频设备驱动的通用代码和硬件驱动代码都在这个文件夹下面

7.3 内核移植准备

我们构建嵌入式 Linux 系统，首先需要对内核源代码进行相应的配置，然后才进行编译。内核配置决定了嵌入式 Linux 系统所支持的功能，为了理解编译程序是怎么样通过配置文件配置系统的，下面我们对配置编译过程进行解释。

7.3.1 内核编译过程

面对日益庞大的 Linux 内核源代码，要手动地编译内核基本不可能。Linux 提供了一套优秀的机制来简化源代码的编译，这就是 Kbuild System 系统。Kbuild 是 Linux 内核中提供的编译系统，通过各个目录下面的 Kconfig 和 Makefiile 来完成内核的配置编译工作，主要包括以下内容。

- Makefile 文件：它的作用是根据配置的情况，构造出需要编译的源代码列表，然后分别编译并把目标代码链接到一起，最终形成 Linux 内核二进制文件。因为 Linux 内核源代码是按照树状结构组织的，所以 Makefile 也被分布在目录树中。
- Konfig 文件：它的作用是为用户提供一个层次化的配置选项集。内核配置（如 make menuconfig）命令通过分布在各个子目录中的 Kconfig 文件构建内核配置界面。
- 配置文件（.config）：当用户配置完后，将配置信息保存在.config 中。
- 配置工具：包括配置命令解释器（对配置脚本中使用的配置命令进行解释）和配置用户界面（提供基于字符界面、基于 Ncurses 图形界面和基于 X windows 图形界面的用户配置界面，各自对应于 make config、make menuconfig、make xconfig）。

以上所述内容在目录中的位置如图 7-1 所示。

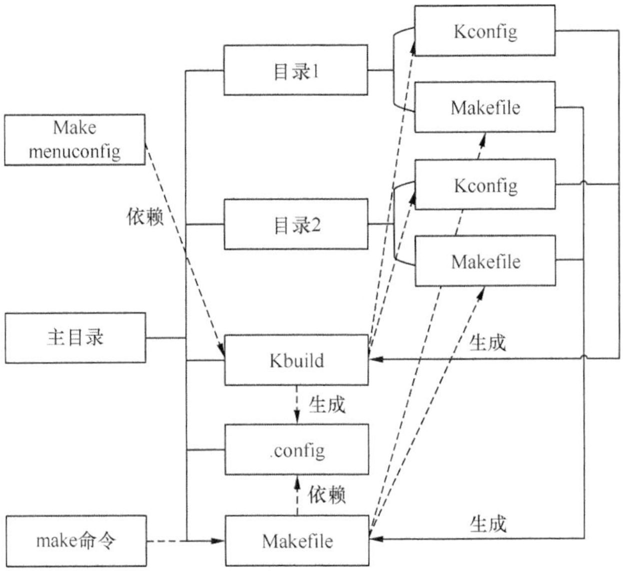

图 7-1 配置文件组织及编译过程

在图 7-1 所示的内容中我们可知，内核源代码主目录包含很多子目录，同时包含 Kbuild 和 Makefile 文件。各个子目录中也包含其他子目录和 Kconfig、Makefile 文件，当执行内核配置命令（如 make menuconfig）时，配置程序 Kbuild 会依次从主目录由浅入深地查找每一个 Kconfig 文件，依照这个文件中的数据生成一个配置菜单。从这个意义上来说，Kconfig 像是一个分布在各个目录中的配置数据库，通过这个数据库可以生成配置菜单，在配置菜单中根据需要配置完成后会在主目录下生成一个.config 文件，此文件中保存了配置信息。

执行 make zImage 编译内核命令时，我们会依赖上面生成的.config 文件以确定哪些功能、哪些源代码是编译入内核的，哪些不编译进内核中，会递归地进入每一个目录，寻找 Makefile 文件，编译相应的代码。

7.3.2 Linux Makefile 分析

Linux 内核源码中含有很多个 Makefile 文件，这些 Makefile 文件包含其他一些信息（如配置信息、通用规则等）。这些 Makefile 相关文件构成了 Linux 的 Makefile 体系，具体可分为如表 7-3 所示的 5 类。

表 7-3 Linux 内核 Makefile 文件分类

名 称	描 述
顶层 Makefile	所有 Makefile 文件的核心，从总体上控制着内核的编译、链接
.config	配置文件，在配置内核时生成，所有 Makefile 文件（包括顶层目录及各级子目录）都是根据.config 来决定使用哪些文件
arch/$(ARCH)/Makefile	对应体系结构的 Makefile，它用来决定体系结构相关的文件参与内核的生成，并提供一些规则来生成特定格式的内核影像
scripts/Makefile.*	Makefile 共用的通用规则、脚本等
Kbulid Makefiles	各级子目录下的 Makefile，相对简单，被上一层 Makefile 调用来编译当前目录下的文件

7.2 节所介绍的 Documentation 内核说明文档下面的/kbuild/makefiles.txt 对内核中 Makefile 的作用及其用法介绍非常详细，读者可以进一步深入了解。

下面我们对介绍的 Makefile 的作用进行介绍。

Linux 内核在进行编译的时候，从顶层 Makefile 开始，递归进入各级子目录调用其下的 Makefile，完成待编译文件的选择，其工作主要分为 3 个步骤。

（1）顶层 Makefile 决定内核根目录下哪些子目录将编译进内核。

如在顶层 Makefile 文件中我们可以看到如下内容。

```
init-y        := init/
drivers-y:= drivers/ sound/ firmware/
net-y         := net/
libs-y        := lib/
core-y        := usr/
……
```

从以上内容可见，编译内核时，将依次进入 init-y、drivers-y、net-yl 和 ibs-y、core-y 等所列出的目录执行他们的 Makefile，每个子目录下都会生成一个 built-in.o（libs-y 所列目录下，有可能生成 lib.a 文件），最后这些文件汇总生成内核文件。

（2）对于 arch/$(ARCH)/Makefile 文件，ARCH 变量可以在执行 make 命令编译内核时传入，比如“make ARCH = arm……”，一般情况下，在顶层 Makefile 进行如下修改。

```
ARCH      ?= arm
CROSS_COMPILE ?= arm-linux-
```

当 ARCH 指定为 arm 并且选定了使用的微处理器后，我们会在 arch/$(ARCH)/Makefile

看到如下内容。

```
core-y   += arch/arm/kernel/ arch/arm/mm/ arch/arm/common/
core-y   += $(machdirs) $(platdirs)
plat-$(CONFIG_PLAT_S3C24XX):= s3c24xx samsung
plat-$(CONFIG_PLAT_S5P)     := s5p Samsung
machine-$(CONFIG_ARCH_S5PC100)      := s5pc100
machine-$(CONFIG_ARCH_S5PV210)      := s5pv210
```

代码中 CONFIG_ARCH_S5PV210 在配置内核时定义，它的值有 3 种：y、m 或空，y 表示编译进内核，m 表示编译为模块，空表示不使用。我们可以看出，此处又进一步扩展了 core-y 的内容，将内核根目录下 arch 下面的源代码文件做了进一步的筛选，根据选择的处理器类型决定哪些文件编译进内核。

（3）观察各级子目录下的 Makefile，我们可以看到如下内容。

```
obj-$(CONFIG_PCI)       += pci/
obj-$(CONFIG_PARISC)        += parisc/
obj-$(CONFIG_RAPIDIO)       += rapidio/
obj-$(CONFIG_HAS_MTU) += timer.o
obj-$(CONFIG_NOMADIK_GPIO) += gpio.o
```

CONFIG_PCI 等内容在配置内核时被定义，取值和含义与前面介绍的相同。Linux 中的一个 Makefile 中文件只负责生成当前目录下的目标文件，子目录下的目标文件由子目录的 Makefile 生成，Linux 的 kbuild 编译系统会自动进入子目录调用他们的 Makefile，只是在这之前指定这些子目录即可，比如 obj-$(CONFIG_PCI) += pci/即增加了 drivers/pci 下面的目录。

综上所述，我们通过.config 文件定义的一系列变量，Makefile 决定哪些文件被编译进内核，哪些文件被编译成模块，涉及哪些子目录；其中顶层 Makefile 和 arch/$(ARCH)/Makefile 决定根目录下哪些子目录、arch/$(ARCH)/目录下哪些文件和目录被编译进内核；各级子目录下的 Makefile 决定所在目录下哪些文件被编译进内核或编译成模块或进入子目录继续调用它们的 Makefile 等。

同时我们还可以在 Makefile 中设置文件编译、链接的选项，这部分内容读者可以自行分析 Makefile 文件，在此不作介绍。

7.3.3 内核 Kconfig 分析

我们在内核目录下执行 make menuconfig 命令时，会出现如图 7-2 所示菜单，这就是内核的配置界面，通过配置界面，可以选择芯片类型，选择需要支持的文件系统，去掉不需要的选项等，这些操作被称为配置内核。

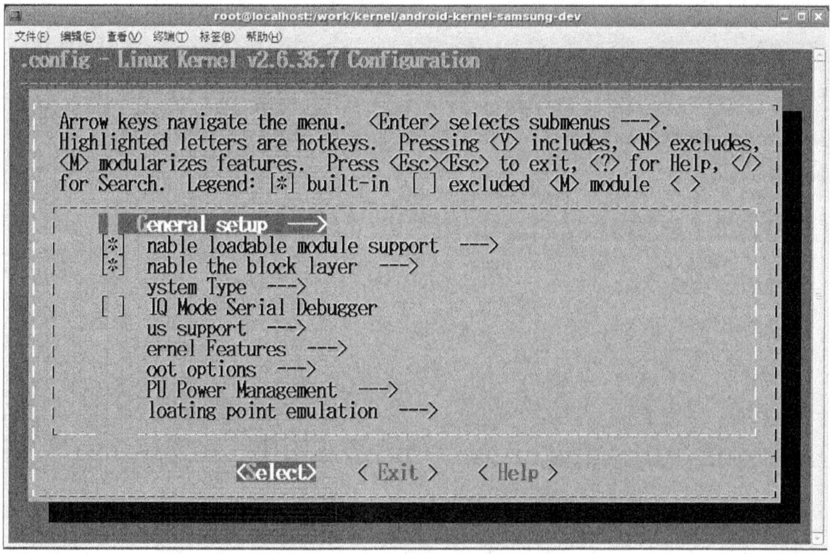

图 7-2 内核配置界面

配置工具通过读取 arch/$(ARCH)/Kconfig 文件来生成配置界面，这个文件是所有配置文件的总入口，它会包含其他目录的 Kconfig 文件。在内核源码每个子目录，都会有一个 Makefile 和 Kconfig 文件。Makefile 作用前面已经讲述过，Kconfig 用于配置内核，它是生成各个配置界面的源文件，内核配置工具读取各个 Kconfig 文件，生成配置界面供用户配置内核，配置完毕保存后生成配置文件.config。

内核的配置界面以树状的菜单形式组织，主菜单下有若干个子菜单，子菜单下又有子菜单或配置选项，每个子菜单或选项可以有依赖关系，这些依赖关系用来确定它们是否显示，只有被依赖项的父项已经被选中，子项才会被显示。

7.2 节介绍了 Documentation 内核说明文档，在其下面的/kbuild/kconfig-language.txt 文件中对 Kconfig 的作用及其用法介绍得非常详细，读者可以进一步深入了解。

下面我们对 Kconfig 常见的基本语法进行介绍。

1．config 条目

config 条目用来配置一个选项，或者说用来生成一个变量，这个变量会连同它的值一起被写入配置文件.config 中。例如一个 config 条目用来配置 CONFIG_MINI210_LEDS，根据用户的选择，.config 文件中可能会出现下面 3 种配置中的一个。

```
CONFIG_MINI210_LEDS = y #对应文件被编译进内核
CONFIG_MINI210_LEDS = m #对应文件被编译成模块
#CONFIG_MINI210_LEDS     #对应文件没有被使用
```

在进行内核编译的时候，Makefile 文件会读取.config 文件的内容，根据 CONFIG_MINI210_LEDS 选项的值，对 CONFIG_MINI210_LEDS 选项对应的内核源文件 mini210_leds.c 进行处理，编译进内核、编译成模块或不进行编译。

Makefile 中 CONFIG_MINI210_BUTTONS 选项控制内核源代码内容如下。

```
obj-$(CONFIG_MINI210_LEDS) += mini210_leds.o
```

下面我们举例说明 config 条目格式，代码选择 drivers/char/Kconfig 文件，它用于配置 CONFIG_CARDMAN_4000 选项。

```
config CARDMAN_4000
    tristate "Omnikey Cardman 4000 support"
    depends on PCMCIA
    default y
    select BITREVERSE
    help
      Enable support for the Omnikey Cardman 4000 PCMCIA Smartcard
      reader.
      This kernel driver requires additional userspace support, either
      by the vendor-provided PC/SC ifd_handler (http://www.omnikey.com/),
      or via the cm4000 backend of OpenCT (http://www.opensc.com/).
```

（1）config 关键字表示一个配置选项的开始；CARDMAN_4000 是配置选项的名称，省略了前缀 CONFIG。

（2）tristate 表示变量类型，即 CONFIG_CARDMAN_4000 的类型，常见的有 tirstate、bool、string、hex 和 int 共 5 种类型。tristate 变量取值有 3 种：y、n 和 m；bool 变量取值有两种：y 和 n；string 变量取值为字符串；hex 变量取值为十六进制数据；int 变量取值为

十进制的数据。

“tristate”后字符串为提示信息，在配置界面上下移动光标选中它时，可以通过按空格键和回车键来设置 CONFIG_CARDMAN_4000 的值。

（3）depends 表示依赖关系，当 PCMCIA 配置选项被选中时，当前配置选项的提示信息才会出现，才能设置当前配置选项。

（4）default y 表示默认值为 y。

（5）select 表示当前配置选项 CARDMAN_4000 被选中时，配置选项 BITREVERSE 也会被自动选中。

（6）help 表示下面几行是帮助信息。

2. menu 条目

menu 条目用于生成菜单。

举例说明如下。

```
menu "Network testing"
config NET_PKTGEN
......
config NET_TCPPROBE
......
config NET_DROP_MONITOR
......
endmenu
```

“menu”后的字符串是菜单名，menu 和 endmenu 之间有很多 config 条目，在配置界面上会出现如下菜单。

```
Network testing -->
```

移动光标后选中它按回车键进入，我们就会看到这些 config 条目定义的配置选项。

3. choice 条目

choice 条目将多个类似的配置选项组合在一起，供用户单选或多选。

下面我们举例说明 choice 条目格式，代码选择 arch/arm/Kconfig 文件。

```
choice
    prompt "ARM system type"
```

```
    default ARCH_VERSATILE
config ARCH_AAEC2000
……
config ARCH_INTEGRATOR
……
config ARCH_VEXPRESS
……
```

prompt“ARM system type”给出提示信息，光标选中它后按回车键进入，就可以看到多个 config 条目定义的配置选项。

choice 条目定义的变量类型只能有两种：bool 和 tristate，不能同时有这两种类型的变量。对于 bool 类型的 choice 条目，我们只能在多个选项中选择一个；对于 tristate 类型的 choice 条目，要么就把多个选项都设为 m，要么就像 bool 类型的 choice 条目一样，只能选择一个。这是可以理解的，比如对于同一个硬件，它有多个驱动程序，我们可以选择其中之一编译进内核（配置选项为 y），或者把它们都编译为模块（配置选项设为 m）。

4．comment 条目

conmment 条目用于定义一些帮助信息，在配置过程中出现在界面的第一行；而且这些帮助信息会出现在配置文件中（作为注释）。

下面举例说明 choice 条目格式，代码选择 arch/arm/Kconfig 文件。

```
menu "Floating point emulation"
comment "At least one emulation must be selected"
```

进入菜单“Floating point emulation --->”之后，我们在第一行会看到如下内容。

```
--- at least one emulation must be selected
```

在.config 文件中我们也会看到如下内容。

```
#
--- at least one emulation must be selected
#
```

5．source 条目

source 条目用于读入另一个 Kconfig 文件，例如 source“net/can/Kconfig”用于读入/net/can 下的 Kconfig 文件。

6．菜单形式的配置界面操作方法

配置界面中，以[*]、[M]、[]开头的选项表示相应功能的文件可以被编译进内核中、被编译成一个模块或不使用。

要修改配置选项，我们先使用方向键高亮选中它，按<Y>键选择将它编译进内核，按<M>键选择将它编译成模块，按<N>键不使用它，也可以按空格键进行循环选择。上下方向键用来高亮选中某个配置选项，如要进入某个子菜单，先选中它，然后按回车键进入。配置选项的名字后有“--→”表示它是一个子菜单，可以使用翻页键<PAGE DOWN>和<PAGE UP>来移动配置界面中的内容。要退出配置界面，我们可以使用左右方向键选中<EXIT>按钮，然后按回车键，也可以按两次<ESC>键退出。按<TAB>键可以在<Select>、<Exit>和<Help>这三个按钮中循环选中它们。要想阅读某个配置选项的帮助信息，选中它之后，再选中<Help>按钮，按回车键即可。

对于 int、hex 或 string 类型的配置选项，要输入它们的值时，我们要先选中它，按回车键，输入数据，再按回车键。对于十六进制数据，前缀 0x 可以省略。

配置界面的最下面，有如下两行。

```
Load an Alternate Configuration File
Save an Alternate Configuration File
```

前者用于加载某个配置文件，后者用于将当前的配置保存到某个配置文件中去。需要注意的是，如果不使用这两个选项，配置的加载文件、输出文件都默认为.config 文件；如果加载了其他的文件，然后在此基础上进行修改，最后退出保存时，这些变化会保存到加载文件中去，而不是.config 中。

7.3.4 内核配置及编译命令

接下来的内核移植过程会反复地对内核进行配置和编译，下面我们介绍常用的一些命令。

1．make xxx_defconfig

这个命令按照默认的选择设定一次内核选项，在内核中，内核选项设定文件存储在 arch/$(ARCH)/configs 目录中。对于$(ARCH)，由于内核支持多种系统架构，每个系统架构具有不同的目录，基于 ARM 核的开发系统相应的在 arch/arm/configs 目录中具有内核选项文件。对于 Smart210 开发板来说，由于是通过三星公司的 SMDKV210 开发系统改编而来，arch/arm/configs 目录中存在选项文件 smdkv210_android_defconfig。

如果执行 make xxxx_defconfig 命令，那么复制 arch/$(ARCH)/configs/xxx_defconfig 文件作为内核最上层目录的.config 文件。所以执行 make smdkv210_android_defconfig 命令后，复制 smdkv210_android_defconfig 到内核最上层目录作为.config 文件。

2．make menuconfig

此命令可以通过图 7-2 所示菜单的方式将内核中的内容输出，用户可以手动选择需要添加或者删除的内核内容，由于采用目录的方式，非常直观，容易使用。

3．make clean

这个命令可以删除编译执行后生成的多个对象文件，修改源码后清除上一次编译结果，再次进行编译时使用。

4．make zImage

该命令为实际编译内核的命令。生成的压缩内核映像以 zImage 名字在 arch/arm/boot 目录中生成，zImage 文件的前部包含了解压缩的代码。

5．make modules

这个命令是编译在内核中设定为模块功能的程序，编译结束，通过 make modules_install 命令后，编译生成的模块位于 libs/modules 目录中。

7.4 内核移植

7.4.1 内核基本配置

（1）解压内核源码包。

```
tar jxvf android_kernel_2.6.35_smdkv210.tar.bz2
cd android-kernel-samsung-dev/
```

（2）修改根目录下 Makefile 中的体系结构 ARCH 和交叉编译器前缀 CROSS_COMPILE。

修改第191和第192行如下。

```
ARCH            ?= arm
CROSS_COMPILE   ?= /usr/local/arm/arm-2009q3/bin/arm-none-linux-gnueabi-
```

（3）使用SMDKV210的缺省配置文件生成.config文件。

```
make  smdkv210_android_defconfig
```

（4）配置内核，修改串口。

```
make menuconfig
```

修改底层消息输出和底层调试串行端口为UART0，如下所示。

```
System Type  --->
     (0) S3C UART to use for low-level messages
Kernel hacking  --->
     (0) S3C UART to use for low-level debug
```

（5）确定机器码。

打开 arch/arm/tools/mach-types 文件，在第433行我们可以看出，SMDKV210评估板的机器码是2456（16进制是0x998）。

```
smdkv210        MACH_SMDKV210           SMDKV210                2456
```

（6）确定内核的加载地址和参数地址。

打开 arch/arm/mach-s5pv210/Makefile.boot 文件。

```
zreladdr-y    += 0x20008000
params_phys-y   := 0x20000100
```

我们可以看出，内核的加载地址和参数地址分别为0x20008000和0x20000100，BootLoader启动内核前应该将内核复制到内存0x20008000地址并将内核启动参数放到0x20000100地址。

（7）编译内核。

```
make zImage -j 4
```

-j 4指定了编译时的线程数为4，使用多线程可加快编译内核的速度，在VMWare中Virtual Machine Setting中设置为CPU数量为2时，线程数可以设置为4。

编译完成后在终端我们可以看到如下信息。

```
  OBJCOPY arch/arm/boot/Image
```

```
Kernel: arch/arm/boot/Image is ready
GZIP    arch/arm/boot/compressed/piggy.gzip
CC      arch/arm/boot/compressed/misc.o
AS      arch/arm/boot/compressed/head.o
CC      arch/arm/boot/compressed/decompress.o
SHIPPED arch/arm/boot/compressed/lib1funcs.S
AS      arch/arm/boot/compressed/lib1funcs.o
AS      arch/arm/boot/compressed/piggy.gzip.o
LD      arch/arm/boot/compressed/vmlinux
OBJCOPY arch/arm/boot/zImage
Kernel: arch/arm/boot/zImage is ready
```

U-Boot 支持的 Linux 内核映像 zImage 生成并且位于根目录 arch/arm/boot 下面。

（8）在编译 Linux 内核，配置时进行如下选择。

```
make menuconfig ---> Kernel hacking --> show timing information on printks
```

当我们选中此选项后，重新编译下载并启动内核，会在日志信息前面加上时间戳，时间精确到微秒（us），如图 7-3 所示。

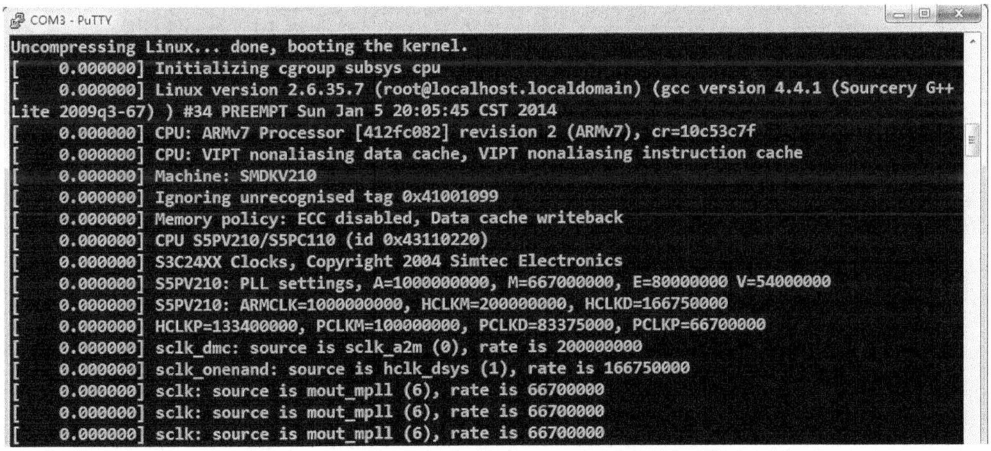

图 7-3　具有时间戳内核启动信息

（9）设置 U-Boot 的环境变量。

现在我们需要在 U-Boot 下设置一些环境变量，具体信息可见 6.6 节 U-Boot 启动参数中的内容介绍。这里设置 machid 机器码，将其设置为 0x998，0x998 即十进制 2456，2456

是 SMDKV210 评估板的机器码 ID，位于内核 arch/arm/tools/mach-types 文件中，在内核启动过程中，会对 U-Boot 设置的机器码数值与内核中的进行比较，两者相同才会进一步引导内核，否则会提示错误。我们将上述内容设置好后，输入 saveenv 保存环境变量到存储介质中。

设置命令及相应提示信息如下。

```
SMDKV210 # setenv machid 0x998
SMDKV210 # saveenv
Saving Environment to SMDK bootable device...
Erasing Nand...
Writing to Nand...
Saved enviroment variables
```

在 U-Boot 下输入 bdinfo 可以查看一些开发板的信息，我们可以看到 boot_params 引导参数的地址是 0x20000100，这个地址和 arch/arm/mach-s5pv210/Makefile.boot 中的 params_phys-y 的值是一致的。在 GEC210 开发板中，内存 DRAM 分了两个 BANK，其中 DRAM 1 的基地址是 0x40000000，大小是 0x10000000（即 256MB）；在 SMART210 开发板中，内存 DRAM 只有一个 BANK，基地址为 0x20000000，大小是 0x20000000，在 DRAM bank 和 start、size 的信息中会得到验证。

```
SMDKV210 # bdinfo
arch_number = 0x00000998
env_t       = 0x00000000
boot_params = 0x20000100
DRAM bank   = 0x00000000
-> start    = 0x20000000
-> size     = 0x20000000
ethaddr     = 00:40:5C:26:0A:5B
ip_addr     = 192.168.0.1
baudrate    = 115200 bps
```

（10）下载内核。

将生成的内核文件 zImage 复制至 tftp-server（目标板/tftpboot）目录下，在 U-Boot 里通过 TFTP 下载，从宿主机 tftpboot 目录下面下载内核映像 zImage 到 DRAM 0 的起始地址 0x20008000。

```
SMDKV210 # tftp 0x20008000 zImage
```

（11）引导内核：引导内核映像 zImage，启动信息如下。

```
SMDKV210 # bootzImage
done
Bytes transferred = 2667752 (0x28b4e8)
NOW, Booting Linux.........
                                  Uncompressing Linux... done, booting the kernel.
Initializing cgroup subsys cpu
Linux version 2.6.35.7 (root@localhost.localdomain) (gcc version 4.4.1 (Sourcery
G++ Lite 2009q3-67) ) #2 PREEMPT Mon May 26 15:14:39 CST 2014
CPU: ARMv7 Processor [412fc082] revision 2 (ARMv7), cr=10c53c7f
CPU: VIPT nonaliasing data cache, VIPT nonaliasing instruction cache
Machine: SMDKV210
Memory policy: ECC disabled, Data cache writeback
CPU S5PV210/S5PC110 (id 0x43110220)
S3C24XX Clocks, Copyright 2004 Simtec Electronics
S5PV210: PLL settings, A-1000000000, M=667000000, E=80000000 V=54000000
S5PV210: ARMCLK=1000000000, HCLKM=200000000, HCLKD=166750000
HCLKP=133400000, PCLKM=100000000, PCLKD=83375000, PCLKP=66700000
……
Kernel command line: root=/dev/nfs nfsroot=192.168.0.5:/work/rootfile/rootfs
ip=192.168.0.1:192.168.0.5:192.168.0.1:255.255.255.0:www.neusoft.edu.cn:eth0:off
console=ttySAC0
PID hash table entries: 2048 (order: 1, 8192 bytes)
……
machine_constraints_voltage: failed to apply 1100000uV constraint to VALIVE_1.1V
Unable to handle kernel NULL pointer dereference at virtual address 00000060
pgd = c0004000
[00000060] *pgd=00000000
Internal error: Oops: 5 [#1] PREEMPT
last sysfs file:
Modules linked in:
CPU: 0    Not tainted  (2.6.35.7 #2)
PC is at dev_driver_string+0xc/0x44
```

```
LR is at max8698_pmic_probe+0x150/0x32c
pc : [<c01e34e8>]    lr : [<c03920c8>]    psr: 20000013
sp : dfc2fb60  ip : dfc2fb70  fp : dfc2fb6c
r10: fffffffa  r9 : dfc74bc0  r8 : dfc74bc0
r7 : 00000000  r6 : dfc74980  r5 : dfc74b80  r4 : c0519c24
r3 : 00000000  r2 : dfc2faa0  r1 : dfc74c80  r0 : 00000000
Flags: nzCv  IRQs on  FIQs on  Mode SVC_32  ISA ARM  Segment kernel
Control: 10c5387f  Table: 20004019  DAC: 00000017
```

（12）引导结果分析。

如上面提示信息所示，U-Boot 成功地启动了内核，说明通过 U-Boot 传递给内核的机器码 machid 是正确的，但是内核引导信息中显示出“Unable to handle kernel NULL pointer dereference at virtual address 00000060”提示了我们内核访问了不合法的虚拟地址，该信息是内核是在 max8698 电源管理芯片的探测函数 max8698_pmic_probe 里调用 dev_driver_string 函数时输出的。在移植 U-Boot 过程中，我们把电源管理芯片的初始化函数屏蔽掉，移植内核，同样要把 max8698 电源管理芯片的驱动去掉。

（13）配置内核。

```
make menuconfig
```

去掉 Maxim Semiconductor MAX8698 PMIC 和 Maxim 8698 voltage regulator 的支持，如下所示。

```
Device Drivers  --->
[*] Multifunction device drivers  --->
     [ ]  Maxim Semiconductor MAX8698 PMIC Support
[*] Voltage and Current Regulator Support  --->
     < >  Maxim 8698 voltage regulator
```

（14）重新编译并启动内核，上述错误消除。

7.4.2 修改 NAND Flash 分区

内核代码中 drivers\mtd\nand\s3c_nand.c 定义了 NAND Flash 的分区表，要修改分区时，修改 s3c_partition_info 结构体即可，本书将 NAND Flash 划为 3 个分区，前 1MB 用于存放 U-Boot，接下来的 5MB 用于存放内核，剩下的用来存放文件系统。

```
gedit drivers/mtd/nand/s3c_nand.c
struct mtd_partition s3c_partition_info[] = {
 {
     .name        = "U-boot",
     .offset      = 0,
     .size        = (1*SZ_1M),
     .mask_flags  = MTD_CAP_NANDFLASH,
 },
 {
     .name        = "kernel",
     .offset      = MTDPART_OFS_APPEND,
     .size        = (5*SZ_1M),
 },
 {
     .name        = "root",
     .offset      = MTDPART_OFS_APPEND,
     .size        = MTDPART_SIZ_FULL,
 },
};
```

代码中的 MTDPART_OFS_APPEND 表示当前分区紧接着上一个分区，MTDPART_SIZ_FULL 表示当前分区大小为剩余的 Flash 空间。

接下来执行“make zImage”命令重新生成内核，在 U-Boot 控制界面中使用如下命令下载 zImage 并启动它。

```
#tftp 0x20008000 zImage
#bootzImage
```

我们可以看到内核打印出分区信息。由于目标板上还没有写入文件系统映像，也没有设置 U-Boot 启动参数使用网络文件系统（NFS），内核启动到最后还是会出现错误信息。

7.4.3 修改 LCD 信息

内核代码 arch/arm/plat-s3c/include/plat/fb.h 文件中定义了描述 LCD 信息的结构体 s3c_platform_fb，该结构体原型如下。

```
struct s3c_platform_fb {
 int      hw_ver;
 char     clk_name[16];
 int      nr_wins;
 int      nr_buffers[5];
 int      default_win;
 int      swap;
 phys_addr_t pmem_start; /* starting physical address of memory region */
 size_t      pmem_size; /* size of memory region */
 void          *lcd;
 void     (*cfg_gpio)(struct platform_device *dev);
 int      (*backlight_on)(struct platform_device *dev);
 int      (*backlight_onoff)(struct platform_device *dev, int onoff);
 int      (*reset_lcd)(struct platform_device *dev);
 int      (*clk_on)(struct platform_device *pdev, struct clk **s3cfb_clk);
 int      (*clk_off)(struct platform_device *pdev, struct clk **clk);
};
```

内核代码 arch/arm/mach-s5pv210/setup-fb.c 文件中有三星公司提供的 LCD 的样例程序，我们仿照样例程序，修改完成 LCD 驱动程序。

修改 arch/arm/mach-s5pv210/mach-smdkc110.c 文件。

```
gedit arch/arm/mach-s5pv210/mach-smdkc110.c
```

在#ifdef CONFIG_FB_S3C_LTE480WV 的#endif（第 814 行）后加入如下内容。

```
static struct s3cfb_lcd wvga_s70 = {
       .width = 800,
       .height = 480,
       .p_width = 154,
       .p_height = 96,
       .bpp = 32,
       .freq = 65,
       .timing = {
              .h_fp = 80,
              .h_bp = 36,
              .h_sw = 10,
```

```
            .v_fp = 22,
            .v_fpe = 1,
            .v_bp = 15,
            .v_bpe = 1,
            .v_sw = 8,
        },
        .polarity = {
            .rise_vclk = 0,
            .inv_hsync = 1,
            .inv_vsync = 1,
            .inv_vden = 0,
        },
};
static void lcd_cfg_gpio(struct platform_device *pdev)
{
int i;
for (i = 0; i < 8; i++) {
     s3c_gpio_cfgpin(S5PV210_GPF0(i), S3C_GPIO_SFN(2));
     s3c_gpio_setpull(S5PV210_GPF0(i), S3C_GPIO_PULL_NONE);
}
for (i = 0; i < 8; i++) {
     s3c_gpio_cfgpin(S5PV210_GPF1(i), S3C_GPIO_SFN(2));
     s3c_gpio_setpull(S5PV210_GPF1(i), S3C_GPIO_PULL_NONE);
}
for (i = 0; i < 8; i++) {
     s3c_gpio_cfgpin(S5PV210_GPF2(i), S3C_GPIO_SFN(2));
     s3c_gpio_setpull(S5PV210_GPF2(i), S3C_GPIO_PULL_NONE);
}
for (i = 0; i < 4; i++) {
     s3c_gpio_cfgpin(S5PV210_GPF3(i), S3C_GPIO_SFN(2));
     s3c_gpio_setpull(S5PV210_GPF3(i), S3C_GPIO_PULL_NONE);
}
/* mDNIe SEL: why we shall write 0x2 ? */
writel(0x2, S5P_MDNIE_SEL);
/* drive strength to max */
```

```
writel(0xaaaaaaaa, S5PV210_GPF0_BASE + 0xc);
writel(0xaaaaaaaa, S5PV210_GPF1_BASE + 0xc);
writel(0xaaaaaaaa, S5PV210_GPF2_BASE + 0xc);
writel(0x000000aa, S5PV210_GPF3_BASE + 0xc);
}
#define S5PV210_GPD_0_0_TOUT_0  (0x2)
#define S5PV210_GPD_0_1_TOUT_1  (0x2 << 4)
#define S5PV210_GPD_0_2_TOUT_2  (0x2 << 8)
#define S5PV210_GPD_0_3_TOUT_3  (0x2 << 12)
static int lcd_backlight_on(struct platform_device *pdev)
{
     int err;
     err = gpio_request(S5PV210_GPD0(3), "GPD0");
     if (err) {
         printk(KERN_ERR "failed to request GPD0 for "
              "lcd backlight control\n");
         return err;
     }
     gpio_direction_output(S5PV210_GPD0(3), 1);
     s3c_gpio_cfgpin(S5PV210_GPD0(3), S5PV210_GPD_0_3_TOUT_3);
     gpio_free(S5PV210_GPD0(3));
     return 0;
}
static int lcd_backlight_off(struct platform_device *pdev, int onoff)
{
int err;
err = gpio_request(S5PV210_GPD0(3), "GPD0");
if (err) {
printk(KERN_ERR "failed to request GPD0 for "
     "lcd backlight control\n");
return err;
}
gpio_direction_output(S5PV210_GPD0(3), 0);
gpio_free(S5PV210_GPD0(3));
return 0;
```

```
}
static int lcd_reset_lcd(struct platform_device *pdev)
{
     int err;
     err = gpio_request(S5PV210_GPH0(6), "GPH0");
     if (err) {
        printk(KERN_ERR "failed to request GPH0 for "
                    "lcd reset control\n");
        return err;
}
     gpio_direction_output(S5PV210_GPH0(6), 1);
     mdelay(100);
     gpio_set_value(S5PV210_GPH0(6), 0);
     mdelay(10);
     gpio_set_value(S5PV210_GPH0(6), 1);
     mdelay(10);
     gpio_free(S5PV210_GPH0(6));
     return 0;
}

static struct s3c_platform_fb gec210_fb_data __initdata = {
     .hw_ver = 0x62,
     .nr_wins = 5,
     .default_win = CONFIG_FB_S3C_DEFAULT_WINDOW,
     .swap = FB_SWAP_WORD | FB_SWAP_HWORD,
     .lcd = &wvga_s70,
     .cfg_gpio    = lcd_cfg_gpio,
     .backlight_on     = lcd_backlight_on,
     .backlight_onoff    = lcd_backlight_off,
     .reset_lcd    = lcd_reset_lcd,
};
```

我们在 static void __init smdkc110_machine_init(void)函数里第 1690 行位置加入新增的 LCD 初始化结构体 gec210_fb_data，修改信息如下。

```
#ifdef CONFIG_FB_S3C_LTE480WV
        s3cfb_set_platdata(&lte480wv_fb_data);
#endif
        s3cfb_set_platdata(&gec210_fb_data);/* 1690行 */
```

重新编译下载内核调试，我们发现 LCD 已经被点亮，屏幕的左上角有企鹅出现。

7.4.4 DM9000 驱动移植

内核启动过程中会出现如下信息。

```
dm9000 Ethernet Driver, V1.31
ERROR : resetting
dm9000 dm9000.0: read wrong id 0x2b2a2928
dm9000 dm9000.0: read wrong id 0x2b2a2928
dm9000 dm9000.0: read wrong id 0x2b2a2928
dm9000 dm9000.0: read wrong id 0x2b2a2928
dm9000 dm9000.0: read wrong id 0x2b2a2928
dm9000 dm9000.0: read wrong id 0x2b2a2928
dm9000 dm9000.0: read wrong id 0x2b2a2928
dm9000 dm9000.0: read wrong id 0x2b2a2928
dm9000 dm9000.0: wrong id: 0x2b2a2928
dm9000 dm9000.0: not found (-19).
```

以上信息表明，DM9000 网卡没有驱动成功，接下来我们修改内核代码，完善 DM9000 网卡驱动。

由 2.4 节内容可知，DM9000A 网卡芯片的访问基址为 0x88000000，使用的中断号为 EINT7，总线位宽为 16 位，同时只用到了一个地址线 Xm0ADDR2。

内核中已经有 DM9000A 网卡驱动程序，源文件为 drivers/net/dm9000.c。本节所要做的就是根据硬件连接方式重新编写初始化函数，同时为 DM9000A 定义一个数据结构，将其加入到内核设备列表中。

1. 增加 DM9000A 平台设备及重新编写初始化函数

修改 arch/arm/mach-s5pv210/mach-smdkc110.c 文件如下所示。

```
gedit arch/arm/mach-s5pv210/mach-smdkc110.c
```

修改如下所示。

```
#ifdef CONFIG_DM9000
#if 0   /* 第 655 行 */
static void __init smdkc110_dm9000_set(void)
{
        unsigned int tmp;
        tmp = ((0<<28)|(0<<24)|(5<<16)|(0<<12)|(0<<8)|(0<<4)|(0<<0));
        __raw_writel(tmp, (S5P_SROM_BW+0x18));
        tmp = __raw_readl(S5P_SROM_BW);
        tmp &= ~(0xf << 20);
        tmp |= (0x1 << 20); /* dm9000 16bit */
        __raw_writel(tmp, S5P_SROM_BW);
        tmp = __raw_readl(S5PV210_MP01CON);
        tmp &= ~(0xf << 20);
        tmp |= (2 << 20);
        __raw_writel(tmp, S5PV210_MP01CON);
}
#else
#include <linux/dm9000.h>
/* physical address for dm9000a ...kgene.kim@samsung.com */
#define S5PV210_PA_DM9000_A     (0x88001000)
#define S5PV210_PA_DM9000_F     (S5PV210_PA_DM9000_A + 0x300C)
static struct resource dm9000_resources[] = {
        [0] = {
                .start  = S5PV210_PA_DM9000_A,
                .end    = S5PV210_PA_DM9000_A + SZ_1K*4 - 1,
                .flags  = IORESOURCE_MEM,
        },
        [1] = {
                .start  = S5PV210_PA_DM9000_F,
                .end    = S5PV210_PA_DM9000_F + SZ_1K*4 - 1,
                .flags  = IORESOURCE_MEM,
        },
        [2] = {
                .start  = IRQ_EINT(7),/*中断号*/
```

```
                .end      = IRQ_EINT(7),
                .flags    = IORESOURCE_IRQ | IORESOURCE_IRQ_HIGHLEVEL,
        },
};
static struct dm9000_plat_data dm9000_platdata = {
        .flags          = DM9000_PLATF_16BITONLY | DM9000_PLATF_NO_EEPROM,
        .dev_addr       = { 0x08, 0x90, 0x00, 0xa0, 0x02, 0x10 },
};
struct platform_device gec210_device_dm9000 = {/*平台设备*/
        .name           = "dm9000",
        .id                     = -1,
        .num_resources = ARRAY_SIZE(dm9000_resources),
        .resource       = dm9000_resources,
        .dev            = {
                .platform_data  = &dm9000_platdata,
        },
};
static void __init gec210_dm9000_set(void)/*初始化函数*/
{
        unsigned int tmp;
        tmp = ((0<<28)|(0<<24)|(5<<16)|(0<<12)|(0<<8)|(0<<4)|(0<<0));
        __raw_writel(tmp, (S5P_SROM_BW+0x08));
        tmp = __raw_readl(S5P_SROM_BW);
        tmp &= ~(0xf << 4);
        tmp |= (0x1 << 4); /* dm9000 16bit */
        __raw_writel(tmp, S5P_SROM_BW);
        gpio_request(S5PV210_MP01(1), "nCS1");
        s3c_gpio_cfgpin(S5PV210_MP01(1), S3C_GPIO_SFN(2));
        gpio_free(S5PV210_MP01(1));
}
#endif
#endif
```

2. 加入到内核设备列表中

修改 static struct platform_device *smdkc110_devices[] __initdata 结构。

```
#ifdef CONFIG_DM9000
#if 0  /* 第1519 行 */
       &s5p_device_dm9000,
#else
       &gec210_device_dm9000,
#endif
#endif
修改static void __init smdkc110_machine_init(void)函数:
#ifdef CONFIG_DM9000
#if 0
       smdkc110_dm9000_set();
#else
       gec210_dm9000_set();
#endif
#endif
```

3. 配置内核，使之支持 DM9000

我们在内核源码根目录下面执行“make menuconfig”，进入到 Networking support 下，然后进入 Networking options 子菜单。

选项配置如图 7-4 所示。

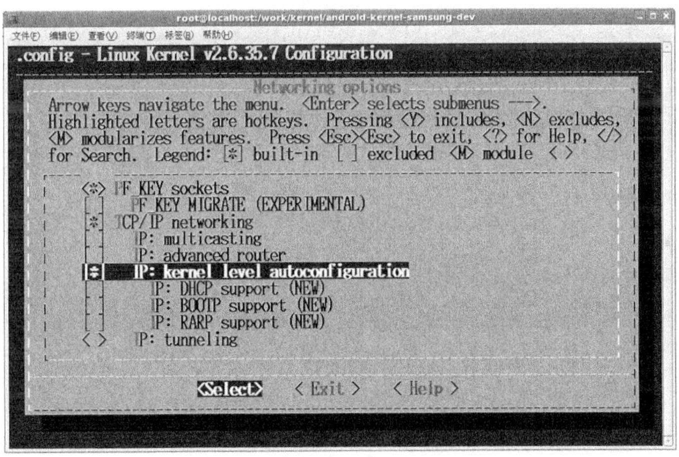

图 7-4 TCP/IP 网络协议配置界面

我们在 Devices Drivers 下进入 Networking device support 二级菜单，选项配置如

图 7-5 所示。

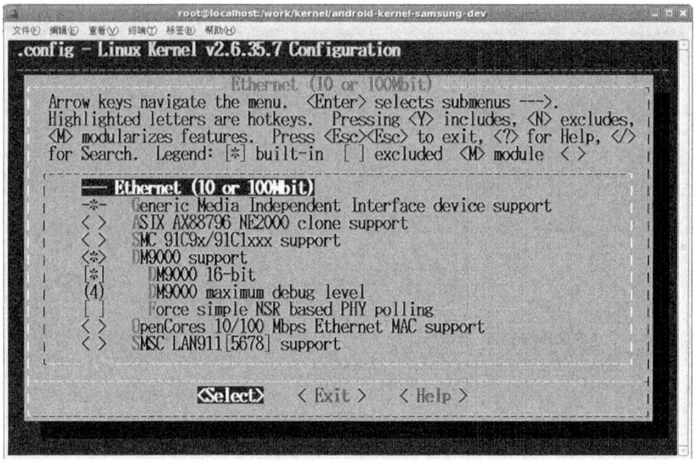

图 7-5　DM9000 网卡配置界面

我们在 File systems 下面进入到 Networking File Systems 二级子菜单，选项结果如图 7-6 所示。

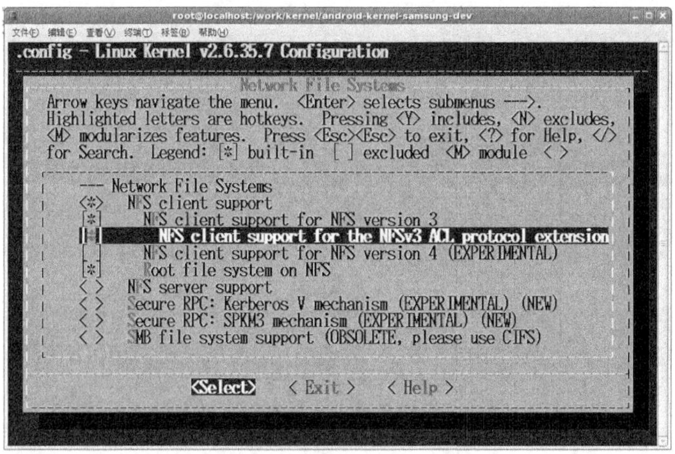

图 7-6　NFS 网络文件系统配置界面

4．保存配置后，重新编译下载运行

下面是修改后的内核启动信息。

```
eth0: dm9000a at f088a000,f089000c IRQ 39 MAC: 08:90:00:a0:02:10 (platform data)
```

```
eth0: link up, 100Mbps, full-duplex, lpa 0xC5E1
```

我们可以看出，DM9000 网卡已经被系统识别并成功运行。

7.4.5 蜂鸣器驱动修改

在启动内核的过程中，如果使用 Smart210 开发板，会出现蜂鸣器啸叫的现象。通过 3.2 节内容我们了解到，Smart210 开发板的蜂鸣器接至 XpwmTOUT0 引脚，该引脚为定时器 0 的脉冲调制输出引脚，在内核设备列表中将其已经初始化，关闭蜂鸣器只需屏蔽掉初始化代码。

首先打开 arch/arm/mach-s5pv210/mach-smdkc110.c 文件。

```
gedit arch/arm/mach-s5pv210/mach-smdkc110.c
```

我们可以注释掉 struct s3c_pwm_data pwm_data[]结构体中与蜂鸣器连接的定时器 0 的初始化代码。

```
struct s3c_pwm_data pwm_data[] = {
        {
#if 0
                .gpio_no    = S5PV210_GPD0(0),
                .gpio_name  = "GPD",
                .gpio_set_value = S5PV210_GPD_0_0_TOUT_0,
        }, {
#endif
};
```

7.4.6 RTC 驱动修改

在根文件系统启动后（根文件系统内容见第 9 章），我们可以在串口终端下设置开发板时间。

```
#date -s 2014.6.4-10:58:00
Wed Nov 11 10:58:00 UTC 2009
```

我们可以通过 date 命令查看时间。

```
#date
Wed Nov 11 10:58:21 UTC 2009
```

保存时间的代码如下所示。

```
#hwclock -w
smdkc110-rtc smdkc110-rtc: rtc disabled, re-enabling
```

重新启动开发板后，时间又会回到 2010 年 1 月 1 日，这是由于 RTC 实时时钟设备驱动的问题。

修改如下。

```
gedit arch/arm/mach-s5pv210/smdkc110-rtc.c
```

我们把 382 行的 smdkc110_rtc_settime 用#if 0 屏蔽掉。

```
#if 0
        smdkc110_rtc_settime(&pdev->dev, &tm);
#endif
```

此时重复上述设置时间步骤，发现可以正常设置系统时间了。

7.4.7 USB 驱动移植

在内核启动过程中会出现如下的信息。

```
failed to find udc vcc source
s3c-usbgadget: probe of s3c-usbgadget failed with error -2
s3c-udc : S3C HS USB Device Controller Driver, (c) 2007-2009 Samsung Electronics
s3c-udc : version 15 March 2009 (DMA Mode)
```

打开./drivers/usb/gadget/s3c_udc_otg.c 文件，如下所示。

```
# gedit drivers/usb/gadget/s3c_udc_otg.c
```

相关代码如下。

```
    dev->udc_vcc_d = regulator_get(&pdev->dev, "pd_io");
    dev->udc_vcc_a = regulator_get(&pdev->dev, "pd_core");
    if (IS_ERR(dev->udc_vcc_d) || IS_ERR(dev->udc_vcc_a)) {
           printk(KERN_ERR "failed to find udc vcc source\n");
```

```
                return -ENOENT;
        }
```

修改如下。

```
#if 0
        dev->udc_vcc_d = regulator_get(&pdev->dev, "pd_io");
        dev->udc_vcc_a = regulator_get(&pdev->dev, "pd_core");
        if (IS_ERR(dev->udc_vcc_d) || IS_ERR(dev->udc_vcc_a)) {
                printk(KERN_ERR "failed to find udc vcc source\n");
                return -ENOENT;
        }
#endif
```

s3c_udc_power 函数会用到 udc_vcc_d 与 udc_vcc_a，同样需要屏蔽。

```
static int s3c_udc_power(struct s3c_udc *dev, char en)
{
        pr_debug("%s : %s\n", __func__, en ? "ON" : "OFF");
#if 0
        if (en) {
                regulator_enable(dev->udc_vcc_d);
                regulator_enable(dev->udc_vcc_a);
        } else {
                regulator_disable(dev->udc_vcc_d);
                regulator_disable(dev->udc_vcc_a);
        }
#endif
        return 0;
}
```

进行上述修改后，如果支持 U 盘等，我们还需要修改内核配置，让内核支持热插拔。

```
General setup--->
[*]Configure standard kernel features(for small systems)—>
       <*>Support for hot-pluggable devices
```

让内核支持 USB 设备，如下所示。

```
Device drivers
SCSI device support--->
     <*>SCSI generic support
     <*>Probe all LUNs on each SCSI device
USB support --->
     <*> Support for Host-side USB
     [*] USB verbose debug messages
     [*] USB announce new devices
     *** Miscellaneous USB options ***
     [*] USB device filesystem (DEPRECATED)
     [*] USB device class-devices (DEPRECATED) (NEW)
[ ] Dynamic USB minor allocation (NEW)
     <*> USB Monitor
*** also be needed; see USB_STORAGE Help for more info ***
     <*> EHCI HCD (USB 2.0) support
     <*> USB Mass Storage support
Block devices--->
     <*>Low Performance USB Block driver
```

加入 MSDOS 文件系统和 VFAT 文件系统支持（为适应挂载 U 盘），如下所示。

```
Filesystems--->
DOS/FAT/NTFilesystems--->
     <*>MSDOS fs support
     <*>VFAT (Windows-95) fs support
     (936)Default codepage for FAT//更改默认值为 936
     (cp936)Default iocharset for FAT//更改默认值为 cp936
```

使能（DOS 分区），如下所示。

```
PartitionTypes--->
     [*]PC BIOS(MSDOS partition tables) support
```

添加对中文字体库的支持如下。

```
-*-Native language support--->
     <*>Simplified Chinese charset(CP936,GB2312)
     <*>NLS UTF-8
```

编译下载到开发板测试，插入 U 盘，我们可以看到/dev 下面有 uba1 这样的节点，然后 mount 到某个目录就可以进行读写。

7.4.8 TSC2007 触摸屏驱动移植

S5PV210 其内部集成了触摸屏控制器，如要使用的话，需要配置的寄存器比较多，而且触摸屏和外围的通用 ADC 共用一个 ADC 控制器，如果触摸屏和通用 ADC 同时使用时，还要注意互斥访问，使用起来非常不方便。

在 GEC210 开发板上面，我们选用了 TSC2007 这款专用于四线电阻屏的触摸屏控制芯片，该芯片接口简单，采用 I2C 接口与 CPU 通信，内部集成了电阻屏触摸控制，对于坐标值有内部去抖动功能，大大简化驱动程序的设计。2.6.35 版本内核中已经集成了 TSC2007 代码，我们只需进行少许修改就可以适用于 GEC210 开发板。

下面进行 TSC2007 触摸屏驱动移植。

内核中的 driver/input/touchscreen 下的已经有 TSC2007 触摸屏芯片的驱动程序，结合 GEC210 开发板的设备连接情况，做以下修改添加。

首先配置内核选项。

```
Device Drivers --->
Input device support --->
     [*] Touchscreens --->
       < > S3C touchscreen driver //去除 S3C 触摸屏驱动支持
       <*> TSC2007 based touchscreens //添加 TSC2007 驱动
```

修改并增加 TSC2007 内容，在内核的 arch/arm/mach-s5pv210/mach-smdkc110.c 文件中添加以下内容。

```
#include <linux/i2c/tsc2007.h>
#include <mach/irqs.h>
#include <plat/irqs.h>
#include <plat/gpio-cfg.h>
static int ts_get_pendown_state(void)
{
   int val=0;
   val = gpio_get_value( S5PV210_GPH1(6));
   return val ? 0 : 1;
```

```
}
static struct tsc2007_platform_data tsc2007_info = {
    .model = 2007,
    .x_plate_ohms = 180,
    .get_pendown_state = ts_get_pendown_state,
};
```

修改 i2c_board_info 结构体，加入 TSC2007 芯片的设备信息。

```
static struct i2c_board_info i2c_devs2[] __initdata = {
{
#if defined(CONFIG_SMDKC110_REV03) || defined(CONFIG_SMDKV210_REV02)
    /* The address is 0xCC used since SRAD = 0 */
    I2C_BOARD_INFO("max8998", (0xCC >> 1)),
    .platform_data = &max8998_pdata,
#else
    /* The address is 0xCC used since SRAD = 0 */
    I2C_BOARD_INFO("max8698", (0xCC >> 1)),
    .platform_data = &max8698_pdata,
#endif
},
{
    I2C_BOARD_INFO("tsc2007",(0X48)),
    .type = "tsc2007",
    .platform_data = &tsc2007_info,
    .irq = IRQ_EINT14 ,
},
};
```

修改 drivers/input/touchscreen/tsc2007.c 文件内容，在 tsc2007_probe()函数中添加并修改以下部分内容。

添加如下所示。

```
ts->client = client;
ts->irq = client->irq;
ts->input = input_dev;
client->flags &= ~I2C_M_TEN; //for 7 bits address mode
```

修改内容如下所示。

```
err = request_irq(ts->irq, tsc2007_irq, IRQF_TRIGGER_FALLING | IRQF_DISABLED,
client->dev.driver->name, ts);
```

重新编译内核，下载到开发板测试，触摸屏幕，终端可以看到乱码输出，说明触摸屏已经工作。

7.4.9 FT5406 触摸屏驱动移植

SMART210 开发板上面选用的是 FT5406 专用于电容屏的触摸屏控制芯片，与 GEC210 开发板相比，虽然针对的是不同类型的触摸屏，但是触摸屏芯片与 S5PV210 的接口相同，都是通过 I2C 接口进行通信。

下面我们进行 FT5406 触摸屏驱动移植。

准备好 ft5x06_ts.h 和 ft5x06_ts.c 文件，将 ft5x06_ts.h 复制至内核 include/linux/input 文件夹下，将 ft5x06_ts.c 复制至 drivers/input/touchscreen 下。

首先修改 drivers/input/touchscreen 下面的 Kconfig 文件，在该文件的最后加入代码。

```
config TOUCHSCREEN_FT5406
     tristate "FT5406 touchscreen"
     depends on I2C
     help
       This enables support for FT5406 over I2C based touchscreens.
```

其次修改 drivers/input/touchscreen 下面的 Makefile 文件，在该文件的最后增加如下代码。

```
obj-$(CONFIG_TOUCHSCREEN_FT5406)        += ft5x06_ts.o
```

再次运行 Make menuconfig，在 Devices drivers/Input devices support/Touchscreen 下面做如下选择。

```
< >  S3C touchscreen driver,
<*>   FT5406 touchscreen
```

编译后，我们下载到开发板调试。

```
#cat /dev/event1
```

最后触摸屏幕，终端可以看到乱码输出，说明触摸屏已经工作。

7.4.10 WM8960 声卡驱动移植

准备好 smdkv2xx_wm8960_gzsd.c、wm8960_gzsd.c 及 wm8960_gzsd.h 代码，我们将 smdkv2xx_wm8960_gzsd.c 复制至 sound/soc/s3c24xx 目录下，修改该目录下 Kconfig 文件，在 49 行添加如下代码。

```
config SND_S5PV2XX_SOC_WM8960_GZSD
      tristate
```

在 114 行添加如下代码。

```
config SND_SMDK_WM8960_GZSD
      tristate "SoC I2S Audio support for WM8960 on GZSD"
      depends  on  SND_S3C24XX_SOC  &&  (MACH_SMDK6400  ||  MACH_SMDK6410  ||
MACH_SMDKV210 || MACH_SMDKC110)
      select SND_S3C64XX_SOC_WM8960_GZSD if (MACH_SMDK6410 || MACH_SMDK6400)
      select SND_S5PV2XX_SOC_WM8960_GZSD if (MACH_SMDKV210 || MACH_SMDKC110)
      select SND_SOC_WM8960_GZSD
      select SND_SAMSUNG_SOC_I2S_V5
      help
        Sat Y if you want to add support for SoC audio on the GZSD with WM8960 codec.
```

修改该目录下的 Makefile 文件，47 行处添加如下代码。

```
snd-soc-smdkv2xx-wm8960_gzsd-objs := smdkv2xx_wm8960_gzsd.o
```

73 行处添加如下代码。

```
obj-$(CONFIG_SND_S5PV2XX_SOC_WM8960_GZSD) += snd-soc-smdkv2xx-wm8960_gzsd.o
```

我们将 wm8960_gzsd.c 及 wm8960_gzsd.h 复制至 sound/soc/codecs 目录下，修改该目录下 Kconfig 文件，在 60 行添加如下代码。

```
select SND_SOC_WM8960_GZSD if I2C
```

238 行处添加如下代码。

```
config SND_SOC_WM8960_GZSD
      tristate
```

我们修改该目录下 Makefile 文件，在 46 行添加如下代码。

```
snd-soc-wm8960_gzsd-objs := wm8960_gzsd.o
```

第 112 行添加如下代码。

```
obj-$(CONFIG_SND_SOC_WM8960_GZSD)   += snd-soc-wm8960_gzsd.o.
```

这里执行 make menuconfig，在 Device Drivers---><*> Sound card support--->下面进行选项配置，如图 7-7、图 7-8、图 7-9 所示。

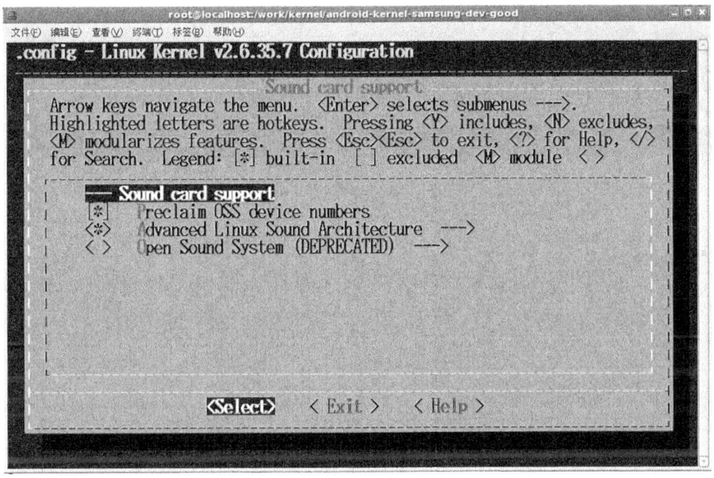

图 7-7 声卡驱动配置示意图 1

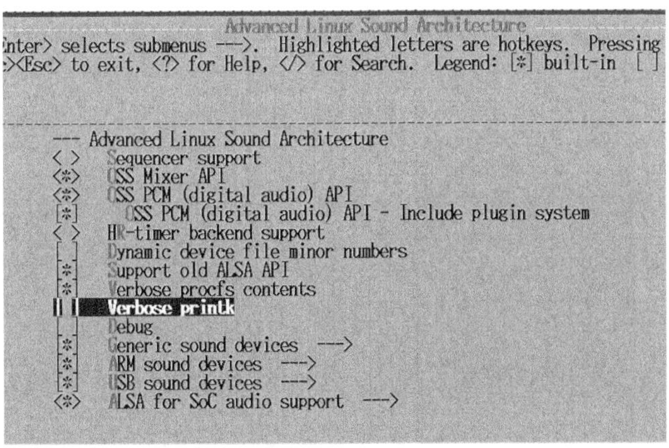

图 7-8 声卡驱动配置示意图 2

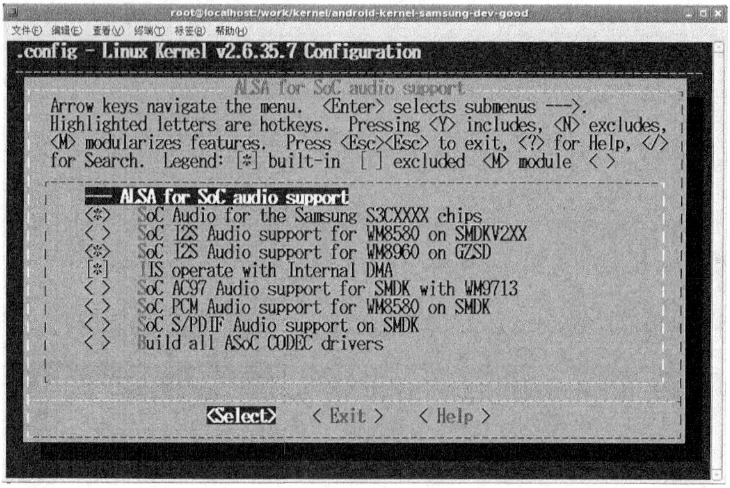

图 7-9　声卡驱动配置示意图 3

上述工作完成后，我们在启动的根文件系统/dev 文件目录下面会看到 dsp 设备节点，此设备节点代表 WM8960 声卡，同时在启动信息中可以看到如下内容。

```
WM8960 Audio Codec gzsd_0.4
wm8960_probe: i2c_master_send
mmc0: new high speed SD card at address b368
mmcblk0: mmc0:b368 00000 954 MiB
 mmcblk0: p1
s3c_idma_preallocate_buffer:  VA-e08c0000  PA-C0000000  163840bytes
asoc: WM8960 <-> s3c64xx-i2s mapping ok
wm8960 init
scenario is 255
scenario is 255
ALSA device list:
  #0: smdkc1000 (WM8960)
```

我们可以进一步移植 mplayer 播放器，当播放 mp3 音乐时，可以听到 Smart210 开发板发出美妙音乐。

至此，Linux 内核的移植工作全部完成。

7.5 调试、烧写内核

通过 U-Boot 移植，使 U-Boot 支持了 TFTP 网络协议，在调试 Linux 内核时，编译生成的内核文件 zImage 放在宿主机的 TFTP 服务器文件夹（根目录/tftpboot）下面，开发人员在 U-Boot 终端下，不断地通过 TFTP 协议将内核文件 zImage 下载到目标板 SDRAM 中运行，观察结果并进一步修改。此时的 U-Boot 工作于下载模式。

当产品正式发布时，Linux 内核文件 zImage 应烧写到 NAND Flash 中，使 U-Boot 处于启动加载模式，将内核文件从 NAND Flash 中复制到 SDRAM 中运行。

下面我们介绍下载调试内核及烧写内核到 NAND Flash 中的方法。

1. 调试内核

首先将编译生成的内核文件 zImage 复制至虚拟机 Linux 系统的根目录 tftpboot 文件夹下，检查 tftp-server 服务是否正常运行。

```
service xinetd status
```

如果未正常启动，我们需要执行重启服务命令。

```
[root@localhost ~]# service xinetd restart
停止 xinetd:                                          [确定]
启动 xinetd:                                          [确定]
```

其次启动 U-Boot，在其终端下执行 tftp 下载命令，将内核文件通过网络下载至目标板。

```
tftp 0x20008000 zImage
```

然后我们通过在 U-Boot 移植过程中添加的启动命令启动内核。

```
bootzImage
```

或者我们可以通过设置 U-boot 的 bootcmd 参数，将上述内核下载和启动命令合二为一。

```
setenv bootcmd tftp 0x20008000 zImage\;bootzImage
```

设置完 bootcmd 参数，在开发板启动后，我们无需按下任意键。在 U-Boot 等待 bootdelay 参数设置的时间内，如果没有用户按下任意键，U-Boot 会自动执行 bootcmd 参数的内容，完成内核的下载及运行。关于 bootdelay 参数含义，读者可详见 6.5 节。

2. 烧写内核

首先将内核文件 zImage 复制至虚拟机 Linux 系统的根目录 tftpboot 文件夹下，利用前面讲述的方法将内核文件通过网络下载至目标板。

我们执行如下命令将内核烧写到 NAND Flash 中。

```
nand write 0x20008000 0x100000 0x500000
```

其次改变 U-Boot 参数项 bootcmd。

```
setenv bootcmd nand read 0x20008000 0x100000 0x500000\;bootzImage
```

然后我们保存设置，重新启动开发板，可以看到执行结果如下。

```
NAND read: device 0 offset 0x100000, size 0x500000
Main area read (40 blocks):
5242880 bytes read: OK
NOW, Booting Linux.........
                                    Uncompressing Linux... done, booting the kernel.
```

启动信息表明内核从 NAND 中读取，然后复制到 SDRAM 中运行，成功启动内核。

第 8 章 制作根文件系统

本章内容：

根文件系统的构成，BusyBox 的移植方法。

教学目标：

- 了解 BusyBox 的组成结构；
- 掌握 BusyBox 制作根文件系统的方法。

8.1 根文件系统组成

与 Windows 的系统盘比如 C 分区一样，Linux 要在一个分区上存放系统启动所必需的文件，比如内核启动后运行的第一个程序（init）、给用户提供操作界面的 Shell 程序，应用程序所依赖的库等。这些必需、基本的文件合称为根文件系统，它们存放在一个分区中。一般为 NAND Flash 的第 3 个分区，Linux 系统启动内核后，内核运行最后操作之一，便是挂载这个分区，称为 mount 根文件系统。

Linux 中根文件系统的目录如下。

（1）**bin**：该目录存放所有用户都可以使用的、基本的命令，如 cat、cp、ls、sh、kill、mount、mkdir 等。

（2）**sbin**：该目录存放基本的系统命令，用于启动系统、修复系统等，如 shoutdown、reboot、fdisk 等。

（3）**dev**：该目录存放设备文件，设备文件是 Linux 系统中特有的文件类型，在 Linux 系统下，以文件的形式访问各种外设，即通过读写某个设备文件操作某个具体的硬件。比如通过“/dev/ttySAC0”文件我们可以操作串口 0，通过“/dev/mtdblock1”可以访问 MTD 设备（NAND Flash 或 Nor Flash 等）的第 2 个分区。

（4）**etc**：该目录存放各种配置文件，主要由 inittab，fstab，rcs，profile 来组成。

（5）**home**：用户目录，它是可选的，对于每个普通用户，在 home 下面都有一个以用户名字命名的子目录，里面存放用户相关文件。

（6）**lib**：该目录下存放共享库和可加载模块（即驱动程序），共享库用于启动系统、运行根文件系统中的可执行文件，比如 bin、sbin 下的程序，其他不是根文件系统所必需的库文件可以放在其他目录，比如 usr/lib、var/lib 下等。表 8-1 所示是/lib 目录中的内容。

表 8-1 /lib 目录中的内容

目录/文件	描　述
libc.so.*	动态链接 C 库(由交叉编译器目录下复制而来)
ld*	连接器、加载器
modules	内核可加载模式存放的目录

（7）**mnt**：该目录用于临时挂载某个文件系统的挂载点，通常是空目录；也可以在里面创建一些空的子目录，比如/mnt/cdram、/mnt/usb 等，用来临时挂载光盘、U 盘等。

（8）**opt**：附加软件的安装目录。

（9）**proc**：该目录常作为 proc 文件系统的挂载点。proc 文件系统是一个虚拟的文件系统，它没有实际的存储设备，里面的目录、文件都是由内核临时生成的，用来表示系统的运行状态，也可以操作其中的文件来控制系统。系统启动后，我们可以使用以下命令来挂载 proc 文件系统（常在/etc/fstab 进行设置以实现自动挂载）。

```
mount -t proc none /proc
```

（10）**tmp**：临时文件目录，通常是空目录，一些需要生成临时文件的程序要用到/tmp 目录，所以/tmp 目录必须存在并可以访问。为减少对 Flash 的操作，我们一般在/tmp 上面挂载内存文件系统（常在/etc/fstab 进行设置以实现自动挂载）。

```
mount -t tmpfs none /tmp
```

（11）**usr**：该目录存放大多数用户使用的共享的应用程序和数据，在嵌入式系统中，通常包含如表 8-2 所示的内容。

表 8-2 /usr 目录中的内容

目 录	内 容
bin	用户命令
include	C 程序的头文件，嵌入式系统中一般不需要
lib	库文件
local	本地目录
sbin	非必需的系统命令
share	架构无关的数据
src	源代码

（12）**var**：存放可变数据的目录，如 spool 目录、log 文件、临时文件等。

8.2 制作根文件系统

所谓制作根文件系统，就是创建各种目录并且在里面创建各种文件，比如在/bin、/sbin 目录下存放各种可执行程序，在/etc 目录下存放配置文件，在/lib 目录下存放库文件。本节讲述如何使用 BusyBox 来创建/bin、/sbin 等目录下的可执行文件。

8.2.1 生成根文件系统目录

（1）建立工作目录，设定工作目录为/work/rootfile/。

```
mkdir /work/rootfile
cd /work/rootfile/
mkdir rootfs
cd rootfs
```

（2）建立根目录，该目录就是要移植到目标板上的目录，对于嵌入式的文件系统，根目录下必要的目录包括 bin、dev、etc、usr、lib、sbin。

（3）用 shell 脚本创建根文件系统的目录结构。

创建脚本文件：

```
touch build_fs.sh
```

编辑该文件，键入以下内容：

```
#!/bin/sh
echo "making rootdir"
echo "making dir: bin dev etc lib proc sbin sys usr"
mkdir bin dev etc lib proc sbin sys usr #8 dirs
mkdir usr/bin usr/lib usr/sbin lib/modules
mknod -m 600 dev/console c 5 1
mknod -m 666 dev/null c 1 3
echo "making dir: mnt tmp var"
mkdir mnt tmp var
chmod 1777 tmp
mkdir mnt/etc mnt/jiffs2 mnt/yaffs mnt/data mnt/temp
mkdir var/lib var/lock var/log var/run var/tmp
chmod 1777 var/tmp
echo "making dir: home root boot"
mkdir home root boot
echo "done"
```

执行刚才生成的脚本文件：

```
[root]# source build_fs.sh
```

显示如下。

```
making rootdir
making dir: bin dev etc lib proc sbin sys usr
making dir: mnt tmp var
making dir: home root boot
done
[root@vm-dev rootfs]# ls
bin boot dev etc home lib mnt proc root sbin sys tmp usr var
```

8.2.2 配置编译 BusyBox

BusyBox 是一个集成了一百多个最常用 Linux 命令和工具的软件包，包含了一些简单的 Linux 命令，例如 ls、cat 和 echo 等，还包含了一些更大、更复杂的 Linux 命令，例如 grep、find、mount 等。有些人将 BusyBox 称为 Linux 工具里的瑞士军刀。简单说 BusyBox 就像是一个大工具箱，它集成压缩了 Linux 的许多工具和命令。

在创建一个最小的根文件系统时，使用 BusyBox 的话，我们只需要在/dev 目录下创建必要的设备节点、在/etc 下面创建一些配置文件就可以了；如果 BusyBox 使用动态链接，还要在/lib 目录下面包含库文件，BusyBox 支持 glibc 库，可以由交叉编译程序时的交叉编译器库文件复制过来。

BusyBox 的源码可以从官方网站 http://www.busybox.net/下载，本节使用 BusyBox-1.20.2.tar.bz2。

关于 BusyBox 的使用，我们可以阅读解压后源码包目录下的 README 和 INSTALL 文件以及 Makefile 的注释部分，也可以到 http://www.busybox.net 网站获取帮助。

在编译 BusyBox 之前，我们需要配置源代码包，执行 make defconfig 命令，把 BusyBox 配置成默认，然后再执行 make menuconfig 来配置 BusyBox，具体步骤如下。

（1）解压 BusyBox 源代码包并建立 BusyBox 文件夹。

```
tar jxvf busybox-1.20.2.tar.bz2
cd  busybox-1-20.2
```

（2）添加交叉工具链，修改 Makefile 中的体系结构 ARCH 和交叉编译器前缀 CROSS_COMPILE。

164 行修改为如下所示。

```
CROSS_COMPILE = /usr/local/arm/arm-2009q3/bin/arm-none-linux-gnueabi-
```

190 行修改为如下所示。

```
ARCH = arm
```

（3）配置 BusyBox，首先把 BusyBox 配置成默认配置，然后再进入类似于内核的配置菜单进一步选择。

```
make defconfig
```

```
make menuconfig
```

具体配置如下。

```
Busybox Settings --->
    General Configuration  --->
        [*] Don't use /usr
    Build Options --->
        [*] Build BusyBox as a static binary (no shared libs)
Miscellaneous Utilities  --->
         [ ] taskset
```

配置 BusyBox 为静态编译，这样才能把 BusyBox 编译成静态链接的可执行文件，运行时才独立于其他函数库，否则需要其他库文件才能运行 BusyBox。

安装时我们不使用/usr 路径，同时把 Miscellaneous Utilities 下的“taskset”选项去掉，不然会出错。

```
Busybox Library Tuning --->
        [*] vi-style line editing commands
```

首先选中 VI 风格的行编辑器命令。

```
        [*] Fancy shell prompts
Linux Module Utilities --->
        [ ] Simplified modutils
        [*] insmod
        [*] rmmod
        [*] lsmod
        [*] modprobe
        [*] depmod
```

其次取消选中 Simplified modutils，使用完整的模块工具命令，insmod、rmmod 等。

```
Linux System Utilities --->
   [*] mdev
       [*] Support /etc/mdev.conf
       [*] Support subdirs/symlinks
```

```
[*] Support regular expressions substitutions when renaming dev
[*] Support command execution at device addition/removal
[*] Support loading of firmwares
```

这里注意要确保支持 mdev（mdev 在启动根文件系统时创建设备节点时需要）。

（4）保存退出，编译安装。

```
make ARCH=arm CROSS_COMPILE=/usr/local/arm/arm-2009q3/bin/arm-none-linux-gnueabi-
CONFIG_PREFIX=/work/rootfile/rootfs/ all install
```

ARCH 指定平台，CROSS_COMPILE 指定交叉编译，CONFIG_PRRFIX 指定安装的路径。

8.2.3 使用 glibc 库文件

目标板应用程序的开发需要用到交叉编译的链接库，交叉编译的链接库是在交叉工具链的 lib 目录下；在移植应用程序到目标板的时候，我们需要把交叉编译的链接库也一起移植到目标板上，这里用到的交叉工具链的路径是/usr/local/arm/arm-2009q3，所以链接库的目录是/usr/local/arm/arm-2009q3/arm-none-linux-gnueabi/libc/armv4t/lib，该目录下有如下两种类型的文件。

- 动态库文件（.so、.so.[0-9]*），它们其中有的文件可能只是一个符号链接，编译动态库时会用到这些文件，但是不会连接它们，运行时才会连接，所以需要复制到目标板 lib 目录下。
- 加载器 ld-2.9.1.so，ld-linux.so.2，动态程序启动前，它们用来加载程序。

如 8.2.1 节所述，要构建的根文件系统目录为/work/rootfile/rootfs，我们要进入链接库目录后执行如下操作。

```
cp /usr/local/arm/arm-2009q3/arm-none-linux-gnueabi/libc/armv4t/lib/*so*/work/
rootfile/rootfs/lib -rdf
```

这样我们就把链接库复制过来了，上面复制的库文件不是每个都会用到，可以根据应用程序对库的依赖关系保留需要用到的。

接着我们要缩小复制过来的链接库的体积，在根文件系统目录下执行如下操作。

```
arm-none-linux-gnueabi-strip lib/*so*
```

这样，运行应用程序需要的库文件就复制到了根文件系统目录下。

8.2.4 建立配置文件

内核启动到最后启动的第一个用户进程，是 init 进程。它根据根文件系统下的配置文件决定启动哪些程序，如执行某些脚本、启动 Shell、运行用户指定的程序等。init 进程是后续所有进程的发起者，比如 init 进程启动/bin/sh 程序后，才能在控制台上输入各种命令。为了能够让 init 进程正常启动，最后成功引导根文件系统，我们需要配置相关的环境变量。

接下来我们创建 init 进程需要使用的、根文件系统所必须的环境配置文件。

把解压后 BusyBox 源码目录下 etc 的内容复制到根文件系统根目录/etc 下面。

```
[root@vm-dev rootfs]# cd /work/rootfile/rootfs/etc/
[root@vm-dev etc]# ls
[root@vm-dev etc]# cp -a /work/rootfile/busybox-1.20.2/examples/bootfloppy/etc/* ./
[root@vm-dev etc]# ls
fstab init.d inittab profile
[root@vm-dev etc]#
```

1. 修改初始化文件 inittab

修改后内容如下。

```
[root@vm-dev etc]# gedit inittab
::sysinit:/etc/init.d/rcS
::respawn:-/bin/sh
::restart:/sbin/init
::ctrlaltdel:/bin/umount -a -r
::shutdown:/bin/umount -a -r
::shutdown:/sbin/swapoff
```

BusyBox 的 init 进程启动时，首先会检查/etc/inintab 文件，按照该文件中的内容创建各种子进程，/etc/inittab 文件中的每一个条目用来定义一个子进程并确定它的启动方法，格式如下。

```
<id>:<runlevels>:<action>:<process>
```

例子如下。

```
ttySAC0::askfirst:-/bin/sh
```

对于 BusyBox init 程序，上述各个字段作用如下。

<id>：表示这个子进程要使用的控制台，如果省略，则使用与 init 进程一样的控制台。

<runlevels>：对于 BusyBox init 程序，这个字段没有意义，可以省略。

<action>：表示 init 进程如何控制这个子进程，取值如表 8-3 所示。

表 8-3 <action>字段的意义

action 名称	执行条件	说明
sysinit	系统启动后最先执行	只执行一次，init 进程等待它结束才继续执行其他动作
wait	系统执行完 sysinit 进程后	只执行一次，init 进程等待它结束后才继续执行其他动作
once	系统执行完 wait 进程后	只执行一次，int 进程不等待它结束
respawn	启动完 once 进程后	init 进程监测发现子进程退出时，重新启动它
askfirst	启动完 respawn 进程后	与 respawn 类似，不过 init 进程先输出“please press Enter to activate this console.”，等用户输入回车键之后才能启动子进程
shutdown	当系统关机时	即重启、关闭系统时
restart	BusyBox 中配置了 CONFIG_FEATURE_USE_INITTAB，并且 init 进程接收到 SIGHUP 信号时	先重新读取、解析/etc/inittab 文件，再执行 restart 程序
ctrlaltdel	按下 Ctrl+Alt+Del 组合键时	-

<process>：要执行的程序，它可以是可执行程序，也可以是脚本。如果<process>字段前面有“-”字符，这个程序则称为可以“交互的”。

在/etc/inittab 文件的控制下，init 进程的行为总结如下。

- 在系统启动前期，init 进程首先启动<action>为 sysinit、wait、once 的 3 类子进程。
- 在系统正常运行期间，init 进程首先启动<action>为 respawn、askfirst 的两类子进程并监视它们，发现某个子进程退出时，重新启动它们。
- 在系统退出时，执行<action>为 shutdown、restart、ctrlaltdel 的 3 类子进程。

2. 修改/etc/init.d/rcS 文件

```
[root@vm-dev etc]# vi init.d/rcS
#!/bin/sh
echo "Processing etc/init.d/rcS"
hostname AK-47
```

```
echo " Mount all"
/bin/mount -a
echo " start mdev...."
/bin/echo /sbin/mdev > proc/sys/kernel/hotplug
/sbin/ifconfig eth0 192.168.0.1
mdev -s
echo "*****************************************************"
echo " rootfs by NFS, S5PV210"
echo " Created by Mr.Liu @ 2007.11.28"
echo " Good Luck"
echo " www.neusoft.edu.cn"
echo "*****************************************************"
echo
```

第一行表示这是一个脚本文件，运行时使用/bin/sh 解析。

第三行设置目标板主机名称。

第五行挂载/etc/fstab 文件指定的所有文件系统。

第八行设置目标板 IP 地址。

第九行利用 BusyBox 自带的 mdev 可执行文件创建设备文件。

mdev 是 BusyBox 自带的在用户空间创建设备节点的应用程序，它是 udev 的简化版本，通过在用户空间通过读取内核信息来创建设备文件。mdev 的用法可以参考 BusyBox-1.20.2.tar.bz2\busybox-1.20.2\docs\mdev.txt 文件，mdev 的作用主要有两个：初始化/dev 目录、动态更新，动态更新不仅是更新/dev 目录，还支持热插拔动作。

要在内核启动时自动运行 mdev，因此我们要在/etc/init.d/rcS 中加入如下内容。

```
mdev -s
```

同时保证内核支持热插拔事件，因此我们还要在/etc/init.d/rcS 中加入如下内容。

```
/bin/echo /sbin/mdev > proc/sys/kernel/hotplug
```

要使用 mdev，内核需要支持 sysfs 文件系统，为了减少对 Flash 的读写，还要支持 tmpfs 文件系统，我们要先确保内核配置时设置了 CONFIG_SYSFS、CONFIG_TMPFS 选项，然后在/etc/fstab 中加入如下内容。

```
sysfs /sys sysfs defaults 0 0
tmpfs /dev/ tmpfs defaults 0 0
```

同时，mdev 在运行时需要监测 mdev.conf 文件，根据该文件内容创建设备节点，因此需要创建一个空的 mdev.conf，文件中内容根据用户需要进行添加。

```
[root@vm-dev etc]# touch mdev.conf
```

另外，mdev 是通过 init 进程来启动的，在使用 mdev 构造/dev 目录之前，init 进程至少要用到设备文件/dev/console、/dev/null，因此在 8.2.1 节中生成根文件系统目录时，使用如下语句创建 console、null 设备节点。

```
mknod -m 600 dev/console c 5 1
mknod -m 666 dev/null c 1 3
```

如果需要让应用程序在根文件系统启动后自动执行，只需要将应用程序复制到相应的位置（bin 或者 sbin 目录下），然后在 etc/init.d/rcS 后面加上带绝对路径的可执行文件名即可；例如编译后的应用程序为 helloworld，将它复制到/sbin 下，在 rcS 中最后一行键入"sbin/helloworld"，即可让 hellworld 可执行程序自动执行。

3. 修改 fstab 文件。

修改后内容如下。

```
[root@vm-dev etc]# vim fstab
proc /proc proc defaults 0 0
none /tmp ramfs defaults 0 0
mdev /dev ramfs defaults 0 0
sysfs /sys sysfs defaults 0 0
tmpfs /dev/ tmpfs defaults 0 0
```

fstab 文件的分成如下几个字段，格式如下。

```
device mount-point type options dump fsck order
```

例子如下。

```
sysfs /sys sysfs defaults 0 0
```

文件中各个字段含义如下。

（1）device：要挂接的设备，比如/dev/mtdblock1 等设备文件；也可以是其他格式，比如对于 proc 文件系统，这个字段没有意义，可以是任意值；对于 NFS 文件系统，这个字段为<host>:<dir>。

（2）mount-point：挂载点。

（3）type：文件系统类型，比如 proc、jffs2、yaffs2、nfs 等，也可以是 auto，表示自动检测文件系统类型。

（4）options：挂载参数，以逗号隔开。

/etc/fstab 的作用不仅仅是用来控制"mount -a"的行为，即使是一般的 mount 命令也受它的控制，挂载参数如表 8-4 所示。

表 8-4 /etc/fstab 参数字段常用的取值

参数名	说明	默认值
auto noauto	决定执行"mount -a"时是否自动连接 auto：挂接；noauto：不挂接	auto
user nouser	user：允许普通用户挂载设备 nouser：只允许 root 用户挂在设备	nouser
exec noexec	exec：允许运行所挂载设备上的程序 noexec：不允许运行所挂载设备上的程序	exec
ro	以只读方式挂载文件系统	-
rw	以读写方式挂载文件系统	-
sync async	sync：修改文件时，它会同步写入设备中 async：不会同步写入	sync
defaults	rw、suid、dev、exec、auto、nouser、async 等的组合	-

（5）dump 和 fsck order：用来决定控制 dump、fsck 程序的行为。

dump 是一个用来备份文件的程序，fsck 是一个用来检查磁盘的程序。dump 程序根据 dump 字段的值来决定这个文件系统是否需要备份，如果没有这个字段或其值为 0，那么 dump 程序忽略这个文件系统；fcsk 字段如果设置为 0，那么忽略这个文件系统。

4. 修改 profile 文件

修改后内容如下。

```
[root@vm-dev etc]# gedit profile
# /etc/profile: system-wide .profile file for the Bourne shells
echo "Processing /etc/profile"
# no-op
# Set search library path
echo " Set search library path"
export LD_LIBRARY_PATH=/lib:/usr/lib
# Set user path
```

```
echo " Set user path"
PATH=/bin:/sbin:/usr/bin:/usr/sbin
export PATH
# Set PS1
echo " Set PS1"
HOSTNAME='/bin/hostname'
# 此处让 shell 提示符显示 host 名称的。是‘，不是’，要注意
# 会在进入根系统后显示用户名
export PS1="\\e[32m[$USER@$HOSTNAME \\w\\a]\\$\\e[00;37m "
# 此处\\e[32m 是让后面的“[$USER@$HOSTNAME \\w\\a]”显示为绿色
# \\e[00 是关闭效果
# \\e[05 是闪烁
# 37m 是让后面的显示为白色
# 多个命令可以；号隔开
echo "All done!"
echo
```

Linux 是一个多用户的操作系统。每个用户登录系统后，都会有一个专用的运行环境。通常每个用户默认的环境都是相同的，这个默认环境实际上就是一组环境变量的定义，将定义集中在一个文件中，即是/etc/profile 文件。用户可以对自己的运行环境进行定制，其方法就是修改相应的环境变量配置文件。

PATH 变量表示当前用户的系统命令、常用命令及应用程序的默认存储路径；不同的路径之间用“:”分隔开；PATH 变量用“:”分隔开的路径顺序很重要，Shell 会按照列出的路径依次寻找符合要求的可执行文件。

LD_LIBRARY_PATH 变量设置的是应用程序库文件所在的位置。

PS1 是基本提示符，PS1 赋值时各个字符的含义如文件中所注释。

8.3 网络挂载及固化根文件系统

8.3.1 NFS 挂载根文件系统

按照前面的方法，我们在/work/rootfile/rootfs 目录下构造了根文件系统，接下来通过

NFS方式，使内核通过网络形式挂载根文件系统，根文件系统挂载成功后，再向其中添加用户应用程序。

（1）配置内核，使内核支持NFS形式的根文件系统。

```
Networking support --->
   Networking options --->
       [*] IP: kernel level autoconfiguration
File systems --->
   [*] Network File Systems --->
        <*> NFS client support
        [*] NFS client support for NFS version 3
        [*] NFS client support for the NFSv3 ACL protocol extension
        [ ] NFS client support for NFS version 4
        [*] Root file system on NFS
```

保存配置后，我们重新编译内核，按照7.5节所介绍的方法将其烧写至NAND Flash，同时确定U-Boot启动内核参数是否准确无误。

（2）将/work/rootfile/rootfs设置为NFS服务器目录，同时检查宿主机NFS服务是否正常开启，具体方法详见5.3节内容。

（3）我们设置U-Boot的bootargs启动参数，具体内容如下。

```
    setenv  bootargs  root=/dev/nfs  nfsroot=192.168.0.5:/work/rootfile/rootfs
ip=192.168.0.1:192.168.0.5:192.168.0.1:255.255.255.0:www.neusoft.edu.cn:eth0:off
console=ttySAC0
```

- root参数表明采用的是网络NFS形式加载根文件系统。
- nfsroot参数表明根文件系统存在于NFS服务器（192.167.0.5）目录（/work/rootfile/rootfs）下。
- ip参数后第一项（192.167.0.1）是目标板的临时IP；第二项（192.167.0.5）是宿主机IP；第三项（192.167.0.1）是目标板上网关（GW）；第四项（255.255.255.0）是子网掩码；第五项是开发主机的名字（一般无关紧要，可随便填写）；eth0是网卡设备的名称。
- console参数指定U-Boot输出调试信息端口为ttySAC0，即第0个串口。

（4）确定宿主机网络正常工作、防火墙关闭后，启动目标板，如果出现如下信息，即通过NFS形式成功引导了根文件系统。

```
eth0: link up, 100Mbps, full-duplex, lpa 0x45E1
IP-Config: Complete:
    device=eth0, addr=192.168.0.1, mask=255.255.255.0, gw=192.168.0.1,
    host=www, domain=, nis-domain=neusoft.edu.cn,
    bootserver=192.168.0.5, rootserver=192.168.0.5, rootpath=
DBUG_PORT must not use AFC!
Looking up port of RPC 100003/2 on 192.168.0.5
Looking up port of RPC 100005/1 on 192.168.0.5
VFS: Mounted root (nfs filesystem) on device 0:13.
Freeing init memory: 160K
……
```

8.3.2 烧写根文件系统至 NAND Flash

通过 NFS 方式成功挂载根文件系统后，我们可以向根文件系统文件夹内（/work/rootfile/rootfs）加入应用程序，然后使用 NFS 方式进行调试、运行。应用程序调试成功确认需要发布时，我们需要将加入应用程序的根文件系统文件夹打包，制作成一定文件系统格式的映像文件，将其烧写至 NAND Flash 之中。

在存储介质（如 SD 卡，NAND Flash）某个分区上存储文件时，需要遵循一定的格式，这种格式称为文件系统类型，比如 fat16、fat32、ext3、jffs2、cramfs、yaffs2 等。除了这些拥有实在的存储分区的的文件系统类型外，Linux 还有几种虚拟的文件系统类型，比如 proc、sysfs 等。它们的文件并不存储在实际的设备上，而是在访问它们时由内核临时生成。

前面移植的 Linux 内核支持 yaffs2 文件系统类型，接下来我们将根文件系统目录下（/work/rootfile/rootfs）内容制作成 yaffs2 文件系统映像，将其烧写至 NAND Flash 中，然后修改 U-Boot 的 bootargs 启动参数将根文件系统从 NAND Flash 中引导。

1．制作 yaffs 文件系统镜像

（1）获得 mkyaffs2image 工具 yaffs2-source。

下载地址为 http://fatplus.googlecode.com/files/yaffs2-source.tar。

（2）安装软件。

首先解压到 Linux 任意目录。

```
#tar xvf yaffs2-source.tar
#cd yaffs2/utils
```

其次安装制作工具 mkyaffs2image。

```
#make
#cp mkyaffs2image /usr/local/bin/
```

（3）制作 yaffs 系统，进入/work/rootfile/目录进行操作。

```
#mkyaffs2image rootfs rootfs.img
```

2. 将 yaffs2 格式文件系统映像烧写至 NAND Flash

（1）将 rootfs.img 文件复制到 Windows 目录下。

（2）启动开发板，打开 DNW 调试软件，我们进入到 U-Boot 提示符下，执行如下命令。

```
DNW 0x20008000
```

此时出现如下提示信息。

```
Insert a OTG cable into the connector!
OTG cable Connected!
Now, Waiting for DNW to transmit data
```

（3）我们点击 DNW 软件菜单栏“USB Port”按钮，点击“Transmit”按钮，选择制作成功的 rootfs.img 文件，会出现如下信息。

```
Download Done!! Download Address: 0x20008000, Download Filesize:0x232a4c0
Checksum is being calculated....................................
Checksum O.K.
```

我们通过 USB 下载方式，将制作好的 yaffs 格式的根文件系统下载到 SDRAM 中。Filesize：0x232a4c0 是制作完成的根文件系统大小。

（4）执行 nand write.yaffs 0x20008000 0x200000 0x232a4c0 将刚才下载到 SDRAM 中的文件烧写到 NAND Flash 中，执行结果如下。

```
NAND write: device 0 offset 0x600000, size 0x232a4c0
Writing data at 0x600000 --   0
Writing data at 0x657000 --   1
Writing data at 0x6ae800 --   2
………
```

```
Writing data at 0x27c2000 --  99
Writing data at 0x2819000 - 100written: OK
```

（5）设置 U-boot 的 bootargs 启动参数，内容如下。

```
setenv bootargs noinitrd root=/dev/mtdblock2 rootfstype=yaffs2 init=/init
console=ttySAC0
```

- root 参数表明采用通过 NAND Flash 的第三个分引导根文件系统。
- init 参数表明内核启动起来后，进入系统中运行的第一个程序为根目录下 linuxrc，linuxrc 为 BusyBox 生成。
- console 参数指定 U-Boot 输出调试信息端口为 ttySAC0，即第 0 个串口，波特率为 115200。

（6）保存设置，拔掉网线，启动目标板，当 Putty 终端中出现类似如下信息时，即通过 NAND Flash 成功引导了根文件系统，系统独立启动成功。

```
……
yaffs: dev is 32505858 name is "mtdblock2" rw
yaffs: passed flags ""
VFS: Mounted root (yaffs filesystem) on device 31:2.
Freeing init memory: 204K
……
```

第 9 章 移植触摸库及 Qt4 库

本章内容：

触摸屏库 Tslib 的移植方法，Qt4 库的移植方法，QWT 类库包的使用方法。

教学目标：

- 能够在目标板上面移植成功 tslib1.4 和 Qt4 库文件；
- 能够在目标板上面成功运行 QWT 示例程序。

9.1 移植 Tslib 触摸库

Smart210 开发板采用的是电容触摸屏，在采用触摸屏的设备中，触摸屏调试非常重要，后续的图形界面应用程序需要正确的触摸屏校准数据才能正常工作。但是因为电磁噪声的缘故，触摸屏存在点击不准确、抖动等问题，以上问题可以通过 Tslib 开源程序包中的算法来解决。Tslib 是一个开源的程序包，能够为触摸屏采样提供诸如滤波、去抖、校准等功能，通常作为触摸屏驱动的适配层，为上层的图形应用提供了一个统一的接口，将编程者从繁琐的触摸屏数据处理中解脱出来，关注于上层应用程序的实现。

下面介绍 Tslib 触摸屏函数库的移植过程。

（1）解压 tslib-1.4.tar.gz，进入生成的目录。

```
cd tslib/
```

（2）执行./autogen.sh，生成配置信息。

（3）执行./configure --prefix=/usr/local/tslib/ --host=arm-none-linux-gnueabi ac_cv_func_malloc_0_nonnull=yes，配置 Tslib。

（4）执行 Make，编译 Tslib 库文件。

（5）make install，将 Tslib 安装到 /usr/local/tslib 下。

（6）修改/usr/local/tslib/etc/ts.conf，把第二行的#号去掉，ts.conf 文件中的各个设置选项之前不能有空格，否则会出现：Segmentation fault 错误，将/usr/local/下的 tslib 复制到根文件系统/work/rootfile/rootfs/usr 目录下。

（7）修改根文件系统配置信息。

在/work/rootfile/rootfs 下的/etc/profile 文件中添加如下的内容。

```
export TSLIB_ROOT=/usr/tslib
export TSLIB_TSDEVICE=/dev/event1
export LD_LIBRARY_PATH=$TSLIB_ROOT/lib:$LD_LIBRARY_PATH
export TSLIB_FBDEVICE=/dev/fb0
export TSLIB_PLUGINDIR=$TSLIB_ROOT/lib/ts
export TSLIB_CONSOLEDEVICE=none
export TSLIB_CONFFILE=$TSLIB_ROOT/etc/ts.conf
export POINTERCAL_FILE=/etc/pointercal
export TSLIB_CALIBFILE=/etc/pointercal
export QWS_MOUSE_PROTO='TSLIB:/dev/event1'
```

启动目标板，我们在 PuTTY 串口终端中运行 usr/tslib/bin 目录下面的 ts_calibrate 触摸屏校准程序，这时屏幕上面依次出现 5 个叉，依次点击后消失，在/work/rootfile/rootfsetc 下面生成了/etc/pointercal 文件，该文件是后续图形界面应用程序（例如 QT 程序）运行时需要的触摸屏校准文件。至此，触摸屏校准库制作完毕。

9.2 移植 QTE 库

Qt 是一个跨平台的 C++图形用户界面库，由挪威 TrollTech 公司出品。Qt 支持所有 UNIX 系统，当然也包括 Linux，还支持 Windows 平台。

Qt 基于嵌入式环境的产品简称 QTE，它有如下特色。

（1）与桌面 Qt 库使用相同的 API 接口。

开发者只需要学习一套 API 接口。基于 Qt 开发的程序只需要维护一套代码，就可以运行多种桌面环境。

（2）包含自己的窗口系统。

它不需要其他底层库的支持，可以直接在上面开发、运行图形程序。

（3）完全的模块化设计。

我们可以将不需要的功能模块去掉，这可以节省系统资源。

（4）源代码完全开放。

这使得用户可以深入调节Qt，了解它的具体实现。

（5）它支持同Java的集成。

目前Qt可以开发基于Android的应用程序。

本书后续章节的应用程序开发都是基于Qt来进行的。

1. 移植QTE库

在目标机上面运行QT应用程序，需要相关的QT库的支持，本节移植目标机平台运行Qt应用程序需要的库文件。需要的源代码文件为qt-everywhere-opensource-src-4.6.2.tar.gz。

（1）在/work下面建立QT4文件夹，将qt-everywhere-opensource-src-4.6.2.tar.gz放在QT4下解压，进入qt-everywhere-opensource-src-4.6.2文件夹。

（2）执行如下命令。

```
./configure -prefix /usr/local/QtEmbedded-4.6.2-arm -opensource -confirm-license -release -shared -embedded arm -xplatform qws/linux-arm-g++ -depths 4,8,12,16,24,32 -fast -optimized-qmake -no-pch -qt-sql-sqlite -qt-libjpeg -qt-zlib -qt-libpng -qt-freetype -little-endian -host-little-endian -no-qt3support -no-libtiff -no-libmng -no-opengl -no-mmx -no-sse -no-sse2 -no-3dnow -no-openssl -no-webkit -no-qvfb -no-phonon -no-nis -no-opengl -no-cups -no-glib -no-xcursor -no-xfixes -no-xrandr -no-xrender -no-separate-debug-info -nomake examples -nomake tools -nomake docs -qt-mouse-tslib -I/usr/local/tslib/include -L/usr/local/tslib/lib
```

（3）配置结束后，我们需要修改编译的qmake.conf文件。该文件中默认使用arm-linux-来进行编译，而Smart210开发板的编译器名称与此有差别，进行一下修改，同时加入QMAKE_INCDIR和QMAKE_LIBDIR的路径。

```
#gedit mkspecs/qws/linux-arm-g++/qmake.conf
```

打开文件后，我们加入如下的内容。

```
#
# qmake configuration for building with arm-linux-g++
#
include(../../common/g++.conf)
```

```
include(../../common/linux.conf)
include(../../common/qws.conf)
QMAKE_INCDIR       = /usr/local/tslib/include
QMAKE_LIBDIR       = /usr/local/tslib/lib
# modifications to g++.conf
QMAKE_CC               = arm-none-linux-gnueabi-gcc
QMAKE_CXX              = arm-none-linux-gnueabi-g++
QMAKE_LINK             = arm-none-linux-gnueabi-g++ -lts
QMAKE_LINK_SHLIB       = arm-none-linux-gnueabi-g++ -lts
# modifications to linux.conf
QMAKE_AR               = arm-none-linux-gnueabi-ar cqs
QMAKE_OBJCOPY          = arm-none-linux-gnueabi-objcopy
QMAKE_STRIP            = arm-none-linux-gnueabi-strip
load(qt_config)
```

（4）编译 QTE 的库文件，执行如下命令。

```
gmake
```

结果可能出现 undefined reference to `ts_fd'等错误。

解决方法是修改 mkspecs/qws/linux-arm-g++/qmake.conf 文件，做如下修改。

```
QMAKE_LINK = arm-none-linux-gnueabi-g++ -lts
QMAKE_LINK_SHLIB = arm-none-linux-gnueabi-g++ -lts
```

（5）执行如下命令。

```
gmake install
```

做好的 QTE 的库文件复制到了/usr/local/QtEmbedded-4.6.2-arm 下面。

（6）把/usr/local/QtEmbedded-4.6.2-arm/lib 中除了 pkgconfig 文件外的所有文件复制到/work/rootfile/rootfs/usr/lib 中。

2. 添加 Qt 环境配置信息

（1）在开发板启动文件系统时，我们需要配置 qt 的运行环境，在/work/rootfile/rootfs/etc/profile 里面添加如下内容。

```
echo "Set QT enviroment!"
export QTDIR=/usr/
```

```
export LD_LIBRARY_PATH=$QTDIR/lib:$LD_LIBRARY_PATH
export PATH=$QTDIR/qt_bin:$QTDIR/bin:$PATH
export QWS_MOUSE_PROTO='TSLIB:/dev/event1'
export QWS_SIZE=800x480
export QWS_MOUSE_PROTO=Tslib:/dev/event1
export QT_QWS_FONTDIR=/usr/lib/fonts
export QWS_DISPLAY="LinuxFb:mmWidth100:mmHeight130:0"
echo "Success set QT enviroment!"
```

（2）测试一下是否移植成功，把/usr/local/QtEmbedded-4.6.2-arm/demos/mainwindow 中 mainwindow 文件复制到开发板，执行如下命令。

```
cp mainwindow /work/rootfile/rootfs/
```

（3）启动开发板，执行如下命令。

```
./mainwindow -qws
```

这里会出现缺少相应的库文件的情况，找到相应的文件复制到开发板中就可以了。如 libstdc++.so.6.我们只需将 arm-none-linux-gnueabi/libc/usr/lib 下面的 libstdc++.so、libstdc++.so.6、libstdc++.so.6.0.12 复制到 lib 目录下即可。如出现 Cannot open input device '/dev/tty0': No such file or directory 错误，我们可在 etc/init.d/rcS 中添加如下链接代码即可。

```
ln -sf /dev/s3c2410_serial0 /dev/tty0
ln -sf /dev/s3c2410_serial1 /dev/tty1
ln -sf /dev/s3c2410_serial2 /dev/tty2
ln -sf /dev/s3c2410_serial3 /dev/tty3
```

mainwindow 可执行程序启动后，Smart210 开发板的液晶屏幕上会出现一个应用程序界面，我们可以点击验证触摸屏是否能够正常使用，同时程序能够运行说明 QTE 库移植、环境变量配置正常。

9.3 Linux 下 Qt Creator 开发环境安装及配置

在 Windows 下开发 Qt 应用程序时，程序设计者通常使用 Qt Creator 或 Microsoft Visual studio 等开发工具，其中 Qt Creator 是 Qt 被 Nokia 收购后推出的一款新的轻量级集成开发环境(IDE)。此 IDE 能够跨平台运行，支持的系统包括 Linux、Mac OS X 以及 Windows。Qt Creator 的设计目标是使开发人员能够利用 Qt 这个应用程序框架更加快速及轻易地完成开发任务。接下来我们完成 Linux 下 Qt Creator 的安装与配置。

（1）在 Qt Creator 安装使用过程中，会需要进行字体配置，因此我们首先需要安装 fontconfig 文件，下载 fontconfig-2.8.0.gz 代码包，解压后执行如下命令

```
./configure --sysconfdir=/etc --prefix=/usr --mandir=/usr/share/man
```

进行配置，执行 make && make install 安装到 Linux 系统中，等待配置、编译、安装结束字体库文件后，继续下面的过程。

（2）将 qt-sdk-linux-x86-opensource-2010.04.bin 安装包复制到 Linux 下，然后运行如下命令

```
./qt-sdk-linux-x86-opensource-2010.04.bin
```

选择默认的方式安装至虚拟机的 Linux 下面，最终系统选择的默认路径为/opt/qtsdk-2010.04。安装完毕后，桌面会出现 Qt Creator 的图标，如图 9-1 所示。

（3）单击 Linux 桌面 Qt Creator 图标，启动 Qt Creator，如图 9-2 所示。

图 9-1 QT Creator 安装

图 9-2 QT Creator 启动界面

（4）下面分别配置 Linux 下编译 X86 平台程序的编译器环境和编译 ARM 平台程序的编译器环境。点击“Tools”进入“Options”菜单，如图 9-3 所示。

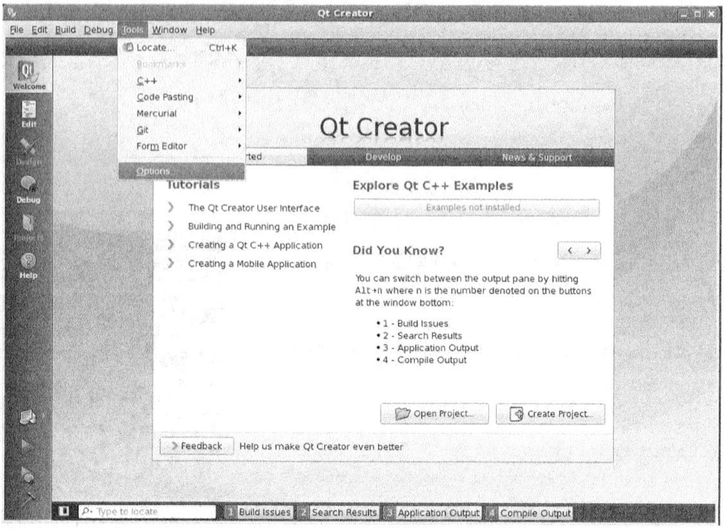

图 9-3 Options 设置菜单

（5）系统已经默认配置了 X86 平台的编译器路径，这里需要添加针对 ARM 平台的编译器路径，路径需指定到 9.2 节中编译的 QTE 库的位置，其中的 Version name 可以由用户来指定，在此取名为 4.6.2-for-arm，以便与 X86 平台版本相区别，如图 9-4、图 9-5 所示。

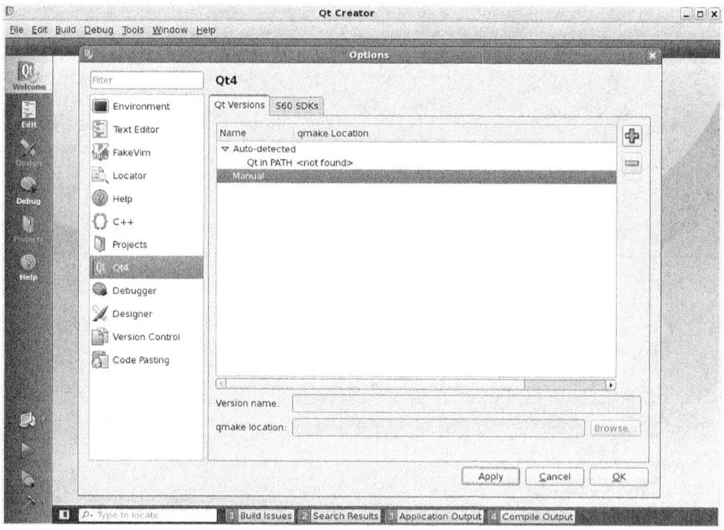

图 9-4 编译路径设置

图 9-5　指定 qmake 编译器位置

（6）添加完成后，Qt Creator 同时具备了两种编译器路径，如图 9-6 所示。

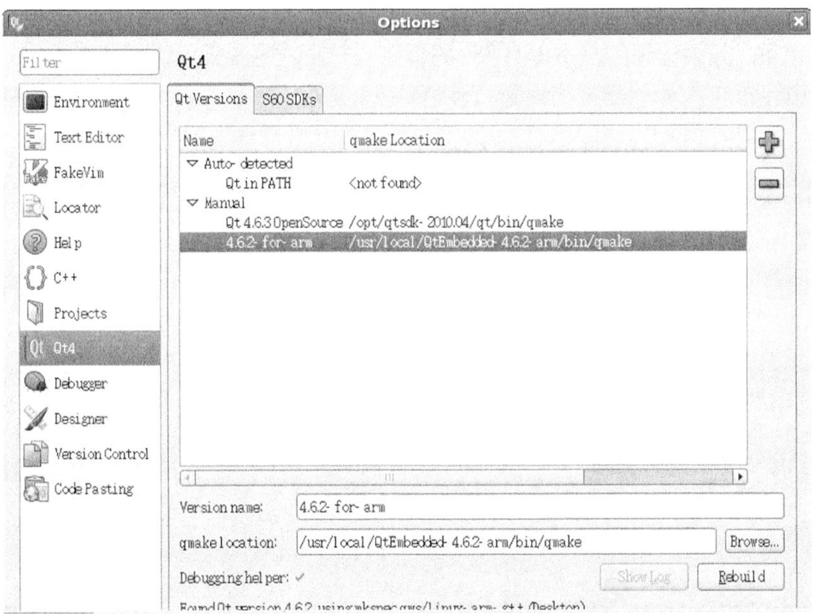

图 9-6　编译器设置成功

（7）点击“Debugging helper”右侧按钮“Rebuild”进行编译，将“Debugging helper”的右侧按钮变为绿色对勾。

（8）前面只是指定了编译器的路径，在编译每一个具体的 Qt 程序时，我们还需要对具体的工程进行单独的设置，比如 ADC.pro 文件。打开后文件布局如图 9-7 所示。

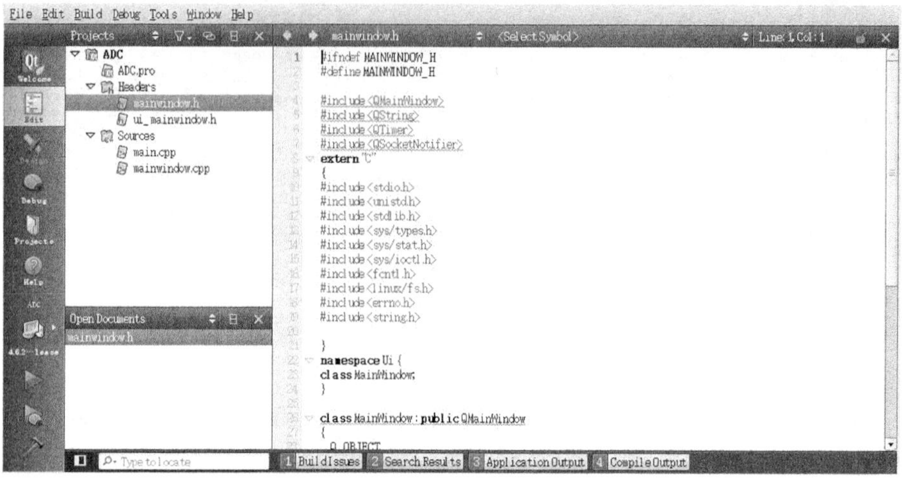

图 9-7 Qt Creator 安装

（9）点击“Projects”选项进入到工程设置界面,点击“Add”，选择适用于该程序运行平台的编译器，如果编译的是 ARM 平台的程序，选择上述步骤中命名的 4.6.2-for-arm；如果编译的是 x86 平台的程序，选择 Qt 4.6.3 OpenSource。需要注意的是，ARM 版本程序只支持 Release 版本的编译，如图 9-8 所示。

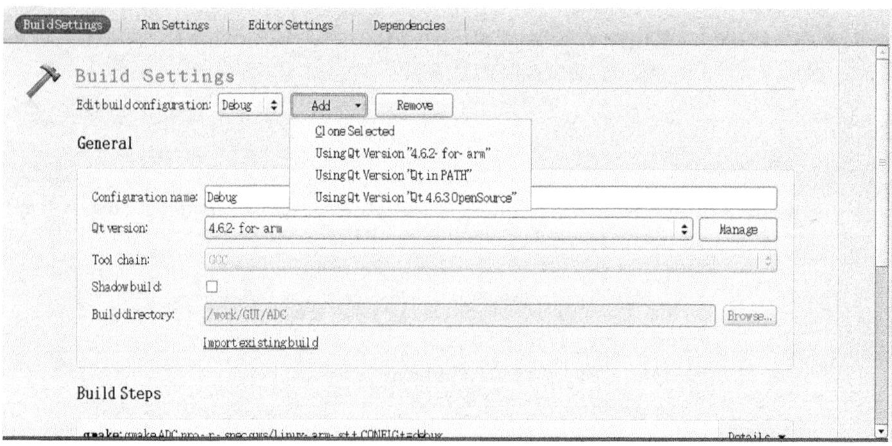

图 9-8 选择工程所使用编译器界面

（10）选择结束后界面如图 9-9 所示。

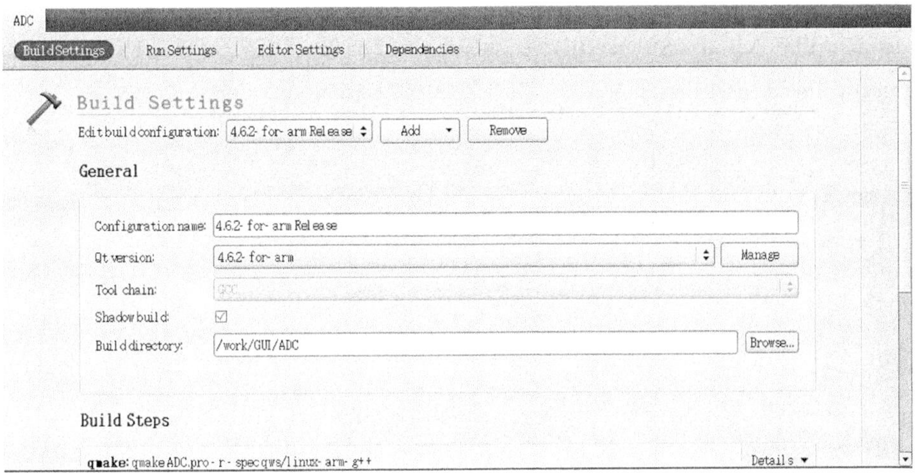

图 9-9 编译器选择界面

（11）在工程管理界面，选择“Build”菜单，然后单击“Runqmake”生成 Makefile 文件，如图 9-10 所示。

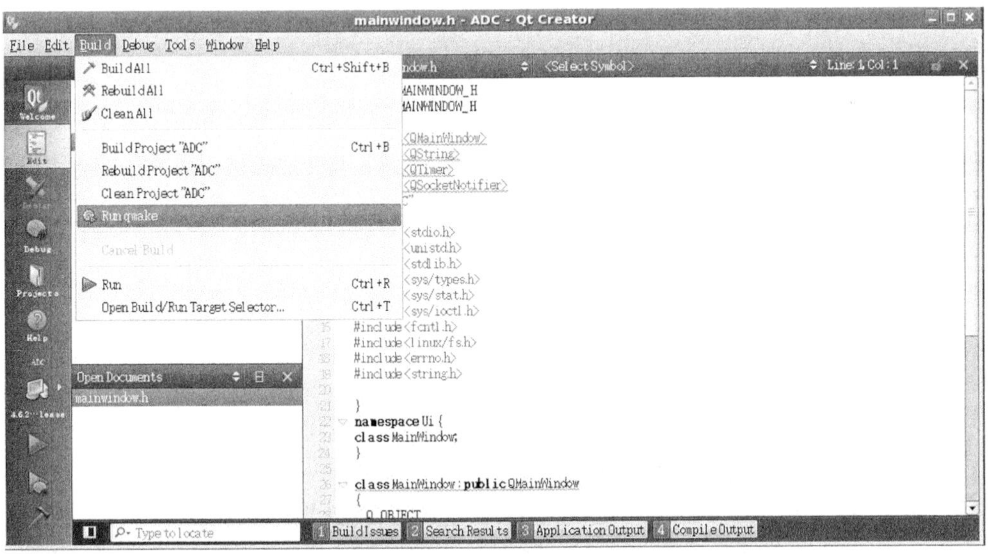

图 9-10 生成 makefile 文件

（12）在工程管理界面选择“Build”菜单，然后点击“Build All”，如图 9-11 所示。生成最终针对 ARM 平台的目标文件 ADC。我们可以使用 file 命令查看生成的目标文件可执行程序是否是针对 ARM 平台，如出现如下字样，则编译成功。

demo2: ELF 32-bit LSB executable, ARM, version 1 (SYSV), for GNU/Linux 2.6.16, dynamically linked (uses shared libs), for GNU/Linux 2.6.16, not stripped

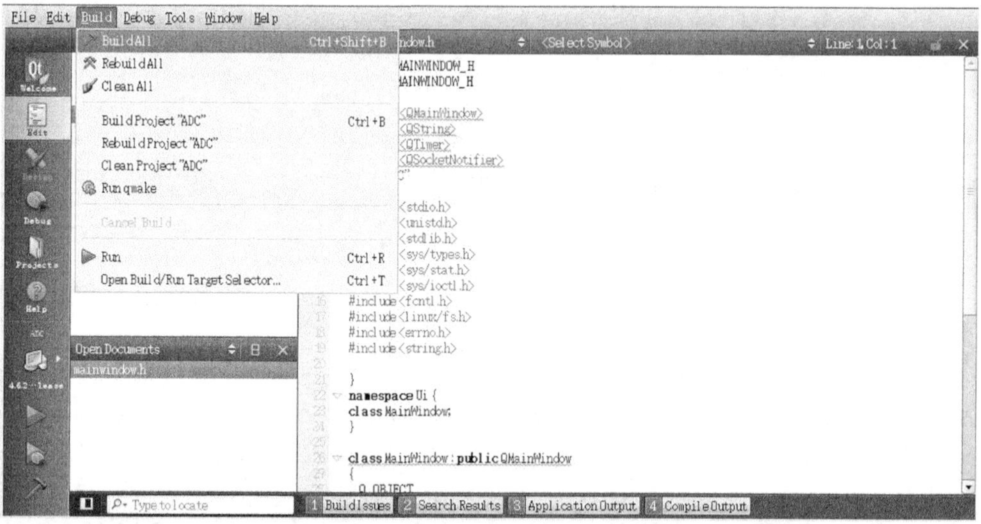

图 9-11 编译界面

需要注意的是，如果对同一个工程，每次需要编译针对不同平台的程序的话，我们除了重新指定编译器路径外，还要将上一次生成的 Makefile 文件删除掉，重新生成针对现在平台的 Makefile 文件。

9.4 QWT 安装配置

QWT，全称是 Qt Widgets for Technical Applications，是一个 Qt 的类库包，主要提供一些常见的 2D 画图组件。它是一个第三方库，遵守 Qt 的开发标准及接口。

QWT 为用户提供图形用户开发接口组件和一组实用类，基于二维方式来显示数据。图形输出方式可以是曲线、滚动条、拨号盘、滑动块、进度条等。基于 QWT 来开发跨平台的图形界面应用程序，可以大大地缩短项目开发时间。

9.4.1 QWT 在 X86 平台上的安装

本书选用的是 qwt-6.0.1.tar.bz2 源代码包，最新版本可以在其主页 http://qwt.sourceforge. net/ 进行下载。

（1）将 qwt-6.0.1.tar.bz2 解压，生成 qwt-6.0.1 文件夹。

（2）进入 qwt-6.0.1 文件夹，利用 QtCreator 打开 qwt.pro 工程。

（3）点击“Projects”按钮进入项目设置界面，设置编译器为 Qt 4.6.3 OpenSource，设置结果如图 9-12 所示；进入 qwt-6.0.1 文件夹，编辑 qwtconfig.pri 文件。

```
QWT_CONFIG     += QwtDesigner
QWT_CONFIG     += QwtExamples
```

将以上两行代码前面的“#”注释掉，QWT_CONFIG 选项中添加 QwtDesigner 使 Qt Creator 能够使用 QWT 控件，QWT_CONFIG 选项中添加 QwtExamples 选择编译 QWT 自带的示例程序。

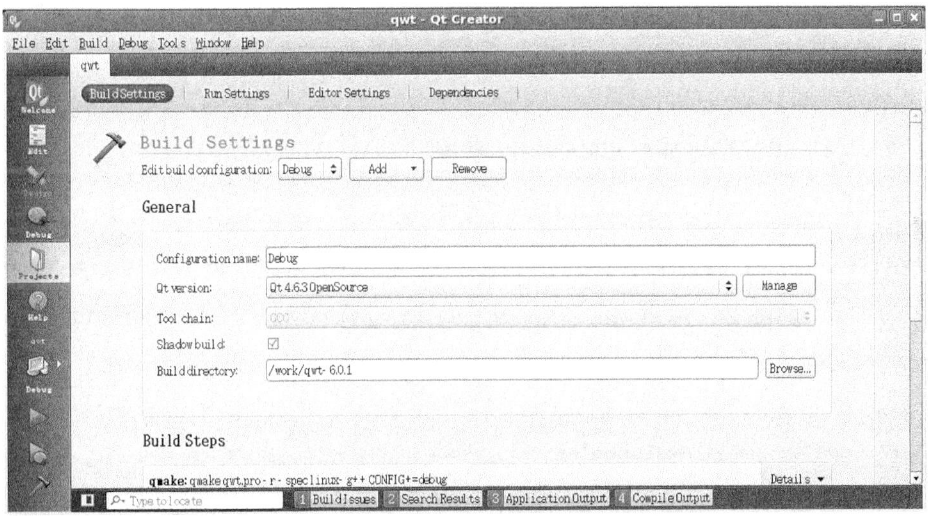

图 9-12　QWT 工具链设置界面

（4）点击“Build”菜单下“Run Qmake”按钮，生成 Makefile 文件，点击“Build All”进行编译。

（5）进入到 qwt-6.0.1 文件夹，在终端中执行 make install 命令，将生成的库文件安装到 usr/local/qwt-6.0.1 下面，将 usr/local/ qwt-6.0.1/lib 下文件复制至/opt/qtsdk-2010.04/lib/下和

/opt/qtsdk-2010.04/qt/lib 下，将/usr/local/qwt-6.0.1/plugins/designer 复制至/opt/qtsdk-2010.04/bin/designer 中，然后将系统注销或者重新启动。这样在 Qt Creator 中我们就可以直接看到 QWT 控件，如图 9-13 所示，同时对 QWT 控件可以进行拖曳放置、属性设置等。

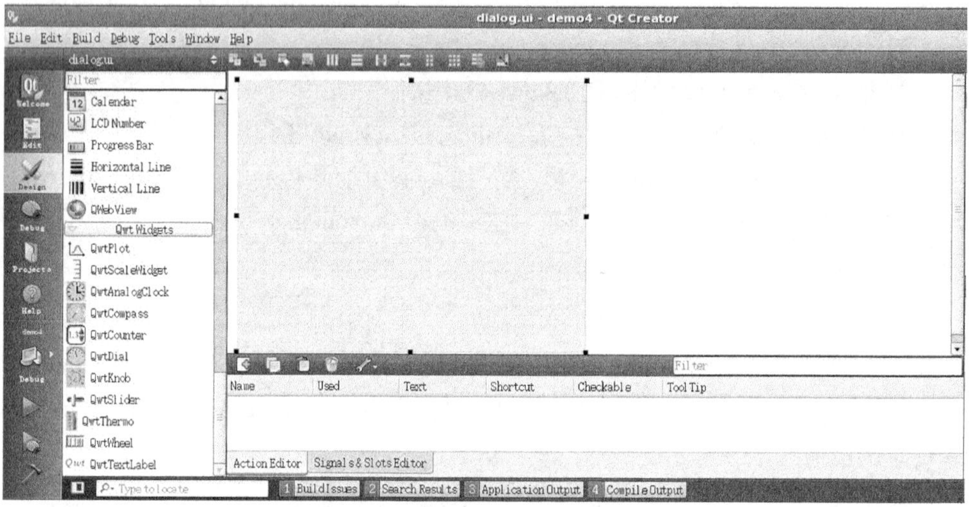

图 9-13 QWT 控件界面

9.4.2 QWT 在 ARM 平台上的安装

（1）将 qwt-6.0.1.tar.bz2 解压，生成 qwt-6.0.1 文件夹，进入 qwt-6.0.1 文件夹，利用 Qt Creator 打开 qwt.pro 工程。

（2）点击“Projects”按钮，进入项目设置界面，设置编译器为“4.6.2-for-arm Release”，设置结果如图 9-14 所示；进入 qwt-6.0.1 文件夹，编辑 qwtconfig.pri 文件。

```
#QWT_CONFIG     += QwtDesigner
QWT_CONFIG      += QwtExamples
```

将上述第一个选项注释，第一个选项能够为我们生成在 QtDesigner 里面使用的控件，在 ARM 平台无法使用，因此将其注释；第二个选项选择编译 QWT 自带的示例程序。

（3）点击“Build”菜单下“Run Qmake”按钮，生成 Makefile 文件，然后点击“Build All”进行编译。

（4）进入到 qwt-6.0.1 文件夹，执行 make install，将生成的库文件安装到 usr/local/qwt-6.0.1 下面，然后将 usr/local/qwt-6.0.1/lib 下文件复制到发板根文件系统 Qt 文件目录下。在制作的过程中，因为两次生成了库文件，一次是针对 X86 平台，另一次是针对开发板 ARM 平台，所以我们对安装到 usr/local 目录下的 qwt-6.0.1 进行分别命名，以示区分，具体名称可以自定，如 qwt-6.0.1-x86 和 qwt-6.0.1-arm。

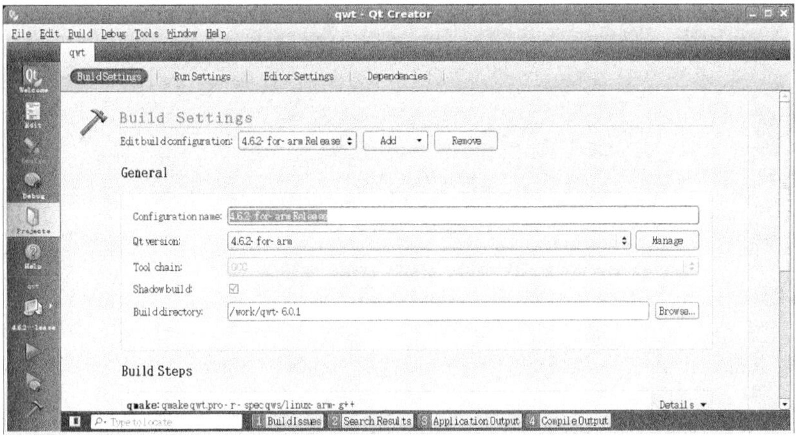

图 9-14 ARM 版本工具链选择界面

9.5 QWT 简单示例

下面我们利用 QWT 的波形图控件来显示程序自动中生成的数据，借此说明 QWT 控件的用法。

（1）基于 Dialog 基类新建一个 Qt 工程，名称为 curvedemo，如图 9-15 所示。

（2）在 curvedemo.pro 文件中加入 QWT 的库文件及头文件所在位置，如图 9-16 所示。

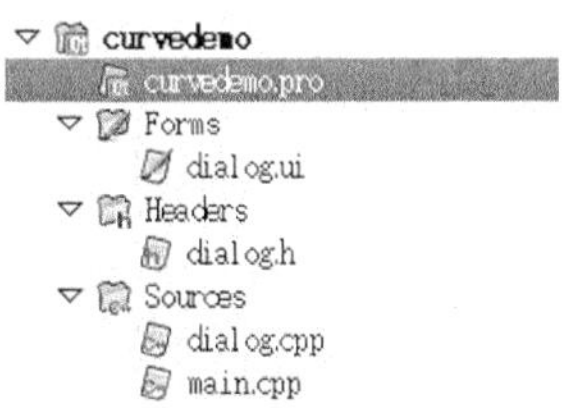

图 9-15 curvedemo 工程结构示意图

图 9-16 增加库文件目录示意图

（3）在 UI 中新增加一个 plot 控件实体，命名为 myplot，如图 9-17 所示。

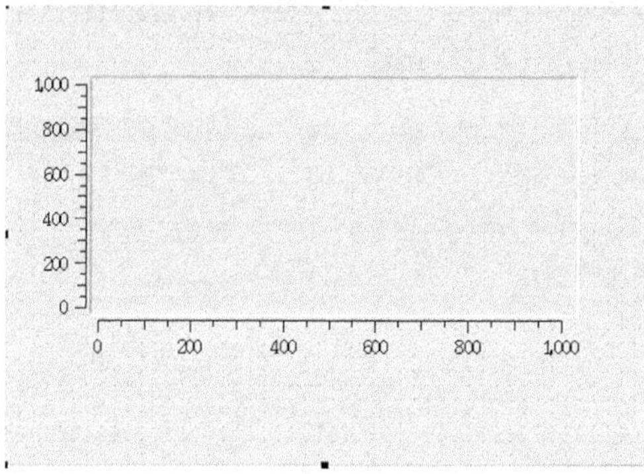

图 9-17　增加控件后示意图

（4）在 dialog.h 头文件中增加记录点的内容，如图 9-18 所示。

```
#ifndef DIALOG_H
#define DIALOG_H

#include <QDialog>
#include <qwt_scale_map.h>
#include <qwt_plot_curve.h>
#include <qwt_symbol.h>
#include <qwt_math.h>
#include <qcolor.h>

const int Size = 27;

private:
    Ui::Dialog *ui;

public:
    double xval[Size];
    double yval[Size];
    QwtScaleMap xMap;
    QwtScaleMap yMap;
    QwtPlotCurve d_curves;
};

#endif // DIALOG_H
```

图 9-18　增加控件后示意图

（5）在 dialog.cpp 文件中添加生成模拟数据点代码。

```
#ifndef DIALOG_H
#define DIALOG_H
#include <QDialog>
#include <qwt_scale_map.h>
#include <qwt_plot_curve.h>
#include <qwt_symbol.h>
#include <qwt_math.h>
#include <qcolor.h>
#include <qpainter.h>
#include <qapplication.h>
#include <qframe.h>
const int Size = 27;
```

```
namespace Ui {
    class Dialog;
}
class Dialog : public QDialog
{
    Q_OBJECT
public:
    explicit Dialog(QWidget *parent = 0);
    ~Dialog();
private:
    Ui::Dialog *ui;
public:
    double xval[Size];
    double yval[Size];
    QwtScaleMap xMap;
    QwtScaleMap yMap;
    QwtPlotCurve d_curves;
};

#endif // DIALOG_H
#include "dialog.h"
#include "ui_dialog.h"
Dialog::Dialog(QWidget *parent) :
    QDialog(parent),
    ui(new Ui::Dialog)
{
    ui->setupUi(this);
    int i;
    xMap.setScaleInterval(-0.5, 9.5);
    yMap.setScaleInterval(-1.1, 1.1);
    for(i=0; i<Size;i++)
    {
        xval[i] = double(i) * 9.0 / double(Size - 1);
        yval[i] = qSin(xval[i]) * qCos(2.0 * xval[i]);
    }
    d_curves.setSymbol(new QwtSymbol(QwtSymbol::Cross, Qt::NoBrush,
        QPen(Qt::black), QSize(5, 5) ) );
    d_curves.setPen(QColor(Qt::red));
    d_curves.setStyle(QwtPlotCurve::Lines);
    d_curves.setCurveAttribute(QwtPlotCurve::Fitted);
```

```
    d_curves.setRawSamples(xval, yval, Size);
    d_curves.attach(ui->myplot);
}
Dialog::~Dialog()
{
    delete ui;
}
```

（6）设置 X86 平台下面编译工具链，如图 9-19 所示。

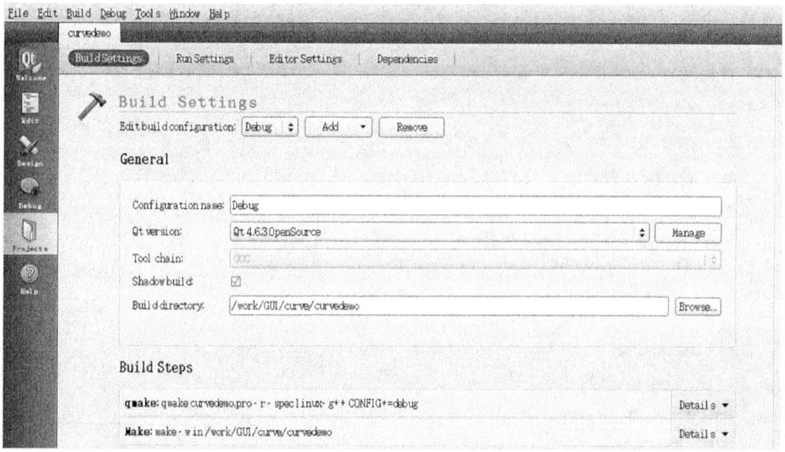

图 9-19　设置 X86 平台下编译工具链

（7）X86 平台运行结果，如图 9-20 所示。

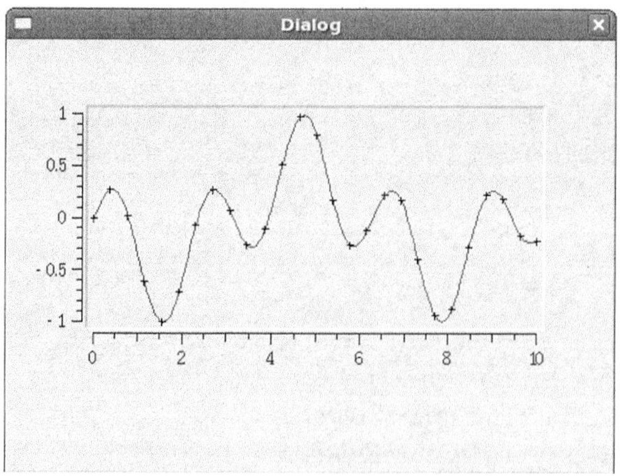

图 9-20　X86 平台运行结果

（8）我们设置 ARM 平台下面编译工具链，如图 9-21 所示，编译运行后复制至根文件系统目录下，然后运行./curvedemo –qws，会得到如图 9-20 所示的同样结果。

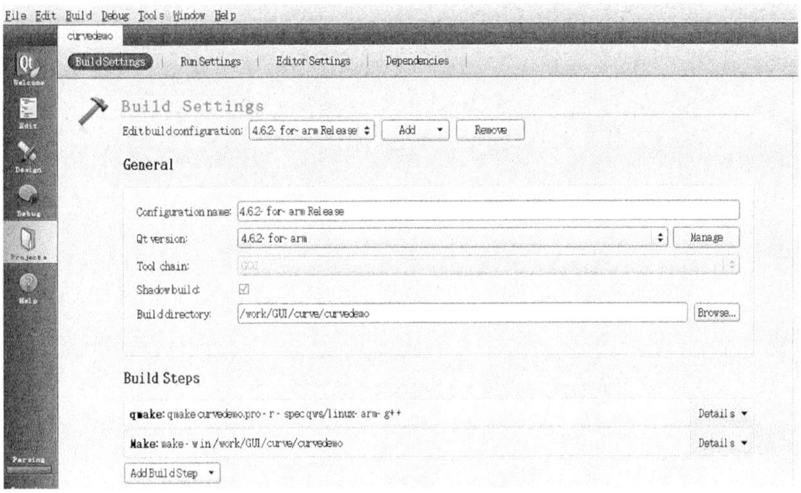

图 9-21　Qt Creator 安装

第四篇 驱动开发篇

第 10 章 驱动开发基础

本章内容：

理解设备驱动开发的基本概念，掌握字符设备驱动框架，掌握自动创建设备节点的方法。

教学目标：

- 掌握字符设备的驱动程序开发框架；
- 掌握自动创建设备节点的方法。

10.1 驱动程序中的基本概念

10.1.1 设备驱动程序概述

设备驱动程序，简称驱动程序，是一种可以使计算机与设备进行通信的特殊程序。它建立了一个软件与硬件的通信通道，也可以说它是硬件的一个通信接口，操作系统通过这个接口，控制硬件进行工作。从硬件设备的角度来说，设备驱动程序用来将硬件本身的功能告诉操作系统，完成硬件设备电子信号与操作系统或运行于操作系统之上的高级编程语言之间的通信。简而言之，驱动程序是提供一个硬件到操作系统的接口并且协调两者之间的关系，因此习惯称驱动程序为“硬件和系统之间的桥梁”。

10.1.2 设备驱动的分类

Linux 将设备分为三大类，分别是字符设备、块设备和网络设备。每一类设备的驱动程序设计方法都不相同。

1. 字符设备

字符设备是指那些能一个字节一个字节读取数据的设备，如发光二极管、键盘、鼠标等。字符设备驱动一般需要在驱动层实现 open()、close()、read()、write()、ioctl()等函数。这些函数最终将被文件系统中相对应的系统调用函数调用。内核为字符设备生成一个设备文件，比如/dev/LED，对字符设备的访问和普通文件一样，直接访问/dev/LED 即可。这些字符设备文件和普通的文件没有太大的区别，差别在于字符设备不支持随机访问，对硬件寄存器的内容需要顺序读取，读取数据后，由驱动程序自己分析数据。

2. 块设备

块设备一般是像磁盘一样的设备，在块设备中可以容纳文件系统并存储大量信息。在 Linux 系统中，进行块设备读写时，每次只能传输一个或者多个块。块设备既可以支持如同字符设备一样的顺序访问，也可以每次传输一块数据。描述块设备的数据结构比字符设备更复杂，其驱动程序实现也与字符设备有很大不同。

3. 网络设备

网络设备主要完成计算机之间的数据交换。与字符设备和块设备完全不同，网络设备主要是面向数据包的接收和发送而设计的。在 Linux 操作系统中，块设备是一种非常特殊的设备，它没有实现类似块设备和字符设备的 read()、write()、ioctl()等函数。它实现了一种称之为套接字的接口，网络数据的传输通过套接字接口来实现。

10.1.3 驱动程序、操作系统、应用程序的关系

Linux 驱动程序、操作系统及应用程序之间的关系如图 10-1 所示。用户空间包括应用程序和系统调用两层。应用程序一般依赖于函数库，而函数库是由系统调用来编写的，所以应用程序间接地依赖于系统调用。

系统调用是内核空间和用户空间之间的接口，其实就是操作系统提供给应用程序最底层的接口函数。通过系统调用，应用程序不需要直接访问内核空间的程序，增加了内核的安全性。同时，应用程序也不能直接访问硬件设备，只能通过系统调用来访问硬件设备。

如果应用程序需要访问硬件设备，那么应该先访问系统调用，然后由系统调用去访问内核空间的驱动程序。这样的设计，充分保证了系统的安全。

系统调用依赖内核空间的各个模块来实现，Linux 内核中包含很多实现具体功能的模块，

如文件系统、网络协议栈、设备驱动、内核调度、内存管理等，都属于系统内核空间。

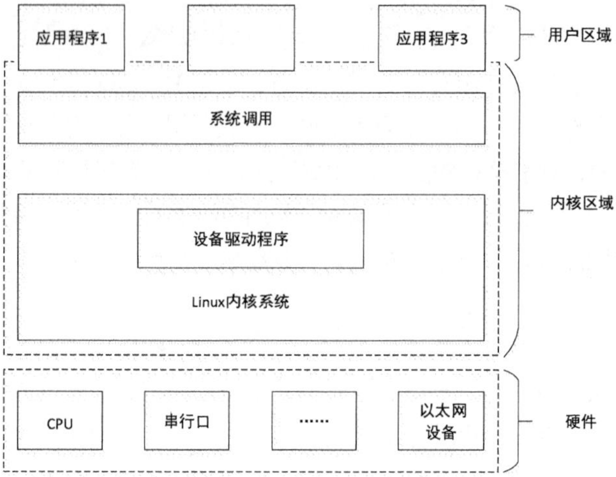

图 10-1　驱动程序、操作系统和应用程序关系图

最底层是硬件抽象层，这一层是实际硬件设备的抽象。设备驱动程序的功能就是驱动硬件，向上对系统调用提供访问硬件设备的接口。

10.1.4　常见的系统调用函数

常用到的系统调用如下。

- open：打开设备文件节点。
- write：向设备文件中写入数据。
- read：从设备文件中读出数据。
- close：关闭操作的设备文件。

下面给出上述常用的系统调用的应用样例，同时后续章节中驱动程序样例后有更详细的测试范例。

1. open

```
#include <fcntl.h>
#include <sys/types.h>
#include <sys/stat.h>
int open(const char *path,int oflags)
```

```
int open(const char *path,int oflags,mode_t mode)
```

path：准备打开的设备文件的名字。

oflags：打开文件所采取的动作，oflags 通过文件访问主要模式与其他可选模式的结合来指定，可选择参数如下所示。

- O_RDONLY：只读方式。
- O_WRONLY：只写方式。
- O_RDWR：读写方式。
- O_APPEND：写入数据追加在文件的末尾。
- O_TRUNC：文件长度置为零，丢弃已有内容。
- O_CREAT：如有需要，以 mode 方式创建文件。
- O_EXCL：与 O_CREAT 一起使用，确保创建出文件。

当使用带有 O_CREAT 格式的 open 来创建文件时，我们必须使用三个参数格式的 open 函数。其中最后一个参数的取值如下。

- S_IRUSR 用户可以读。
- S_IWUSR 用户可以写。
- S_IXUSR 用户可执行。
- S_IRGRP 组可以读。

2. close

```
#include<unistd.h>
int close(int fildes);
```

使用 close 调用可以终止一个文件描述符 fildes 与其对应文件间的关联。

示例如下。

```
#include <unistd.h>
#include <sys/stat.h>
#include <fcntl.h>
int main()
{
    char c;
    int in, out;
    in = open("file.in", O_RDONLY);
    out = open("file.out", O_WRONLY|O_CREAT, S_IRUSR|S_IWUSR);
```

```
        while(read(in,&c,1) == 1)
            write(out,&c,1);
        close(in);
        close(out);
        exit(0);
    }
```

3. write

```
#include <unistd.h>
size_t write(int fildes,const void *buf,size_t nbytes)
```

我们将缓冲区 buf 的前 nbytes 个字节写入与文件描述符 fildes 关联的文件中，返回实际写入的字节数。

返回值 0 表示未写入，返回值-1 表示出现了错误，错误代码在全局变量 errno 里面。

示例如下。

```
#include <unistd.h>
int main()
{
    if ((write(1, "Here is some data\n", 18)) != 18)
    write(2, "A write error has occurred on file descriptor 1\n",46);
    exit(0);
}
```

在上例中，write 的第一个参数为 2，具体含义如下。在 Shell 中，每个进程都和三个系统文件相关联：标准输入 stdin，标准输出 stdout 和标准错误 stderr，三个系统文件的文件描述符分别为 0、1 和 2。所以上述实例代码的含义是将出错信息输出到标准输出 stdout。

4. read

```
#include <unistd.h>
size_t  read(int fildes, void *buf,size_t nbytes)
```

从文件描述符 fildes 关联的文件中读入 nbytes 个字节的数据，把它们放入缓冲区 buf 中，返回实际读入的字节数。返回值 0 表示未读入任何数据，已达到了文件尾；返回值-1 表示出现了错误。

示例如下。

```
#include <unistd.h>
#include <stdlib.h>
int main()
{
    char buffer[128];
    int nread;
    nread = read(0, buffer, 128);
    if (nread == -1)
        write(2, "A read error has occurred\n", 26);
    if ((write(1,buffer,nread)) != nread)
        write(2, "A write error has occurred\n",27);
    exit(0);
}
```

10.2 驱动开发要点

Linux 驱动程序的开发与应用程序的开发有很大的区别，这些差别导致了编写 Linux 设备驱动程序与编写应用程序有本质的区别，所以应用程序的设计技巧很难直接应用在驱动程序的开发上，本节对 Linux 驱动程序开发的一些特点进行简要讲解。

10.2.1 用户态和内核态

Linux 操作系统分为用户态和内核态。内核态完成与硬件的交互，比如读写内存、将硬盘上的数据读取到内存等。驱动程序在底层与硬件交互，因此工作在内核态。用户态可以理解为上层的应用程序，可以是 JAVA 应用程序或者是.NET 应用程序。Linux 操作系统分成两种状态的原因是，即使用户态的应用程序异常，也不会导致操作系统崩溃，而这一切都归功于内核态对操作系统有很强大的保护能力。

另一方面，Linux 操作系统分为两个状态的原因主要是为应用程序提供一个统一的计算机硬件抽象。工作在用户态的应用程序完全可以不考虑底层的硬件操作，这些操作由内核态程序来完成。而这些内核态程序大部分是设备驱动程序。应用程序可以在不了解硬件工作原理的情况下，很好地操作硬件设备，同时不会使硬件设备进入非法状态。

值得注意的是，用户态和内核态是可以互相转换的。每当应用程序执行系统调用或者被硬件中断挂起时，Linux 操作系统都会从用户态切换到内核态；当系统调用完成或者中断处理完成后，操作系统会从内核态返回到用户态，继续执行应用程序。

10.2.2 模块机制

模块是可以在运行时加入内核的代码，这是 Linux 一个很好的特性，这个特性可以使内核很容易地扩大或缩小，扩大内核可以增加内核的功能，缩小内核可以减小内核的大小。Linux 内核支持多种模块，驱动程序就是其中最重要的一种，每一个模块由编译好的目标代码组成，使用 insmod 命令将模块加入正在运行的内核，使用 rmmod 命令将一个未使用的模块从内核删除。

模块在内核启动时装载称为静态装载，在内核已经运行时装载称为动态装载。模块可以扩充内核所期望的任何功能，但通常用于实现设备驱动程序。

一个模块的最基本框架代码如下。

```
#include <linux/kernel.h>
#include <linux/module.h>
#include <linux/init.h>
int _init xxx_init(void)
{
    /*模块加载时的初始化工作*/
    return 0;
}
int _exit xxx_exit(void)
{
    /*模块卸载时的销毁工作*/
}
module_init(xxx_init);/*指定模块的初始化函数的宏*/
module_exit(xxx_exit);/*指定模块的卸载函数的宏*/
```

10.3 Hello World 驱动程序

本节完成第一个驱动模块，该模块工程是在加载时输出“Hello World”，在卸载时输出“Bye Bye,World”，通过简单的驱动模块，使读者了解驱动的组成、编写、加载过程。

10.3.1 驱动模块组成

一个驱动模块主要由如下部分组成。

1. 头文件（必选）

驱动模块会使用内核的许多参数，所以需要包含必要的头文件，有两个头文件是所有驱动模块都必须包含的，分别如下。

```
#include <linux/module.h>
#include <linux/init.h>
```

module.h 文件包含了加载模块时需要使用的大量符号和函数定义；init.h 包含了模块加载函数和模块释放函数的宏定义。

2. 模块参数（可选）

模块参数是驱动模块加载时需要传递给驱动模块的参数。如果一个驱动模块需要完成两种功能，那么我们就可以通过模块参数选择使用哪一种功能，在模块内部，就可以控制硬件完成不同的功能。

3. 模块加载函数（必选）

模块加载函数是模块加载时需要执行的函数，是模块的初始化函数。

4. 模块卸载函数（必选）

模块卸载函数是模块卸载时需要执行的函数，这里清除了加载函数里分配的资源。

5. 模块许可声明

模块许可声明表示模块受内核支持的程度。有许可权的模块会更受到开发人员的重视。我们需要使用 MODULE_LICENSE 表示模块的许可权限。内核可以识别的许可权限如下。

```
MODULE_LICENSE(“GPL”)                          /*任一版本的 GNU 公共许可权*/
MODULE_LICENSE(“GPL V2”)                       /*GPL 版本 2 许可权*/
MODULE_LICENSE(“GPL and additional rights”)    /*GPL 及其附加许可权*/
```

```
MODULE_LICENSE( "Dual BSD/GPL" )            /*BSD/GPL 双重许可权*/
MODULE_LICENSE( "Dual MPL/GPL" )            /*MPL/GPL 双重许可权*/
MODULE_LICENSE( "Proprietary" )             /*专有许可权*/
```

如果一个模块没有包含任何许可权，那么就会被认为是不符合规范的。内核加载这种模块时，会收到内核加载了一个非标准模块的警告。

10.3.2 Hello World 驱动模块程序

HelloWorld 驱动模块代码如下。

```
#include <linux/module.h>                       /*定义了一些相关的宏*/
#include <linux/init.h>                         /*定义模块需要的函数和符号*/
static int  hello_init(void)
{
    printk(KERN_ALERT "Hello World\n");         /*输出信息*/
    return 0;
}
static void hello_exit(void)
{
    printk(KERN_ALERT "Bye Bye World\n");       /*输出信息*/
}
module_init(hello_init);                        /*指定模块加载函数*/
module_exit(hello_exit);                        /*指定模块卸载函数*/
MODULE_LICENSE("Dual BSD/GPL");                 /*指定许可权*/
```

10.3.3 编译 Hello World 模块

1. 编译内核模块的条件

编译内核模块，应该满足以下重要的先决条件：

（1）确保使用正确版本的编译工具、模块工具等，应该保证内核、根文件系统与驱动模块使用同一套编译工具；

（2）需要一份内核源代码，该源代码与目标板使用的内核版本一致，因为模块的编译需要借助内核源代码中的一些函数或者工具；

（3）内核源代码至少编译过一次，执行过 make 命令生成了内核文件 zImage。

2. Makefile 文件

在 Linux2.6 版本驱动模块编译时，必须为驱动程序编写一个 Makefile，下面我们提供一个 Makefile 模板，当驱动程序名称不同的时候，只需要把 obj-m 后面的目标文件名称改成相应的即可（如驱动代码为 led.c 即改为 led.o）。

```
obj-m    :=Virtualmem.o
#CROSS_COMPILE    =arm-none-linux-gnueabi-
CC             = $(CROSS_COMPILE)gcc
KDIR           :=/work/kernel/android-kernel-samsung-dev
#KDIR    :=/lib/modules/2.6.18-194.el5xen/build/
PWD  :=$(shell pwd)
default:
    $(MAKE) -C $(KDIR) SUBDIRS=$(PWD) modules
clean:
    rm -rf *.o* *~ core .depend .*.cmd *.ko *.mod.c
    rm -rf .tmp_versions/
    rm -rf *.symvers
```

- obj-m 指定最终生成驱动程序 ko 文件的名称。
- CROSS_COMPILE 指定交叉编译器名称，当驱动在 ARM 平台使用时，不需要注释掉；如果驱动需要在 X86 平台使用，使用#注释掉即可。
- KDIR 指定内核源码树的路径，此时需要了解我们的目标平台所使用的 Linux 内核版本号，将其指定到内核源代码树的位置，而且必须保证内核源代码树 arch/arm/boot 下面存在已经编译成功的 zImage 内核文件。
- default 与 clean 后面是指定在终端执行 make 和 make clean 时所要执行的命令行。需要注意的是，$(MAKE)和 rm –rf 前面是一个 TAB 空格，而且是另起一行书写。

3. 编译模块

有了 Makefile 文件，我们就可以在模块所在目录下执行 make 命令，生成模块文件。

```
#make
make -C/work/kernel/android-kernel-samsung-dev SUBDIRS=/work/driver/book/hello modules
make[1]: Entering directory `/work/kernel/android-kernel-samsung-dev'
```

```
  CC [M]  /work/driver/book/hello/hello.o
  Building modules, stage 2.
  MODPOST 1 modules
  CC      /work/driver/book/hello/hello.mod.o
  LD [M]  /work/driver/book/hello/hello.ko
make[1]: Leaving directory '/work/kernel/android-kernel-samsung-dev'
```

从 make 命令执行过程打印的信息我们可以看出，编译器首先进入内核源代码文件所在的目录，进入该目录的目的是生成 hello.o 中间文件。编译的第二个阶段是运行 MODPOST 程序，生成 hello.mod.c 文件，最后连接 hello.o 和 hello.mod.c 文件，生成 hello.ko 模块文件。

10.3.4 调试 Hello World 模块

1. 模块的操作

（1）insmod：加载驱动模块，使用 insmod hello.ko 可以加载 hello.ko 驱动模块。模块加载后会自动调用驱动程序中 hello_init()函数，如果在 hello_init()函数中输出信息，会显示在终端之上，也有可能不显示，这种情况下信息被发送到了/var/log/messages 中，可以使用 dmesg 命令查看该文件的最后几行。

（2）rmmod：卸载驱动程序模块，如果没有使用驱动程序模块 hello.ko，那么执行 rmmod xxx 就可以卸载驱动模块（注意不带 ko 后缀）。

（3）lsmod：列出已经加载的模块和信息，在 insmod hello.ko 命令执行后执行该命令就可以知道 hello.ko 是否被加载。

2. 模块加载后文件系统的变化

文件系统保存着有关模块的属性信息，当使用 insmod hello.ko 加载模块后变化如下。

（1）/proc/modules 发生变化，在 modules 文件中会增加如下所示的行。

```
hello 1064 0 - Live 0xd4c8500
```

（2）这几个字段的信息分别是模块名、使用的内存、引用计数、分隔符、活跃状态和加载到内存中的地址。

（3）/proc/devices 文件没有变化，因为 hello.ko 模块并不是一个设备模块。当模块是一个真实设备驱动时，此目录下会出现设备信息，要根据出现的信息在/dev 下面建立设备节点。

（4）/sys/module/目录下会增加 hello 模块的基本信息。

10.4 字符设备驱动基本概念

字符设备驱动程序中有许多非常重要的概念，下面我们将一一阐述。

10.4.1 主设备号和次设备号

Linux 的设备管理是和文件系统紧密结合的，各种设备都以文件的形式存放在/dev 目录下，称为设备文件。应用程序可以打开、关闭和读写这些设备文件，完成对设备的操作，就像操作普通的数据文件一样。为了管理这些设备，系统为设备编了号，每个设备号又分为主设备号和次设备号。主设备号用来区分不同种类的设备，对应设备的驱动程序，而次设备号用来表示使用该驱动程序的各个设备。对于常用设备，Linux 有约定俗成的编号，如硬盘的主设备号是 3。

1．主设备号和次设备号的表示

内核用 dev_t（<linux/types.h>）来保存设备编号，dev_t 为一个无符号长整型变量，在 32 位机中是一个 32 位的数，定义如下。

```
typedef u_long dev_t;
```

32 位中高 12 位表示主设备号，低 20 位表示次设备号。

2．主设备号与次设备号的获取

在实际使用中，我们通过内核头文件<linux/kdev_t.h>中定义的三个宏来得到主次设备号。与主次设备号相关的 3 个宏分别如下。

- MAJOR(dev_t dev)：根据设备号 dev 获得主设备号。
- MINOR(dev_t dev)：根据设备号 dev 获得次设备号。
- MKDEV(int major,int minor)：根据主设备号 major 和次设备号 minor 构建设备号。

3．申请设备号

建立一个字符设备之前，驱动程序首先要做的事情就是获得设备编号，其中需要的主要函数在<linux/fs.h>中声明。申请设备号有静态申请和动态申请两种，静态申请多是人为的为字符设备分配设备号，很可能发生冲突，现多采用动态申请设备号的方法。

（1）静态申请设备号

```
int register_chrdev_region(dev_t first, unsigned int count,char *name);
```

first 是要分配的起始设备编号；count 是请求的连续设备编号的总数，注意，如果 count 太大，要求的范围可能溢出到下一个主设备号；name 是连接到这个编号范围的设备的名字，它会出现在/proc/devices 和 sysfs 中。

（2）动态申请设备号

```
int alloc_chrdev_region(dev_t *dev, unsigned int firstminor,unsigned int count,
char *name);
```

该函数需要传递给它指定的第一个要申请的设备号 firstminor(一般为 0)和要申请的设备号数 count，以及设备名 name，调用该函数后自动分配得到的设备号保存在 dev 中，dev 是输出参数，在函数成功后将保存已经分配的设备号，函数有可能申请一段连续的设备号，这时 dev 返回第一个设备号。Name 的作用和 register_chrdev_region()函数相同。

分配设备号的最佳方式是默认采用动态分配，同时保留加载甚至编译时指定主设备号的余地。同时具有动态和静态申请设备号的示例代码如下。

```
dev_t devno = MKDEV(Virtualmem_major, 0);/* 根据主、次设备号得到设备号*/
if (Virtualmem_major) /* 如果用户指定 Virtualmem_major 的值，则静态申请*/
result = register_chrdev_region(devno, 1, "Virtualmem");  /* 静态申请设备号 */
else /* 如果用户未指定 Virtualmem_major 的值，默认为 0，则动态申请*/
{
    result = alloc_chrdev_region(&devno, 0, 1, "Virtualmem"); /* 动态申请设备号 */
    Virtualmem_major = MAJOR(devno);
}
```

代码中的参数“Virtualmem”是和申请的设备号关联的设备名称，在根文件系统启动后，它将出现在/proc/devices 列表中。

4. 释放设备号

使用以上两种方式申请的设备号，我们都应该在不使用设备时释放设备号。设备号的释放统一使用下面的函数。

```
void unregister_chrdev_region(dev_t first, unsigned int count);
```

first 是表示要释放的设备号，count 表示从 first 开始要释放的设备号个数，通常在驱动程序模块的卸载函数中调用此函数。

10.4.2 cdev 结构体

Linux 内核内部使用 struct cdev 结构体来描述字符设备。该结构体是所有字符设备的抽象，包含了大量字符设备所共有的特性。在 Linux 内核调用设备驱动的读写等操作之前，我们必须分配并注册一个或多个 struct cdev，该结构体的 ops 成员包含了设备操作函数的结合。

1. cdev 结构体原型

要定义 cdev 结构体，驱动代码头文件应包含<linux/cdev.h>，该头文件定义了 struct cdev 以及与其相关的一些辅助函数。

cdev 结构体原型如下。

```
struct cdev {
        struct kobject kobj;/*kobj 是一个嵌入在该结构中的内核对象。它用于该数据结构的一般管理*/
        struct module *owner;/*owner 指向提供驱动程序的模块*/
        const struct file_operations *ops;
                /*设备文件操作结构体指针，其结构体内的大部分函数要被实现*/
        struct list_head list;
                /*list 用来实现一个链表，其中包含所有表示该设备的设备特殊文件的 inode 内容*/
        dev_t dev; /*设备号，int 类型，高 12 位为主设备号，低 20 位为次设备号*/
        unsigned int count;/*表示与该设备关联的从设备的数目*/
};
```

驱动程序中常常将设备特有的信息与 cdev 整合，形成一个设备结构体，如下示例为 xxx_dev 结构体。

```
struct xxx_dev
{
    struct cdev cdev; /*cdev 结构体*/
    unsigned char mem[XXX_SIZE]; /*设备特有的信息，这里为全局内存*/
};
```

2. cdev 结构体初始化方法

cdev 结构体一般有两种定义初始化方式：静态的和动态的。

（1）静态定义初始化

```
struct cdev my_cdev;
cdev_init(&my_cdev, &fops);
my_cdev.owner = THIS_MODULE;
```

（2）动态定义初始化

```
struct cdev *my_cdev = cdev_alloc();
my_cdev->ops = &fops;
my_cdev->owner = THIS_MODULE;
```

两种使用方式的功能是一样的，只是使用的内存区不一样。

3. cdev 结构体注册与卸载函数

（1）初始化 cdev 后，我们需要把它添加到系统中去，可以调用 cdev_add()函数，传入 cdev 结构的指针、起始设备编号以及设备编号范围。

```
int cdev_add(struct cdev *p, dev_t dev, unsigned count)
```

cdev_add 的 count 参数表示该设备提供的从设备号的数量。在 cdev_add 成功返回后，设备进入活动状态。

（2）当一个字符设备驱动不再需要的时候（比如模块卸载），我们就可以用 cdev_del()函数来释放 cdev 占用的内存。

```
void cdev_del(struct cdev *p)，这里 p 是 cdev 结构体指针。
```

4. 注册 cdev 字符设备实例

```
struct Virtualmem_dev
{
    struct cdev cdev; /*cdev 结构体*/
    unsigned char mem[VIRTUALMEM_SIZE]; /*全局内存*/
};/*虚拟的一个设备，实质为一块内存区*/
struct Virtualmem_dev *Virtualmem_devp; /*设备结构体指针*/
static void Virtualmem_setup_cdev(struct Virtualmem_dev *dev, int index)
{    /*初始化并注册 cdev 字符设备函数*/
    int err, devno = MKDEV(Virtualmem_major, index);
    cdev_init(&dev->cdev, &Virtualmem_fops);
                                    /*初始化 cdev 结构体，建立与 Virtualmem_fops 结构体关联*/
```

```
    dev->cdev.owner = THIS_MODULE;
    dev->cdev.ops = &Virtualmem_fops;
    err = cdev_add(&dev->cdev, devno, 1);/*建立设备号与 cdev 结构体关联*/
    if (err)
        printk(KERN_NOTICE "Error %d adding Virtualmem%d", err, index);
}
int Virtualmem_init(void)
{
    int result;
    dev_t devno = MKDEV(Virtualmem_major, 0);
    if (Virtualmem_major)
        result = register_chrdev_region(devno, 1, "Virtualmem");
    else
    {
        result = alloc_chrdev_region(&devno, 0, 1, "Virtualmem");
        Virtualmem_major = MAJOR(devno);
    }
    if (result < 0)
        return result;
    Virtualmem_devp = kmalloc(sizeof(struct Virtualmem_dev), GFP_KERNEL);
    /* 动态申请设备结构体的内存*/
    if (!Virtualmem_devp)    /*申请失败输出信息*/
    {
        result =  - ENOMEM;
        goto fail_malloc;
    }
    memset(Virtualmem_devp, 0, sizeof(struct Virtualmem_dev));
    Virtualmem_setup_cdev(Virtualmem_devp, 0); /* 初始化 cdev 结构体参数*/
    return 0;
    fail_malloc: unregister_chrdev_region(devno, 1);
    return result;
}
```

10.4.3 file_operations 结构体

对普通文件的访问我们常常使用 open()、read()、write()、close()、ioctl()等系统调用，同样，对设备文件的访问也可以使用这些方法，这些系统调用最终会引起对 file_operations

结构体中对应函数的调用。对于驱动开发程序员来说，只需要为不同的设备编写不同的操作函数就可以了。

file_operations 是一个对设备进行操作的抽象结构体。Linux 内核的设计非常巧妙，内核允许为设备建立一个设备文件，对设备文件的所有操作，就相当于对设备的操作。这样的好处是，用户程序可以使用访问普通文件的方法访问设备文件，进而访问设备，极大地减轻了程序员的编程负担，程序员不必去熟悉新的驱动接口就能够访问设备。

为了增加 file_operations 的功能，很多函数被集中在了该结构中，该结构的定义如下，这里仅列出重要成员。

```
struct file_operations {
        struct module *owner;
        loff_t (*llseek) (struct file *, loff_t, int);
        ssize_t (*read) (struct file *, char __user *, size_t, loff_t *);
        ssize_t (*write) (struct file *, const char __user *, size_t, loff_t *);
        ssize_t (*aio_read) (struct kiocb *, const struct iovec *, unsigned long, loff_t);
        ssize_t (*aio_write) (struct kiocb *, const struct iovec *, unsigned long, loff_t);
        int (*readdir) (struct file *, void *, filldir_t);
        unsigned int (*poll) (struct file *, struct poll_table_struct *);
        int (*ioctl) (struct inode *, struct file *, unsigned int, unsigned long);
        long (*unlocked_ioctl) (struct file *, unsigned int, unsigned long);
        long (*compat_ioctl) (struct file *, unsigned int, unsigned long);
        int (*mmap) (struct file *, struct vm_area_struct *);
        int (*open) (struct inode *, struct file *);
        int (*flush) (struct file *, fl_owner_t id);
        int (*release) (struct inode *, struct file *);
        int (*fsync) (struct file *, struct dentry *, int datasync);
        int (*aio_fsync) (struct kiocb *, int datasync);
        int (*fasync) (int, struct file *, int);
        int (*lock) (struct file *, int, struct file_lock *);
        ssize_t (*sendpage) (struct file *, struct page *, int, size_t, loff_t *, int);
        unsigned long (*get_unmapped_area)(struct file *, unsigned long, unsigned
long, unsigned long, unsigned long);
        int (*check_flags)(int);
        int (*flock) (struct file *, int, struct file_lock *);
```

```
        ssize_t (*splice_write)(struct pipe_inode_info *, struct file *, loff_t
*, size_t, unsigned int);
        ssize_t (*splice_read)(struct file *, loff_t *, struct pipe_inode_info
*, size_t, unsigned int);
        int (*setlease)(struct file *, long, struct file_lock **);
    };
```

各重要成员函数意义如下。

（1）struct module *owner;

它是一个指向拥有这个结构模块的指针，这个成员用来维持模块的引用计数，当模块还在使用时，不能用 rmmod 卸载模块。在驱动程序中，它常被初始化为 THIS_MODULE，一个在 <linux/module.h>中定义的宏。

（2）loff_t (*llseek) (struct file *, loff_t, int);

llseek 方法用来改变文件中的当前读/写位置，将新位置返回，loff_t 参数是一个"long long"类型，错误由一个负返回值指示。

（3）ssize_t (*read) (struct file *, char __user *, size_t, loff_t *);

它用来从设备中获取数据，成功时函数返回读取的字节数，失败时返回一个负的错误码。

（4）ssize_t (*write) (struct file *, const char __user *, size_t, loff_t *);

它用来写数据到设备中，成功时该函数返回写入的字节数，失败时返回一个负的错误码。

（5）unsigned int (*poll) (struct file *, struct poll_table_struct *);

poll 方法是 3 个系统调用的后端:poll、epoll 和 select，都用来查询对一个或多个文件描述符的读或写是否会阻塞。poll 方法应当返回一个位掩码，表示是否非阻塞的读或写，如果一个驱动的 poll 方法为 NULL，设备假定为不阻塞地可读可写。

（6）int (*ioctl) (struct inode *, struct file *, unsigned int, unsigned long);

ioctl 函数提供了一种执行设备特定命令的方法，例如使设备复位，这既不是读操作也不是写操作，不适合用 read()和 write()方法来实现；如果在应用程序中给 ioctl 传入没有定义的命令，那么将返回-ENOTTY 的错误，表示该设备不支持这个命令。

（7）int (*mmap) (struct file *, struct vm_area_struct *);

mmap 用来请求将设备内存映射到进程的地址空间，如果这个方法是 NULL，mmap 系统调用返回 –ENODEV。

（8）int (*open) (struct inode *, struct file *);

open()函数用来打开一个设备，在该函数中可以对设备进行初始化。如果这个函数被赋值为 NULL，则设备永远打开成功，并不会对设备产生影响。

（9）int (*release) (struct inode *, struct file *);

release()函数用来释放 open 函数中申请的资源并在文件引用计数为 0 时，被系统调用。它对应应用程序的 close()方法，但并不是每一次调用 close()方法都会触发 release()函数，在对设备文件的所有打开都释放后才会被调用。

file_operations 结构体还有其他结构体，在此不赘述，读者可自行查阅其他书籍。

初始化 file_operations 结构体实例代码如下。

```
static const struct file_operations Virtualmem_fops =
{
    .owner = THIS_MODULE,
    .read = Virtualmem_read,
    .write = Virtualmem_write,
    .open = Virtualmem_open,
    .release = Virtualmem_release,
};
```

代码中 Virtualmem_read、Virtualmem_write 等函数需要用户来实现，分别是对设备进行读写数据的函数。

10.4.4 file 结构体

file_operations 结构体的成员函数参数中出现了 struct file 结构体指针，下面对其进行介绍。

struct file 结构体定义于 <linux/fs.h>，是设备驱动中重要的数据结构。注意此 file 结构体与用户空间程序的 FILE 指针没有任何关系。用户空间的 FILE 结构体定义在 C 库中，不出现在内核代码中；该 struct file 是一个内核结构，运行于内核态。

file 结构代表一个打开的文件描述符，它不是专门给驱动程序使用的，系统中每一个打开的文件在内核中都有一个关联的 struct file。它由内核在 open 时创建并传递给在文件上操作的任何函数，设备文件也具有操作函数，因此也需要此参数。对文件的所有操作实例都关闭之后，内核才释放这个数据结构。

在内核源码中，我们常常将 struct file 的指针称为 filp("file pointer")。

struct file 结构如下所示。

```
struct file {
    union {
```

```
        struct list_head    fu_list;
        struct rcu_head     fu_rcuhead;
    } f_u;
    struct path        f_path;
#define f_dentry    f_path.dentry
#define f_vfsmnt    f_path.mnt
    const struct file_operations    *f_op;
    atomic_t        f_count;
    unsigned int         f_flags;
    mode_t              f_mode;
    loff_t              f_pos;
    struct fown_struct    f_owner;
    unsigned int        f_uid, f_gid;
    struct file_ra_state    f_ra;
    unsigned long        f_version;
#ifdef CONFIG_SECURITY
    void            *f_security;
#endif
    /* needed for tty driver, and maybe others */
    void            *private_data;
#ifdef CONFIG_EPOLL
    /* Used by fs/eventpoll.c to link all the hooks to this file */
    struct list_head    f_ep_links;
    spinlock_t        f_ep_lock;
#endif /* #ifdef CONFIG_EPOLL */
    struct address_space    *f_mapping;
};
```

各重要成员函数意义如下。

（1）mode_t f_mode;

它表示文件模式，确定文件是可读的或是可写的(或者都是)。

（2）loff_t f_pos;

它表示当前读写位置。如果驱动程序需要知道文件中的当前位置，可以读这个值，正常不应该改变它。例外的是在 llseek 方法中，它的目的就是改变文件位置。

（3）unsigned int f_flags;

它表示文件标志，例如 O_RDONLY、O_NONBLOCK 和 O_SYNC。驱动应当检查

O_NONBLOCK 标志看是否是请求非阻塞操作；其他标志很少使用；所有的标志在头文件<linux/fcntl.h>中定义。

（4）struct file_operations *f_op;

它表示和文件关联的操作，即为刚刚介绍过的 file_operations 结构体。

（5）void *private_data;

我们可以使用这个成员来指向分配的私有数据，但是必须记住在内核销毁文件结构之前，要在 release 方法中释放分配的私有数据内存。

10.4.5 inode 结构体

inode 一般作为 file_operations 结构中函数的参数传递进来，例如 open()函数将传递一个 inode 指针进来，表示目前打开的文件节点。需要注意的是，inode 的成员已经被系统赋予了合适的值，驱动程序只需要使用该节点中的信息而不用修改。open()函数如下。

```
int (*open) (struct inode *, struct file *);
```

inode 结构包含关于文件的大量信息，这个结构只有两个成员对于编写驱动代码有用，对于该结构的更多的信息，读者可以参看内核源码。

- dev_t i_rdev：表示设备文件对应的设备号。
- struct cdev *i_cdev：代表字符设备；当节点指的是一个字符设备文件时，这个成员包含一个指针指向这个结构。
- struct list_head i_devices：该成员将设备文件连接到对应的 cdev 结构体，从而找到对应到自己的驱动程序操作函数。

10.4.6 各结构体关系

由以上的内容我们可以看出，每一个字符设备在/dev 目录下都会有一个设备文件，打开设备文件就相当于打开了相应的字符设备。例如应用程序打开设备文件 A，那么系统会产生一个 inode 结点，通过 inode 结点的 i_cdev 字段，可以找到 cdev 结构体，通过 cdev 的 ops 指针，就能够找到设备 A 的操作函数。不同的设备及设备驱动程序是通过设备号来进行区分的。

inode 结构在内部由 Linux 内核用来表示文件，它和代表打开文件描述符的 file 文件结构体是不同的。内核中用 inode 结构表示具体的文件，而用 file 结构表示打开的文件描述符。这里可能有多个打开的文件的 file 结构体，它们都指向同一个单个 inode 结构。

10.5 字符设备驱动的组成

大部分的字符设备在结构上面都有很多相似之处，了解字符设备驱动程序的组成，掌握字符驱动程序的编写框架，可以高效地编写其他的字符设备驱动程序。下面我们对它的构成进行讲解，旨在让读者掌握字符设备驱动程序的编写方法。

在 Linux 系统中，字符设备驱动程序由以下几个部分组成。

10.5.1 文件操作结构体

file_operations 结构体中的成员函数对应着驱动程序的接口，用户程序可以通过系统调用进一步来调用这些接口，从而控制设备。

```
static const struct file_operations xxx_fops =
{
    .owner = THIS_MODULE,
    .read = xxx_read,
    .write = xxx_write,
    .open = xxx_open,
    .release = xxx_release,
};
```

文件操作结构体 xxx_fops 中保存了操作函数的指针，将没有实现的函数赋值为 NULL。xxx_fogs 结构体在字符设备加载函数中作为 cdev_init()的参数，与 cdev 建立了关联。

10.5.2 加载和卸载函数

在字符设备的加载函数中，我们应该实现字符设备号的申请和 cdev 的注册；相反在字符设备的卸载函数中应该实现字符设备号的释放和 cdev 的注销。

```
struct xxx_dev                          /*自定义设备结构体*/
```

```
{
    struct cdev cdev;                /*cdev 结构体*/
……
};
struct xxx_dev *xxx_devp; /*设备结构体指针*/
static void xxx_setup_cdev(struct xxx_dev *dev, int index)
{   /*初始化 cdev 结构体，传递 file_operations 指针*/
    int err, devno = MKDEV(xxx_major, index);
    cdev_init(&dev->cdev, &xxx_fops);
    dev->cdev.owner = THIS_MODULE; /*指定所属模块*/
    dev->cdev.ops = &xxx_fops;
    err = cdev_add(&dev->cdev, devno, 1); /*注册设备*/
    if (err)
        printk(KERN_NOTICE "Error %d adding xxx%d", err, index);
}
int xxx_init(void) /*加载函数*/
{
    int result;
    dev_t devno = MKDEV(xxx_major, 0);
    /*申请设备号，当 xxx_major 不为 0 时，静态申请；当为 0 时，动态申请*/
    if (xxx_major)
        result = register_chrdev_region(devno, 1, "DEV_NAME");/*静态申请*/
    else
    {
        result = alloc_chrdev_region(&devno, 0, 1, " DEV_NAME");/*动态申请*/
        xxx_major = MAJOR(devno);                /*获得主设备号*/
    }
    if (result < 0)
        return result;
   xxx_devp = kmalloc(sizeof(struct xxx_dev), GFP_KERNEL); /*申请xxx_dev 结构体内存空间*/
   if (!xxx_devp)
   {
       result = - ENOMEM;
       goto fail_malloc;
```

```
    }
    memset(xxx_devp, 0, sizeof(struct xxx_dev)); /*初始化 xxx_dev 结构体空间为 0*/
    xxx_setup_cdev(xxx_devp, 0);                      /*初始化 cdev 结构体*/
    return 0;
    fail_malloc: unregister_chrdev_region(devno, 1);
    return result;
}
void xxx_exit(void)                                   /*卸载函数*/
{
    cdev_del(&xxx_devp->cdev);                        /*注销 cdev 结构体*/
    kfree(xxx_devp);                                  /*释放设备结构体内存*/
    unregister_chrdev_region(MKDEV(xxx_major, 0), 1);     /*释放设备号*/
}
```

10.5.3 常用设备操作函数

1. open 函数

open 函数提供给驱动程序初始化硬件设备的能力，为以后的操作做准备。

该函数原型如下。

```
int (*open)(struct inode *inode, struct file *filp);
```

inode 参数的 i_cdev 成员里面包含之前建立的 cdev 结构体，通常我们不想要 cdev 结构体本身，需要的是包含 cdev 结构的 xxx_dev 结构。内核为开发者提供了以 container_of 宏的形式从 inode 中获得设备指针的方法，container_of 在 <linux/kernel.h> 中定义。

container_of 宏源码如下。

```
#define container_of(ptr, type, member) ({ \
const typeof( ((type *)0)->member ) *__mptr = (ptr); \
(type *)( (char *)__mptr - offsetof(type,member) );})
```

从源码我们可以看出，它的作用就是通过指针 ptr，获得包含 ptr 所指向数据（是 member 结构体）的 type 结构体的指针，即用指针得到另外一个指针。这个宏使用一个指向 container_field 类型的成员的指针，它在一个 container_type 类型的结构中并且返回指向包含结构的一个指针。在 open 函数中，这个宏用来找到指向本设备的结构体指针。

open()函数实例如下。

```
int xxx_open(struct inode *inode, struct file *filp)
{

    struct xxx_dev *dev;
    dev = container_of(inode->i_cdev,struct xxx_dev,cdev); /*通过 inode 的 i_cdev 结构
也就是 cdev 结构我们可以得到自己定义的 xxx_dev 结构指针*/
    filp->private_data = dev;//将找到的指针保存到 file 结构中的 private_data 字段中，用以备用
    return 0;
}
```

一旦它找到 xxx_dev 结构，在文件结构的 private_data 成员中存储一个它的指针，以备以后在其他函数中使用。

2. release 函数

release 函数提供释放内存、关闭设备的功能，应完成的工作有释放由 open 分配的、保存在 file->private_data 中的所有内容和在最后一次关闭操作时关闭设备。有的驱动程序在 release()函数中仅仅返回一个数值，甚至什么也不做。

release()函数实例如下。

```
int xxx_release(struct inode *inode, struct file *filp)
{
    return 0;
}
```

3. read 和 write 函数

read 和 write 函数的主要作用就是实现内核与用户空间之间的数据复制。

- ssize_t read(struct file *filp, char __user *buff, size_t count, loff_t *offp);
- ssize_t write(struct file *filp, const char __user *buff, size_t count, loff_t *offp);

对于这两个函数，filp 是文件指针；count 是请求的传输数据大小；buff 参数指向被写入数据的缓存，或者放入数据的空缓存；最后，offp 是一个指针，指向一个"long offset type"对象，它指出用户正在存取的文件位置。

read()与 write()函数实例如下。

```
static ssize_t xxx_read(struct file *filp, char __user *buf, size_t size,
                              loff_t *ppos)
{
    unsigned long p =  *ppos;
    unsigned int count = size;
    int ret = 0;
    struct xxx_dev *dev = filp->private_data; /*定义一个 xxx_dev 设备类型指针，指向
在 open 函数找到的 xxx_dev 设备，xxx-dev 设备指针保存在 file 的 private_data 中。*/
    if (p >= VIRTUALMEM_SIZE) /*分析和获取有效的写长度*/
        return count ? - ENXIO: 0;
    if (count > XXX_SIZE - p)
        count = XXX_SIZE - p;
    if (copy_to_user(buf, (void*)(dev->mem + p), count)) /*复制数据从内核空间至用户空间*/
    {
        ret =  - EFAULT;
    }
    else
    {
        ret = count;
        printk(KERN_INFO "read %d bytes(s) from %d\n", count, p);
    }
    return ret;
}
static ssize_t xxx_write(struct file *filp, const char __user *buf,
                              size_t size, loff_t *ppos)
{
    unsigned long p =  *ppos;
    unsigned int count = size;
    int ret = 0;
    struct xxx_dev *dev = filp->private_data; /*含义同上*/
    if (p >= VIRTUALMEM_SIZE) /*分析和获取有效的写长度*/
        return count ? - ENXIO: 0;
    if (count > XXX_SIZE - p)
        count = XXX_SIZE - p;
```

```
        if (copy_from_user(dev->mem + p, buf, count)) /*复制数据从用户空间至内核空间*/
            ret =  - EFAULT;
        else
        {
            ret = count;
            printk(KERN_INFO "written %d bytes(s) from %d\n", count, p);
        }
        return ret;
    }
```

4. ioctl 函数

ioctl 函数提供了一种执行设备特定命令的方法。例如使设备复位，这既不是读操作也不是写操作，不适合用 read()和 write()函数来实现，可以借助驱动程序 ioctl 函数来实现。

ioctl 函数原型如下。

```
int (*ioctl)(struct inode *inode,struct file*filp,unsigned int cmd,unsigned long arg)
```

cmd 是事先定义的 I/O 控制命令，arg 对应该命令的参数。

ioctl 函数的实现通常是根据命令执行的一个 switch 语句，当命令号不能匹配任何一个设备所支持的命令时，通常返回-EINVAL（“非法参数”）。

Linux 在 Kernel2.6.36 之后就去掉了 ioctl，只能使用 unlocked_ioctl 和 compat_ioctl，主要区别是参数中少了 inode 参数，使用方法基本一致。

ioctl()函数实例如下。

```
    static int xxx_ioctl(struct inode *inode, struct file *filp,unsigned int cmd,
unsigned long arg)
    {
    ……
        if (arg > sizeof(gpio_table)/sizeof(unsigned long))
        {
            return -EINVAL;
        }
        switch(cmd)
        {
            case xxx_cmd1:
```

```
        ……        /*命令 1 执行的操作*/
        break;
    case xxx_cmd1:
        ……        /*命令 2 执行的操作*/
            break;
    default:
    return -EINVAL;
  }
  return 0;
}
```

10.5.4 驱动中常用 API 函数

1. 内存申请函数

Linux 内核中用于内存管理的核心函数，它们的定义都在<linux/slab.h>: 。

（1）分配内存函数 kmalloc，函数原型如下。

```
void *kmalloc(size_t size, int flags);
```

第一个参数 size 以字节为单位，表示分配内存的大小。第二个参数是分配标志，可以通过这个标志控制 kmalloc 函数的多种分配方式，主要有如下几种取值。

- GFP_ATOMIC：从中断处理和进程上下文之外的其他代码中分配内存，从不休眠。
- GFP_KERNEL：内核内存分配时最常用的方法，当内存不足时，可能会引起休眠。
- GFP_USER：用来为用户空间页来分配内存；它可能会引起休眠。
- GFP_HIGHUSER：如果有高端内存，则优先从高端内存中分配。
- GFP_NOIO、GFP_NOFS：这个两标志功能如同 GFP_KERNEL，但是有更多的限制。GFP_NOIO 标志分配内存时，禁止任何 I/O 调用，GFP_NOFS 标志分配内存时不允许执行文件系统调用。

（2）释放 kmalloc 申请的内存函数 kfree，函数原型如下。

```
void kfree(void *ptr);
```

ptr 为有 kmalloc 申请的内存的地址指针。

2. 数据复制函数

read()和 write()函数原型如下。

```
ssize_t read(struct file *filp, char __user *buff, size_t count, loff_t *offp);
ssize_t write(struct file *filp, const char __user *buff, size_t count, loff_t *offp);
```

在 read()和 write()函数中，buff 参数是用户空间指针，运行于内核态的驱动代码不能直接引用它。用户空间指针在内核空间中是无效的，因为可能没有那个地址的映射，或者它可能指向一些其他的随机数据。试图直接引用用户空间内存可能产生一个页面错误，导致进行系统调用的进程死亡。

因为 Linux 的内核空间和用户空间是隔离的，要实现数据复制我们就必须使用在<asm/uaccess.h>中定义的函数。

```
unsigned long copy_to_user(void __user *to,const void *from,unsigned long count);
unsigned long copy_from_user(void *to,const void __user *from,unsigned long count);
```

read 方法的任务是从设备复制数据到用户空间，使用 copy_to_user；而 write 方法从用户空间复制数据到设备，使用 copy_from_user。

这两个函数的作用仅限于在内核空间和用户空间进行数据复制，还可以检查用户空间指针是否有效，如果指针无效，不进行复制。

10.6 Virtualmem 字符设备驱动

10.6.1 Virtualmem 驱动程序

从本节开始，后续的几节我们都将以一个 Virtualmem 设备为蓝本进行讲解。Virtualmem 是一个虚拟磁盘设备，在这个虚拟磁盘设备中分配了 4K 的连续内存空间。驱动程序可以对设备进行读写等操作，用户空间的程序可以通过 Linux 系统调用访问 Virtualmem 设备中的数据。

综合前面的内容，该实例如下所示。

```
#include <linux/init.h>
#include <linux/module.h>
```

```
#include <linux/types.h>
#include <linux/fs.h>
#include <linux/errno.h>
#include <linux/mm.h>
#include <linux/cdev.h>
#include <linux/kernel.h>
#include <linux/slab.h>
#include <asm/uaccess.h>
#define MEM_CLEAR 0x1                        /*全局内存清零指令*/
#define VIRTUALMEM_SIZE 0x1000               /*全局内存最大 4K 字节*/
#define VIRTUALMEM_MAJOR 0                   /*预设的 Virtualmem 的主设备号*/
static int Virtualmem_major = VIRTUALMEM_MAJOR;
/*Virtualmem 设备结构体*/
struct Virtualmem_dev
{
    struct cdev cdev;                        /*cdev 结构体*/
    unsigned char mem[VIRTUALMEM_SIZE]; /*全局内存*/
};
struct Virtualmem_dev *Virtualmem_devp; /*设备结构体指针*/
/*************************************************************************
* 名称：Virtualmem_open ()
* 功能：设备文件打开函数，对应用户空间 open 系统调用，
* 入口参数：设备文件节点
* 出口参数：无
************************************************************************/
int Virtualmem_open(struct inode *inode, struct file *filp)
{
    struct Virtualmem_dev *dev;
    dev = container_of(inode->i_cdev,struct Virtualmem_dev,cdev); /*通过 inode 的
i_cdev 结构得到定义的 Virtualmem_dev 结构指针。*/
    filp->private_data = dev;/*将Virtualmem_dev 指针保存到file 结构中的private_data 字段中*/
    return 0;
}
/*************************************************************************
* 名称：static void Virtualmem_release ()
```

```
* 功能：设备文件释放函数，对应用户空间 close 系统调用，
* 入口参数：设备文件节点
* 出口参数：无
*************************************************************************/
int Virtualmem_release(struct inode *inode, struct file *filp)
{
    return 0;
}
/*************************************************************************
* 名称：Virtualmem_read ()
* 功能：对应用户空间的 read 系统调用，从内核空间复制给定长度缓冲区数据到用户空间
* 入口参数：*filp 操作设备文件的 ID，*buffer 对应用户空间的缓冲区的起始地址，count 用户空间数
据缓冲区长度，*ppos 用户在文件中进行存储操作的位置
* 出口参数：返回用户空间数据缓冲区长度
*************************************************************************/
static ssize_t Virtualmem_read(struct file *filp, char __user *buf, size_t size,
                               loff_t *ppos)
{
    unsigned long p =  *ppos;
    unsigned int count = size;
    int ret = 0;
    struct Virtualmem_dev *dev = filp->private_data; //定义一个 Virtualmem_dev
设备类型指针指向在 open 函数找到的 Virtualmem_dev 设备类型保存在 file 的 private_data 中
    if (p >= VIRTUALMEM_SIZE)/*分析和获取有效的写长度*/
        return count ?  - ENXIO: 0;
    if (count > VIRTUALMEM_SIZE - p)
        count = VIRTUALMEM_SIZE - p;
    if (copy_to_user(buf, (void*)(dev->mem + p), count))/*复制数据从内核空间至用户空间*/
    {
        ret =  - EFAULT;
    }
    else
    {
        ret = count;
        printk(KERN_INFO "read %d bytes(s) from %d\n", count, p);
```

```
    }
    return ret;
}
/**********************************************************************
* 名称：Virtualmem_write ()
* 功能：对应用户空间的 write 系统调用，从用户空间复制给定长度缓冲区数据到内核空间
* 入口参数：*filp 操作设备文件的 ID，*buffer 对应用户空间的缓冲区的起始地址，count 用户空间数
据缓冲区长度，*ppos 用户在文件中进行存储操作的位置
* 出口参数：返回用户空间数据缓冲区长度
**********************************************************************/
static ssize_t Virtualmem_write(struct file *filp, const char __user *buf,
                              size_t size, loff_t *ppos)
{
    unsigned long p =  *ppos;
    unsigned int count = size;
    int ret = 0;
    struct Virtualmem_dev *dev = filp->private_data; /*获得设备结构体指针*/
    if (p >= VIRTUALMEM_SIZE) /*分析和获取有效的写长度*/
        return count ?  - ENXIO: 0;
    if (count > VIRTUALMEM_SIZE - p)
        count = VIRTUALMEM_SIZE - p;
    if (copy_from_user(dev->mem + p, buf, count)) /*复制数据从用户空间至内核空间*/
        ret =  - EFAULT;
    else
    {
        ret = count;
        printk(KERN_INFO "written %d bytes(s) from %d\n", count, p);
    }
    return ret;
}
/**********************************************************************
* 名称：Virtualmem_ioctl ()
* 功能：对应用户空间的 ioctl 系统调用
* 入口参数：cmd 从用户空间传送过来的命令，arg 从用户空间传送过来的参数
* 出口参数：返回函数执行结果
**********************************************************************/
static int Virtualmem_ioctl(struct inode *inode, struct file *filp,unsigned int
```

```
cmd, unsigned long arg)
    {
        struct Virtualmem_dev *devp = filp->private_data;/*获得设备结构体指针*/
        switch(cmd)
        {
            case MEM_CLEAR:
                memset(devp->mem,arg,VIRTUALMEM_SIZE);/*将全局内存值置为arg*/
            default:
            return -EINVAL;
        }
        return 0;
    }
    /**************************************************************************
    * 名称：Virtualmem_fops 设备文件结构体
    * 功能：设备驱动文件结构体
    *************************************************************************/
    static const struct file_operations Virtualmem_fops =
    {
        .owner = THIS_MODULE,
        .read = Virtualmem_read,
        .write = Virtualmem_write,
        .open = Virtualmem_open,
        .release = Virtualmem_release,
        .ioctl = Virtualmem_ioctl,
    };
    /**************************************************************************
    * 名称：Virtualmem_setup_cdev ()
    * 功能：自定义初始化注册 cdev 函数
    * 入口参数：*dev 设备结构体指针，index 次设备号
    * 出口参数：无
    *************************************************************************/
    static void Virtualmem_setup_cdev(struct Virtualmem_dev *dev, int index)
    {   /*初始化并注册 cdev*/
        int err, devno = MKDEV(Virtualmem_major, index);
        cdev_init(&dev->cdev, &Virtualmem_fops);
```

```
    dev->cdev.owner = THIS_MODULE;
    dev->cdev.ops = &Virtualmem_fops;
    err = cdev_add(&dev->cdev, devno, 1);
    if (err)
        printk(KERN_NOTICE "Error %d adding Virtualmem%d", err, index);
}
/**************************************************************************
* 名称：int Virtualmem_init ()
* 功能：设备驱动模块加载函数
* 入口参数：无
* 出口参数：无
**************************************************************************/
int Virtualmem_init(void)
{
    int result;
    dev_t devno = MKDEV(Virtualmem_major, 0);
    if (Virtualmem_major)
        result = register_chrdev_region(devno, 1, "Virtualmem");/*静态申请设备号*/
    else
    {
        result = alloc_chrdev_region(&devno, 0, 1, "Virtualmem");/* 动态申请设备号 */
        Virtualmem_major = MAJOR(devno);
    }
    if (result < 0)
        return result;
    Virtualmem_devp = kmalloc(sizeof(struct Virtualmem_dev), GFP_KERNEL);/*申
请设备结构体的内存*/
    if (!Virtualmem_devp)
    {
        result =  - ENOMEM;
        goto fail_malloc;
    }
    memset(Virtualmem_devp, 0, sizeof(struct Virtualmem_dev));
    Virtualmem_setup_cdev(Virtualmem_devp, 0);
    return 0;
    fail_malloc: unregister_chrdev_region(devno, 1);
```

```
    return result;
}
/********************************************************************
* 名称：void Virtualmem_exit ()
* 功能：模块卸载函数
* 入口参数：无
* 出口参数：无
********************************************************************/
void Virtualmem_exit(void)
{
    cdev_del(&Virtualmem_devp->cdev);    /*注销 cdev*/
    kfree(Virtualmem_devp);              /*释放设备结构体内存*/
    unregister_chrdev_region(MKDEV(Virtualmem_major, 0), 1); /*释放设备号*/
}
MODULE_AUTHOR("AK-47");                  /*告知内核该模块的作者*/
MODULE_LICENSE("Dual BSD/GPL");          /*用来告知内核，该模块的许可证*/
module_init(Virtualmem_init);            /*指定驱动加载时调用的函数*/
module_exit(Virtualmem_exit);            /*指定驱动卸载时调用的函数*/
```

10.6.2 Virtualmem 测试程序

在测试程序中，我们首先向设备文件中写入 10 个数据，然后再从设备中将数据读出，由此来验证驱动程序的 read()函数和 write()函数；接下来通过 ioctl 系统调用，向设备发送 MEM_CLEAR 指令，该指令将设备中的数据置为通过 arg 参数传送的值，由此来验证驱动程序的 iotcl()函数。

测试程序代码如下。

```
#include <stdio.h>
#include <sys/types.h>
#include <sys/stat.h>
#include <sys/ioctl.h>
#include <fcntl.h>
#include <unistd.h>

#define MEM_CLEAR    0x1  /*全局内存清零指令*/
```

```
#define DEVICE_FILENAME "/dev/Virtualmem"
int main ( )
{
int dev;
int loop;
char buf[10];
char to[10];
int i;
for(i=0;i<10;i++)
    buf[i]=i;
dev = open(DEVICE_FILENAME,O_RDWR|O_NDELAY);/*打开设备文件*/
if (dev >= 0)
{
    write (dev, buf, 10);/*将buf数组里面的数据写入设备*/
    sleep (2);
    read (dev, to, 10);/*将设备中存储的数据读取到to数组中*/
    for(i=0;i<10;i++)
    {
        printf("%d\n",to[i]);
    }
    sleep (1);
    ioctl(dev,MEM_CLEAR,100);/*通过ioctl系统调用，向设备发送指令*/
    read (dev, to, 10);/*再次读取设备中的数据到to数组中*/
    for(i=0;i<10;i++)
    {
        printf("%d\n",to[i]);
    }
}
else
{
    printf("open failure!\n");
}
close (dev);
return 0;
}
```

10.6.3 驱动程序的测试方法

通过应用程序来测试设备驱动的步骤如下。

（1）通过 Makefile 文件将 Virtualmem 驱动程序编译成模块文件 Virtualmem.ko 并且将其复制至根文件系统目录下（/work/rootfile/rootfs）。

（2）通过串口线连接目标板与宿主机，运行 PuTTY，启动目标板，目标板启动完成后会挂载宿主机上面的根文件系统，通过 PuTTY 找到目标机挂载的根文件系统中的驱动程序后，执行 insmod Virtualmem.ko 加载编译成功的驱动程序。

（3）驱动模块加载成功后，目标板 proc/devices 目录下面会有设备节点的具体信息，可以在终端下输入 cat /proc/devices 命令观察设备节点信息，记下设备名、主次设备号。

（4）终端下利用刚才记下的信息，创建设备节点，利用命令“mknod /dev/Virtualmemc 主设备号 次设备号”来进行创建。

（5）设备驱动程序需要通过应用程序来进行测试，假设测试程序名称为 Virtualmem_test，那么接下来在 PuTTY 终端下运行测试程序./Virtualmem_test，观察驱动程序是否正常运行，是否正常操控硬件。

如果驱动程序中不涉及到 Smart210 开发板硬件时，调试工作可以在宿主机上面进行，我们将编译驱动程序的 Makefiile 文件做如下修改。

```
obj-m    :=Virtualmem.o
#CROSS_COMPILE    =arm-none-linux-gnueabi-
CC        = $(CROSS_COMPILE)gcc
#KDIR          :=/work/kernel/android-kernel-samsung-dev
KDIR :=/lib/modules/2.6.18-194.el5xen/build/
PWD  :=$(shell pwd)
default:
    $(MAKE) -C $(KDIR) SUBDIRS=$(PWD) modules
clean:
    rm -rf *.o* *~ core .depend .*.cmd *.ko *.mod.c
    rm -rf .tmp_versions/
    rm -rf *.symvers
```

以上修改中，编译驱动程序使用的是宿主机 X86 平台下的 GCC 编译器，同时内核源代码指向了宿主机 2.6.18 版本内核目录。

10.7 自动创建设备节点的方法

在上述驱动程序的调试过程中，程序员手动通过 PuTTY 串口终端完成驱动程序的加载、设备节点的创建等操作。但是当产品设计完成发布时，目标板独立启动，无法在宿主机上面通过串口线连接目标板，在串口终端输入上述命令。那么如何完成设备节点的创建呢？这里可以有两种解决方案。

（1）放弃动态申请设备号方案，采用静态申请。由于静态申请设备号时，驱动程序中设备号已知，将 mknod 创建设备节点命令放入根文件系统 init.d/rcS 文件最后，根文件系统启动时自动创建设备节点。但是此方法设备号申请不灵活，容易造成设备号浪费，对热插拔等功能支持不好。

（2）仍采用动态申请，设备节点的创建由 udev 来完成。

10.7.1 udev 简介

udev 是 2.6 版本 Linux 内核具有的设备管理器，本质上它就是运行于用户空间的应用程序，目的是管理/dev 下面的设备，在 BusyBox 制作好的文件系统中加入 udev 可执行文件后，配置 udev，使之成为一个守护进程，这样它就可以监视驱动模块的加载情况，一旦驱动模块加载，udev 会对驱动程序自动创建设备节点；模块一旦卸载，便会自动删除节点。下面我们就来看一下 udev 源代码包的制作与使用方法。

10.7.2 编译配置 udev

1. 交叉编译 udev 源代码包

（1）下载 udev-100.tar.bz2，执行 tar xjvf udev-100.tar.bz2 命令解压到某一目录下。

（2）进入解压后 udev 目录，编辑 Makefile 文件，查找 CROSS_COMPILE 关键字，修改为 CROSS_COMPILE ?= arm-none-linux-gnueabi-。

（3）执行 make 命令，进行编译。

（4）成功编译后，udev 当前目录下会生成 udev、udevcontrol、udevd、udevinfo、

udevmonitor、udevsettle、udevstart、udevtest、udevtrigger 九个应用程序，在 Smart210 开发板根文件系统中，我们只需要 udevd 和 udevstart 就能使 udev 工作得很好，其他工具可以帮助我们完成 udev 的信息察看、事件捕捉或者更高级的操作，这里暂不需要。

2. 配置 udev

udev 需要内核 sysfs 和 tmpfs 的支持，sysfs 为 udev 提供设备入口和 uevent 通道，tmpfs 为 udev 设备文件提供存放空间。

首先使内核支持 sysfs 和 tmpfs，如果采用 SMDKV210 的默认配置，则已经完成相关配置，无需再进行操作。

然后我们把 udevd 和 udevstart 复制到/sbin 目录。

接下来在根文件系统目录/etc/下为 udev 建立规则。解压后的 udev-100/etc 目录中包含了 udev 所需的建立设备文件时，需要建立规则的样例文本。在嵌入式系统中，我们只需要用到 udev-100/etc/udev/udev.conf 文件，在根文件系统(/work/rootfile/rootfs/etc)下建立一个 udev 文件夹，将其复制。

这个文件很简单，除了注释只有一行，用来配置日志信息，在嵌入式系统中不需要 udev 的日志，但是 udevd 需要检查这个文件，因此只是复制过去即可，无需做其他改动。

以下是文件内容。

```
# udev.conf
# The initial syslog(3) priority: "err", "info", "debug" or its
# numerical equivalent. For runtime debugging, the daemons internal
# state can be changed with: "udevcontrol log_priority=<value>".
udev_log="err"
```

为了决定如何命名设备节点以及命名设备节点后再采取其他的动作，udev 会读取一系列规则文件。这些文件保存在/etc/udev/rules.d 目录下，而且都必须有.rules 后缀名。默认条件下 udev 规则应该存储在/etc/udev/rules.d/udev.rules 下。

因此我们需要在 rootfs/etc/udev 下建立一个 rules.d 目录，生成一个空的配置文件 touch etc/udev/rules.d/udev.rules。

udev.rules 文件可以根据以后根文件系统扩展的情况进行编写。因为只是利用 udev 来在设备驱动程序调试过程中自动创建设备节点，所以子文件内容为空。

做好以上两项内容后，udev 所需的根文件系统内容已经完成，为了使 udevd 在 kernel 起来后能够自动运行，我们在 rootfs/etc/init.d/rcS 中最后增加以下几行。

```
echo "Starting udevd..."
```

```
/sbin/udevd --daemon
/sbin/udevstart
```

daemon 参数的作用是使 udevd 成为守护进程，使其监测驱动模块加载、卸载情况。

10.7.3 驱动实例

上面叙述的是使根文件系统支持 udev，驱动程序中也要做一些改动，相应的代码要做一些改变。添加后的驱动代码如下。

```
#include <linux/module.h>
#include <linux/types.h>
#include <linux/fs.h>
#include <linux/errno.h>
#include <linux/mm.h>
#include <linux/sched.h>
#include <linux/init.h>
#include <linux/cdev.h>
#include <asm/io.h>
#include <asm/system.h>
#include <asm/uaccess.h>
#include <linux/device.h>
struct class *my_class= NULL;
static void Virtualmem_setup_cdev(struct Virtualmem_dev *dev, int index)
{
  int err, devno = MKDEV(Virtualmem_major, index);

  cdev_init(&dev->cdev, &Virtualmem_fops);
  dev->cdev.owner = THIS_MODULE;
  dev->cdev.ops = &Virtualmem_fops;
  err = cdev_add(&dev->cdev, devno, 1);
  if (err)
    printk(KERN_ALERT "Error %d adding Virtualmem%d", err, index);
  my_class =class_create(THIS_MODULE, "XXXXXX");
  if(IS_ERR(my_class))
```

```
    {
      printk("Err: failed in creating class.\n");
      return ;
      }
      device_create(my_class,NULL,devno,NULL,"XXXXXX");
}
int Virtualmem_init(void)
{
  ......
Virtualmem_setup_cdev(Virtualmem_devp, 0);
    ......
}
void Virtualmem_exit(void)
{
  if (IO_port_resource!=NULL) release_region((unsigned long)S5PV210_GPFCON, 0x0c);
  cdev_del(&Virtualmem_devp->cdev);   /*注销 cdev*/
  kfree(Virtualmem_devp);      /*释放设备结构体内存*/
  ......
  device_destroy(my_class, MKDEV(Virtualmem_major, 0));
  class_destroy(my_class);
  unregister_chrdev_region(MKDEV(Virtualmem_major, 0), 1); /*释放设备号*/
}
  ......
module_init(Virtualmem_init);
module_exit(Virtualmem_exit);
```

通过增加上述代码，同时 udev 成为守护进程后 insmod 加载生成的 xxx.ko 驱动程序文件后，/dev 下面就可以自动生成相应的设备文件节点，省去了 mknod 去创建文件节点的麻烦。另外卸载 xxx.ko 驱动程序时，udev 会自动删除设备文件节点，释放设备号。

配置 udev 后，根文件系统目录/etc/init.d/rcS 文件要做相应的改动。

改动后的 rcs 文件内容如下。

```
#! /bin/sh
echo "Processing etc/init.d/rcS"
hostname AK-47
/bin/mount -a
```

```
#/bin/echo /sbin/mdev > proc/sys/kernel/hotplug
/sbin/insmod  xxx.ko
#mdev -s
/sbin/ifconfig eth0 192.168.0.1
echo "start udev!"
/sbin/udevd --daemon
/sbin/udevstart
echo "finished run udev!"
```

在修改后的 rcS 文件中，由于将 udevd 和 udevstart 作为了守护进程，注释掉了 mdev –s。其实 mdev 是制作根文件系统的时候，由 BusyBox 提供的一个轻量级的 udev 工具，功能较 udev 功能简单。两者功能相同，所以可以任取其一来使用。

值得注意的是，驱动程序应该在 udevd 或者 mdev 运行前加载完毕，即 insmod xxx.ko 命令应该置于 udevd 或者 mdev 之前。只有驱动模块加载后，udev 才会根据已加载的模块内容在用户空间创建设备节点。

第 11 章 驱动开发核心技术

本章内容：

理解嵌入式 Linux 内核提供的信号量，等待队列和中断处理等机制；掌握硬件设备端口访问方法；掌握利用 Linux 内核提供的接口函数开发设备驱动的方法。

教学目标：

掌握利用 Linux 提供的接口函数开发驱动的方法。

11.1 并发处理机制

并发是指在操作系统中，一个时间段中有几个程序同时处于就绪状态，等待调度到 CPU 中运行。并发容易导致竞争的问题。竞争就是两个或两个以上的进程同时访问一个资源，从而引起资源的错误。

Linux 内核提供了一些机制避免并发对系统资源的影响，有原子量、自旋锁、信号量和完成量等。本节仅介绍常用的信号量（semaphore）机制的实现方法，目的是带领读者了解 Linux 内核对并发的处理方法。更为详细的内容，读者可自行查阅相关书籍。

11.1.1 信号量的定义

Linux 内核的信号量在概念和原理上与用户态的信号量是一样的，但它是一种睡眠锁。如果一个任务想要获得已经被占用的信号量，信号量会将这个进程放入一个等待队列，然后让其睡眠；当持有信号量的进程将信号释放后，处于等待队列中的任务将被唤醒并获得信号量。信号量在创建时需要设置一个初始值，表示允许多个任务同时访问该信号量保护的共享资源；初始值为 1 就变成互斥锁（Mutex），即同时只能有一个任务访问信号量保护的共享资源。当任务访问完被信号量保护的共享资源后，必须释放信号量。释放信号量通过将信号量的值加 1 实现，如果释放后信号量的值为非正数，表明有任务等待当前信号量。

从信号量的原理上来说，没有获得信号量的函数可能睡眠。这就要求只有能够睡眠的进程才能使用信号量，不能睡眠的进程不能使用信号量。例如在中断处理程序中，因为中断要立刻完成，不能睡眠，所以中断处理程序中不能使用信号量。

11.1.2 信号量的内核函数

Linux 内核中使用 struct semaphore 结构体类型来表示信号量，定义位于<asm/semaphore.h>中。同时 Linux 内核提供了一系列函数对 struct semaphore 进行操作。下面我们对信号量的使用方法进行简要的介绍。

1. 定义信号量

```
struct semaphore sem;
```

2. 初始化信号量

- void sema_init (struct semaphore *sem, int val)：该函数用于初始化设置信号量的初值，它设置信号量 sem 的值为 val。
- void init_MUTEX (struct semaphore *sem)：该函数用于初始化一个互斥锁，即它把信号量 sem 的值设置为 1。
- void init_MUTEX_LOCKED (struct semaphore *sem)：该函数也用于初始化一个互斥锁，但它把信号量 sem 的值设置为 0，即一开始就处在已锁状态。带有“_LOCKED”的是将信号量初始化为 0，即锁定状态，任何线程访问时必须先解锁。

3. 获取信号量

- int down(struct semaphore * sem)：获取信号量 sem，可能会导致进程睡眠，因此不能在中断上下文使用该函数。该函数将把 sem 的值减 1，如果信号量 sem 的值非负，就直接返回，否则调用者将被挂起，直到别的任务释放该信号量才能继续运行。
- int down_interruptible(struct semaphore * sem)：该函数与 down()函数非常类似，不同之处在于，down()函数进入睡眠之后，就不能够被信号唤醒，而 down_interruptible()

函数进入睡眠后可以被信号唤醒，如果被信号唤醒，那么会返回非 0 值。所以调用 down_interruptible()函数时，一般应检查返回值，判断被唤醒的原因。

- int down_trylock(struct semaphore *sem)：该函数获取信号量时如果信号量已被其他进程获取，则立刻返回非零值，带有"_trylock"的函数不会处于休眠状态。

4. 释放信号量

void up(struct semaphore * sem)：该函数释放信号量 sem，即把 sem 的值加 1，如果 sem 的值为非正数，表明有任务等待该信号量，因此唤醒这些等待者。

11.1.3 信号量驱动程序及测试代码

前面我们已经说过，如果信号量被初始化为 1，那么将这种信号量称为互斥体。互斥体可以实现对设备的临界资源独享，即某一时刻只能有一个进程访问设备的临界资源。

1. 驱动程序

下面我们给出一个信号量的使用实例，首先是定义互斥体，然后初始化、获得信号量和释放信号量，其代码如下。

```
#include <linux/module.h>
#include <linux/types.h>
#include <linux/fs.h>
#include <linux/errno.h>
#include <linux/mm.h>
#include <linux/sched.h>
#include <linux/init.h>
#include <linux/cdev.h>
#include <asm/io.h>
#include <asm/system.h>
#include <asm/uaccess.h>
#include <linux/device.h>
#define VIRTUALMEM_MAJOR 0
static int Virtualmem_major = VIRTUALMEM_MAJOR;
```

```
struct Virtualmem_dev
{
    struct cdev cdev;
    struct semaphore lock;
};
struct Virtualmem_dev *Virtualmem_devp;
struct class *my_class= NULL;
int Virtualmem_open(struct inode *inode, struct file *filp)
{
    filp->private_data = Virtualmem_devp;
    if (!down_trylock(&Virtualmem_devp->lock))/*申请信号量，成功后不允许其他进程访问此设备*/
        return 0;
    else
    {
        printk("I am busy!\n");
        return -EBUSY;
    }
}
int Virtualmem_release(struct inode *inode, struct file *filp)
{
    up(&Virtualmem_devp->lock);/*释放信号量*/
    return 0;
}
static ssize_t Virtualmem_read(struct file *filp, char __user *buf, size_t size,
                                  loff_t *ppos)
{
    int ret = 0;
    struct Virtualmem_dev *dev = filp->private_data;
    return ret;
}
static ssize_t Virtualmem_write(struct file *filp, const char __user *buf,
                                  size_t size, loff_t *ppos)
{
    int ret = 0;
    struct Virtualmem_dev *dev = filp->private_data;
    return ret;
}
static const struct file_operations Virtualmem_fops =
```

```
{
    .owner = THIS_MODULE,
    .read = Virtualmem_read,
    .write = Virtualmem_write,
    .open = Virtualmem_open,
    .release = Virtualmem_release,
};
static void Virtualmem_setup_cdev(struct Virtualmem_dev *dev, int index)
{
    int err, devno = MKDEV(Virtualmem_major, index);
    cdev_init(&dev->cdev, &Virtualmem_fops);
    dev->cdev.owner = THIS_MODULE;
    dev->cdev.ops = &Virtualmem_fops;
    err = cdev_add(&dev->cdev, devno, 1);
    if (err)
        printk(KERN_ALERT "Error %d adding Virtualmem%d", err, index);
      my_class =class_create(THIS_MODULE, "semadev");
    if(IS_ERR(my_class))
    {
        printk("Err: failed in creating class.\n");
        return ;
    }
    class_device_create(my_class,NULL,devno,NULL,"semadev");
}
int Virtualmem_init(void)
{
    int result;
    dev_t devno = MKDEV(Virtualmem_major, 0);
    if (Virtualmem_major)
        result = register_chrdev_region(devno, 1, "semadev");
    else
    {
        result = alloc_chrdev_region(&devno, 0, 1, "semadev");
        Virtualmem_major = MAJOR(devno);
    }
    if (result < 0)
```

```
        return result;
    Virtualmem_devp = kmalloc(sizeof(struct Virtualmem_dev), GFP_KERNEL);
    if (!Virtualmem_devp)
    {
        result =  - ENOMEM;
        goto fail;
    }
    memset(Virtualmem_devp, 0, sizeof(struct Virtualmem_dev));
    Virtualmem_setup_cdev(Virtualmem_devp, 0);
    init_MUTEX(&Virtualmem_devp->lock);/*初始化互斥体*/
    return 0;
    fail: unregister_chrdev_region(devno, 1);
    return result;
}
void Virtualmem_exit(void)
{
    cdev_del(&Virtualmem_devp->cdev);
    kfree(Virtualmem_devp);
    unregister_chrdev_region(MKDEV(Virtualmem_major, 0), 1);
    class_device_destroy(my_class, MKDEV(Virtualmem_major, 0));
    class_destroy(my_class);
}
MODULE_AUTHOR("AK-47");
MODULE_LICENSE("Dual BSD/GPL");
module_init(Virtualmem_init);
module_exit(Virtualmem_exit);
```

2. 测试代码

```
#include <stdio.h>
#include <sys/types.h>
#include <sys/stat.h>
#include <sys/ioctl.h>
#include <fcntl.h>
#include <unistd.h>
#define DEVICE_FILENAME "/dev/semadev"
int main( )
{
```

```
        int dev;
        dev = open(DEVICE_FILENAME, O_RDWR|O_NDELAY);
        if (dev<0)
            printf("can't open the semadev!\n");
        if (dev >= 0)
        {
            printf("open the device succeed!\n");
        }
        sleep(10);
        printf("I want to close device!\n");
        close(dev);
        return 0;
}
```

3. 驱动程序调试

测试程序运行第一次会延时10秒钟，在10秒钟内再次运行该测试程序，第一个进程打开设备时已经成功申请信号量，占用了设备，因此再次运行设备时，无法获得信号量，提示打开设备失败，这样就通过互斥体(信号量)实现了设备资源的独享。运行结果如下所示。

```
# ./semaphore_test &              /*后台方式打开设备*/
# open the device succeed!        /*首次打开设备成功*/
# ./semaphore_test                /*10秒钟内尝试再次打开*/
can't open the semadev!           /*设备被占用，提示打开失败*/
I want to close device!
I want to close device!
[1]+  Done                        ./semaphore_test
```

11.2 阻塞机制

11.2.1 阻塞和非阻塞定义

阻塞调用是指调用结果返回之前，当前线程会被挂起，函数只有在得到结果之后才会返回。非阻塞与阻塞的概念相对应，指在不能立刻得到结果之前，该函数不会阻塞当前线程，而会立刻返回。

在阻塞型驱动程序中，read实现方式如下：如果进程调用read，但设备没有数据或数据不足，进程阻塞，当新数据到达后，唤醒被阻塞在阻塞型驱动程序中进程。write 实现方式如下：如果进程调用了 write 但设备没有足够的空间供其写入数据，进程阻塞，当设备中的数据被读走后，缓冲区中空出部分空间，则唤醒进程。

在用户空间编写应用程序时，阻塞方式是文件读写操作的默认方式，应用程序可在调用 open()函数打开文件时，使用 O_NONBLOCK 标志来人为地设置读写操作为非阻塞方式（定义在<linux/fcntl.h>）。如果设置了 O_NONBLOCK 标志，read 和 write 的行为会发生变化。如果进程在没有数据就绪时调用了 read，或者在缓冲区没有空间时调用了 write，系统只是简单地返回-EAGAIN，而不会阻塞进程。

11.2.2 等待队列定义及其内核函数

在 Linux 驱动程序中，阻塞进程可以使用等待队列来实现。等待队列的基本数据结构类型为队列，将存储到队列中的进程构造为一个双向链表，存储的是睡眠的进程。同时等待队列与进程调度机制紧密结合，当等待条件满足时，通过进程调度唤醒睡眠的进程。等待队列有很多用处，比如内核的异步事件通知机制、系统资源的同步访问等。

在 Linux 中，等待队列的数据结构类型为 wait_queue_head_t，内核提供了一系列的函数对 struct wait_queue_head_t 进行操作。下面我们对等待队列的操作方法进行简要的介绍。

1. 定义和初始化等待队列

在 Linux 中，定义等待队列的方法和定义普通结构体的方法相同，定义方法如下。

```
wait_queue_head_t my_queue;
```

一个等待队列必须初始化才能被使用，init_waitqueue_head()函数用来初始化一个等待队列，其代码形式如下。

```
init_waitqueue_head(&my_queue)
```

Linux 内核还提供了一个宏，在定义的同时初始化一个等待队列，其代码形式如下。

```
DECLARE_WAIT_QUEUE_HEAD(my_queue)
```

2. 等待事件

Linux 内核中提供一些宏来等待相应的事件，这些宏的定义如下。

（1）wait_event(queue,condition)

wait_event 宏的功能是，在等待队列中睡眠直到 condition 为真，在等待的期间，进程会被置为 TASK_UNINTERRYPTIBLE 状态并进入睡眠，直到 condition 变量变为真。每次进程被唤醒的时候都会检查 condition 的值。

（2）wait_event_interruptible(queue,condition)

wait_event_interruptible 宏和 wait_event 宏的区别是，调用该宏在等待的过程中，当前的进程会被设置为 TASK_INTERRUPTIBLE 状态，在每次被唤醒的时候，首先检查 condition 是否为真，如果为真则返回，否则检查如果进程被信号唤醒，会返回-ERESTARTSYS 错误码，如果是 condition 为真，则返回 0。

（3）wait_event_timeout(queue,condition,timeout)

wait_event_interruptible 宏和 wait_event 宏类似，不过如果所给的睡眠时间为负数，则立即返回，如果在睡眠期间被唤醒且 condition 为真，则返回剩余的睡眠时间，否则继续睡眠直到到达或超过给定的睡眠时间，然后返回 0。

（4）wait_event_interruptible_timeout(queue,conditon,timeout)

wait_event_interruptible_timeout 与 wait_event_timeout 宏类似，不过如果在睡眠期间被信号打断则返回 ERESTARTSYS 错误码。

3．唤醒等待队列

（1）wake_up(wait_queue_t *q)

它从等待队列 q 中唤醒状态为 TASK_UNINTERRUPTIBLE、TASK_INTERRUPTIBLE、TASK_KILLABLE 的所有进程。该宏和 wait_event/wait_event_timeout 成对使用。

（2）wake_up_interruptible(wait_queue_t *q)

它从等待队列 q 中唤醒状态为 TASK_INTERRUPTIBLE 的进程，与 wait_event_interruptible/wait_ event_interruptible_timeout 成对使用。

11.2.3 等待队列驱动程序及测试代码

下面我们给出一个等待队列的使用实例，首先是定义等待队列，然后应用程序读设备中数据时，由于没有向设备中先写入数据，进程阻塞，直到应用程序通过写操作向设备中写入数据后，读设备进程才被唤醒而得到执行。

1．驱动程序

```
#include <linux/module.h>
#include <linux/types.h>
```

```
#include <linux/fs.h>
#include <linux/errno.h>
#include <linux/init.h>
#include <linux/cdev.h>
#include <linux/sched.h>
#include <linux/kernel.h>
#include <linux/fs.h>
#include <linux/types.h>
#include <linux/wait.h>
#include <asm/uaccess.h>
#include <linux/slab.h>
#include <linux/device.h>
#define VIRTUALMEM_SIZE   0x1000
#define VIRTUALMEM_MAJOR 0
static int Virtualmem_major = VIRTUALMEM_MAJOR;
struct Virtualmem_dev
{
    struct cdev cdev;
    unsigned char mem[VIRTUALMEM_SIZE];
};
static DECLARE_WAIT_QUEUE_HEAD(wq);/*定义并初始化等待队列*/
static int flag = 0;
struct Virtualmem_dev *Virtualmem_devp;
struct Virtualmem_dev *Virtualmem_devp;
struct class *my_class= NULL;
int Virtualmem_open(struct inode *inode, struct file *filp)
{
    filp->private_data = Virtualmem_devp;
    return 0;
}
int Virtualmem_release(struct inode *inode, struct file *filp)
{
    return 0;
}
static ssize_t Virtualmem_read(struct file *filp, char __user *buf, size_t size,
```

```
                                        loff_t *ppos)
{
    unsigned int count = size;
    unsigned long p =  *ppos;
    int ret = 0;
    struct Virtualmem_dev *dev = filp->private_data;
    printk(KERN_DEBUG "process %i (%s) going to sleep\n",
            current->pid, current->comm);
    wait_event_interruptible(wq, flag != 0);/*设备中无数据可读，将当前进程睡眠，直
到满足 flag!=0 时，进程被唤醒*/
    flag = 0;/*唤醒后，将其再次置为零*/
    if (copy_to_user(buf, (void*)(dev->mem), count))
    {
        ret =  - EFAULT;
    }
    else
    {
        ret = count;
        printk(KERN_INFO "read %d bytes(s) from %d\n", count, p);
    }
    printk(KERN_DEBUG "awoken %i (%s)\n", current->pid, current->comm);
    return ret;
}
static ssize_t Virtualmem_write(struct file *filp, const char __user *buf,
                                    size_t size, loff_t *ppos)
{
    unsigned int count = size;
    unsigned long p =  *ppos;
    int ret = 0;
    struct Virtualmem_dev *dev = filp->private_data;
    printk(KERN_DEBUG "process %i (%s) awakening the readers...\n",
            current->pid, current->comm);
    if (copy_from_user(dev->mem, buf, count))
        ret =  - EFAULT;
    else
```

```
    {
        ret = count;
        printk(KERN_INFO "written %d bytes(s) from %d\n", count, p);
    }
    flag = 1;/*向设备中写入数据，将 flag 位置 1，表示有数据可读*/
    wake_up_interruptible(&wq);/*唤醒因为无数据可读而睡眠的进程*/
    return size;
}
static const struct file_operations Virtualmem_fops =
{
    .owner = THIS_MODULE,
    .read = Virtualmem_read,
    .write = Virtualmem_write,
    .open = Virtualmem_open,
    .release = Virtualmem_release,
};
static void Virtualmem_setup_cdev(struct Virtualmem_dev *dev, int index)
{
    int err, devno = MKDEV(Virtualmem_major, index);
    cdev_init(&dev->cdev, &Virtualmem_fops);
    dev->cdev.owner = THIS_MODULE;
    dev->cdev.ops = &Virtualmem_fops;
    err = cdev_add(&dev->cdev, devno, 1);
    if (err)
        printk(KERN_ALERT "Error %d adding Virtualmem%d", err, index);
    my_class =class_create(THIS_MODULE, "semadev");
    if(IS_ERR(my_class))
    {
        printk("Err: failed in creating class.\n");
        return ;
    }
    class_device_create(my_class,NULL,devno,NULL,"sleepy");
}
int Virtualmem_init(void)
{
```

```
        int result;
        dev_t devno = MKDEV(Virtualmem_major, 0);
        if (Virtualmem_major)
            result = register_chrdev_region(devno, 1, "sleepy");
        else
        {
            result = alloc_chrdev_region(&devno, 0, 1, "sleepy");
            Virtualmem_major = MAJOR(devno);
        }
        if (result < 0)
            return result;
        Virtualmem_devp = kmalloc(sizeof(struct Virtualmem_dev), GFP_KERNEL);
        if (!Virtualmem_devp)
        {
            result =  - ENOMEM;
            goto fail;
        }
        memset(Virtualmem_devp, 0, sizeof(struct Virtualmem_dev));
        Virtualmem_setup_cdev(Virtualmem_devp, 0);
        return 0;
        fail: unregister_chrdev_region(devno, 1);
        return result;
    }
    void Virtualmem_exit(void)
    {
        cdev_del(&Virtualmem_devp->cdev);
        kfree(Virtualmem_devp);
        unregister_chrdev_region(MKDEV(Virtualmem_major, 0), 1);
        class_device_destroy(my_class, MKDEV(Virtualmem_major, 0));
        class_destroy(my_class);
    }
    MODULE_AUTHOR("AK-47");
    MODULE_LICENSE("Dual BSD/GPL");
    module_init(Virtualmem_init);
    module_exit(Virtualmem_exit);
```

2. 读进程

```
#include <unistd.h>
#include <sys/stat.h>
#include <fcntl.h>
#include <stdlib.h>
int main()
{
    int sleepytest;
    int code;
    sleepytest = open("/dev/sleepy",O_RDONLY );
    if ((code=read(sleepytest , NULL , 0)) < 0)
        printf("read error! code=%d \n",code);
    else
        printf("read ok! code=%d \n",code);
    close(sleepytest);
    exit(0);
}
```

3. 写进程

```
#include <unistd.h>
#include <sys/stat.h>
#include <fcntl.h>
#include <stdlib.h>
int main()
{
    int sleepytest;
    int code;
    sleepytest = open("/dev/sleepy",O_WRONLY );
    if ((code=write(sleepytest , NULL , 0)) < 0 )
        printf("write error! code=%d \n",code);
    else
        printf("write ok! code=%d \n",code);
    close(sleepytest);
    exit(0);
}
```

4. 驱动程序调试

首先读进程测试程序，由于无法满足 flag!=0 条件，读进程睡眠；然后运行写进程测试程序，在驱动程序 Virtualmem_write()函数中，设置 flag=1，同时唤醒读进程，读进程得以执行。执行结果如下所示。

```
# ./waitqueue_read &
[1] 4464
# ./waitqueue_write
write ok! code=0
read ok! code=0
[1]+  Done                    ./waitqueue_read
```

11.3 中断机制

11.3.1 中断定义及分类

1. 中断的定义及实现

计算机在执行程序的过程中，由于出现某种特殊情况，使得计算机暂时中止正在运行的程序，转而去执行这一特殊事件，处理完毕后再回到原来的程序继续向下执行，这个过程就是中断。

中断在 Linux 中仅仅是通过信号来实现的，当硬件需要通知处理器一个事件时，就可以发送一个信号给处理器。例如当用户按下键盘的一个键，就会向处理器发送一个信号，处理器接收到信号后，会调用相应的硬件处理驱动程序，完成相应的功能操作。

通常情况下，编写带有中断的驱动程序只要申请中断并添加中断处理函数就可以了。中断的到达和中断处理函数的调用，都是由内核框架完成的。

2. 中断的分类

在 Linux 操作系统中，中断的分类是非常复杂的。根据角度的不同，可以将中断分为不同的类型，各种类型之间的关系并非互相独立，往往是交叉的，从宏观上可以分为硬中断和软中断。

（1）硬中断

硬中断就是由系统硬件产生的中断。系统硬件通常指的是外部事件。外部事件具有随机性和突发性，因此硬中断也具有随机性和突发性。例如手机正常情况下处于待机状态，待机状态下 CPU 处理基本的运行程序。某一个时刻，当手机的 GSM 模块接收到来电请求时，会通过连接到 CPU 的中断线向 CPU 发送一个硬件中断请求。CPU 接收到该中断后，会立刻处理预先定义好的中断处理程序。该中断处理程序会调用铃声驱动程序和电机驱动程序，使手机响铃或震动。

硬件中断具有随机性和突发性的原因是手机根本无法预见电话什么时候到来。另外，硬中断是可以屏蔽的，例如许多手机具有屏蔽来电的功能。

（2）软中断

软中断是执行中断指令时产生的。软中断不用外设施加中断请求信号，因此中断的发生不是随机的而是由程序安排好的。汇编程序设计中经常会使用软中断指令。

处理器接收软中断有两个来源，一是处理器执行到错误的指令代码，如除零错误；二是由软件产生中断，如进程的调度就是使用的软中断方式。

3. 中断产生的位置

从中断产生的位置分类，可以将中断分为外部中断和内部中断。

（1）外部中断

外部中断一般是指由计算机外设发出的中断请求，键盘中断、打印机中断和定时器中断等。外部中断可以通过编程方式屏蔽。

（2）内部中断

内部中断是由硬件出错或运算出错所引起的中断。内部中断是不可屏蔽的中断。通常情况下，大多数内部中断都由 Linux 内核进行处理，所以驱动程序往往不需要关心这些问题。

11.3.2 中断的实现过程

中断的实现过程是一个比较复杂的过程，其中涉及中断信号线、中断控制器等概念。

1. 中断信号线

中断信号线是对中断输入线和中断输出线的统称。中断输入线是指接收中断信号的引脚。中断输出线是指发送中断信号的引脚。每一个能够产生中断的外设都有一条或者多条中断输出线，用来通知处理器产生中断。相应地，处理器也有一组中断输入线，用来接收连接到它的外部设备发出的中断信号。

如图 11-1 所示，外设 1、外设 2 和外设 3 都通过自己的中断输出线连接到 ARM 核微处理器上的不同中断输入线上。每一条中断线都是有编号的，一般从 0 开始编号，编号也可以叫做中断号。在写设备驱动程序的过程中，中断号往往需要驱动开发人员来指定，这时，可以查看硬件开发板的原理图，找到外设与处理器的连接关系，如连接到 0 号中断线，那么中断号就是 0。

2. 中断控制器

中断控制器在微处理器核心和中断源之间。外部中断源将中断发到中断控制器。中断控制器根据优先级进行判断，然后通过引脚将中断请求发送给微处理器核心。微处理器内部中断控制器如图 11-2 所示。

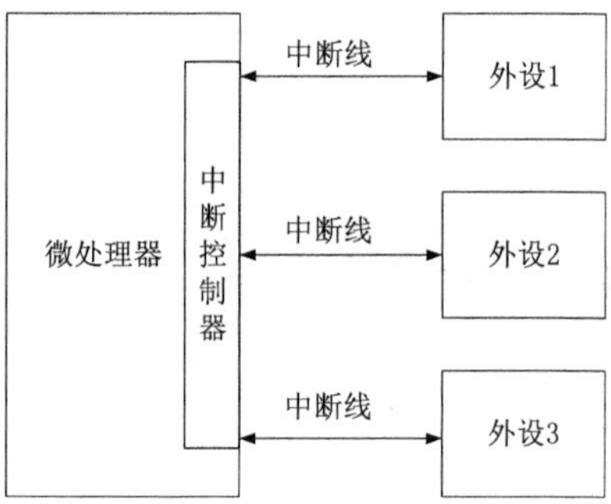

图 11-1　中断信号线的连接

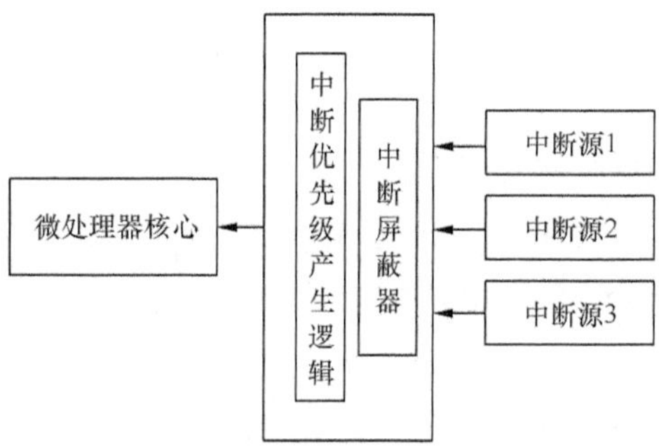

图 11-2　中断控制器

外部设备同时产生中断时，中断源信号先进入中断屏蔽器，经过中断屏蔽器处理后，再由中断优先级产生逻辑判断那个中断源优先执行。当对应某中断源的屏蔽器位为 1 时，表示对应的中断被禁止；为 0 时，表示相应的中断可以正常执行。不同的处理器屏蔽位 0/1 的意义可能有所不同。

3. 中断处理过程

Linux 处理中断的整个过程如下。

（1）外设产生一个中断信号，该中断通过中断信号线以电信号方式发送给中断控制器。

（2）中断控制器一直检查中断信号线，检查是否有信号产生。如果有一条或者多条中断信号线产生信号，那么中断控制器就先处理中断编号较小（优先级较高）的中断信号线。

（3）中断控制器将收到的中断号存放到中断系统某寄存器，该寄存器直接连接到数据总线上，当中断控制器处理完毕后，发送给 CPU 一个信号，CPU 在适当的时刻分析该信号，以判定中断的类型。

（4）如果中断是外部设备引起的，就会发送一个应答信号给中断控制器，中断控制器中某寄存器会置位，表示 CPU 正在执行该中断。

（5）CPU 根据中断号执行相应的中断处理函数。

11.3.3 中断的申请及释放

Linux 为中断提供了一系列接口函数，具体内容如下。

1. 申请中断

申请中断可以使内核知道外设应该使用哪一个中断号，该中断号对应哪一个中断处理函数。申请中断在需要与外部设备交互时发生。

```
int request_irq(unsigned int irq,irqreturn_t (*handler)(int, void *),unsigned
long flags,const char *dev_name, void *dev_id);
```

函数参数含义如下。

- unsigned int irq：请求的中断号，中断号由开发板的硬件原理图决定。
- irqreturn_t (*handler)：要注册的中断处理函数指针。当中断发生时，内核会自动调用该函数来处理中断。
- unsigned long flags：关于中断处理的属性。内核通过这个表示可以决定该中断应该如何处理。
- flags 中可以设置的位如下：IRQF_DISABLED 为中断禁止，中断处理例程运行在当前处理器禁止中断的状态下，IRQF_SHARED 为共享中断。
- const char *dev_name：传递给 request_irq 的字符串，显示中断的拥有者是哪个设备。该名字会在/proc/interrupts 中显示，interrupts 记录了设备和中断号之间的对应关系。
- void *dev_id：这个指针是为共享中断线而设立的，如果不需要共享中断线，那么只要将该指针设为 NULL 即可。

request_irq 的返回值 0 指示成功，或返回一个负的错误码，如-EBUSY，表示另一个驱动已经占用了所请求的中断线。

2. 释放中断

当中断不再使用时，应该释放占用的中断信号。释放中断的实现函数是 free_irq()。

```
void free_irq(unsigned int irq,void *dev_id)
```

- irq 表示释放申请的中断号。
- dev_id 这个指针为共享中断设立。

需要注意的是，只有中断被释放了，其他设备才能使用该中断。

3. 中断处理函数返回值

中断处理函数应当返回一个值指示是否真正处理了一个中断。如果处理函数发现设备确实需要处理，应当返回 IRQ_HANDLED；否则返回值 IRQ_NONE。

4. 中断处理例程示例

```
static irqreturn_t sample_interrupt(int irq, void *dev_id)
{
    ......
}
static void sample_open(struct inode *inode, struct file *filp)
{
     ......
    request_irq(dev->irq, sample_interrupt,0, "sample", dev);
    ......
}
```

11.4 利用 tasklet 处理中断

11.4.1 顶半部与底半部

实际使用中，Linux 通常将中断的处理过程分为“顶半部”和“底半部”两部分。“顶半部”是立刻响应中断的中断服务函数，“底半部”是被顶半部调度并在稍后更安全的时间内执行的函数。

顶半部完成尽可能少的比较紧急的功能，往往是简单地读取寄存器中的中断状态并清除中断标记，同时将底半部处理程序挂到该设备的底半部执行队列中去。中断处理工作的重心就落到了底半部的头上，它来完成中断事件的绝大多数任务，而且可以被新的中断打断。底半部处理函数执行时，所有中断都是打开的。

典型的情况是：顶半部保存设备数据到一个设备特定的缓存并调度它的底半部，最后退出。顶半部操作非常快，底半部接着进行任何其他需要的工作。

分成顶半部和底半部这种方式的好处是在底半部工作期间，顶半部仍然可以继续为新中断服务。

Linux 内核有两个不同的机制可用来实现底半部处理。

- tasklet 小任务（首选机制），它非常快，但是所有的 tasklet 任务代码必须是原子的。
- 工作队列，它可能有更高的延时，但允许休眠。

11.4.2 tasklet 定义及内核函数

小任务是指对要推迟执行的函数（任务）进行组织的一种机制。在 Linux 中，小任务的数据结构类型为 tasklet_struct，内核提供了一系列的函数对 tasklet_struct 进行操作。下面我们对小任务的操作方法进行简要的介绍。

1. tasklet 定义及初始化

tasklet 的数据结构为 tasklet_struct，每个结构体代表一个独立的小任务。数据结构原型如下。

```
struct tasklet_struct
{
    struct tasklet_struct *next;          /*构成 tasklet 的链表*/
    unsigned long state;                  /*tasklet 的状态*/
    atomic_t count;                       /*使能计数*/
    void (*func)(unsigned long);          /*tasklet 处理函数*/
    unsigned long data;                   /*处理函数的参数*/
};
```

tasklet 声明后，需经过初始化才能使用，它的初始化有如下两种方法。

（1）静态法：利用系统给定的 DECLARE_TASKLET 宏进行初始化 tasklet_struct 结构，示例如下。

```
struct tasklet_struct  name;
DECLARE_TASKLET(name,func, data);
```

根据给定的名字 name 静态地创建一个 tasklet_struct 结构。当调度该小任务以后，给定的函数 func 会被执行，它的参数由 data 给出。要调度执行的 func 函数原型如下。

```
void tasklet_handler(unsigned long data);
```

（2）动态法：利用 tasklet_init()函数进行初始化 tasklet_struct 结构，tasklet_init()函数原型如下。

```
void tasklet_init(struct tasklet_struct *t,void (*func)(unsigned long), unsigned
long data)
```

利用 tasklet_init()初始化 taslet 结构体，示例如下。

```
struct tasklet_struct  name;
tasklet_init(&name,tasklet_handler,0);
```

2. 调度 tasklet

void tasklet_schedule(struct tasklet_struct *t)

通过调用 tasklet_schedule()函数并传递给该函数相应的 tasklet_struct 的指针，该 tasklet 就会被调度以便执行，示例如下。

```
tasklet_schedule(&my_tasklet);/*在小任务被调度以后，只要有机会它就会尽可能早的运行。*/
```

3. tasklet 的其他操作函数

（1）void tasklet_disable(struct tasklet_struct *t)

本函数用来禁止某个指定的 tasklet。如果该 tasklet 当前正在执行，这个函数会等到它执行完毕再返回，示例如下。

```
tasklet_disable(&my_tasklet);
```

（2）void tasklet_enable(struct tasklet_struct *t)

本函数激活一个 tasklet，示例如下。

```
tasklet_enable(&my_tasklet);
```

（3）void tasklet_kill(struct tasklet_struct *t)

本函数从挂起的队列中去掉一个 tasklet。这个函数首先等待该 tasklet 执行完毕，然后再将它移去。因为该函数可能会引起休眠，所以禁止在中断上下文中使用它。示例如下。

```
tasklet_kill(&my_tasklet);
```

11.4.3 按键设备原理图

掌握了关于中断的知识后，下面我们将介绍一个按键产生中断的驱动程序，通过此例来演示中断处理中如何使用 tasklet 来处理底半部的机制。

如图 11-3 所示，Smart210 开发板的键盘为独立式键盘接法，K1~K8 按键接至 S5PV210 的中断 XEINT16~19 和 XEINT24~27 引脚，8 个按键通过 10K 电阻上拉到 3.3V，8 个按键未按下时读取其连接引脚得到的是高电平，按下以后由于按键右端接地，为低电平。当 CPU 的中断控制器设置为低电平或下跳沿触发方式后，会触发中断。本实例中仅使用图 11-3 所示的 K1 按键来验证在中断中 Tasklet 被调用的过程。

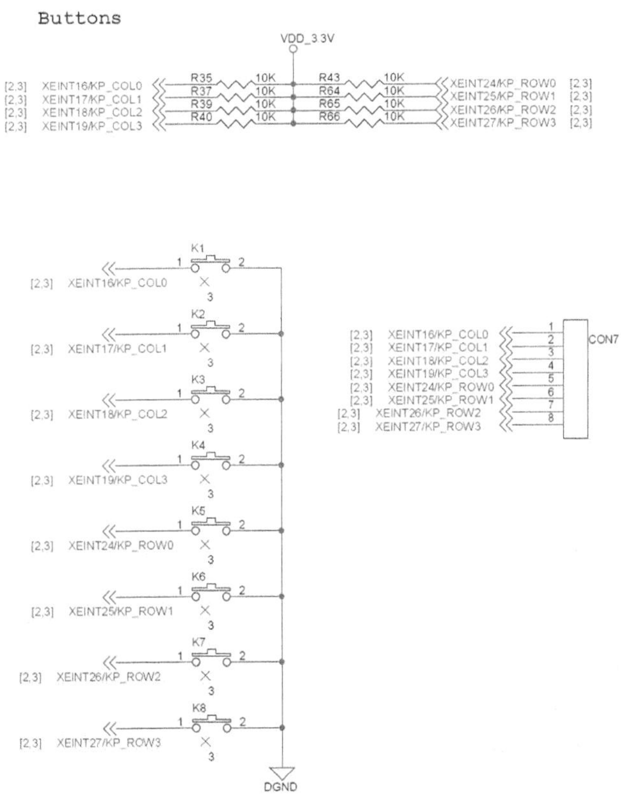

图 11-3 按键连接示意图

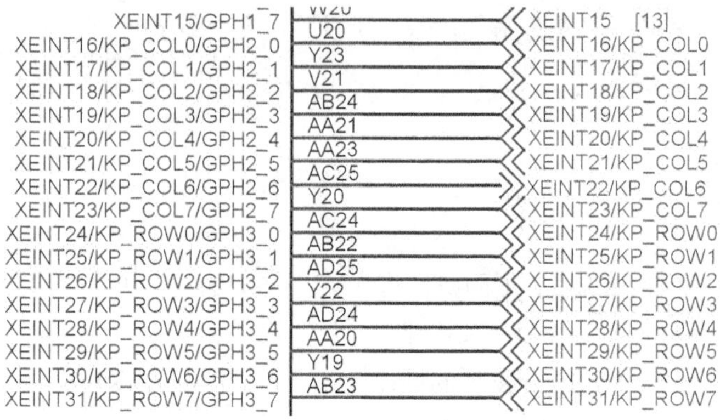

图 11-3 按键连接示意图（续）

K1 按键接至中断 XEINT16 引脚，该引脚对应 S5PV210 的端口为 GPH2_0 号引脚，本例中仅演示中断触发调用 tasklet 过程，因此只需通过内核提供的函数将该端口配置为中断引脚即可。

11.4.4 利用 tasklet 处理中断驱动实例

1. 驱动代码

```
#include <linux/module.h>
#include <linux/types.h>
#include <linux/fs.h>
#include <linux/errno.h>
#include <linux/init.h>
#include <linux/cdev.h>
#include <asm/io.h>
#include <asm/system.h>
#include <asm/uaccess.h>
#include <linux/device.h>
#include <linux/kernel.h>
#include <linux/slab.h>
#include <mach/hardware.h>
#include <linux/interrupt.h>
#include <linux/irq.h>
#include <mach/gpio.h>
```

```
#include <plat/gpio-cfg.h>
#define KEY_MAJOR 0
static int KEY_major = KEY_MAJOR;
struct KEY_dev
{
    struct cdev cdev;
};
int count;/*记录按键按下引起中断次数*/
struct KEY_dev *KEY_irq_devices;
static struct tasklet_struct keytask;/*声明小任务结构体*/
struct class *my_class= NULL;
void key_tasklet(unsigned long arg)
{
    printk("\n I am in the tasklet, count is %d\n",count);
}
static irqreturn_t KEY_irq_interrupt(int irq, void *dev_id)
{
    printk("\n I am in the interrput\n");
    count++;/*记录进入中断次数*/
    tasklet_schedule(&keytask);/*调度执行小任务*/
    return IRQ_HANDLED;
}
int KEY_open(struct inode *inode, struct file *filp)
{
    int result;
    filp->private_data = KEY_irq_devices;
    result = request_irq(IRQ_EINT(16), KEY_irq_interrupt, IRQF_TRIGGER_FALLING,
"irq-tasklet", (void *)NULL);/*申请中断，指定中断服务函数为 KEY_irq_interrupt，设置中断
触发方式为下降沿触发*/
    if (result<0 )
    {
        printk( "KEY_irq: can't get assigned one of irq \n");
        free_irq(IRQ_EINT(16), NULL);/*释放申请的中断号*/
        return -EAGAIN;
    }
    else
```

```
        {
            printk( "Request irq successed !\n");
        }
        tasklet_init(&keytask , key_tasklet , &count);/*初始化小任务，将小任务与key_tasklet 函数关联，并传入 count 参数*/
        printk( "KEY_irq: open !  \n");
        return 0;
    }
    int KEY_release(struct inode *inode, struct file *filp)
    {
        free_irq(IRQ_EINT(16), NULL);/*释放申请的中断号*/
        tasklet_kill(&keytask);/*删除小任务*/
        printk( "KEY_irq: release !  \n");
        return 0;
    }
    static ssize_t KEY_read(struct file *filp, char __user *buf, size_t size,
                                  loff_t *ppos)
    {
        int ret = 0;
        return ret;
    }
    static ssize_t KEY_write(struct file *filp, const char __user *buf,
                                   size_t size, loff_t *ppos)
    {
        int ret = 0;
        return ret;
    }
    static const struct file_operations KEY_fops =
    {
        .owner = THIS_MODULE,
        .read = KEY_read,
        .write = KEY_write,
        .open = KEY_open,
        .release = KEY_release,
    };
    void KEY_exit(void)
```

```
{
    cdev_del(&KEY_irq_devices->cdev);/*注销 cdev*/
    kfree(KEY_irq_devices);/*释放设备结构体内存*/
    unregister_chrdev_region(MKDEV(KEY_major, 0), 1);/*释放设备号*/
    device_destroy(my_class, MKDEV(KEY_major, 0));
    class_destroy(my_class);
}
static void KEY_setup_cdev(struct KEY_dev *dev, int index)
{
    int err, devno = MKDEV(KEY_major, index);
    cdev_init(&dev->cdev, &KEY_fops);
    dev->cdev.owner = THIS_MODULE;
    err = cdev_add(&dev->cdev, devno, 1);
    if (err)
        printk(KERN_ALERT "Error %d adding KEY%d", err, index);
    my_class =class_create(THIS_MODULE, "irq-tasklet");
    if(IS_ERR(my_class))
    {
        printk("Err: failed in creating class.\n");
        return ;
    }
    device_create(my_class,NULL,devno,NULL,"irq-tasklet");


}
int KEY_init(void)
{
    int result;
    dev_t devno = MKDEV(KEY_major, 0);
    if (KEY_major)
        result = register_chrdev_region(devno, 1, "irq-tasklet");
    else
    {
        result = alloc_chrdev_region(&devno, 0, 1, "irq-tasklet");
        KEY_major = MAJOR(devno);
    }
```

```
    if (result < 0)
        return result;
    KEY_irq_devices = kmalloc(sizeof(struct KEY_dev), GFP_KERNEL);
    if (!KEY_irq_devices)
    {
        result = - ENOMEM;
        goto fail;
    }
    memset(KEY_irq_devices, 0, sizeof(struct KEY_dev));
    set_irq_type(IRQ_EINT(16),IRQF_TRIGGER_FALLING);/*设置中断触发方式*/
    KEY_setup_cdev(KEY_irq_devices, 0);
    return 0;
fail:
    KEY_exit();
    return result;
}
MODULE_AUTHOR("AK-47");
MODULE_LICENSE("Dual BSD/GPL");
module_init(KEY_init);
module_exit(KEY_exit);
```

2. 测试代码

```
#include <stdio.h>
#include <sys/types.h>
#include <sys/stat.h>
#include <sys/ioctl.h>
#include <fcntl.h>
#include <unistd.h>
#define DEVICE_FILENAME "/dev/irq-tasklet"
int main ( )
{
    int dev;
    char input=0;
    dev = open(DEVICE_FILENAME,O_RDWR|O_NDELAY);
    if (dev >= 0)
```

```
    {
        for ( ; input != 'e' ; getchar())
        {
            printf("please input the command :");
            input= getchar();
        }
    }
    else
    {
        printf("open failure!\n");
    }
    close (dev);
    return 0;
}
```

3. 驱动程序调试

加载驱动程序后，自动创建设备节点，然后运行测试程序，当按下按键后，提示信息如下。

```
# insmod Tasklet.ko
The device use the irq is a0
# ./Tasklet_test
KEY_irq: open !
please input the command :
 I am in the interrput
 I am in the tasklet, count is 1
 I am in the interrput
 I am in the tasklet, count is 2
 I am in the interrput
 I am in the tasklet, count is 3
 I am in the interrput
 I am in the tasklet, count is 4
 I am in the interrput
 I am in the interrput
 I am in the tasklet, count is 6
please input the command :e
```

```
KEY_irq: release !
```

通过提示信息我们发现，首先调用的是中断服务函数，然后调用的是 tasklet 小任务函数，由于没有采用按键消抖等措施，会出现检测到多次按下的情况。

11.5 利用工作队列处理中断

11.5.1 工作队列定义及内核函数

推后执行的任务也可叫作工作（work），描述它的数据结构为 work_struct，这些工作以队列结构组织成工作队列（workqueue）。

工作结构体原型如下。

```
struct work_struct {
    unsigned long pending;      /*记录工作是否已经挂在队列上*/
    struct list_head entry;     /*循环链表结构*/
    void (*func)(void *);       /*func 作为函数指针，由用户实现，中断发生时被调用的函数*/
    void *data;                 /*data 用来存储用户的私人数据，此数据即是 func 的参数*/
    void *wq_data;              /*wq_data 一般用来指向工作者线程
    struct timer_list timer;    /*是推后执行的定时器*/
};
```

对于工作队列，Linux 内核提供的函数如下。

（1）创建一个工作。

```
INIT_WORK(struct work_struct *work, woid(*func) (void *), void *data);
```

初始化指定工作，目的是把用户指定的函数 func 及 func 需要的参数 data 赋给 work_struct 的 func 及 data 变量。

待执行的用户指定的 func 函数原型如下所示。

void work_handler(void *data)

默认情况下，允许响应中断并且不持有任何锁；如果需要，函数可以睡眠。

（2）对工作进行调度。

- int schedule_work(struct work_struct *work)

它把给定工作的处理函数提交给缺省的工作队列和工作者线程。工作者线程本质上是一个普通的内核线程，在默认情况下，每个 CPU 均有一个类型为“events”的工作者线程，当调用 schedule_work 时，会唤醒这个工作者线程去执行工作链表上的所有工作。

- int schedule_delayed_work(struct work_struct *work, unsigned long delay)

它延迟执行工作，delay 参数即为延迟的时间，功能与 schedule_work 类似。

（3）刷新缺省工作队列。

```
void flush_scheduled_work(void)
```

此函数会一直等待，直到队列中的所有工作都执行完。

（4）int cancel_delayed_work(struct work_struct *work)

它取消延迟工作。

以上都是采用缺省工作者线程来实现工作队列，其优点是简单易用，缺点是如果缺省工作队列负载太重，执行效率会很低。

11.5.2 利用工作队列处理中断驱动实例

本实例中硬件连接方式与 12.4 节中相同，“底半部”的实现采用了缺省的工作队列来实现。

1. 驱动代码

```
#include <linux/module.h>
#include <linux/types.h>
#include <linux/fs.h>
#include <linux/errno.h>
#include <linux/init.h>
#include <linux/cdev.h>
#include <asm/io.h>
#include <asm/system.h>
#include <asm/uaccess.h>
#include <linux/device.h>
#include <linux/kernel.h>
#include <linux/slab.h>
#include <mach/hardware.h>
#include <linux/interrupt.h>
#include <linux/irq.h>
#include <mach/gpio.h>
```

```
#include <plat/gpio-cfg.h>
#include <linux/workqueue.h>
#define KEY_MAJOR 0
static int KEY_major = KEY_MAJOR;
struct KEY_dev
{
    struct cdev cdev;
};
int count; /*记录进入中断的次数*/
struct KEY_dev *KEY_irq_devices;
struct class *my_class= NULL;
static struct work_struct my_irq_work; /*声明一个工作*/
void irq_work_fn(struct work_struct *p_work)
{
    printk("\n I am in the workqueue,count is %d\n",count);
}
static irqreturn_t KEY_irq_interrupt(int irq, void *dev_id)
{
    int result;
    printk("\n I am in the interrupt !\n");
    count++;/*计数值增加*/
    if ((result =schedule_work(&my_irq_work))!=1)/*把工作放入缺省工作队列进行调度执行*/
    printk("KEY_irq_interrupt cannot add to my work ! ");
    return IRQ_HANDLED;
}
int KEY_open(struct inode *inode, struct file *filp)
{
    int result;
    filp->private_data = KEY_irq_devices;
    result = request_irq(IRQ_EINT(16), KEY_irq_interrupt, IRQF_TRIGGER_FALLING,
"irq-workstruct", (void *)NULL);/*申请中断号，指定中断服务函数，设置中断触发方式为下降沿触发*/
    if (result<0 )
    {
        printk( "KEY_irq: can't get assigned one of irq \n");
        free_irq(IRQ_EINT(16), NULL);/*释放申请的中断号*/
        return -EAGAIN;
```

```
    }
    else
    {
    }
    INIT_WORK(&my_irq_work, irq_work_fn); /*初始化工作，将工作与执行函数相关联*/
    printk( "KEY_irq: opened !  \n");
    return 0;
}
int KEY_release(struct inode *inode, struct file *filp)
{
    free_irq(IRQ_EINT(16), NULL);/*释放申请的中断号*/
    flush_scheduled_work();/*清空工作队列里面的任务*/
    printk( "KEY_irq: release !  \n");
    return 0;
}
static ssize_t KEY_read(struct file *filp, char __user *buf, size_t size,
                                  loff_t *ppos)
{
    int ret = 0;
    return ret;
}
static ssize_t KEY_write(struct file *filp, const char __user *buf,
                                  size_t size, loff_t *ppos)
{
    int ret = 0;
    return ret;
}
static const struct file_operations KEY_fops =
{
    .owner = THIS_MODULE,
    .read = KEY_read,
    .write = KEY_write,
    .open = KEY_open,
    .release = KEY_release,
};
void KEY_exit(void)
```

```
{
    cdev_del(&KEY_irq_devices->cdev);
    kfree(KEY_irq_devices);
    unregister_chrdev_region(MKDEV(KEY_major, 0), 1);
    device_destroy(my_class, MKDEV(KEY_major, 0));
    class_destroy(my_class);
}
static void KEY_setup_cdev(struct KEY_dev *dev, int index)
{
    int err, devno = MKDEV(KEY_major, index);
    cdev_init(&dev->cdev, &KEY_fops);
    dev->cdev.owner = THIS_MODULE;
    err = cdev_add(&dev->cdev, devno, 1);
    if (err)
        printk(KERN_ALERT "Error %d adding KEY%d", err, index);
    my_class =class_create(THIS_MODULE, "irq-workstruct");
    if(IS_ERR(my_class))
    {
        printk("Err: failed in creating class.\n");
        return ;
    }
    device_create(my_class,NULL,devno,NULL,"irq-workstruct");

}
int KEY_init(void)
{
    int result;
    dev_t devno = MKDEV(KEY_major, 0);
    if (KEY_major)
        result = register_chrdev_region(devno, 1, "irq-workstruct");
    else
    {
        result = alloc_chrdev_region(&devno, 0, 1, "irq-workstruct");
        KEY_major = MAJOR(devno);
    }
    if (result < 0)
```

```
        return result;
    KEY_irq_devices = kmalloc(sizeof(struct KEY_dev), GFP_KERNEL);
    if (!KEY_irq_devices)
    {
        result = - ENOMEM;
        goto fail;
    }
    memset(KEY_irq_devices, 0, sizeof(struct KEY_dev));
    set_irq_type(IRQ_EINT(16),IRQF_TRIGGER_FALLING);/*设置中断触发方式*/
    KEY_setup_cdev(KEY_irq_devices, 0);
    return 0;
    fail:
    KEY_exit();
    return result;
}
MODULE_AUTHOR("AK-47");
MODULE_LICENSE("Dual BSD/GPL");
module_init(KEY_init);
module_exit(KEY_exit);
```

2. 测试代码

```
#include <stdio.h>
#include <sys/types.h>
#include <sys/stat.h>
#include <sys/ioctl.h>
#include <fcntl.h>
#include <unistd.h>
#define DEVICE_FILENAME "/dev/irq-workstruct"
int main ( )
{
    int dev;
    char input=0;
    dev = open(DEVICE_FILENAME,O_RDWR|O_NDELAY);
    if (dev >= 0)
    {
```

```
            for ( ; input != 'e' ; getchar())
        {
            printf("please input the command :");
            input= getchar();
        }
    }
    else
    {
        printf("open failure!\n");
    }
    close (dev);
    return 0;
}
```

3. 驱动程序测试

中断处理程序中，采用工作队列后，程序测试结果如下所示。通过输出信息我们可以看到，工作队列在中断发生后被调用。

```
# ./Workqueue_test
KEY_irq: opened !
please input the command :
 I am in the interrupt !
 I am in the workqueue,count is 1
 I am in the interrupt !
 I am in the workqueue,count is 2
please input the command :e
KEY_irq: release !
```

11.6 内核定时器

Linux 驱动程序中经常会使用一些时钟机制，主要用来延时一段时间，在这段时间中硬件设备可以完成相应的工作。本节将对 Linux 的时钟机制作一个简要的介绍。

11.6.1 时间度量

Linux 内核中有一个重要的全局变量是 HZ，这个变量表示与时钟中断相关的一个值。时钟中断是由系统定时硬件以周期性的间隔产生，这个周期性的值为 HZ。根据硬件平台的不同，HZ 的取值有所不同。一般情况下，HZ 的值定义为 1000，如下所示。

```
#define HZ 1000
```

这里 HZ 的意思是每一秒钟时钟中断发生 1000 次。

每当时钟中断发生时，内核内部计数器的值就会加上 1。内核内部计数器用 jiffies 变量来表示，当系统初始化时，这个变量被设置为 0，每一个时钟到来时，这个计数器的值加 1。也就是说，jiffies 记录了自系统启动以来产生的节拍的总数。由于每次时钟中断都增加该变量的值，一秒内时钟中断的次数等于 HZ，所以 jiffies 一秒内增加的值也就是 HZ。

我们将以秒为单位的时间转化为 jiffies 公式：seconds*Hz。

我们将 jiffies 转化为以秒为单位的时间公式：jiffies/Hz。

11.6.2 时间延时

C 语言中经常使用 sleep()函数将程序延时一段时间,这个函数能够实现毫秒级的延时。在设备驱动程序中,很多对设备的操作也需要延时一段时间,使设备完成某些特定的任务。在 Linux 内核中，延时技术有很多种，本节我们仅作简单的介绍。

1. 短时延时

当设备驱动程序需要等待硬件处理的完成时，会主动延时一段时间。这个时间一般是几十毫秒，甚至更短的时间。Linux 内核提供了 3 个函数来完成纳秒、微秒和毫秒级的延时，函数定义在<asm/delay.h>中，原型如下。

- void ndelay(unsignedlong nsecs);
- void udelay(unsignedlong usecs);
- void mdelay(unsignedlong msecs);

这 3 个延时函数是处于忙等待状态，其他任务在等待时间内不能运行。作为一个通用的规则，如果试图延时几千纳秒，应使用 udelay 而不是 ndelay；类似地，毫秒规模的延时应当使用 mdelay 完成而不是使用 udelay 或者 ndelay 函数。

2. 长时延时

长时延时表示驱动程序要延时一段相对较长的时间，实现这种延时，一般是比较当前 jiffies 值和目标 jiffies 值。长延时可以使用忙等待来实现。下面代码给出驱动程序中两秒延时的示例。

```
unsignedlong timeout = jiffies + 2*HZ;
while(time_before(jiffies,timeout));
```

time_before 宏简单地比较两个时间的大小，如果参数 1 的值小于参数 2 的值，则返回 TRUE。类似的宏还有 time_after。

11.6.3 内核定时器定义及内核函数

当需要控制某个函数在未来的某个特定时间得到执行时，我们可以使用 Linux 内核提供的 timer_list 结构体来实现，下面简要介绍一下其定义及内核提供的相关函数。

内核定时器用于控制定时器处理函数在未来的某个特定时间执行，它被组织成双向链表并使用 structtimer_list 结构描述，其结构体原型如下。

```
struct timer_list {
    struct list_head entry /*链表头，内核使用*/;
    unsigned long expires; /*超时的 jiffies 值*/
    void (*function)(unsigned long); /*超时的时侯的处理函数，一般由用户指定*/
    unsigned long data; /*超时处理函数参数*/
    struct tvec_base *base;
};
```

Linux 内核提供的内核定时器操作函数如下。

（1）void init_timer(struct timer_list *timer);

该函数初始化定时器队列结构。

（2）void add_timer(struct timer_list * timer);

该函数注册内核定时器，将定时器加入到内核链表中。

（3）int mod_timer（struct timer_list *timer,unsigned long expires）

该函数用于修改内核定时器的到期时间，在新的被传入的 expires 值到来后才会执行定时器函数。

（4）int del_timer(struct timer_list *timer);

该函数在定时器超时前将其删除。当定时器超时后，系统会自动地将它删除。

11.6.4 内核定时器驱动代码

1. 驱动代码

```
#include <linux/module.h>
#include <linux/types.h>
#include <linux/fs.h>
#include <linux/errno.h>
#include <linux/mm.h>
#include <linux/sched.h>
#include <linux/init.h>
#include <linux/cdev.h>
#include <linux/slab.h>
#include <asm/io.h>
#include <asm/system.h>
#include <asm/uaccess.h>
#include <linux/timer.h>
#include <asm/atomic.h>
#include <linux/device.h>
#define TIMER_MAJOR 0
static int timer_major = TIMER_MAJOR;
struct timer_dev
{
  struct cdev cdev;
  atomic_t counter; /* 记录一共经历了多少秒*/
  struct timer_list s_timer; /*设备要使用的定时器*/
};
struct timer_dev *timer_devp;
struct class *my_class= NULL;
static void timer_handle(unsigned long arg)/*定时器处理函数*/
{
  mod_timer(&timer_devp->s_timer,jiffies + HZ);/*修改定是时间为一秒钟，因为HZ代表1秒钟*/
  atomic_inc(&timer_devp->counter);/*将 counter 值加 1*/
```

```
  printk(KERN_NOTICE "current jiffies is %ld\n", jiffies);/*打印输出当前的jiffies值*/
}
int timer_open(struct inode *inode, struct file *filp)
{
  init_timer(&timer_devp->s_timer);/*初始化定时器*/
  timer_devp->s_timer.function = &timer_handle;/*指定定时响应函数为*/
  timer_devp->s_timer.expires = jiffies + HZ;
  add_timer(&timer_devp->s_timer); /*注册定时器*/
  atomic_set(&timer_devp->counter,0);/*计数值清 0*/
  return 0;
}
int timer_release(struct inode *inode, struct file *filp)
{
  del_timer(&timer_devp->s_timer);/*删除定时器*/
  return 0;
}
static ssize_t timer_read(struct file *filp, char __user *buf, size_t count,
  loff_t *ppos)
{
  int counter;
  counter = atomic_read(&timer_devp->counter); /*读取定时器计数值*/
  if(put_user(counter, (int*)buf))/*复制至用户空间*/
     return - EFAULT;
  else
     return sizeof(unsigned int);
}
static const struct file_operations timer_fops =
{
  .owner = THIS_MODULE,
  .open = timer_open,
  .release = timer_release,
  .read = timer_read,
};
static void timer_setup_cdev(struct timer_dev *dev, int index)
{
```

```
  int err, devno = MKDEV(timer_major, index);
  cdev_init(&dev->cdev, &timer_fops);
  dev->cdev.owner = THIS_MODULE;
  dev->cdev.ops = &timer_fops;
  err = cdev_add(&dev->cdev, devno, 1);
  if (err)
    printk(KERN_NOTICE "Error %d adding Timer%d", err, index);
  my_class =class_create(THIS_MODULE, "Timer");
  if(IS_ERR(my_class))
  {
    printk("Err: failed in creating class.\n");
    return ;
  }
  device_create(my_class,NULL,devno,NULL,"Timer");
}
int timer_init(void)
{
  int ret;
  dev_t devno = MKDEV(timer_major, 0);
  if (timer_major)
    ret = register_chrdev_region(devno, 1, "Timer");
  else
  {
    ret = alloc_chrdev_region(&devno, 0, 1, "Timer");
    timer_major = MAJOR(devno);
  }
  if (ret < 0)
    return ret;
  timer_devp = kmalloc(sizeof(struct timer_dev), GFP_KERNEL);
  if (!timer_devp)
  {
    ret =  - ENOMEM;
    goto fail_malloc;
  }
  memset(timer_devp, 0, sizeof(struct timer_dev));
```

```
  timer_setup_cdev(timer_devp, 0);
  return 0;
fail_malloc: unregister_chrdev_region(devno, 1);
  return 0;
}
void timer_exit(void)
{
  cdev_del(&timer_devp->cdev);
  kfree(timer_devp);
  unregister_chrdev_region(MKDEV(timer_major, 0), 1);
  device_destroy(my_class, MKDEV(timer_major, 0));
  class_destroy(my_class);
}
MODULE_AUTHOR("AK-47");
MODULE_LICENSE("Dual BSD/GPL");
module_init(timer_init);
module_exit(timer_exit);
```

2. 定时器测试代码

```
#include <sys/types.h>
#include <sys/stat.h>
#include <stdio.h>
#include <fcntl.h>
#include <unistd.h>
#include <sys/time.h>
main()
{
  int fd;
  int counter = 0;
  int old_counter = 0;
  fd = open("/dev/Timer", O_RDONLY);  /*打开/dev/timer 设备文件*/
  if (fd != - 1)
  {
```

```
    while (1)
    {
     read(fd,&counter, sizeof(unsigned int));/*读目前经历的秒数*/
     if(counter!=old_counter)
     {
    printf("seconds after open /dev/Timer :%d\n",counter);
    old_counter = counter;
     }
    }
  }
  else
  {
    printf("Device open failure\n");
  }
}
```

3. 驱动程序测试

加入定时器后，启动程序测试结果如下。

```
# ./Timer_test
current jiffies is 173200
seconds after open /dev/Timer :1
current jiffies is 173457
seconds after open /dev/Timer :2
current jiffies is 173714
seconds after open /dev/Timer :3
current jiffies is 173971
```

11.7 设备端口的访问

端口是具有有限存储容量的高速存储部件，也叫寄存器，硬件设计中称为端口，驱动程序设计中习惯称为寄存器，存储容量一般为 8、16、32 位。它可以用来存储指令、数据和地址，对硬件设备的操作一般是通过软件方法读取相应寄存器来实现的。

S5PV210 微处理器内部具有多个端口，如 I2C，SPI，IIS 等，各端口具有相应的硬件引脚与外设连接。例如 S5PV210 内部具有 3 个 I2C 端口，引脚分别为 Xi2cSDA0~2 和 Xi2cSCL0~2，程序通过控制 I2C 的寄存器来控制设备。S5PV210 微处理器具有的 I2C 寄存器分别是 I2CCON、I2CSTAT、I2CDS、I2CADD。

寄存器在不同的平台可能位于不同的地址空间，X86 架构的台式机在设计时，寄存器一般位于 I/O 地址空间；对于嵌入式设备，内存一般较小，而大多数嵌入式设备支持的内存空间较大，因此寄存器位于内存地址空间上。

在硬件设计上，内存地址空间和 I/O 地址空间的区别不大，都是由地址总线、控制总线和数据总线连接到 CPU 上的。对于非嵌入式产品的大型设备使用的 CPU，例如在 X86 平台，我们一般将内存空间和 I/O 地址空间分开，对其进行单独访问并提供相应的读写指令。对于简单的嵌入式设备的 CPU，例如在 ARM 平台，我们一般将 I/O 地址空间合并在内存地址空间中。将内存挂接在低地址空间，将控制外部设备的控制器所对应的寄存器挂接在未使用的内存地址空间中，称为特殊功能寄存器区（SFR 区），我们可以使用与访问内存空间相同的方法来访问外部设备。

当一个寄存器或内存位于 I/O 地址空间时，称其为 I/O 端口。当一个寄存器或内存位于内存空间时，称其为 I/O 内存。

编写驱动程序时，在不同的硬件平台下，对于寄存器位于 I/O 地址空间和内存空间两种情况，Linux 内核分别提供了一系列内核函数，但是两部分内核函数可以交换使用。例如 S5PV210 微处理器的寄存器位于内存空间，但是我们也可以使用访问 I/O 地址空间内核函数来进行访问，反之亦然。

11.7.1 I/O 端口方式控制设备

I/O 端口方式控制设备，是使用 Linux 内核提供的访问 I/O 地址空间的内核函数来控制 S5PV210 微处理器的寄存器，进而改变对应引脚电平来控制外部设备，例如发光二极管等。

对于使用 I/O 端口方式访问外部设备，我们一般采取如下步骤进行。首先向内核申请 I/O 端口使用的资源；然后通过内核提供的端口读写函数来读写外部设备的 I/O 端口；访问端口结束后在设备驱动程序的模块卸载函数中，释放申请的 I/O 端口资源。

本节将通过 I/O 端口方式访问通用输入 / 输出端口（GPIO）寄存器，来控制发光二极管的亮灭。

1. I/O 端口方式控制方法

对 I/O 端口的操作需按如下步骤完成。

（1）申请。

```
struct resource *request_region(unsigned long first,unsigned long n, const char *name)
```

本函数告诉内核要使用从 first 开始的 n 个端口，name 参数是设备的名字，如果申请成功，返回非 NULL；申请失败，返回 NULL。

（2）访问。

I/O 端口可分为 8 位、16 位和 32 位端口。Linux 内核头文件<asm/io.h>中定义了下列内联函数来访问 I/O 端口。

- unsigned inb(unsigned port)
- void outb(unsigned char byte,unsigned port)

inb 和 outb 是读写 8 位端口的函数，inb()函数的第 1 个参数是端口号，outb()函数的第 1 个参数是要写入的数据，第 2 个参数是端口号。

- unsigned inw(unsigned port)
- void outw(unsigned short word,unsigned port)

inw 和 outw 是读写 16 位端口的函数，inw()函数的第 1 个参数是端口号，outw()函数的第 1 个参数是要写入的数据，第 2 个参数是端口号。

- unsigned inl(unsigned port)
- void outl(unsigned longword,unsigned port)

inl 和 outl 是读写 32 位端口的函数，inl()函数的第 1 个参数是端口号，outl()函数的第 1 个参数是要写入的数据，第 2 个参数是端口号。

（3）释放。

当用完一组 I/O 端口(通常在驱动卸载时)，我们应使用如下函数把它们返还给系统。

void release_region(unsigned long start, unsigned long n)

第 1 个参数 start 是要使用的 I/O 端口，第 2 个参数表示从 start 开始的 n 个端口。

2. 通用输入/输出端口控制器

如第 3 章图 3-3 所示，四个发光二极管接到了 S5PV210 的 J 组端口 GPJ2_0~GPJ2_3 上面，当 GPJ2_0~GPJ2_3 引脚为低电平时，点亮发光二极管。

下面我们介绍与 S5PV210 相接的 J 组端口寄存器，J 组端口有三个控制寄存器，分别为 GPJ2CON、GPJ2DAT、GPJ2PUD。该端口各寄存器的地址、读写要求如表 11-1 所示。

表 11-1　端口 F 控制寄存器

端口 F 控制寄存器				
寄存器	地址	R/W	描述	复位值
GPJ2CON	0xE020_0280	R/W	端口 J2 的配置寄存器	0x0
GPJ2DAT	0xE020_0284	R/W	端口 J2 的数据寄存器	Undefined
GPJ2PUD	0xE020_028C	R/W	端口 J2 的上拉寄存器	0x0

GPJ2CON，GPJ2DAT 和 GPJ2PUD 这 3 个端口寄存器是相互联系的。它们的设置关系如表 11-2、表 11-3 和表 11-4 所示。

表 11-2　GPJ2CON 寄存器设置

寄 存 器	位	描　述	初 始 状 态
GPJ2CON[7]	[21:28]	0000=Input 0001=Output 0010=MSM_DATA[7] 0011=KP_ROW[0] 0100=CF_DATA[7] 0101=MHL_D14 0110~1110=Reserved 1111=GPJ2_INT[7]	0000
GPJ2CON[6]	[27:24]	0000=Input 0001=Output 0010=MSM_DATA[6] 0011=KP_COL[7] 0100=CF_DATA[6] 0101=MHL_D13 0110~1110=Reserved 1111=GPJ2_INT[6]	0000
GPJ2CON[5]	[23:20]	0000=Input 0001=Output 0010=MSM_DATA[5] 0011=KP_COL[6] 0100=CF_DATA[5] 0101=MHL_D12 0110~1110=Reserved 1111=GPJ2_INT[5]	0000

续表>>

寄存器	位	描　述	初始状态
GPJ2CON[4]	[19:16]	0000=Input 0001=Output 0010=MSM_DATA[4] 0011=KP_COL[5] 0100=CF_DATA[4] 0101=MHL_D11 0110~1110=Reserved 1111=GPJ2_INT[4]	0000
GPJ2CON[3]	[15:12]	0000=Input 0001=Output 0010=MSM_DATA[3] 0011=KP_COL[4] 0100=CF_DATA[3] 0101=MHL_D10 0110~1110=Reserved 1111=GPJ2_INT[3]	0000
GPJ2CON[2]	[11:8]	0000=Input 0001=Output 0010=MSM_DATA[2] 0011=KP_COL[3] 0100=CF_DATA[2] 0101=MHL_D9 0110~1110=Reserved 1111=GPJ2_INT[2]	0000
GPJ2CON[1]	[7:4]	0000=Input 0001=Output 0010=MSM_DATA[1] 0011=KP_COL[2] 0100=CF_DATA[1] 0101=MHL_D8 0110~1110=Reserved 1111=GPJ2_INT[1]	0000
GPJ2CON[0]	[3:0]	0000=Input 0001=Output 0010=MSM_DATA[0] 0011=KP_COL[1] 0100=CF_DATA[0] 0101=MHL_D7 0110~1110=Reserved 1111=GPJ2_INT[0]	0000

表 11-3 GPJ2DAT 寄存器设置

寄 存 器	位	描 述	初始状态
GPJ2DAT[7:0]	[7:0]	当端口被设置为输入状态时，端口相应的位值可以从引脚上读取；当端口被设置为输出状态时，值同样可以赋给端口相应的位；当端口被设置为其他功能时，从该寄存器读取的值不能确定。	0x00

表 11-4 GPJ2PUD 寄存器设置

寄 存 器	位	描 述	初始状态
GPJ2PUD[n]	[2n+1:2n] n=0~7	00=Pull-up/down disabled 01=Pull-down enabled 10=Pull-up enabled 11=Reserved	0x5555

（1）GPJ2CON 是配置寄存器，在 S5PV210 中，大多数引脚是功能复用的。一个引脚可以配置成输入、输出或者其他功能。GPJ2CON 就是配置选择其中一个功能。GPFCON 的每四位可以取值 0000、0001 等，表示不同的功能。

（2）GPJ2DAT 是数据寄存器，用于记录引脚的状态，寄存器的每一位表示一个引脚的状态。当引脚被 GPJ2CON 设置为输入时，读取该寄存器可以获得相应位的状态值；当引脚被 GPJ2CON 设置为输出时，写此寄存器的相应位可以令此引脚输出高电平或者低电平；当引脚被设置为中断时，此引脚会被设置为中断信号源。

（3）GPJ2PUD 是端口上拉寄存器，当对应位为 00 时，表示相应的引脚没有内部上拉或者下拉电阻；为 10 时，相应的引脚使用上拉电阻；当设置为 01 时，相应的引脚使用下拉电阻。当需要上拉或下拉电阻时，外围电路没有加上上拉或下拉电阻，那么我们就可以使用内部上拉或下拉电阻来代替。一般来说，引脚在悬空时，其电压状态是不稳定的，而且容易受到噪声信号的影响。如果该引脚接上拉电阻，那么引脚将处于高电平状态；接下拉电阻，引脚电平将被拉低。同时上拉电阻还可以增强端口的驱动能力。在设计电路时，如果有需求，硬件工程师一般都会接上外接上拉或者下拉电阻，所以驱动开发人员编写驱动时，一般禁用内部的上拉或下拉电阻。

3. I/O 端口方式控制 LED 实例

```
#include <linux/module.h>
#include <linux/types.h>
#include <linux/fs.h>
```

```
#include <linux/errno.h>
#include <linux/init.h>
#include <linux/cdev.h>
#include <asm/io.h>
#include <asm/system.h>
#include <asm/uaccess.h>
#include <linux/device.h>
#include <linux/ioport.h>
#include <mach/gpio.h>
#include <mach/regs-gpio.h>
#include <linux/slab.h>
#define S5PV210_GPJ2CON            (S5PV210_GPJ2_BASE + 0x00)
#define S5PV210_GPJ2DAT            (S5PV210_GPJ2_BASE + 0x04)
#define S5PV210_GPJ2PUD            (S5PV210_GPJ2_BASE + 0x08)
#define LED_MAJOR 0
static int LED_major = LED_MAJOR;
struct resource *IO_port_resource;/*存储申请到的 IO 端口资源*/
static struct class *ioport_class;
struct LED_dev
{
    struct cdev cdev;
};
struct LED_dev *LED_devp;
int LED_open(struct inode *inode, struct file *filp)
{
    printk("In the open process! turn off the LED!\n");
    outl(0x1111 | inl((unsigned long )S5PV210_GPJ2CON),(unsigned long )S5PV210_GPJ2CON);
    outl(0xFFAA & inl((unsigned long )S5PV210_GPJ2PUD),(unsigned long)S5PV210_GPJ2PUD);
    outl(0xF0 & inl((unsigned long )S5PV210_GPJ2DAT),(unsigned long)S5PV210_GPJ2DAT);
    return 0;
}
int LED_release(struct inode *inode, struct file *filp)
{
    return 0;
}
```

```
static ssize_t LED_read(struct file *filp, char __user *buf, size_t size,
                                    loff_t *ppos)
{
    int ret = 0;
    return ret;
}
static ssize_t LED_write(struct file *filp, const char __user *buf,
                                   size_t size, loff_t *ppos)
{
    int ret = 0;
    int retval = 0;
    unsigned char userbuf;
    retval = copy_from_user(&userbuf, buf, sizeof(userbuf));
    if (retval)
        ret =  - EFAULT;
    else
    {
        outl (userbuf, (unsigned long)S5PV210_GPJ2DAT);/*将userbuf 内容写入GPJ2DAT 寄存器*/
        printk("write data from user to ioport!\n");
    }
    return ret;
}
static const struct file_operations LED_fops =
{
    .owner = THIS_MODULE,
    .read = LED_read,
    .write = LED_write,
    .open = LED_open,
    .release = LED_release,
};
static void LED_setup_cdev(struct LED_dev *dev, int index)
{
    int err, devno = MKDEV(LED_major, index);
    cdev_init(&dev->cdev, &LED_fops);
```

```
    dev->cdev.owner = THIS_MODULE;
    err = cdev_add(&dev->cdev, devno, 1);
    if (err)
        printk(KERN_ALERT "Error %d adding LED%d", err, index);
    ioport_class = class_create(THIS_MODULE, "ioport");
    device_create(ioport_class, NULL, devno, NULL, "ioport");
}
int LED_init(void)
{
    int result;
    dev_t devno = MKDEV(LED_major, 0);
    if (LED_major)
        result = register_chrdev_region(devno, 1, "ioport");
    else
    {
        result = alloc_chrdev_region(&devno, 0, 1, "ioport");
        LED_major = MAJOR(devno);
    }
    if (result < 0)
        return result;
    LED_devp = kmalloc(sizeof(struct LED_dev), GFP_KERNEL);
    if (!LED_devp)
    {
        result = - ENOMEM;
        goto fail;
    }
    memset(LED_devp, 0, sizeof(struct LED_dev));
    LED_setup_cdev(LED_devp, 0);
    if   ((IO_port_resource=request_region((unsigned   long)S5PV210_GPJ2CON,
0x0c,"ioport"))==NULL)/*申请要访问的端口*/
        goto fail;
    else
    {
        return 0;
    }
```

```
fail:    unregister_chrdev_region(devno, 1);
    return result;
}
void LED_exit(void)
{
    if (IO_port_resource!=NULL)
        release_region((unsigned long)S5PV210_GPJ2CON, 0x0c);/*释放申请到的端口资源*/
    cdev_del(&LED_devp->cdev);
    kfree(LED_devp);
    unregister_chrdev_region(MKDEV(LED_major, 0), 1);
    device_destroy(ioport_class, MKDEV(LED_major, 0));
    class_destroy(ioport_class);
}
MODULE_AUTHOR("AK-47");
MODULE_LICENSE("Dual BSD/GPL");
module_init(LED_init);
module_exit(LED_exit);
```

4. I/O 端口方式访问端口控制 LED 测试代码

```
#include <stdio.h>
#include <sys/types.h>
#include <sys/stat.h>
#include <sys/ioctl.h>
#include <fcntl.h>
#include <unistd.h>
#define DEVICE_FILENAME "/dev/ioport"
int main ( )
{
    int dev;
    int loop;
    char buf[128];
    dev = open(DEVICE_FILENAME,O_RDWR|O_NDELAY);
    if (dev >= 0)
    {
        printf("write the 0xf5 to the Port!\n");
        buf[0]=0xf5;
```

```
            write (dev, buf, 1);
            sleep (2);
            printf("write the 0xfa to the Port!\n");
            buf[0]=0xfa;
            write (dev, buf, 1);
            sleep (1);
        }
        else
        {
            printf("open failure!\n");
        }
        close (dev);
        return 0;
    }
```

5. 驱动程序调试

加载驱动程序后，我们创建设备节点，然后运行测试程序，由于向 LED 所在端口先后写了 0x5f 和 0xaf，会观察到 4 个发光二极管交替闪亮一次。

```
# ./ioport_test
In the open process! turn off the LED!
write data from user to ioport!
write the 0xf5 to the Port F!
write the 0xfa to the Port F!
write data from user to ioport!
```

11.7.2 I/O 内存方式控制设备

我们可以将端口(寄存器)映射到 I/O 内存空间来访问，在设备驱动模块的加载函数或者 open()函数中可以调用 request_mem_region()函数来申请资源，再使用 ioremap()函数将 I/O 端口所在的物理地址映射到虚拟地址上，之后就可以调用 readb()、readw()、readl()等函数读写寄存器中的内容了；不使用 I/O 内存时，可以使用 iounmap()函数释放物理地址到虚拟地址的映射；最后使用 release_mem_region()函数释放申请的资源。

1. I/O 内存方式控制方法

对 I/O 内存的操作需按如下步骤完成。

（1）申请。

```
struct resource *request_mem_region(unsignedlong start, unsigned long len, char *name)
```

本函数申请一个从 start 开始、长度为 len 字节的内存区，如果成功，返回非 NULL；否则返回 NULL，所有已经在使用的 I/O 内存在/proc/iomem 中列出。

在访问 I/O 内存之前，我们必须进行物理地址到虚拟地址的映射，ioremap 函数具有此功能。

```
void *ioremap(unsigned long phys_addr, unsigned long size)
```

本函数接收一个物理地址和一个端口的大小，返回一个虚拟地址，这个虚拟地址对应一个 size 大小的物理地址空间。

（2）访问。

从 I/O 内存读，使用下列函数。

- `unsigned ioread8(void *addr)`
- `unsigned ioread16(void *addr)`
- `unsigned ioread32(void *addr)`

写 I/O 内存，使用下列函数。

- `void iowrite8(u8 value, void *addr)`
- `void iowrite16(u16 value, void *addr)`
- `void iowrite32(u32 value, void *addr)`

（3）释放。

```
void iounmap(void * addr)
```

本函数接收 ioremap 函数申请的虚拟地址作为参数，而且取消物理地址到虚拟地址的映射。

```
void release_mem_region(unsigned longstart, unsigned long len)
```

本函数释放申请的内存资源。

2. I/O 内存方式访问端口控制 LED 实例

```
#include <linux/module.h>
#include <linux/types.h>
#include <linux/fs.h>
#include <linux/errno.h>
```

```
#include <linux/mm.h>
#include <linux/sched.h>
#include <linux/init.h>
#include <linux/cdev.h>
#include <asm/io.h>
#include <asm/system.h>
#include <asm/uaccess.h>
#include <linux/slab.h>
#include <linux/device.h>
#define LED_MAJOR 0
static int LED_major = LED_MAJOR;
struct resource *IO_mem_resource; /*保存申请到的内存空间结构体变量*/
static struct class *iomem_class;
unsigned long io_addr;/*内存经过映射后保存其地址的变量*/
struct LED_dev
{
    struct cdev cdev;
};
struct LED_dev *LED_devp;
int LED_open(struct inode *inode, struct file *filp)
{
    printk("In the open process! turn off the led!\n");
    iowrite32(0x1111 | ioread32 (io_addr),io_addr);/*设置GPJ2CON为Output工作方式*/
    iowrite32(0xFFAA & ioread32 (io_addr+8),(io_addr+8));/*设置GPJ2UP为内部上拉使能*/
    iowrite32(0xF0 & ioread32 (io_addr+4),(io_addr+4));/*设置GPJ2DAT的高4位为高电平，熄灭LED*/
    return 0;
}
int LED_release(struct inode *inode, struct file *filp)
{
    return 0;
}
static ssize_t LED_read(struct file *filp, char __user *buf, size_t size,
                                    loff_t *ppos)
{
```

```
    int ret = 0;
    return ret;
}
static ssize_t LED_write(struct file *filp, const char __user *buf,
                                   size_t size, loff_t *ppos)
{
    int ret = 0;
    unsigned char userbuf;
    if (copy_from_user(&userbuf, buf, sizeof(userbuf)))
        ret =  - EFAULT;
    else
    {
        iowrite32(userbuf,(io_addr+4));/*将userbuf数据写入GPJ2DAT寄存器*/
        printk("write data from user to iomem!\n");
    }
    return ret;
}
static const struct file_operations LED_fops =
{
    .owner = THIS_MODULE,
    .read = LED_read,
    .write = LED_write,
    .open = LED_open,
    .release = LED_release,
};
static void LED_setup_cdev(struct LED_dev *dev, int index)
{
    int err, devno = MKDEV(LED_major, index);
    cdev_init(&dev->cdev, &LED_fops);
    dev->cdev.owner = THIS_MODULE;
    err = cdev_add(&dev->cdev, devno, 1);
    if (err)
        printk(KERN_ALERT "Error %d adding LED%d", err, index);
    iomem_class = class_create(THIS_MODULE, "iomem");
    if(IS_ERR(iomem_class))
```

```
        {
            printk("Err: failed in creating class.\n");
            return ;
        }
        device_create(iomem_class,NULL,devno,NULL,"iomem");
    }
    int LED_init(void)
    {
        int result;
        dev_t devno = MKDEV(LED_major, 0);
        if (LED_major)
            result = register_chrdev_region(devno, 1, "iomem");
        else
        {
            result = alloc_chrdev_region(&devno, 0, 1, "iomem");
            LED_major = MAJOR(devno);
        }
        if (result < 0)
            return result;
        LED_devp = kmalloc(sizeof(struct LED_dev), GFP_KERNEL);
        if (!LED_devp)
        {
            result = - ENOMEM;
            goto fail;
        }
        memset(LED_devp, 0, sizeof(struct LED_dev));
        LED_setup_cdev(LED_devp, 0);
        if ((IO_mem_resource=request_mem_region(0xE0200280, 0x0c,"iomem"))==
NULL)/*申请需要访问的内存空间*/
            goto fail;
        else
        {
            printk("In the init process! \n");
            io_addr =(unsigned long) ioremap(0xE0200280 , 0x0c);/*将申请到的内存空间进行映射*/
            printk("io_addr : %lx \n", io_addr);
```

```
        return 0;
    }
fail: unregister_chrdev_region(devno, 1);
    return result;
}
void LED_exit(void)
{
    if (IO_mem_resource!=NULL) release_mem_region(0xE0200280, 0x0c);
    cdev_del(&LED_devp->cdev);
    kfree(LED_devp);
    unregister_chrdev_region(MKDEV(LED_major, 0), 1);
    device_destroy(iomem_class, MKDEV(LED_major, 0));
    class_destroy(iomem_class);
}
MODULE_AUTHOR("AK-47");
MODULE_LICENSE("Dual BSD/GPL");
module_init(LED_init);
module_exit(LED_exit);
```

3. I/O 内存方式访问端口控制 LED 测试代码

```
#include <stdio.h>
#include <sys/types.h>
#include <sys/stat.h>
#include <sys/ioctl.h>
#include <fcntl.h>
#include <unistd.h>
#define DEVICE_FILENAME "/dev/iomem"
int main ( )
{
    int dev;
    int loop;
    char buf[128];
    dev = open(DEVICE_FILENAME,O_RDWR|O_NDELAY);
    if (dev >= 0)
```

```
	{
		printf("write the 0xf5 to the Port J2!\n");
		buf[0]=0xf5;
		write (dev, buf, 1);
		sleep (2);
		printf("write the 0xfa to the Port J2!\n");
		buf[0]=0xfa;
		write (dev, buf, 1);
		sleep (1);
	}
	else
	{
		printf("open failure!\n");
	}
	close (dev);
	return 0;
}
```

4. 驱动程序测试

加载驱动程序后，我们创建设备节点，然后运行测试程序，由于向 LED 所在端口先后写了 0xf5 和 0xfa，会观察到发光二极管交替闪亮。

```
# ./iomem_test
In the open process! turn off the led!
write data from user to iomem!
write the 0xf5 to the Port!
write the 0xfa to the Port!
write data from user to iomem!
```

11.7.3 控制单一引脚的方法

许多外围设备只需要一个引脚就可以进行控制，比如继电器、光耦、蜂鸣器等，此时驱动开发者仅需要将控制引脚的某个寄存器的一位置高或者置低即可。Linux 内核也提供了一系列能够进行按位控制的宏和内核函数，本节对该内容作简要的介绍。

1. 引脚定义的宏

（1）管脚定义如下。

S5PV210_GPX(X)：本宏表示 GPX 组中的第 X 个脚。

例如：

S5PV210_GPC1(4) 表示 GPC1 组第 4 个引脚。

S5PV210_GPH3(15) 表示 GPH3 组第 15 个引脚。

S5PV210_GPH0(2) 表示 GPH0 组第 2 个引脚。

（2）管脚功能定义如下。

S3C_GPIO_SFN(X)：本宏表示使用管脚的第 X 个功能。

这个宏对应端口控制寄存器 GPXON 中的功能定义。如表 11-5 为 GPJ2_7 的功能配置，从表中可以看出 0 号功能代表 Input，1 号功能代表 Output，2 号功能代表 MSM_DATA[7]，15 号功能代表 GPJ2_INT[7]。

例如：S3C_GPIO_SFN(0)表示选择该引脚为输入功能。

表 11-5　GPJ2CON 寄存器设置

寄存器	位	描　述	初始状态
GPJ2CON[7]	[31:38]	0000=Input 0001=Output 0010=MSM_DATA[7] 0011=KP_ROW[0] 0100=CF_DATA[7] 0101=MHL_D4 0110~1110=Reserved 1111=GPJ2_INT[7]	0000

2. 常用函数说明

（1）int s3c_gpio_cfgpin(unsigned int pin, unsigned int to)

该函数将指定的管脚配置成所需的功能，pin 参数代表引脚，to 参数代表某一个功能。例如：

```
s3c_gpio_cfgpin(S5PV210_GPJ2(0), S3C_GPIO_SFN(1));
```

表示将 GPJ2_0 配置成特殊功能 0x01，此功能是 Output。

（2）int s3c_gpio_setpull(unsigned int pin, amsung_gpio_pull_t pull)

该函数为指定 gpio 的管脚配置上拉或下拉状态，pull 的参数有：S3C_GPIO_PULL_UP

上拉、S3C_GPIO_PULL_ DOWN 下拉。S3C_GPIO_PULL_DONE 无上下拉/悬空。执行函数成功返回 0，失败返回小于 0 的值。

例如：

```
s3c_gpio_setpull(S5PV210_GPC1(3), S3C_GPIO_PULL_UP) ;
```

表示使能 GPC1_3 的管脚的内部上拉功能。

```
s3c_gpio_setpull(S5PV210_GPC1(4), S3C_GPIO_PULL_DOWN) ;
```

表示使能 GPC1_3 的管脚的下拉功能。

（3）int gpio_request(unsigned gpio, const char *label)

该函数向内核申请一个管脚 gpio 并使用 label 去描述它。执行函数成功返回 0，失败返回小于 0 的值。

例如：

```
gpio_request(S5PV210_GPC1(3),"gpc1_3");
```

向内核申请使用引脚 GPC1_3，引脚描述为” gpc1_3”。

```
gpio_request(S5PV210_GPC1(4),"led2");
```

向内核申请使用引脚 GPC1_4，引脚描述为” led2”。

（4）void gpio_free(unsigned gpio)

该函数释放一个已经申请的引脚 gpio，与上面 gpio_request ()函数相对应。

例如：

```
gpio_free(S5PV210_GPC1(3));
```

释放管脚 GPC1_3。

```
gpio_free(S5PV210_GPC1(4));
```

释放管脚 GPC1_4。

（5）int gpio_direction_output(unsigned gpio, int value)

该函数在管脚 gpio 中输出一个电平 value（0 或者 1）：执行函数成功返回 0，失败返回小于 0 的值。

例如：

```
gpio_direction_output(S5PV210_GPC1(3),0);
```

GPC1_3 输出 0。

```
gpio_direction_output(S5PV210_GPC1(4),1);
```

GPC1_4 输出 1。

（6）int gpio_direction_input(unsigned gpio)

该函数读取管脚 gpio 的状态，成功返回它的状态（0 或者 1），失败返回小于 0 的值。

例如：

```
value = gpio_direction_input(S5PV210_GPC1(4));
```

读取 GPC1_4 的状态。

```
value = gpio_direction_input(S5PV210_GPC1(3));
```

读取 GPC1_3 的状态。

下面我们利用内核提供的按位控制宏与函数编写控制 LED 发光二极管的驱动程序。

3. 按位控制引脚驱动 LED 实例

```
#include <linux/module.h>
#include <linux/types.h>
#include <linux/fs.h>
#include <linux/errno.h>
#include <linux/mm.h>
#include <linux/sched.h>
#include <linux/init.h>
#include <linux/cdev.h>
#include <asm/io.h>
#include <asm/system.h>
#include <asm/uaccess.h>
#include <linux/device.h>
#include <linux/ioctl.h>
#include <linux/slab.h>
#include <mach/map.h>
#include <mach/gpio.h>
#include <mach/regs-gpio.h>
#include <plat/gpio-core.h>
#include <plat/gpio-cfg.h>
```

```
#include <plat/gpio-cfg-helpers.h>
#define IOCTL_GPIO_ON  1 /*LED亮控制字*/
#define IOCTL_GPIO_OFF 0 /*LED灭控制字*/
#define LED_MAJOR 0
static int LED_major = LED_MAJOR;
static struct class *ioctrl_class;
static unsigned long gpio_table [] =
{    /* 用来指定LED所用的GPIO引脚*/
    S5PV210_GPJ2(0),
    S5PV210_GPJ2(1),
    S5PV210_GPJ2(2),
    S5PV210_GPJ2(3),
};
static unsigned int gpio_cfg_table [] =
{    /* 用来指定GPIO引脚的功能为输出*/
    S3C_GPIO_SFN(1),
    S3C_GPIO_SFN(1),
    S3C_GPIO_SFN(1),
    S3C_GPIO_SFN(1),
};
struct LED_dev
{
  struct cdev cdev;
};
struct LED_dev *LED_devp;
int LED_open(struct inode *inode, struct file *filp)
{

    int i;
    int err;
    printk(KERN_INFO " leds opened\n");
    err = gpio_request(gpio_table[0], "GPJ2_0");/*申请需要使用的端口，以下同*/
    if(err)
    {
        printk(KERN_ERR "failed to request GPJ2_0 for led pin\n");
```

```
            return err;
        }
            err = gpio_request(gpio_table[1], "GPJ2_1");
        if(err)
        {
            printk(KERN_ERR "failed to request GPJ2_1 for led pin\n");
            return err;
        }
        err = gpio_request(gpio_table[2], "GPJ2_2");
        if(err)
        {
            printk(KERN_ERR "failed to request GPJ2_2 for led pin\n");
            return err;
        }   err = gpio_request(gpio_table[3], "GPJ2_3");
        if(err)
        {
            printk(KERN_ERR "failed to request GPJ2_3 for led pin\n");
            return err;
        }
        for (i = 0; i < sizeof(gpio_table)/sizeof(unsigned long); i++)
        {
            s3c_gpio_cfgpin(gpio_table[i], gpio_cfg_table[i]);/*将端口配置为输出功能*/
        gpio_direction_output(gpio_table[i], 1);/*将指定的端口设置为1，高电平，所有LED灯都熄灭*/
        }
      return 0;
    }
    int LED_release(struct inode *inode, struct file *filp)
    {
        gpio_free(gpio_table[0]);/*释放资源，与gpio_request对应，以下同*/
        gpio_free(gpio_table[1]);
        gpio_free(gpio_table[2]);
        gpio_free(gpio_table[3]);
        printk(KERN_INFO "LEDs driver successfully close\n");
        return 0;
```

```
}
static ssize_t LED_read(struct file *filp, char __user *buf, size_t size,
  loff_t *ppos)
{
  int ret = 0;
  return ret;
}
static ssize_t LED_write(struct file *filp, const char __user *buf,
  size_t size, loff_t *ppos)
{
  int ret = 0;
  return ret;
}
static int LED_ioctl(struct inode *inode, struct file *filp,unsigned int cmd,
unsigned long arg)
{
    if (arg > sizeof(gpio_table)/sizeof(unsigned long))
    {
        return -EINVAL;
    }
        switch(cmd)
    {
        case IOCTL_GPIO_ON:/*设置指定引脚的输出电平为0，由电路图可知，输出0时为亮*/
            gpio_direction_output(gpio_table[arg], 0);
            return 0;
        case IOCTL_GPIO_OFF:/*设置指定引脚的输出电平为1，由电路图可知，输出1时为灭*/
            gpio_direction_output(gpio_table[arg], 1);
            return 0;
        default:
        return -EINVAL;
    }
}
static const struct file_operations LED_fops =
{
    .owner = THIS_MODULE,
```

```
    .read = LED_read,
    .write = LED_write,
    .open = LED_open,
    .release = LED_release,
    .ioctl = LED_ioctl, /* 实现主要控制功能*/
};
static void LED_setup_cdev(struct LED_dev *dev, int index)
{
    int err, devno = MKDEV(LED_major, index);
    cdev_init(&dev->cdev, &LED_fops);
    dev->cdev.owner = THIS_MODULE;
    dev->cdev.ops = &LED_fops;
    err = cdev_add(&dev->cdev, devno, 1);
    if (err)
        printk(KERN_ALERT "Error %d adding LED%d", err, index);
    ioctrl_class = class_create(THIS_MODULE, "ioctrldev");
    device_create(ioctrl_class, NULL, MKDEV(LED_major, 0), NULL, "LEDS");
}
int LED_init(void)
{
    int result;
    dev_t devno = MKDEV(LED_major, 0);
    if (LED_major)
        result = register_chrdev_region(devno, 1, "LEDS");
    else
    {
        result = alloc_chrdev_region(&devno, 0, 1, "LEDS");
        LED_major = MAJOR(devno);
    }
    if (result < 0)
        return result;
    LED_devp = kmalloc(sizeof(struct LED_dev), GFP_KERNEL);
    if (!LED_devp)
    {
        result = - ENOMEM;
```

```
            goto fail;
        }
        memset(LED_devp, 0, sizeof(struct LED_dev));
        LED_setup_cdev(LED_devp, 0);
fail: unregister_chrdev_region(devno, 1);
        return result;
}
void LED_exit(void)
{
        cdev_del(&LED_devp->cdev);
        kfree(LED_devp);
        unregister_chrdev_region(MKDEV(LED_major, 0), 1);
        device_destroy(ioctrl_class, MKDEV(LED_major, 0));
class_destroy(ioctrl_class);
}
MODULE_AUTHOR("AK-47");
MODULE_LICENSE("Dual BSD/GPL");
module_init(LED_init);
module_exit(LED_exit);
```

4. 测试代码

```
#include <stdio.h>
#include <sys/types.h>
#include <linux/fb.h>
#include <linux/kernel.h>
#include <linux/fs.h>
#include <fcntl.h>
#include <string.h>
#include <unistd.h>
#define DEV_FILE_NAME "/dev/LEDS"
/* 下面是应用程序执行 ioctl(fd, cmd, arg)时的第 2 个参数*/
#define IOCTL_GPIO_ON  1 /*与驱动程序相对应提供,使 LED 点亮的控制指令*/
#define IOCTL_GPIO_OFF 0 /*与驱动程序相对应提供,使 LED 熄灭的控制指令*/
/* 下面应用程序执行 ioctl(fd, cmd, arg)时的第 3 个参数, 取值为 0-3 */
```

```
#define LED1 0 /*对应硬件上的 led1*/
#define LED2 1 /*对应硬件上的 led2*/
#define LED3 2 /*对应硬件上的 led3*/
#define LED4 3 /*对应硬件上的 led4*/
void main(void)
{
    int devfd;
    int i,err;
    devfd = open(DEV_FILE_NAME,O_RDWR);
    if(devfd < 0)
    {
        printf("can't open dev (%s)",DEV_FILE_NAME);
        return ;
    }
    for(i=0;i<5;++i)
    {
        err = ioctl(devfd,IOCTL_GPIO_ON,LED1);
        if(err<0)
            printf("GPIO_ON faild! (%d)\n",err);
        sleep(1);
        err = ioctl(devfd,IOCTL_GPIO_OFF,LED1);
        if(err<0)
            printf("GPIO_OFF faild! (%d)\n",err);
        sleep(1);
        err = ioctl(devfd,IOCTL_GPIO_ON,LED2);
        if(err<0)
            printf("GPIO_ON faild! (%d)\n",err);
        sleep(1);
        err = ioctl(devfd,IOCTL_GPIO_OFF,LED2);
        if(err<0)
            printf("GPIO_OFF faild! (%d)\n",err);
        sleep(1);
    }
    close(devfd);
}
```

加载驱动程序后运行测试程序，我们会观察到发光二极管交替点亮熄灭。

第 12 章 驱动开发进阶

本节要求：

通过具体的实例熟练掌握驱动程序的开发方法。

本节目标：

- 重点掌握 Linux 设备模型机制；
- 理解基于 Linux 设备模型的驱动编写机制。

12.1 Linux 设备驱动模型

随着计算机的周边外设越来越丰富，设备管理已经成为现代操作系统的一项重要任务，对于 Linux 来说也是同样的情况。每次 Linux 内核新版本的发布，都会伴随着一批设备驱动进入内核。在 Linux 内核里，驱动程序的代码量占有相当大的比重。如何对大量的设备驱动程序进行管理、避免冗余的代码出现是关键的问题。

从物理角度来看，众多外设之间是有一种层次关系的，比如把一个 U 盘插到笔记本上，实际上这个 U 盘是接在一个 USB Hub 上，USB Hub 又是接在 USB 2.0 Host Controller（EHCI）上。EHCI 是一个挂在 PCI Bus 上的设备。这里的一个层次关系是：PCI->EHCI->USB Hub->USB Disk。众多的 USB 设备组成了一个树形的关系网络。同样，驱动程序中也需要有一个树状的数据结构把所有的外设组织起来，这就是 Linux 设备驱动模型。建立了一个组织所有设备的树状驱动程序架构后，用户就可以通过这棵树去遍历所有的设备，建立设备和驱动程序之间的联系，同时也可以根据类型不同对设备进行归类、更清晰地管理设备，这就是设备驱动模型建立的目的。

另外，设备驱动模型提供了硬件的抽象，内核使用该抽象可以简化许多重复性的工作，原来设备驱动中的重复性代码就不需要重新编写和调试，编写驱动程序的难度有所下降，同时稳定性得到了提升。

12.1.1 Sysfs 文件系统

Linux 设备驱动模型是由大量的数据结构和算法组成。这些数据结构之间的关系非常复杂，多个数据结构之间通过指针互相关联，构成树形关系。显示这种关系的最好方法是利用一种树形的文件系统。但是这种文件系统需要具有其他文件系统没有的一些功能，例如显示内核中的一些关于设备、驱动和总线的信息。为了达到这个目的，Linux 内核开发者创建了一种新的文件系统，这就是 Sysfs 文件系统。

1. Sysfs 概述

Sysfs 文件系统是 2.6 版本 Linux 内核的一个新特性，它是一种只存在于内存中的文件系统。内核通过这个文件系统将信息导出到用户空间中。Sysfs 文件系统的目录之间的关系非常复杂，各目录与文件之间既有树形关系，又有目录关系。这些关系在 Linux 内核中是由设备驱动模型来表示的。

在 Sysfs 文件系统中产生的文件大多数是 ASCII 码文件，通常每个文件有一个值，也可叫属性文件。文件的 ASCII 码特性保证了内核被导出信息的准确性。

2. Sysfs 文件系统与内核结构的关系

Sysfs 文件系统是内核对象（Kobject）、属性（kobj_type）及它们相互关系的一种表现机制（关于 Kobject、kobj_type 的内容在后面章节讲述）。用户可以从 Sysfs 文件系统中读出内核的数据，也可以将用户空间的数据写入内核中。这是 Sysfs 文件系统非常重要的特性。通过这个特性，用户空间的数据就能传送到内核空间中，从而设置驱动程序的属性和状态。内核中的数据结构和 Sysfs 文件系统的关系如表 12-1 所示。

表 12-1　内核结构与 Sysfs 的对应关系

内核数据结构	Sysfs 中的内容
kobject	目录
kobj_type	属性文件
对象之间的关系	符号链接

3. Sysfs 文件系统的目录结构

Sysfs 文件系统只存在于内存中，动态地表示着内核的数据结构。Sysfs 文件系统与其他文件系统一样，由目录、文件和链接组成。Sysfs 文件系统表示的内容与其他文件系统不同，以下则是 Sysfs 文件系统目录内容。

```
/sys
 |-- block
 |-- bus
 |-- class
 |-- dev
 |-- devices
 |-- firmware
 |-- fs
 |-- kernel
 |-- module
 |-- power
```

当设备启动时，设备驱动模型会注册 kobject 对象并在 Sysfs 文件系统中产生以上的目录，现对其中的主要目录所包含的信息进行说明。

4. Sysfs 主要目录介绍

（1）block 目录

block 目录包含了在系统中发现的每个块设备的子目录，每个块设备对应一个子目录。每个块设备的目录中有各种属性文件，描述了设备的各种信息，例如设备的大小、设备号等。

（2）bus 目录

总线目录包含了在内核中注册而得到支持的每个物理总线的子目录，例如 ide、pci、usb、i2c 和 pnp 等。每个物理总线的子目录结构都大同小异。以 usb 目录为例，usb 目录下包含 devices、drivers、uevent、drivers_autoprobe 和 drivers_probe 目录，其中 devices 目录包含了 USB 总线下所有设备的列表，这些列表实际是指向 sys/devices 目录中相应设备的符号连接，而实际的设备文件在 sys/devices 目录及其子目录下，这个链接的目的是为了构建 Sysfs 文件系统的层次结构。drivers 目录包含了 USB 总线下注册所有驱动程序的目录。每个驱动目录中有允许查看和操作设备参数的属性文件。

（3）class 目录

class 目录中的子目录表示每一个注册到内核中的设备类，例如固件类（firmware)、网络类（net)、图形类（graohics)、声音类（sound)和输入类（input)等。class 对象包含一些设备的总称，例如网络类包含一切的网络设备，集中在/sys/class/net 目录下。输入设备类包含一切的输入设备，如鼠标、键盘和触摸板等。它们集中在/sys/class/input 目录下。

12.1.2 设备驱动模型关键数据结构

设备驱动模型由几个核心的数据结构组成，分别是 Kobject 和 Kset 等。这些结构使设备驱动模型组成了一个层次结构。该层次结构将驱动程序、设备描述和及设备所述的总线等联系起来，形成一个完整的设备驱动模型。下面我们对这些结构体进行简单的介绍。

1. Kobject 内核对象

宏观上来说，设备驱动模型是一个设备和驱动组成的层次结构。例如，在总线 A 上面挂载了一个 USB 控制器硬件 B，在 B 上面又挂接了设备 C 和 D，同时在 A 总线上还挂载了设备 E 和 F。这些设备的关系如图 12-1 所示。

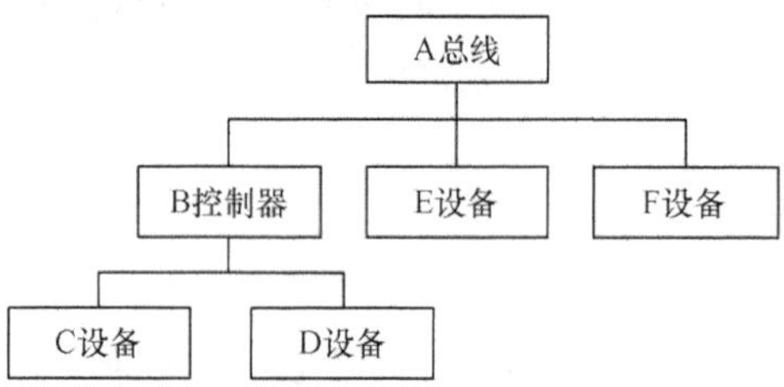

图 12-1 设备的层次关系

在 Sysfs 文件系统中，这些设备使用树形目录来表示，如下所示。

```
sys
`--A 总线
    |--B 控制器
    |    |--C 设备
    |    `--D 设备
    |--E 设备
    `--F 设备
```

树形结构中每一个目录与一个 Kobject 对象想对应，包含了目录的组织结构和名字等信息。在 Linux 系统中，Kobject 结构体是组成设备驱动模型的基本结构。最初它作为一个设备引用计数使用，随着系统功能的增加，它的任务越来越复杂。Kobject 提供了基本的设备对象管理能力，每一个在内核中注册的 Kobject 对象都对应于 Sysfs 文件系统中的一个目录。

Kobject 结构定义如下。

```
struct kobject {
    const char  *name;/*kobject 的名称*/
    struct list_head  entry; /*连接下一个 kobject 结构体指针*/
    struct kobject  *parent; /*指向父 kobject 结构体*/
    struct kset   *kset; /*指向 kset 结构体*/
    struct kobj_type   *ktype; /*执行 kobject 描述符*/
    struct sysfs_dirent  *sd; /*对应 sysfs 的文件目录*/
    struct kref  kref; /*kobject 的引用计数*/
    unsigned int state_initialized:1; /*该 kobject 对象是否初始化的位*/
    unsigned int state_in_sysfs:1; /*是否已经加入 sysfs*/
    unsigned int state_add_uevent_sent:1;
    unsigned int state_remove_uevent_sent:1;
    unsigned int uevent_suppress:1;
};
```

以上成员中一些说明如下。

- name 是 Kobject 结构体的名称，该名称将显示在 sysfs 文件系统中，作为一个目录的名字。
- ktype 是 Kobject 的属性，可以将属性看成 Sysfs 中的一个属性文件。每个对象都有属性，例如电源管理需要一个属性表示是否支持挂起；热插拔事件管理需要一个属性来表示设备的状态等。因为大部分的同类设备都有相同的属性，所以我们将这个属性单独组织为一个数据结构 kobject_type，存放在 ktype 中，这样就可以灵活地管理属性了。
- kref 是表示该对象的引用计数，内核通过 kref 实现对象的引用计数管理。

2. Kset 内核对象

Kobject 通过 Kset 组织成层次化的结构。Kset 是具有相同类型的 Kobject 的集合。Kset

在 Sysfs 里同样表现为一个目录，但它和 Kobject 的不同之处在于 Kset 可以看作是一个容器。Kset 之所以能作为容器来使用，是因为它内部内嵌了一个双向链表结构 struct list_head。

Kset 定义如下。

```
struct kset {
    struct list_head list; /*连接所包含的 kobject 对象的链表首部*/
    spinlock_t list_lock; /*维护 list 链表的自旋锁*/
    struct kobject kobj; /*内嵌的 kobject 结构体，说明 kset 本身也是一个目录*/
    const struct kset_uevent_ops *uevent_ops; /*热插拔事件*/
};
```

包含在 Kset 中的所有 Kobject 被组织成一个双向循环链表，list 域正是该链表的头。Kset 数据结构还内嵌了一个 Kobject 对象（由 kobj 域表示），所有属于这个 Kset 的 Kobject 对象的 parent 域均指向这个内嵌的对象。此外，Kset 还依赖于 kobj 维护引用计数，Kset 的引用计数实际上就是内嵌的 Kobject 对象的引用计数。

值得注意的是，早期版本的 Linux 内核还具有 Subsystem，从 2.6.23 开始 Linux 内核就抛弃了 Subsystem，在此不作介绍。

12.1.3 内核对象函数

针对 Kobject 和 Kset 内核对象不同的数据结构，Linux 2.6 内核定义了一系列操作函数，定义于 lib/kobject.c 文件中。

1. Kobject 相关函数

（1）void kobject_init(struct kobject *kobj, struct kobj_type *ktype);

该函数为 Kobject 初始化函数，设置 Kobject 引用计数为 1，entry 域指向自身，其所属 Kset 引用计数加 1。

（2）int kobject_set_name(struct kobject *kobj, const char *fmt, ...)

该函数设置指定 kobject 的名称。

（3）void kobject_cleanup(struct kobject *kobj)和 void kobject_cleanup(struct kobject *kobj);

该函数为 Kobject 清除函数，当其引用计数为 0 时，释放对象占用的资源。

（4）struct kobject *kobject_get(struct kobject *kobj);

该函数将 kobj 对象的引用计数加 1，同时返回该对象的指针。

（5）void kobject_put(struct kobject * kobj)；

该函数将 kobj 对象的引用计数减 1，如果引用计数降为 0，则调用 kobject_release()释放该 Kobject 对象。

（6）int kobject_add(struct kobject *kobj, struct kobject *parent,const char *fmt, ...)

该函数将 kobj 对象加入 Linux 设备层次。

（7）void kobject_del(struct kobject * kobj)；

该函数从 Linux 设备层次中删除 kobj 对象。

2. Kset 相关函数

与 Kobject 相似，kset_init()完成指定 Kset 的初始化，kset_get()和 kset_put()分别增加和减少 Kset 对象的引用计数。kset_add()和 kset_del()函数分别实现将指定 Keset 对象加入设备层次和从其中删除，Kset_register()函数完成 Kset 的注册，而 kset_unregister()函数则完成 Kset 的注销。

12.1.4 设备模型构成

在上述内核对象机制的基础上，Linux 建立了设备驱动模型，在 Linux 设备驱动模型中，总线（bus_type）、设备（devices）、驱动（drivers）是重要组成部分，下面我们对其关系进行介绍。

1. 总线

从硬件上来说，物理总线包括数据总线、地址总线和控制总线。物理总线是处理器与一个或者多个设备之间通信的通道。在设备驱动模型中，所有设备都通过总线连接。设备驱动模型中的总线与物理总线不同，它是物理总线的一个抽象，同时还包含一些硬件中不存在的虚拟总线。在设备驱动模型中，驱动程序和描述硬件资源的驱动（一般叫设备)都是附属在总线上的。

2. 总线、设备、驱动关系

在设备驱动模型中，总线、设备、驱动三者之间紧密联系，如图 12-2 所示，/sys 目录下有一个 bus 目录，所有的总线都在 bus 目录下有一个新的目录。一般来说，一个总线目录下有一个设备目录、驱动目录和总线属性文件。设备目录（devices)下包含挂接在该总线上的设备。驱动目录（drivers)包含挂接在总线上的驱动程序。设备和驱动程序之间通过指针互相联系。

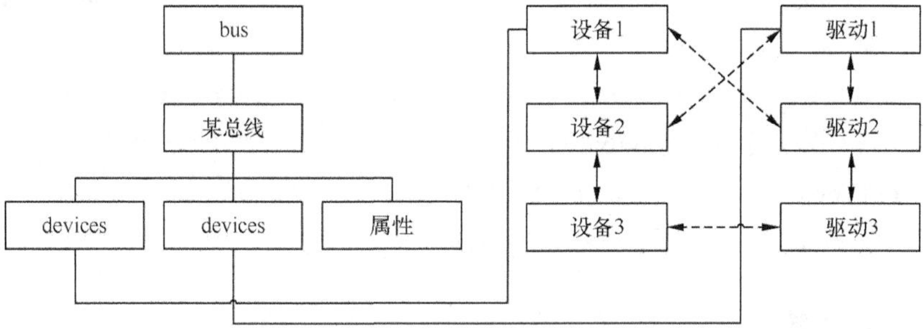

图 12-2　总线、设备、驱动之间的关系

如图 12-2 所示，假设总线上的设备链表有 3 个设备，设备 1、设备 2 和设备 3。总线上的驱动链表也有 3 个驱动程序，驱动 1、驱动 2 和驱动 3，其中虚线箭头表示设备与驱动的绑定关系，这个绑定是在总线枚举设备时设置的。在图 12-2 中，设备 1 与驱动 2 绑定，设备 2 与驱动 1 绑定，设备 3 与驱动 3 绑定。

3．总线、设备、驱动与内核对象 Kobject 及 Sysfs 的关系

在 Linux 设备驱动模型中，设备驱动模型在内核中的关系用 Kobject 结构体来表示，用户空间的关系用 Sysfs 文件系统的结构来表示。如图 12-3 所示，左边是总线、设备与驱动在内核中的关系，使用 Kobject 结构体来组织；右边是 Sysfs 文件系统的结构关系，使用目录和文件来表示。左边的 Kobject 和右边的目录或者文件是一一对应的关系，如果左边有一个 Kobject 对象，那么右边就对应一个目录。右边的文件表示 Kobject 的属性，不与 Kobject 相对应。

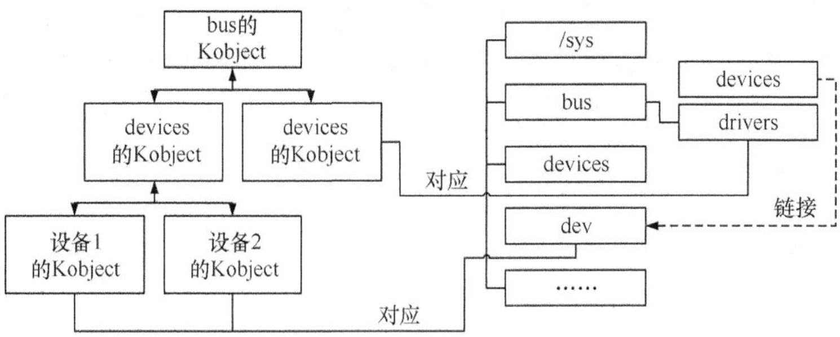

图 12-3　设备驱动模型结构

12.1.5 设备驱动模型主要组件

1. 总线

在 Linux 设备模型中，总线用 bus_type 表示。内核支持的每一条总线都由一个 bus_type 对象来描述，其代码如下。

```
struct bus_type {
    const char    *name;/*总线类型的名称*/
    struct bus_attribute  *bus_attrs; /*总线属性和导出到 sysfs 的方法*/
    struct device_attribute    *dev_attrs; /*设备属性和导出到 sysfs 的方法*/
    struct driver_attribute    *drv_attrs; /*驱动程序属性和导出到 sysfs 的方法*/
    int (*match)(struct device *dev, struct device_driver *drv); /*匹配参数，检验
参数 2 中的驱动是否支持参数 1 中的设备*/
    int (*uevent)(struct device *dev, struct kobj_uevent_env *env); /*热插拔事件函数*/
    int (*probe)(struct device *dev); /*探测设备函数*/
    int (*remove)(struct device *dev); /*移除设备函数*/
    void (*shutdown)(struct device *dev); /*关闭设备函数*/
    int (*suspend)(struct device *dev, pm_message_t state); /*改变设备供电状态，使其节能*/
    int (*resume)(struct device *dev); /*唤醒设备函数*/
    const struct dev_pm_ops *pm; /*关于电源管理的操作符*/
    struct bus_type_private *p; /*总线的私有数据*/
};
```

总线私有数据结构 bus_type_private 包含 3 个主要的成员，一个 Kset 类型的 Subsys 容器，表示一条总线的主要部分；一个总线上的驱动程序容器 drivers_kset；一个总线上的设备容器 devices_kset，其代码如下。

```
struct bus_type_private {
    struct kset subsys;/*代表该bus 子系统,里面的 kobj 是该bus 的主 kobj 也就是最顶层的 kobject*/
    struct kset *drivers_kset;/*挂接到该总线上的所有驱动的集合*/
    struct kset *devices_kset;/*挂接到该总线上的所有设备的集合*/
    struct klist klist_devices;/*所有设备的列表，与 devices_kset 中的 list 相同*/
    struct klist klist_drivers;/*所有驱动程序的列表，与 drivers_kset 中的 list 相同*/
```

```
        struct blocking_notifier_head bus_notifier;
        unsigned int drivers_autoprobe:1;/*设置是否在驱动注册时，自动探测设别*/
        struct bus_type *bus;/*包含指向自己的总线*/
};
```

每个 bus_type 对象都对应/sys/bus 目录下的一个子目录，如 PCI 总线类型对应于/sys/bus/pci，在每个这样的总线目录下都存在两个子目录 devices 和 drivers，其中 devices 子目录描述连接在该总线上的所有设备，由 bus_type_private 中的 devices_kset 来组织，构成一个设备链表；而 drivers 目录则描述与该总线关联的所有驱动程序，由 bus_type_private 中的 drivers_kset 来组织，构成一个驱动链表。

每当有设备添加到总线时，驱动程序核心遍历总线上的驱动链表查找设备驱动；每当有驱动添加到总线时，驱动核心遍历总线上的设备链表查找驱动可操控的设备，通过 bus_type 中的 match 函数进行匹配，匹配成功则返回 1，匹配失败返回 0。probe 函数用于执行设备相关的匹配探测、设备初始化、资源分配等。对于一次遍历匹配而言，如果 match 和 probe 均成功，则结束匹配过程；如果 match 成功而 probe 失败，继续遍历查找匹配；如果遍历结束而没有找到成功的匹配，对于驱动而言表示没有可操控设备，对于设备而言表示没有适当的驱动。

2. 设备

在 Linux 设备驱动模型中，每一个设备都由一个 device 结构体来描述。device 结构体包含了设备所具有的一些通用信息，其对应的数据结构 struct device 定义如下。

```
struct device {
        struct device*parent; /*连接子设备的链表*/
        struct kobject kobj; /*内嵌的 kobject 结构体*/
        const char          *init_name; /*设备的初始化名字*/
        struct device_type     *type; /*设备相关的特殊处理函数*/
        struct mutex mutex; /**/
        struct bus_type    *bus; /*指向其连接的总线指针*/
        struct device_driver *driver;  /*指向该设备的驱动程序*/
        void      *platform_data;   /**/
        struct dev_pm_info     power; /*电源管理信息*/
        dev_t          devt;     /* 设备号 */
```

```
    struct class      *class; /*指向设备所属的类*/
    const struct attribute_group **groups;  /* 设备的组属性 */
    void (*release)(struct device *dev); /*释放设备描述符的回调函数*/
     ……
};
```

对于驱动开发人员来说，当遇到新设备时，需要定义一个新的设备结构体。将 device 作为新结构体的成员，这样就可以在新的结构体中定义设备的一些独有信息，而设备通用的信息就可以用 device 结构体来表示，简化驱动程序的编写。同时由于 device 结构体的存在，我们可以通过 device 结构体将新设备轻松地加入设备驱动模型中。

3. 驱动

在设备驱动模型中，总线所引领的设备链表记录了注册到系统中的所有设备。但是设备只有与对应的驱动程序绑定才能使用。系统中的每个驱动程序由一个 device_driver 对象描述，对应的数据结构定义如下。

```
struct device_driver {
    const char    *name; /*设备驱动程序的名字*/
    struct bus_type    *bus; /*指向驱动属于的总线，总线上有很多设备*/
    struct module*owner; /*设备驱动自身模块*/
    const char    *mod_name; /*驱动模块的名字*/
    int (*probe) (struct device *dev); /*探测设备的方法，并检测设备驱动可以控制哪些设备*/
    int (*remove) (struct device *dev); /*移除设备时调用的方法*/
    void (*shutdown) (struct device *dev); /*设备关闭时调用的方法*/
    int (*suspend) (struct device *dev, pm_message_t state); /*设备置于低功率状态时
所调用的方法*/
    int (*resume) (struct device *dev); /*设备恢复正常状态时所调用的方法*/
    const struct attribute_group **groups; /*属性组*/
    const struct dev_pm_ops *pm; /*用于电源管理*/
    struct driver_private *p; /*设备驱动的私有数据*/
};
```

一个设备对应一个最合适的设备驱动程序，但是，一个设备驱动程序有可能适用于多个设备。设备驱动模型可以自动地探测新设备的产生并为其分配最合适的设备驱

动程序。

12.2 Platform 虚拟总线

12.2.1 Platform 虚拟总线概述

在 Linux 的设备驱动模型中，总线、设备和驱动这 3 个结构体非常重要，总线将设备和驱动绑定。系统每注册一个设备的时候，就会寻找与之匹配的驱动；相反的，系统每注册一个驱动的时候，会寻找与之匹配的设备，匹配工作由总线完成。一个现实的 Linux 设备和驱动通常都需要挂接在一种物理总线上。对于本身依附于 PCI、USB、I2C、SPI 物理总线等的设备而言，这自然不是问题，但是在嵌入式系统里面，处理器上集成了额外功能的附加设备，如 Watch Dog、IIC、IIS、RTC 和 ADC 等设备，这些额外功能设备是为了节约硬件成本、减少产品功耗、缩小产品形状而集成到处理器内部的。我们该如何对这些设备进行管理？基于这一背景，Linux 发明了一种虚拟的总线，称为 Platform 总线，相应的设备称为 platform_device，而驱动成为 platform_driver。Linux 中的大部分的设备驱动，都可以使用这一套机制来管理。

阅读 Linux 内核我们可以发现，S5PV210 处理器的许多内部资源都挂载在 Platform 总线上面。所谓的 platform_device 并不是与字符设备、块设备和网络设备并列的概念，而是 Linux 系统提供的一种附加手段。例如，S5PV210 处理器中把内部集成的 RTC、WDT 等控制器都归纳为 platform_device 设备，挂接在 platform 总线之上进行统一管理，而它们本身其实是字符设备。

12.2.2 Platform 虚拟总线重要组件

1. platform_device

platform_device 结构体的定义如下。

```
struct platform_device {
    const char* name; /* 设备的名字，与驱动的名字对应 */
    int   id; /* 与驱动 绑定有关，一般为-1 */
```

```
    struct device dev; /* 设备结构体，说明 platform_device 派生于 device */
    u32   num_resources; /* 设备所使用各类资源数量 */
    struct resource    * resource; /* 指向资源的数组，数量由 num_resources 指定 */
    ……
};
```

在 platform_device 结构体中，resource 成员描述了 platform_device 的资源，其定义如下。

```
struct resource {
  resource_size_t start; /*资源的开始地址*/
  resource_size_t end; /*资源的结束地址*/
  const char *name; /*资源名*/
  unsigned long flags; /*资源的类型*/
  struct resource *parent, *sibling, *child; /*用于构建资源的树形结构*/
};
```

start、end 和 flags 这 3 个字段分别标明资源的开始地址、结束地址和资源类型，flags 可以是 IORESOURCE_IO、IORESOURCE_MEM、IORESOURCE_IRQ、IORESOURCE_DMA 等。start、end 的含义会随着 flags 而变更。如当 flags 为 IORESOURCE_MEM 时，start、end 分别表示该 platform_device 占据的内存的开始地址和结束地址；当 flags 为 IORESOURCE_IRQ 时，start、end 分别表示该 platform_device 使用的中断号的开始值和结束值，如果只使用了 1 个中断号，开始和结束值相同。对于同种类型的资源而言，可以有多份，譬如说某设备占据了两个内存区域，则可以定义两个 IORESOURCE_MEM 资源。

在具体的设备驱动中，我们通过 platform_get_resource()函数来获取定义的 resource 资源，该函数定义如下。

```
struct resource *platform_get_resource(struct platform_device *, unsigned int,
unsigned int);
```

例如，Smart210 开发板内核源代码中 mach-smdkv210.c 文件中，为 DM9000 网卡定义了如下资源。

```
static struct resource S5PV210_dm9000_resource[] = {
[0] = {
.start = 0X18000000,
.end = 0X18000000 + 3,
.flags = IORESOURCE_MEM
```

```
},
[1] = {
.start = 0×18000000 + 0×4,
.end = 0×18000000 + 0×7,
.flags = IORESOURCE_MEM
},
[2] = {
.start = IRQ_EINT(7),
.end = IRQ_EINT(7),
.flags = IORESOURCE_IRQ | IORESOURCE_IRQ_HIGHLEVEL,
}
};
```

在 DM9000 网卡的驱动代码 dm9000.c 中，则是通过如下方式得到相应的资源。

```
db->addr_res = platform_get_resource(pdev, IORESOURCE_MEM, 0);
db->data_res = platform_get_resource(pdev, IORESOURCE_MEM, 1);
db->irq_res = platform_get_resource(pdev, IORESOURCE_IRQ, 0);
```

设备驱动中描述设备的代码除了可以定义资源以外，还可以附加一些数据信息，因为对设备的硬件描述除了中断、内存、DMA 通道以外，可能还会有一些配置信息。因此，Platform 提供了一个数据结构体 platform_data 来描述额外的配置信息。platform_data 结构体的形式可以由程序员自主定义，如对于 DM9000 网卡而言，platform_data 为一个 dm9000_plat_data 结构体，可以将 MAC 地址、总线宽度、有无 EEPROM 信息放入 platform_data 结构体中。

```
static struct dm9000_plat_data S5PV210_dm9000_platdata = {
  .flags = DM9000_PLATF_16BITONLY | DM9000_PLATF_NO_EEPROM,
  .dev_addr = { 0×0, 0×16, 0xd4, 0×9f, 0xed, 0xa4 },
};
static struct platform_device S5PV210_dm9000 = {
  .name = "dm9000",
  .id = 0,
  .num_resources = ARRAY_SIZE(S5PV210_dm9000_resource),
  .resource = S5PV210_dm9000_resource,
  .dev = {
```

```
    .platform_data = & S5PV210_dm9000_platdata,
    }
};
```

在 DM9000 网卡的驱动中，可以通过如下方式得到 platform_data 结构体的内容。

```
struct dm9000_plat_data *pdata = pdev->dev.platform_data;
```

代码中，pdev 为 platform_device 的指针。

对 platform_device 的定义在 mach-smdkv210.c 中实现，此文件中将各种描述处理器内置的外部设备 platform_device 结构体归纳为一个数组，最终通过 platform_add_devices()函数统一注册，其代码如下。

```
static struct platform_device *smdkv210_devices[] __initdata = {
&s5pv210_device_iis0,
&s5pv210_device_ac97,
&s3c_device_adc,
&s3c_device_ts,
&s3c_device_wdt,
};
static void __init smdkv210_machine_init(void)
{
s3c_pm_init();
s3c24xx_ts_set_platdata(&s3c_ts_platform);
platform_add_devices(smdkv210_devices, ARRAY_SIZE(smdkv210_devices));
}
```

platform_add_devices()函数可以将平台设备添加到系统中，这个函数的原型如下。

```
int platform_add_devices(struct platform_device **devs, int num);
```

该函数的第一个参数为平台设备数组的指针，第二个参数为平台设备的数量。

2. platform_driver

每一个 platform_device 设备都对应一个 platform_driver 设备驱动，用来对设备进行探测、移除、关闭和电源管理等操作，其定义如下。

```
struct platform_driver {
```

```
    int (*probe)(struct platform_device *); /*探测函数*/
    int (*remove)(struct platform_device *); /*移除函数*/
    void (*shutdown)(struct platform_device *); /*关闭设备时调用函数*/
    int (*suspend)(struct platform_device *, pm_message_t state); /*挂起函数*/
    int (*resume)(struct platform_device *); /*恢复正常状态之前调用的函数*/
    struct device_driver driver; /*设备驱动核心结构*/
    const struct platform_device_id *id_table;
};
```

platform_driver 设备驱动主要是 probe()、remove()成员函数的实现，在 probe()函数中申请设备所需要的资源；在 remove()函数中，与 prove()函数对应，移除所占用的资源。

驱动程序编写完毕后，需要将其注册到内核中才能使用。内核提供了 platform_driver_register()函数实现这个功能，该函数如下。

```
int platform_driver_register(struct platform_driver *drv)
{
    drv->driver.bus = &platform_bus_type; /*平台总线类型*/
    if (drv->probe)
        drv->driver.probe = platform_drv_probe; /*默认的探测函数*/
    if (drv->remove)
        drv->driver.remove = platform_drv_remove; /*默认的移除函数*/
    if (drv->shutdown)
        drv->driver.shutdown = platform_drv_shutdown; /*默认的关闭函数*/
    return driver_register(&drv->driver); /*将驱动注册到系统中*/
}
```

与 platform_driver_register()相对应的是 platform_driver_unregister()函数，该函数完成注销驱动功能。

3. platform_bus_type

系统中为 platform 总线定义了一个 bus_type 的实例 platform_bus_type，其代码如下。

```
struct bus_type platform_bus_type = {
    .name         = "platform",
    .dev_attrs    = platform_dev_attrs,
    .match        = platform_match,
```

```
    .uevent      = platform_uevent,
    .pm      = &platform_dev_pm_ops,
};
```

重点在它的 match()成员函数，此成员表明 platform_device 和 platform_driver 之间如何匹配，其代码如下。

```
static int platform_match(struct device *dev, struct device_driver *drv)
{
    struct platform_device *pdev = to_platform_device(dev);
    struct platform_driver *pdrv = to_platform_driver(drv);
    /* match against the id table first */
    if (pdrv->id_table)
        return platform_match_id(pdrv->id_table, pdev) != NULL;
    /* fall-back to driver name match */
    return (strcmp(pdev->name, drv->name) == 0);
}
```

我们可以看出，匹配 platform_device 和 platform_driver 主要看二者的 name 字段是否相同。如果两者的 name 字段相同，则将设备与其驱动程序绑定。

由以上分析可知，设备驱动中引入 platform 虚拟总线的概念至少有如下两大好处。

（1）这使得设备被挂接在一个总线上，因此，符合 Linux 的设备驱动模型，其结果是，各个对应的资源配套的 sysfs 节点、电源管理功能都成为可能。

（2）这样做隔离设备和驱动。在设备代码中定义使用的资源、具体的配置信息等；在驱动代码中，需要通过相应的函数去获取资源和数据，做到了设备代码和驱动代码的分离，使得驱动具有更好的可扩展性和跨平台性。

12.2.3 Platform 虚拟总线驱动实例

将设备驱动纳入 Platform 总线模型来进行管理后，一个十分明显的优势在于将设备本身的资源注册进了内核，由内核统一来管理，不但提高了驱动和资源管理的独立性和高效性，而且拥有较好的可移植性和安全性，本质上 Platform 总线模型也是 Linux 设备驱动模型机制，它代表了 Linux 设备驱动发展的主流方向。

由前面几节内容可知，通过 Platform 总线模型来编写底层设备驱动流程如图 12-4 所示。

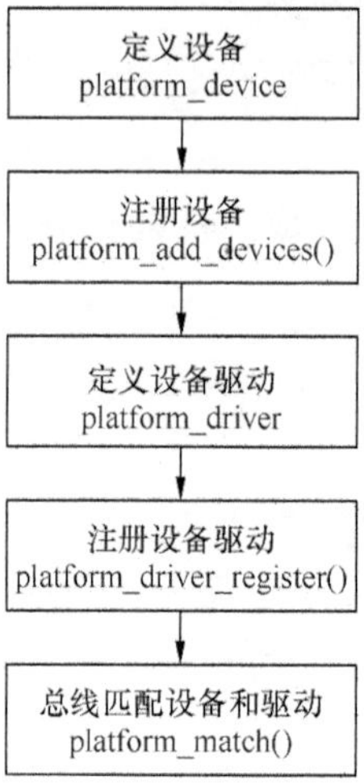

图 12-4 Platform 设备、驱动使用方法

以下是按照上述的 Platform 虚拟总线的管理机制编写的发光二极管驱动程序代码。

1. devices 程序设计

```
#include <linux/module.h>
#include <linux/version.h>
#include <linux/init.h>
#include <linux/kernel.h>
#include <linux/types.h>
#include <linux/interrupt.h>
#include <linux/list.h>
#include <linux/timer.h>
#include <linux/init.h>
#include <linux/serial_core.h>
#include <linux/platform_device.h>
static struct resource led_resource[] = {/*声明发光二极管占用的端口资源*/
    [0] = {
        .start = 0xE0200280,
        .end   = 0xE0200280 + 8 - 1,
        .flags = IORESOURCE_MEM,
```

```
    },
    [1] = {
        .start = 0,
        .end   = 0,
        .flags = IORESOURCE_IRQ,
    }
};
static void led_release(struct device * dev)
{
}
static struct platform_device led_dev = {
    .name          = "SMARTLED",/*设备名称、与驱动程序中驱动名称保持一致*/
    .id       = -1,
    .num_resources    = ARRAY_SIZE(led_resource),/*资源数量*/
    .resource      = led_resource,/*设备资源*/
    .dev = {
    .release = led_release,
    },
};
static int led_dev_init(void)
{
    platform_device_register(&led_dev); /*注册设备*/
    return 0;
}
static void led_dev_exit(void)
{
    platform_device_unregister(&led_dev); /*注销设备*/
}
module_init(led_dev_init);
module_exit(led_dev_exit);
MODULE_LICENSE("GPL");
```

2. drivers 程序设计

```
#include <linux/module.h>
```

```
#include <linux/types.h>
#include <linux/fs.h>
#include <linux/errno.h>
#include <linux/mm.h>
#include <linux/sched.h>
#include <linux/init.h>
#include <linux/cdev.h>
#include <asm/io.h>
#include <asm/system.h>
#include <asm/uaccess.h>
#include <linux/slab.h>
#include <linux/device.h>
#include <linux/platform_device.h>
#define LED_MAJOR 0
static int LED_major = LED_MAJOR;
struct resource *IO_mem_resource;
static struct class *led_class;
unsigned long io_addr;
struct LED_dev
{
    struct cdev cdev;
};
struct LED_dev *LED_devp;
int LED_open(struct inode *inode, struct file *filp)
{
    filp->private_data = LED_devp;
    printk("In the open process! turn off the led!\n");
    iowrite32(0x1111 | ioread32 (io_addr),io_addr);/*设置 GPJ2CON 寄存器，功能为输出 */
    iowrite32(0xFFAA & ioread32 (io_addr+8),(io_addr+8));/*设置 GPJ2UP 寄存器，使能内部上拉*/
    iowrite32(0xF0 & ioread32 (io_addr+4),(io_addr+4));/*设置 GPJ2DAT 寄存器，LED
对应引脚为高电平，关闭发光二极管 */
    return 0;
}
int LED_release(struct inode *inode, struct file *filp)
```

```
{
    return 0;
}
static ssize_t LED_read(struct file *filp, char __user *buf, size_t size,
                                   loff_t *ppos)
{
    int ret = 0;
    struct LED_dev *dev = filp->private_data;
    return ret;
}
static ssize_t LED_write(struct file *filp, const char __user *buf,
                                    size_t size, loff_t *ppos)
{
    unsigned int count = size;
    int ret = 0;
    struct LED_dev *dev = filp->private_data;
    unsigned char userbuf;
    if (copy_from_user(&userbuf, buf, sizeof(userbuf)))
        ret = - EFAULT;
    else
    {
        iowrite32(userbuf,(io_addr+4));
        printk("write data from user to LED!\n");
    }
    return ret;
}
static const struct file_operations LED_fops =
{
    .owner = THIS_MODULE,
    .read = LED_read,
    .write = LED_write,
    .open = LED_open,
    .release = LED_release,
};
static void LED_setup_cdev(struct LED_dev *dev, int index)
```

```
{
    int err, devno = MKDEV(LED_major, index);
    cdev_init(&dev->cdev, &LED_fops);
    dev->cdev.owner = THIS_MODULE;
    dev->cdev.ops = &LED_fops;
    err = cdev_add(&dev->cdev, devno, 1);
    if (err)
        printk(KERN_ALERT "Error %d adding LED%d", err, index);
}
static int led_probe(struct platform_device *pdev)
{
    int result;
    struct resource  *res;
    dev_t devno = MKDEV(LED_major, 0);
    if (LED_major)
        result = register_chrdev_region(devno, 1, "LED");
    else
    {
        result = alloc_chrdev_region(&devno, 0, 1, "LED");
        LED_major = MAJOR(devno);
    }
    if (result < 0)
        return result;
    LED_devp = kmalloc(sizeof(struct LED_dev), GFP_KERNEL);
    if (!LED_devp)
    {
        result = - ENOMEM;
        goto fail;
    }
    memset(LED_devp, 0, sizeof(struct LED_dev));
    LED_setup_cdev(LED_devp, 0);
    led_class = class_create(THIS_MODULE, "LED");
    device_create(led_class, NULL, MKDEV(LED_major, 0), NULL, "LED");
    res = platform_get_resource(pdev, IORESOURCE_MEM, 0);/*获取设备资源*/
    if ((IO_mem_resource=request_mem_region(res->start,res->end - res->start +
```

```
1,"LED"))==NULL)
                goto fail;
            else
            {
                printk("In the init process! \n");
                io_addr =(unsigned long) ioremap(res->start, res->end - res->start + 1);
                printk("io_addr : %lx \n", io_addr);
                return 0;
            }
        fail: unregister_chrdev_region(devno, 1);
            return result;
        }
        static int led_remove(struct platform_device *pdev)
        {
            struct resource   *res;
            res = platform_get_resource(pdev, IORESOURCE_MEM, 0);/*获取设备资源*/
            if (IO_mem_resource!=NULL) release_mem_region(res->start, res->end - res->
start + 1);
            cdev_del(&LED_devp->cdev);
            kfree(LED_devp);
            device_destroy(led_class, MKDEV(LED_major, 0));
            class_destroy(led_class);
            unregister_chrdev_region(MKDEV(LED_major, 0), 1);
        }
        struct platform_driver led_drv = {/*驱动结构体*/
            .probe        = led_probe, /*探测函数*/
            .remove       = led_remove, /*移除函数*/
            .driver       = {
                .name     = "SMARTLED",/*驱动名称，与设备结构体中设备名称保持一致*/
            }
        };
        int LED_init(void)
        {
            platform_driver_register(&led_drv); /*注册驱动程序*/
        }
```

```
void LED_exit(void)
{
    platform_driver_unregister(&led_drv); /*卸载驱动程序*/
}
MODULE_AUTHOR("AK-47");
MODULE_LICENSE("Dual BSD/GPL");
module_param(LED_major, int, S_IRUGO);
module_init(LED_init);
module_exit(LED_exit);
```

模块加载和卸载函数通过 platform_driver_register()、platform_driver_unregister()函数进行 platform_driver 的注册与注销，而原先传统的注册和注销字符设备的工作已经被移交到 platform_driver 的 probe()和 remove()成员函数中。struct resource led_resource 中描述了设备需要的资源,资源在 led_drv.c 中需要进行使用,Linux 内核提供了 platform_get_resource 等函数来获取资源。

3. 驱动程序测试

利用 insmod 命令加载 led_dev.ko 和 led_drv.ko 后，观察/sys 下 bus 和 devices 目录的变化，我们会发现目标机的/sys 中新增加了如下目录。

```
/sys/bus/platform/devices/SMARTLED/
/sys/bus/platform/drivers/SMARTLED/
/sys/devices/platform/SMARTLED/
```

我们可以看出，bus 下面 platform 总线中，其管理 devices 设备多了一个 SMARTLED 设备，而 drivers 驱动程序中同样多了一个 SMARTLED，这两者正是通过刚才加载的设备驱动程序生成的。

测试驱动程序的代码如下。

```
#include <stdio.h>
#include <sys/types.h>
#include <sys/stat.h>
#include <sys/ioctl.h>
#include <fcntl.h>
#include <unistd.h>
#define DEVICE_FILENAME "/dev/LED"
```

```
int main ( )
{
    int dev;
    int loop;
    char buf[2];
    dev = open(DEVICE_FILENAME,O_RDWR|O_NDELAY);
    if (dev >= 0)
    {
        printf("write the 0xf5 to the Port J2!\n");
        buf[0]=0xf5;
        write (dev, buf, 1);
        sleep (2);
        printf("write the 0xfa to the Port J2!\n");
        buf[0]=0xfa;
        write (dev, buf, 1);
        sleep (1);
    }
    else
    {
        printf("open failure!\n");
    }
    close (dev);
    return 0;
}
```

由此可以看出，在 Platform 虚拟总线管理下的发光二极管驱动程序仍是字符设备驱动程序，包括测试程序都无变化，只是纳入了 Linux 内核进行管理。

12.3 ADC 设备驱动

三星公司提供的 2.6.35 版本的 SMDKV210 开发系统配套的 Linux 内核中，已经提供了 ADC 驱动源代码。它同样采用了 Linux 设备驱动模型中的 Platform 虚拟总线来进行管理，下面我们对 ADC 设备进行简单的介绍，然后分析内核提供的 ADC 驱动源代码，以加深对 Linux 设备驱动模型的理解。

12.3.1 ADC 模数转换器特点

1. ADC 模数转换器工作原理

S5PV210 的 ADC 模数转换器具有如下特点。

- 最高 12 位分辨率。
- 最小线性误差+1.0LSB。
- 最大转换速率 1MSPS。
- 供电电压：3.3V。
- 输入模拟电压范围：0～3.3V。
- 片上采样保持功能。
- 支持分离 X/Y 轴坐标转换模式和自动 X/Y 轴转换模式。
- 等待中断模式。

如图 12-5 所示，S5PV210 的 ADC 接口模块总共有 10 个通道可以进行模拟信号的输入，分别是 AIN0～AIN9，其中 AIN0 和 AIN1 用于通用 ADC 通道的信号输入，AIN2～AIN9 可以用于触摸屏控制信号输入，也可以用于一般的 ADC 通道的信号输入。ADC 模数转换器按照如下步骤进行工作：首先模拟信号从任一通道输入，然后设定 ADC 控制寄存器（TSADCCONn）中预分频器的值来确定 AD 转换器的转换频率，接下来驱动 ADC 模数转换器，转换结束后 ADC 模数转换器将模拟信号转换为数字信号保存到 ADC 数据寄存器中（TSDATXn 或 TSDATYn），ADC 数据寄存器中的值可以通过中断或查询的方式来访问。使用查询方式时，通过查看 TSADCCONn[15] 位（转换结束标志位），可知 AD 转换完成与否。

2. ADC 模数转换器的寄存器

下面我们对 ADC 模数转换器工作过程中涉及的寄存器进行介绍。

TSADCCONn 寄存器为控制寄存器，主要控制 ADC 的启动、停止及分频值等，如表 12-2 所示。

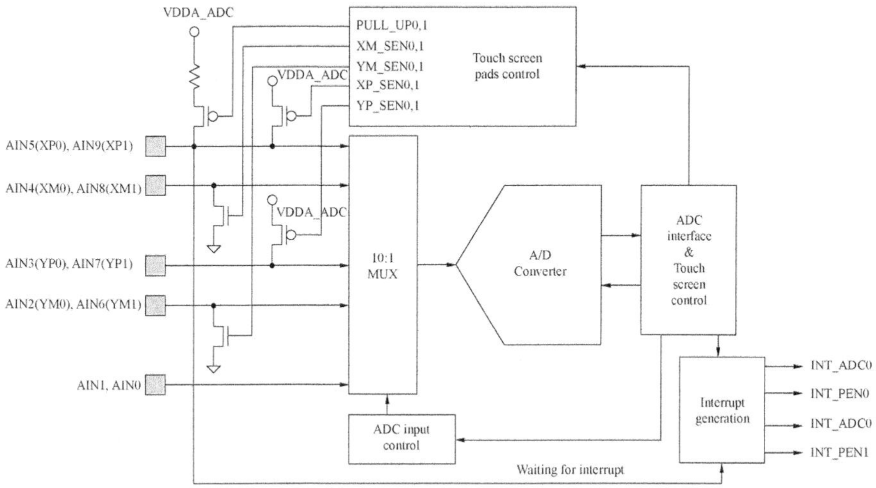

图 12-5　S5PV210 内部 ADC 结构示意图

表 12-2　TSADCCON 寄存器设置

寄 存 器	位	描　　述	初始状态
TSSEL	[17]	触摸屏接口选择位 0 = Touch screen 0 (AIN2~AIN5) 1 = Touch screen 1 (AIN6~AIN9) 此位仅 TSADCCON0 寄存器具有 注意：当 TSSEL 位为 0 时，禁止访问 TSADCCON1 寄存器；当 TSSEL 位为 1 时，可以访问 TSSEL 以外的所有位	0
RES	[16]	ADC 输出精度选择位 0 = 10bit A/D conversion 1 = 12bit A/D conversion	0
ECFLG	[15]	转换结束标志位（只读） 0 = A/D conversion in process 1 = End of A/D conversion	0
PRSCEN	[14]	ADC 预分频使能位 0 = Disable 1 = Enable	0
PRSCVL	[13:6]	ADC 预分频值设置位 Data value: 5 ~ 255 当 PRSCVL 值设置为 N 时，分频值为 N+1。例如 PCLK 值为 66MHz 时，预分频值设置为 19，则 ADC 的频率为 3.3MHz 注意：ADC 转换器最大运行频率为 5MHz，因此预分频值设置的结果不能使最后的 ADC 转换器运行时钟大于 5MHz	0xFF

续表>>

寄 存 器	位	描　　述	初始状态
Reserved	[5:3]	保留位	0
STANDBY	[2]	待机模式使能位 0 = Normal operation mode 1 = Standby mode 注意：在待机模式下，预分频设置位应该禁止，目的是减小电源消耗	1
READ_ START	[1]	AD 转换读使能位 0 = Disables start by read operation 1 = Enables start by read operation	0
ENABLE_START	[0]	ADC 转换使能位，如果 READ_START 位使能，则该位无效 0 = No operation 1 = A/D conversion starts and this bit is automatically cleared after the start-up.	0

表中比较重要的位含义如下。

- TSADCCONn[16]：AD 转换精度的选择位，设置为 1，即 12 位的转换精度。
- TSADCCONn[15]：判断 AD 是否转换结束位。
- TSADCCONn[14]：A/D 转换预分频使能位。
- TSADCCONn[13:6]：预分频值的取值。
- TSADCCONn[2]：正常操作模式和待机模式选择，设置该位为 0，即正常操作模式。
- TSADCCONn[1]：使能读操作启动 AD 转换控制位，设置该位为 0，即禁止读操作启动 AD 转换。
- TSADCCONn[0]：启动 AD 转换使能位。

ADCMUX 寄存器是一个 AIN 模拟输入通道选择寄存器，如表 12-3 所示，往这个寄存器赋值就可以选通某个模拟输入通道。如 ADCMUX = 0b0000 即选择 AIN0，ADCMUX = 0b1001 即选择 AIN9，其他同理。

表 12-3　ADCMUX 寄存器设置

寄 存 器	位	描　　述	初 始 状 态
SEL_MUX	[3:0]	模拟量输入通道选择位	0
		0000=AIN 0	
		0001=AIN 1	
		0010=AIN 2(YM0)	
		0011=AIN 3(YP0)	
		0100=AIN 4(XM0)	
		0101=AIN 5(XP0)	

续表>>

寄 存 器	位	描 述	初始状态
		0110=AIN 6(YM1)	
		0111=AIN 7(YP1)	
		1000=AIN 8(XM1)	
		1001=AIN 9(XP1)	

如表 12-4 所示，A/D 转换的结果保存在 TSDATX0 寄存器中，因此我们只需要在 A/D 转换结束后读 TSDATX0 寄存器，就可以获得 A/D 转换值。值得注意的是并不是 TSDATX0 全部位都用来保存 A/D 转换值，只需要低 12 位即可。

表 12-4 DAT 寄存器设置

寄 存 器	位	描 述	初始状态
UPDOWN	[15]	中断模式下触摸笔的状态位 0 = Pen down state 1 = Pen up state	-
AUTO_PST_VAL	[14]	TSCONn 寄存器中 AUTO_PST 域的监测标志位 0 = Normal ADC conversion 1 = Sequencing measurement of X-position, Y-position	-
XY_PST_VAL	[13:12]	TSCONn 寄存器中 XY_PST 域的监测标志位 00 = No operation mode 01 = X-position measurement 10 = Y-position measurement 11 = Waiting for Interrupt Mode	-
XPDATA (Normal ADC)	[11:0]	X 轴转换结果位 Data value:0x0～0xFFF	-

12.3.2 ADC 驱动程序分析

2.6.35 版本 Linux 内核中提供的 ADC 模数转换器驱动程序是按照 Platform 虚拟总线特点进行组织，其中 platform driver 管理的 ADC 驱动代码是位于根目录下 arch/arm/mach-s5pv210/adc.c 中；platform device 管理的 ADC 设备代码是位于根目录下 arch/arm/plat-s5p/devs.c 中，还涉及到根目录下 arch/arm/mach-s5pv210/mach-smdkc110.c 文件，下面我们对其中关键代码进行分析。

devs.c 程序中关于 ADC 设备的 platform device 的定义如下。

```
#ifdef CONFIG_S5P_ADC
```

```
/* ADCTS */
static struct resource s3c_adc_resource[] = {
    [0] = {
        .start = S3C_PA_ADC,
        .end   = S3C_PA_ADC + SZ_4K - 1,
        .flags = IORESOURCE_MEM,
    },
    [1] = {
        .start = IRQ_PENDN,
        .end   = IRQ_PENDN,
        .flags = IORESOURCE_IRQ,
    },
    [2] = {
        .start = IRQ_ADC,
        .end   = IRQ_ADC,
        .flags = IORESOURCE_IRQ,
    }
};
struct platform_device s3c_device_adc = {
    .name           = "s3c-adc",
    .id             = -1,
    .num_resources      = ARRAY_SIZE(s3c_adc_resource),
    .resource       = s3c_adc_resource,
};
```

我们可以看出，s3c_adc_resource 中定义了 ADC 模数转换器所需要的内存地址空间、中断等资源，然后将其作为成员放入 s3c_device_adc 结构体中，接下来需要做的是将 s3c_device_adc 加入到 Platform 虚拟总线管理的设备链表中去。

mach-smdkc110.c 程序中声明了 platform_device 类型的数组 smdkc110_devices，在此数组中，s3c_device_adc 为其中一个成员，除 s3c_device_adc 之外，还有 s3c_device_rtc 等其他 platform_device 类型的设备。在 smdkc110_machine_init()函数中，我们将这些设备一起通过 platform_add_devices()函数加入到 platform 虚拟总线管理的设备链表中，其代码如下所示。

```
static struct platform_device *smdkc110_devices[] __initdata = {
……
```

```
#ifdef CONFIG_S5P_ADC
    &s3c_device_adc,
#endif
……
}
static void __init smdkc110_machine_init(void)
{
……
    platform_add_devices(smdkc110_devices, ARRAY_SIZE(smdkc110_devices));
……
}
```

在 adc.c 程序中，ADC 的 platform driver 驱动函数结构体如下。

```
static struct platform_driver s3c_adc_driver = {
      .probe          = s3c_adc_probe,
      .remove         = s3c_adc_remove,
      .suspend        = s3c_adc_suspend,
      .resume         = s3c_adc_resume,
      .driver         = {
          .owner    = THIS_MODULE,
          .name     = "s3c-adc",
    },
};
```

通过 s3c_adc_driver 的 name 域我们可以看出 s3c_device_adc 与 s3c_adc_driver 的 name 域名称都为 s3c-adc，platform_bus_type 总线的 match 函数就是依靠这两者完成 ADC 设备与 ADC 驱动程序的匹配的。

在 adc.c 程序中，s3c_adc_probe()完成了 S5PV210 的 ADC 基地址映射、分频值设置、数据位设置及杂项的设备注册等。s3c_adc_remove 函数则实现了相反的功能。

```
static int __devinit s3c_adc_probe(struct platform_device *pdev)
{
……
    res = platform_get_resource(pdev, IORESOURCE_MEM, 0);//获取资源
……
    base_addr = ioremap(res->start, size);//地址映射
```

```
……
    if ((plat_data->presc & 0xff) > 0)
        writel(S3C_ADCCON_PRSCEN |
               S3C_ADCCON_PRSCVL(plat_data->presc & 0xff),
               base_addr + S3C_ADCCON);
    else
        writel(0, base_addr + S3C_ADCCON);//设置分频值
    /* Initialise registers */
    if ((plat_data->delay & 0xffff) > 0)
        writel(plat_data->delay & 0xffff, base_addr + S3C_ADCDLY);
    if (plat_data->resolution == 12)
        writel(readl(base_addr + S3C_ADCCON) |
               S3C_ADCCON_RESSEL_12BIT, base_addr + S3C_ADCCON);//设置数据位
    writel((readl(base_addr   +   S3C_ADCCON)   |   S3C_ADCCON_STDBM)   &   ~
S3C_ADCCON_PRSCEN,
        base_addr + S3C_ADCCON);
    ret = misc_register(&s3c_adc_miscdev);//注册设备
    ……
#}
```

ADC 模数转换器转换后数据的读取是在 s3c_adc_read()函数中通过调用 s3c_adc_convert 函数来完成的，其代码如下。

```
static ssize_ts3c_adc_read(struct file *file, char __user *buffer,
        size_t size, loff_t *pos)
{
    ……
    adc_value = s3c_adc_convert();
    ……
    if (copy_to_user(buffer, &adc_value, sizeof(unsigned int)))
        return -EFAULT;
    return sizeof(unsigned int);
}
```

s3c_adc_ioctl()函数则支持对 ADC 通道的选择，其代码如下。

```
#define ADC_INPUT_PIN _IOW('S', 0x0c, unsigned long)
```

```
static int s3c_adc_ioctl(struct inode *inode, struct file *file,
    unsigned int cmd, unsigned long arg)
{
    switch (cmd) {
    case ADC_INPUT_PIN:
        adc_port = (unsigned int) arg;
        if (adc_port >= 4)
            printk(KERN_WARNING
                " %d is already reserved for TouchScreen\n",
                adc_port);
        return 0;
    default:
        return -ENOIOCTLCMD;
    }
}
```

12.3.3 ADC 测试程序

由于 2.6.35 版本的 Linux 内核已经内置了 ADC 模数转换器的驱动程序，因此启动内核后，目标板/dev/目录下已经具有了 adc 节点，我们可以直接运行测试程序，代码如下。

```
#include <stdio.h>
#include <unistd.h>
#include <stdlib.h>
#include <sys/types.h>
#include <sys/stat.h>
#include <sys/ioctl.h>
#include <fcntl.h>
#include <linux/fs.h>
#include <errno.h>
#include <string.h>
int main(void)
{
    fprintf(stderr, "press Ctrl-C to stop\n");
    int fd = open("/dev/adc", O_RDONLY);
```

```
        if (fd < 0) {
            perror("open ADC device:");
            return 1;
        }
        ioctl(fd,'S',0);//选择 0 号通道
        for(;;) {
            unsigned int i;
            read(fd, &i, sizeof(unsigned int));
            printf("adc = %d\n",i);
            usleep(500* 1000);
        }
        close(fd);
    }
```

12.4 I2C 设备驱动

在嵌入式系统中，具有 I2C 接口的设备很常见，智能手机和平板电脑上用的传感器几乎都是 I2C 设备，例如摄像头、电容触摸屏、重力加速度传感器、环境光传感器、指南针传感器等，本节以 ATMEL 公司的 E2PROM 芯片 AT24CXX 为例来讲解 I2C 驱动的编写方法。

12.4.1 I2C 设备驱动程序结构

1. I2C 设备驱动层次结构

从系统的角度来看，Linux 中 I2C 设备驱动程序所处的位置如图 12-6 所示，I2C 设备驱动程序包含总线驱动层和设备驱动层两部分。设备驱动层为应用的 open、read、write 等提供相对应的接口函数，但是涉及具体的硬件操作，例如寄存器的操作等，则由总线驱动层来完成。

一般来说，针对具体的硬件平台，生产厂家通常已经写好总线驱动层相关内容，用户只要在内核配置选项中选择就可以了。例如针对本书的 S5PV210 处理器，用户只需进行如下内核配置，然后重新编译内核即可。

```
#make menuconfig
Device Drivers  --->
    <*> I2C support  --->
        <*>  I2C device interface
            I2C Hardware Bus support  --->
                <*> S3C2410 I2C Driver
```

进行上述操作即为 S5PV210 选择了总线驱动层的代码，而程序设计者只需编写设备驱动层的代码。

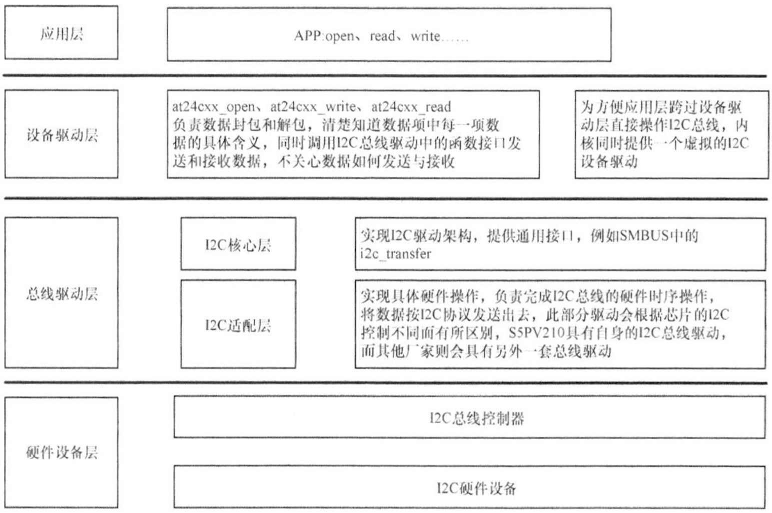

图 12-6 I2C 驱动层次结构图

2. I2C 设备驱动程序

在设备驱动层，Linux 内核对 I2C 设备驱动代码的组织符合 Linux 设备驱动模型。如图 12-7 所示，Linux 内核提供了 i2c_bus_type 总线来管理设备和驱动，左侧为多个 I2C 设备组成的设备链表，以 i2c_client 结构体来表示各个设备；右侧为适用于多个具体 I2C 设备驱动程序组成的驱动链表，以 i2c_driver 结构体来表示不同的驱动程序，下面我们对其进行简要的介绍。

（1）I2C 设备

描述 I2C 设备的结构体为 i2c_client，其代码如下。

```
struct i2c_client {
```

```
        unsigned short flags;/*标志位*/
        unsigned short addr; /*设备的地址，低 8 位为芯片地址*/
        char name[I2C_NAME_SIZE]; /*设备的名称*/
        struct i2c_adapter *adapter; /*依附的适配器 i2c_adapter，适配器指明所属的总线*/
        struct i2c_driver *driver;/*指向设备对应的驱动程序*/
        struct device dev;     /*设备结构体*/
        int irq; /*设备申请的中断号*/
        struct list_head detected;/*已经发现的设备链表*/
};
```

I2C 设备结构体 i2c_client 是描述 I2C 设备的基本模板，驱动程序的设备结构应该包含该结构。

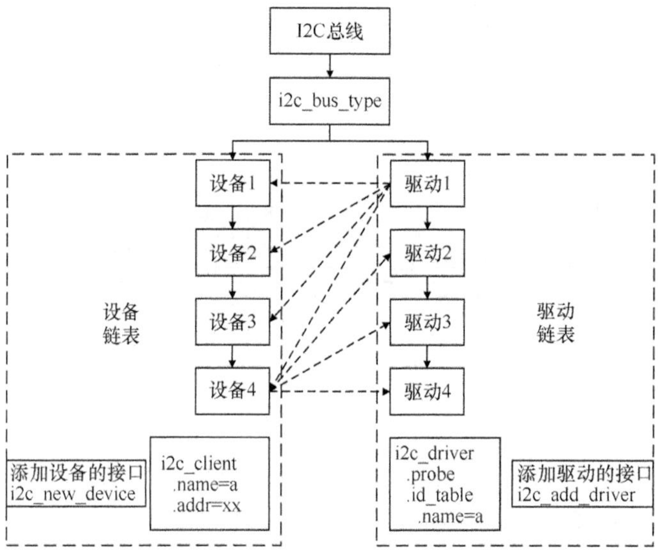

图 12-7　I2C 设备模型

（2）I2C 驱动

描述 I2C 驱动的结构体为 i2c_driver，其代码如下。

```
i2c_driver {
        unsigned int class; /*驱动的类型*/
        int (*attach_adapter)(struct i2c_adapter *);/*当检测到适配器时调用的函数*/
        int (*detach_adapter)(struct i2c_adapter *);/*卸载适配器时调用的函数*/
```

```
        int (*probe)(struct i2c_client *, const struct i2c_device_id *);/*新类型设备的探测函数*/
        int (*remove)(struct i2c_client *);/*设备移除函数*/
        void (*shutdown)(struct i2c_client *);/*关闭设备函数*/
        int (*suspend)(struct i2c_client *, pm_message_t mesg); /*挂起设备函数*/
        int (*resume)(struct i2c_client *);/*恢复设备函数*/
        struct device_driver driver; /*设备驱动结构体*/
        const struct i2c_device_id *id_table; /*设备 ID 表*/
        int (*detect)(struct i2c_client *, struct i2c_board_info *);/*自动探测设备的回调函数*/
        const unsigned short *address_list; /*设备所在的地址范围*/
        struct list_head clients; /*指向驱动支持的设备*/
    ……
    }
```

i2c_driver 结构体中，probe 成员为加载 I2C 驱动程序时探测 I2C 设备所调用的函数，而 remove 函数实现相反的功能。i2c_device_id 结构体代码如下。

```
    struct i2c_device_id {
        char name[I2C_NAME_SIZE];
        kernel_ulong_t driver_data ;
    };
```

代码中 name 成员保存设备的名称，如“at24c02”等。

i2c_driver 结构体成员中我们只需要初始化 probe 和 remove 就够了，其他的函数都是可选的。

（3）I2C 总线

描述 I2C 总线的结构体为 i2c_bus_type，其代码如下。

```
    struct bus_type i2c_bus_type = {
     .name         = "i2c",
     .match        = i2c_device_match,
     .probe        = i2c_device_probe,
     .remove       = i2c_device_remove,
     .shutdown     = i2c_device_shutdown,
     .pm           = &i2c_device_pm_ops,
    };
```

i2c_bus_type 总线进行设备和驱动程序的匹配，依靠的是其 match 成员函数，其代码如下。

```
static int i2c_device_match(struct device *dev, struct device_driver *drv)
{
    struct i2c_client *client = i2c_verify_client(dev);
    struct i2c_driver *driver;

    if (!client)
        return 0;

    driver = to_i2c_driver(drv);
    if (driver->id_table)
        return i2c_match_id(driver->id_table, client) != NULL;
    return 0;
}
```

该函数调用了 i2c_match_id 函数，i2c_match_id 函数的内容如下。

```
static const struct i2c_device_id *i2c_match_id(const struct i2c_device_id
*id,const struct i2c_client *client)
{
    while (id->name[0]) {
        if (strcmp(client->name, id->name) == 0)
            return id;
        id++;
    }
    return NULL;
}
```

我们可以看出，match 函数实质是监测 client 描述的设备名和驱动程序对应的设备名是否一致，如果一致，即找到了和设备对匹配的驱动程序。

上述为 2.6.35 版本 Linux 内核下的 I2C 设备驱动的框架，这里还涉及一些其他的结构体和函数，我们在示例中进行讲解。

12.4.2 AT24C02 设备驱动程序

1. AT24C02 设备驱动程序

Smart210 开发板具有一片 AMTEL 公司的 I2C 接口 E2PROM 芯片，型号为 AT24C02，其驱动程序代码如下。

（1）AT24Cxx 设备代码

```
#include <linux/kernel.h>
#include <linux/module.h>
#include <linux/platform_device.h>
#include <linux/i2c.h>
#include <linux/err.h>
#include <linux/slab.h>
static struct i2c_board_info at24cxx_info = {
    I2C_BOARD_INFO("at24c02", 0x50),
};
static struct i2c_client *at24cxx_client;
static int at24cxx_dev_init(void)
{
    struct i2c_adapter *i2c_adap;
    i2c_adap = i2c_get_adapter(0);
    at24cxx_client = i2c_new_device(i2c_adap, &at24cxx_info);
    i2c_put_adapter(i2c_adap);

    return 0;
}
static void at24cxx_dev_exit(void)
{
    i2c_unregister_device(at24cxx_client);
}
module_init(at24cxx_dev_init);
module_exit(at24cxx_dev_exit);
MODULE_LICENSE("GPL");
```

编写 AT24C02 设备代码时，我们采用如下步骤进行。

首先声明 i2c_board_info 结构体，用来初始化 i2c_client，该结构体代码如下。

```
struct i2c_board_info {
 char          type[I2C_NAME_SIZE];/*初始化 i2c_client.name*/
 unsigned short   flags;/*初始化 i2c_client.flags*/
 unsigned short   addr;/*初始化 i2c_client.addr 设备地址)/
 void          *platform_data;/*初始化 i2c_client.dev.platform_data*/
 int irq;/*初始化 i2c_client.irq*/
   ……
};
```

接下来获取 I2C 总线适配器，i2c_adapter 结构体用来描述 I2C 总线适配器，即为 CPU 中的 I2C 总线控制器。对于 S5PV210 来说，它具有三个总线控制器，而 AT24C02 接到了 0 号适配器上面，因此 i2c_adap = i2c_get_adapter(0)的作用即是获取 0 号适配器。

然后通过 i2c_new_device 函数将 AT24Cxx 加入 0 号适配器对应的总线管理的设备链表中去。i2c_new_device()函数原型如下。

```
struct i2c_client *i2c_new_device(struct i2c_adapter *adap, struct i2c_board_info const *info)
```

该函数的第 1 个参数是需要挂载到的具体适配器，第 2 个参数为描述 I2C 设备的 i2c_board_info 结构体。在注册新的设备时，除了 i2c_new_device()函数外，还有 i2c_new_probed_device()函数，它与 i2c_new_device()函数的区别在于，前者默认硬件 IIC 设备已经存在，而后者只有探测到具体 IIC 设备物理存在后，再进行加载。

对于 CPU 本身自带的内置 IIC 设备，也可以使用 i2c_register_board_info()函数静态创建描述设备的结构体。具体的 i2c_register_board_info()函数使用方法，请读者自行参考相关代码。对于硬件设计者自行添加的外部 I2C 设备，推荐使用 i2c_new_device()进行动态创建。本示例中 at24c02 为外部添加的 I2C 设备，采用了 i2c_new_device()方法动态创建设备。

（2）AT24Cxx 驱动代码

```
#include <linux/kernel.h>
#include <linux/module.h>
#include <linux/platform_device.h>
#include <linux/i2c.h>
```

```
#include <linux/err.h>
#include <linux/slab.h>
#include <linux/fs.h>
#include <asm/uaccess.h>
static int major;
static struct class *class;
static struct i2c_client *at24cxx_client;
static ssize_t at24cxx_read(struct file * file, char __user *buf, size_t count, 
loff_t *off)
{
    unsigned char addr, data;
    copy_from_user(&addr, buf, 1);
    data = i2c_smbus_read_byte_data(at24cxx_client, addr);
    copy_to_user(buf, &data, 1);
    return 1;
}
static ssize_t at24cxx_write(struct file *file, const char __user *buf, size_t 
count, loff_t *off)
{
    unsigned char ker_buf[2];
    unsigned char addr, data;
    copy_from_user(ker_buf, buf, 2);
    addr = ker_buf[0];
    data = ker_buf[1];
    printk("addr = 0x%02x, data = 0x%02x\n", addr, data);
    if (!i2c_smbus_write_byte_data(at24cxx_client, addr, data))
        return 2;
    else
        return -EIO;
}
static struct file_operations at24cxx_fops = {
    .owner = THIS_MODULE,
    .read  = at24cxx_read,
    .write = at24cxx_write,
};
```

```
static int __devinit at24cxx_probe(struct i2c_client *client,
                      const struct i2c_device_id *id)
{
    at24cxx_client = client;
    major = register_chrdev(0, "at24cxx", &at24cxx_fops);
    class = class_create(THIS_MODULE, "at24cxx");
    device_create(class, NULL, MKDEV(major, 0), NULL, "at24cxx");
    return 0;
}
static int __devexit at24cxx_remove(struct i2c_client *client)
{
    device_destroy(class, MKDEV(major, 0));
    class_destroy(class);
    unregister_chrdev(major, "at24cxx");
    return 0;
}
static const struct i2c_device_id at24cxx_id_table[] = {
    { "at24c02", 0 },
    {}
};
static struct i2c_driver at24cxx_driver = {/*分配/设置 i2c_driver */
    .driver  = {
        .name    = "100ask",
        .owner   = THIS_MODULE,
    },
    .probe       = at24cxx_probe,
    .remove      = __devexit_p(at24cxx_remove),
    .id_table    = at24cxx_id_table,
};
static int at24cxx_drv_init(void)
{
    i2c_add_driver(&at24cxx_driver);/*注册 i2c_driver */
    return 0;
}
static void at24cxx_drv_exit(void)
```

```
{
    i2c_del_driver(&at24cxx_driver);
}
module_init(at24cxx_drv_init);
module_exit(at24cxx_drv_exit);
MODULE_LICENSE("GPL");
```

在驱动代码中，主要的工作是 i2c_driver 结构体的实现及其驱动的注册，在 i2c_driver 结构体中，id_table 成员变量值 at24cxx_id_table，其结构体类型为 i2c_device_id，代码如下。

```
struct i2c_device_id {
    char name[I2C_NAME_SIZE];
    kernel_ulong_t driver_data /* Data private to the driver */
            __attribute__((aligned(sizeof(kernel_ulong_t))));
};
```

在该结构体中的 name 值，必须与 at24cxx_dev.c 设备代码中的 i2c_board_info 结构体的 name 值一致，都是“at24c02”。i2c_bus_type 中的 match 函数判断这两个 name 值是否一致，来进行设备和驱动的匹配。

对于 i2c_driver 结构体的其他成员函数，在新版本 2.6.35 的 Linux 内核中，只需实现 probe 函数和 remove 函数。probe 函数完成了驱动注册、驱动程序各个操作函数结构体（at24cxx_fops）的添加以及设备节点的创建工作；remove 函数则实现相反的功能。

i2c_driver 驱动程序向 i2c_bus_type 总线管理驱动链表的添加和删除通过 i2c_add_driver 和 i2c_del_driver 函数来完成。添加驱动程序到驱动链表使用 i2c_add_driver，从驱动链表中删除驱动程序使用 i2c_del_driver 函数。

at24cxx_write 和 at24cxx_read 函数中，使用了 i2c_smbus_write_byte_data 和 i2c_smbus_read_byte_data 来进行读写，这两个函数中该部分由内核中已经具有的 smbus 总线驱动层来完成。具体关于 smbus 使用的内容，读者可以参考内核文档 smbus-protocol 中讲述的内容。

（3）AT24Cxx 测试程序

```
#include <stdio.h>
#include <stdlib.h>
#include <string.h>
#include <sys/types.h>
#include <sys/stat.h>
```

```
#include <fcntl.h>
/* i2c_test r addr
 * i2c_test w addr val*/
void print_usage(char *file)
{
    printf("%s r addr\n", file);
    printf("%s w addr val\n", file);
}
int main(int argc, char **argv)
{
    int fd;
    unsigned char buf[2];

    if ((argc != 3) && (argc != 4))
    {
        print_usage(argv[0]);
        return -1;
    }
    fd = open("/dev/at24cxx", O_RDWR);
    if (fd < 0)
    {
        printf("can't open /dev/at24cxx\n");
        return -1;
    }
    if (strcmp(argv[1], "r") == 0)
    {
        buf[0] = strtoul(argv[2], NULL, 0);
        read(fd, buf, 1);
        printf("data: %c, %d, 0x%2x\n", buf[0], buf[0], buf[0]);
    }
    else if ((strcmp(argv[1], "w") == 0) && (argc == 4))
    {
        buf[0] = strtoul(argv[2], NULL, 0);
        buf[1] = strtoul(argv[3], NULL, 0);
```

```
        if (write(fd, buf, 2) != 2)
            printf("write err, addr = 0x%02x, data = 0x%02x\n", buf[0], buf[1]);
    }
    else
    {
        print_usage(argv[0]);
        return -1;
    }

    return 0;
}
```

12.4.3 用户空间直接访问 I2C 设备的方法

在 2.6.35 版本的 Linux 内核中，内核根目录下/drivers/i2c-dev.c 文件实现了一个通用框架下的 I2C 设备的驱动程序，该驱动程序中提供通用的 read()、write()和 ioctl()等接口，用户可以在应用层借用这些接口直接访问挂接在适配器上的 I2C 设备。

在用户层程序设计者直接访问 I2C 设备时，由于 S5PV21010 具有 3 个 I2C 总线接口，每个总线接口可能挂接多个 I2C 设备，首先需要确定要访问的 I2C 设备具体连接到哪一条总线，然后才能根据探测到的设备节点进行访问。i2c-tools 开源工具包能够完成上述工作。它是开源代码包，编译生成的 i2c-tools 工具支持 I2C 总线扫描、设备查询、寄存器内容导出、寄存器内容写入等多项功能，调试 I2C 设备非常方便。

在应用层用户空间直接访问 I2C 设备时，首先需要确定访问哪个适配器，这可以通过查看/sys/class/i2c-dev/下设备节点名称或者运行 i2c-tools 工具提供的命令 i2cdetect–l 来确定，然后确定与哪个设备地址进行通信，最后编写程序使用 SMBus 命令集或者 I2C 命令集与设备进行通信。如果设备支持 SMB 协议，则优先选择 SMBus 命令集。关于 i2c-tools 工具，使用非常简单，读者可以自行查阅相关内容。

用户层直接访问 I2C 设备代码如下。

```
#include <stdio.h>
#include <stdlib.h>
#include <string.h>
#include <sys/types.h>
```

```
#include <sys/stat.h>
#include <fcntl.h>
#include "i2c-dev.h"
/* i2c_usr_test </dev/i2c-0><dev_addr> r addr
 * i2c_usr_test </dev/i2c-0><dev_addr> w addr val
 */
void print_usage(char *file)
{
    printf("%s </dev/i2c-0><dev_addr> r addr\n", file);
    printf("%s </dev/i2c-0><dev_addr> w addr val\n", file);
}

int main(int argc, char **argv)
{
    int fd;
    unsigned char addr, data;
    int dev_addr;

    if ((argc != 5) && (argc != 6))
    {
        print_usage(argv[0]);
        return -1;
    }

    fd = open(argv[1], O_RDWR);
    if (fd < 0)
    {
        printf("can't open %s\n", argv[1]);
        return -1;
    }
    dev_addr = strtoul(argv[2], NULL, 0);
    if (ioctl(fd, I2C_SLAVE, dev_addr) < 0)
    {
        /* ERROR HANDLING; you can check errno to see what went wrong */
        printf("set addr error!\n");
```

```
        return -1;
    }
    if (strcmp(argv[3], "r") == 0)
    {
        addr = strtoul(argv[4], NULL, 0);

        data = i2c_smbus_read_word_data(fd, addr);

        printf("data: %c, %d, 0x%2x\n", data, data, data);
    }
    else if ((strcmp(argv[3], "w") == 0) && (argc == 6))
    {
        addr = strtoul(argv[4], NULL, 0);
        data = strtoul(argv[5], NULL, 0);
        i2c_smbus_write_byte_data(fd, addr, data);
    }
    else
    {
        print_usage(argv[0]);
        return -1;
    }

    return 0;
}
```

以上代码中，i2c-dev.h 即是 i2c-tools 工具包中的文件，该程序编译执行时，需指定参数，第一个参数为通过 i2cdetect –l 确定的 AT24C08 设备节点名称。

12.5 输入子系统

Linux 的输入子系统又叫 Input 子系统，其构建非常灵活，只需要调用一些简单的函数，就可以将一个输入设备的功能呈现给应用程序。输入子系统不但支持鼠标、键盘等常规输入设备，而且还支持蜂鸣器、触摸屏等设备。本节对 Linux 输入子系统进行分析。

12.5.1 输入子系统简介

输入子系统是由输入子系统设备驱动层、输入子系统核心层（Input Core）和输入子系统事件层（Event Handler）组成。如图 12-8 所示，设备驱动层提供对底层硬件各寄存器的读写访问，而且将底层硬件对用户输入访问的响应转换为标准的输入事件，再通过核心层提交给事件处理层；而核心层对下提供了设备驱动层的编程接口，对上提供了事件处理层的编程接口；事件处理层为用户空间的应用程序提供了统一访问设备的接口和对驱动层提交的事件处理。程序设计者对输入子系统管理的设备驱动可以实现不用再关心对设备文件的操作，主要关心对各硬件寄存器的操作和提交的输入事件，即在 Linux 输入子系统下进行驱动程序的编写只需实现图 12-8 中设备驱动层即可。

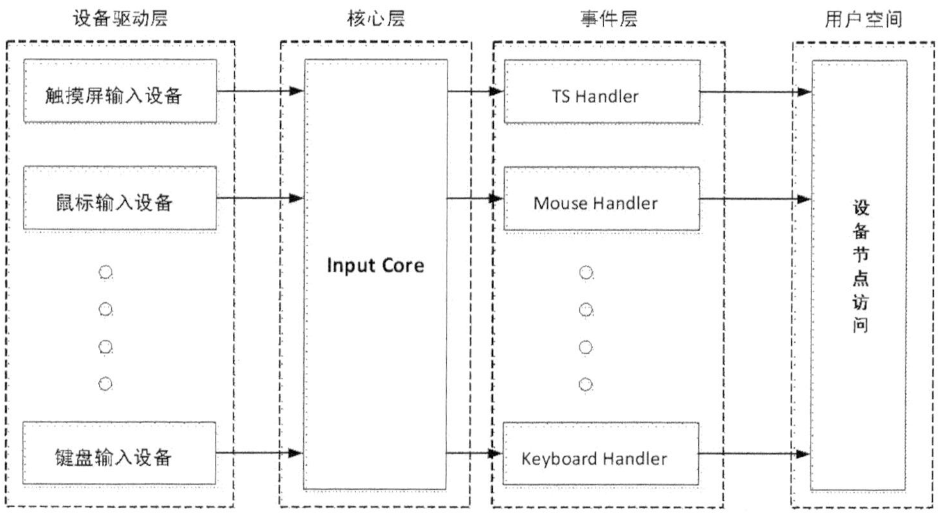

图 12-8　输入子系统示意图

12.5.2 输入子系统设备驱动层设计

1. 输入子系统下驱动实现步骤

在 Linux 中，输入设备用 input_dev 结构体描述，定义在 input.h 中。输入子系统下的设备驱动实现步骤如下：

（1）声明 input_dev 结构体；

（2）在驱动模块加载函数中设置 input_dev 结构体代表的输入设备支持哪些事件；

（3）利用 Linux 内核提供的注册函数函数将声明的输入设备注册到输入子系统中；

（4）在输入设备发生输入操作时（如键盘被按下/抬起、触摸屏被触摸/抬起/移动、鼠标被移动/单击/抬起等），提交所发生的事件及对应的键值/坐标等状态。

2. inut_dev 结构体

input_dev 结构体是输入子系统中非常重要的数据结构，其定义如下。

```
struct input_dev {
        void *private;/*输入设备私有指针，一般指向用于描述设备驱动层的设备结构*/
        const char *name;/*输入设备的名称*/
        const char *phys;/*设备节点的名称*/
        const char *uniq;/*指定唯一的 ID 号*/
        struct input_id id;/*输入设备标识 ID，用于和事件处理层进行匹配*/
        unsigned long evbit[NBITS(EV_MAX)];/*记录设备支持的事件类型*/
        unsigned long keybit[NBITS(KEY_MAX)];/*记录设备支持的按键类型*/
        unsigned long relbit[NBITS(REL_MAX)];/*记录设备支持的相对坐标*/
        unsigned long absbit[NBITS(ABS_MAX)];/*记录设备支持的绝对坐标*/
        unsigned long mscbit[NBITS(MSC_MAX)];/*记录设备支持的其他功能*/
        unsigned long ledbit[NBITS(LED_MAX)];/*记录设备支持的指示灯*/
        unsigned long sndbit[NBITS(SND_MAX)]; /*记录设备支持的声音或警报*/
        unsigned long ffbit[NBITS(FF_MAX)]; /*记录设备支持的作用力功能*/
        unsigned long swbit[NBITS(SW_MAX)]; /*记录设备支持的开关功能*/
        unsigned int keycodemax;/*设备支持的最大按键值个数*/
        unsigned int keycodesize;/*每个按键的字节大小*/
        void *keycode;/*指向按键池，即指向按键值数组首地址*/
        int (*setkeycode)(struct input_dev *dev, int scancode, int keycode);/*修改按键值*/
        int (*getkeycode)(struct input_dev *dev, int scancode, int *keycode);/*获取按键值*/
        struct ff_device *ff;
        unsigned int repeat_key; /*支持重复按键*/
        struct timer_list timer; /*设置当有连击时的延时定时器*/
        int sync; /*同步事件完成标识，为 1 说明事件同步完成*/
```

```
        int abs[ABS_MAX + 1];/*记录坐标的值*/
        int rep[REP_MAX + 1];/*记录重复按键的参数值*/
        unsigned long key[NBITS(KEY_MAX)];/*按键的状态*/
        unsigned long led[NBITS(LED_MAX)];/*led 的状态*/
        unsigned long snd[NBITS(SND_MAX)];/*声音的状态*/
        unsigned long sw[NBITS(SW_MAX)]; /*开关的状态*/
        int absmax[ABS_MAX + 1]; /*记录坐标的最大值*/
        int absmin[ABS_MAX + 1]; /*记录坐标的最小值*/
        int absfuzz[ABS_MAX + 1]; /*记录坐标的分辨率*/
        int absflat[ABS_MAX + 1]; /*记录坐标的基准值*/
        int (*open)(struct input_dev *dev); /*输入设备打开函数*/
        void (*close)(struct input_dev *dev); /*输入设备关闭函数*/
        int (*flush)(struct input_dev *dev, struct file *file); /*输入设备断开后
刷新函数*/
        int (*event)(struct input_dev *dev, unsigned int type, unsigned int code,
int value);       /*事件处理*/
        struct mutex mutex; /*用于 open、close 函数的连续访问互斥
        struct class_device cdev; /*输入设备的类信息
        union { /*设备结构体*/
                struct device *parent;
        } dev;
        struct list_head       h_list;/*handle 链表*/
        struct list_head       node; /*input_dev 链表*/
          ……
    };
```

由此可以看出，由于支持众多的输入设备，描述其内容的 input_dev 结构体内容非常庞大，下面我们通过一个具体的示例来了解 input_dev 结构体的用法。

3. 输入子系统支持事件

Linux 中输入设备支持的事件类型如下（这里只列出了常用的一些，更多请看 linux/input.h 中）。

```
EV_SYN      0x00      表示设备支持所有事件
```

```
EV_KEY     0x01     键盘或者按键，表示一个键码
EV_REL     0x02     鼠标设备，表示一个相对的光标位置结束
EV_ABS     0x03     手写板产生的值，是一个绝对整数值
EV_MSC     0x04     其他类型
EV_LED     0x11     LED 灯设备
EV_SND     0x12     蜂鸣器，输入声音
EV_REP     0x14     允许重复按键类型
EV_FF      0x15     电源管理事件
```

4. 输入子系统驱动程序接口函数

（1）分配、注册、注销 Input 设备。

struct input_dev *input_allocate_device(void) ;函数用于在内存中为输入设备结构体分配一个空间并对其主要的成员进行初始化。

int input_register_device(struct input_dev *dev) ;函数将 input_dev 结构体注册到输入子系统核心，input_dev 结构体必须由前面讲的 input_allocate_device()函数来分配，input_register_device()函数如果注册失败，必须调用 input_free_device()函数释放分配的空间。

void input_unregister_device(struct input_dev *dev) ;函数用来注销输入设备结构体。

（2）用于提交较常用的事件类型给输入子系统的函数如下。

void input_report_key(struct input_dev *dev, unsigned int code, int value); 函数项输入子系统报告发生的事件，第 1 个参数是产生事件的输入设备，第 2 个参数是产生的事件，第 3 个参数是事件的值。第 2 个参数可以取类似 BTN_0, BTN_1, BTN_ LEFT, BTN_RIGHT 等值。当第 2 个参数为按键时，第 3 个参数表示按键的状态，value 值为 0 表示按键释放，非 0 表示按键按下。

void input_report_rel(struct input_dev *dev, unsigned int code, int value); 函数提交相对坐标事件的函数。

void input_report_abs(struct input_dev *dev, unsigned int code, int value); 函数提交绝对坐标事件的函数。

（3）注意：在提交输入设备的事件后必须用下列方法使事件同步，让它告知 Input 系统，设备驱动已经发出了一个完整的报告。

```
void input_sync(struct input_dev *dev)
```

12.5.3 输入子系统中按键设备驱动程序

在本按键驱动设计中，我们将按键纳入 Linux 内核提供的输入子系统中进行管理，驱动代码如下。

```
#include <linux/module.h>
#include <linux/version.h>
#include <linux/module.h>
#include <linux/init.h>
#include <linux/fs.h>
#include <linux/interrupt.h>
#include <linux/irq.h>
#include <linux/sched.h>
#include <linux/pm.h>
#include <linux/slab.h>
#include <linux/sysctl.h>
#include <linux/proc_fs.h>
#include <linux/delay.h>
#include <linux/platform_device.h>
#include <linux/input.h>
#include <linux/gpio_keys.h>
#include <linux/workqueue.h>
#include <linux/gpio.h>
struct pin_desc{/*描述按键属性结构体*/
    int irq;/*按键引脚对应的中断号*/
    char *name; /*按键按键名称*/
    unsigned int pin; /*按键所连接到 S5PV210 的引脚*/
    unsigned int key_val; /*该按键将要映射到的系统键值*/
};
struct pin_desc pins_desc[4] = {/*按键数组*/
    {IRQ_EINT(24), "K5", S5PV210_GPH3(0), KEY_L},
    {IRQ_EINT(25), "K6", S5PV210_GPH3(1), KEY_S},
    {IRQ_EINT(26), "K7", S5PV210_GPH3(2), KEY_ENTER},
    {IRQ_EINT(27), "K8", S5PV210_GPH3(3), KEY_LEFTSHIFT},
```

```
};
static struct input_dev *buttons_dev; /*input_dev 指针*/
static struct pin_desc *irq_pd; /*按键数组指针*/
static struct timer_list buttons_timer; /*按键消抖用定时器*/
static irqreturn_t buttons_irq(int irq, void *dev_id)
{    /*中断服务函数 */
     irq_pd = (struct pin_desc *)dev_id;
     mod_timer(&buttons_timer, jiffies+HZ/100); /*10ms 后启动定时器*/
     return IRQ_RETVAL(IRQ_HANDLED);
}
static void buttons_timer_function(unsigned long data)
{
     struct pin_desc * pindesc = irq_pd;
     unsigned int pinval;
     if (!pindesc)
          return;
     pinval = gpio_get_value(pindesc->pin); /*获取按键引脚状态*/
     if (pinval)
     {/* 松开 : 最后一个参数: 0-松开, 1-按下 */
          input_event(buttons_dev, EV_KEY, pindesc->key_val, 0); /*上报按键键值*/
          input_sync(buttons_dev); /*上报数据完毕*/
     }
     else
     {/* 按下 */
          input_event(buttons_dev, EV_KEY, pindesc->key_val, 1); /*上报按键键值*/
          input_sync(buttons_dev); /*上报数据完毕*/
     }
}
static int buttons_init(void)
{
     int i;
     buttons_dev = input_allocate_device();/* 1. 分配一个 input_dev 结构体 */
     set_bit(EV_KEY, buttons_dev->evbit); /*设置能产生按键事件 */
     set_bit(EV_REP, buttons_dev->evbit); /*设置能产生重复按键事件 */
     /* 设置能产生按键操作里的键值: L,S,ENTER,LEFTSHIT */
```

```
        set_bit(KEY_L, buttons_dev->keybit);
        set_bit(KEY_S, buttons_dev->keybit);
        set_bit(KEY_ENTER, buttons_dev->keybit);
        set_bit(KEY_LEFTSHIFT, buttons_dev->keybit);
        input_register_device(buttons_dev);/*注册刚刚初始化的 input_dev 结构体*/
        init_timer(&buttons_timer); /*初始化定时器*/
        buttons_timer.function = buttons_timer_function; /*定义定时器响应函数*/
        add_timer(&buttons_timer); /*将定时器加入内核*/
        for (i = 0; i < 4; i++)
        {
            request_irq(pins_desc[i].irq, buttons_irq, IRQF_TRIGGER_FALLING|IRQF_
TRIGGER_RISING, pins_desc[i].name, &pins_desc[i]); /*申请中断 */
        }
        return 0;
    }
    static void buttons_exit(void)
    {
        int i;
        for (i = 0; i < 4; i++)
        {
            free_irq(pins_desc[i].irq, &pins_desc[i]);
        }
        del_timer(&buttons_timer);
        input_unregister_device(buttons_dev); /*删除注册的 input_dev 结构体*/
        input_free_device(buttons_dev);/*释放内存*/
    }
    module_init(buttons_init);
    module_exit(buttons_exit);
    MODULE_LICENSE("GPL");
```

如图 12-9 所示，Smart210 的 K5、K6、K7 和 K8 按键分别接到了 S5PV210 的 XEINT24～XEINT27 号引脚，这四个引脚分别是 S5PV210 的 GPH3_0～GPH3_3 端口，程序设计者准备将这四个按键映射为系统的 L、S、ENTER 和 LEFTSHIFT 键。为了描述按键资源，这里定义了 struct pin_desc 结构体，其成员包括按键对应的中断号、按键的名称、对应 S5PV210 处理器的引脚以及此引脚将要映射到系统按键的键值。接下来要做的就是按照输入子系统下驱动的实现步骤分别进行设备的注册、事件的上报等工作。从驱动程序代码中我们可以看出，Input 子系统下编写驱动程序，省去了申请文件设备号和实现对应系统调用 open()、read()、write()函数等环节，简化了驱动程序设计，同时可以将按键按下的键码转换为系统消息 KEY_L、KEY_S 等，为后续应用程序开发提供方便。

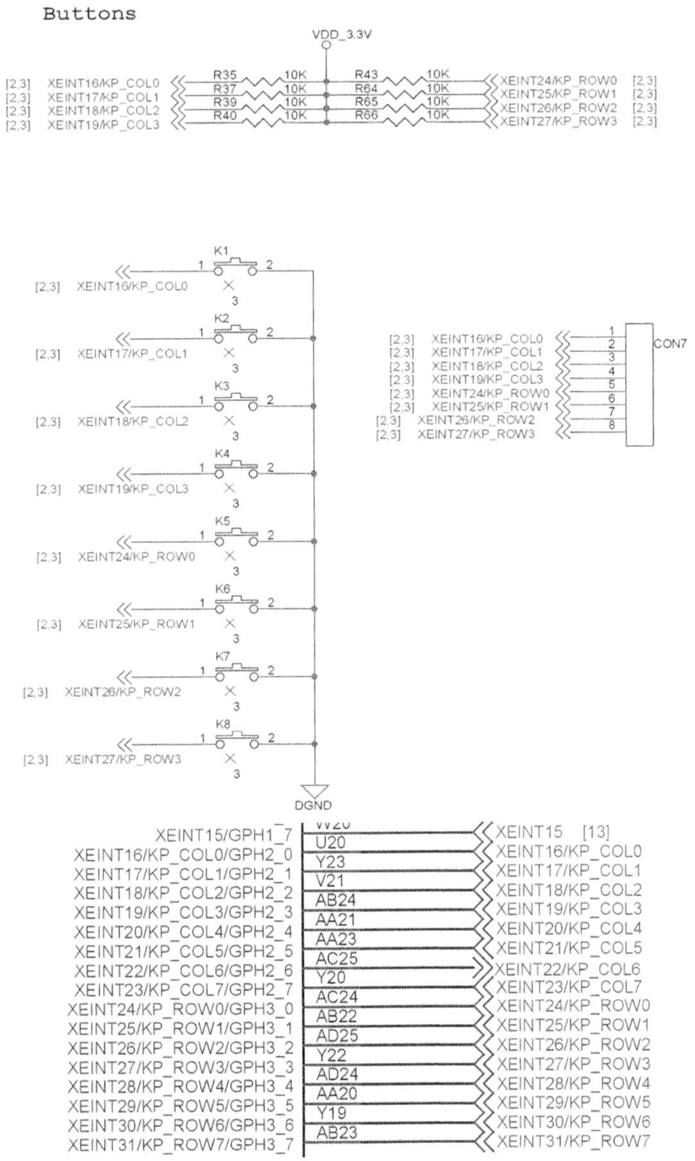

图 12-9 按键设计原理图

测试程序如下。

```
#include <stdio.h>
#include <stdlib.h>
#include <unistd.h>
#include <sys/ioctl.h>
#include <sys/types.h>
#include <sys/stat.h>
#include <fcntl.h>
#include <sys/select.h>
#include <sys/time.h>
#include <errno.h>
#include <linux/input.h>
int main(void)
{
    int buttons_fd;
    int key_value,i=0,count;
    struct input_event ev_key;
    buttons_fd = open("/dev/event1", O_RDWR);
    if (buttons_fd < 0)
    {
        perror("open device buttons");
        exit(1);
    }
    for (;;)
    {
        count = read(buttons_fd,&ev_key,sizeof(struct input_event));
        for (i=0; i<(int)count/sizeof(struct input_event); i++)
            if (EV_KEY==ev_key.type)
                printf("type:%d,code:%d,value:%d\n",  ev_key.type,ev_key.code,
ev_key.value);
        if (EV_SYN==ev_key.type)
            printf("syn event\n\n");
    }
    close(buttons_fd);
```

```
    return 0;
}
```

加载驱动程序后，运行测试程序，结果如下。

```
# ./inputkey_test
type:1,code:38,value:1
syn event
type:1,code:38,value:0
syn event
type:1,code:31,value:1
syn event
type:1,code:31,value:0
syn event
type:1,code:28,value:1
syn event
type:1,code:28,value:0
syn event
type:1,code:42,value:1
syn event
type:1,code:42,value:0
syn event
```

Linux 内核根目录下/include/linux/input.h 文件中对系统键值的定义如下。

```
#define KEY_RIGHTBRACE      27
#define KEY_ENTER       28
#define KEY_LEFTCTRL        29
#define KEY_A           30
#define KEY_S           31
……
#define KEY_L           38
#define KEY_SEMICOLON       39
#define KEY_APOSTROPHE      40
#define KEY_GRAVE       41
#define KEY_LEFTSHIFT       42
```

```
#define KEY_BACKSLASH      43
......
```

在驱动程序中，将 K5～K8 按键分别映射为系统的 L、S、ENTER 和 LEFTSHIFT 键，在测试程序中读出的键值为 38、31、28 和 42，通过与 input.h 中的内容对比，发现键值完全正确。

12.6 触摸屏驱动

本节将对 FT5X06 电容触摸屏驱动程序进行简要介绍，该触摸屏驱动综合了前面所讲述的 Platform 虚拟总线、I2C 设备驱动、输入子系统等内容。关于以上知识点可参考前几节内容。

12.6.1 FT5X06 简介

Smart210 开发板配备了群创 7 寸液晶屏，该液晶屏支持电容触摸功能，其主要核心控制芯片为敦泰 FT5406 芯片。FT5X06 是单芯片电容式触摸屏控制器，带有一个内置的 8 位微控制器单元（MCU）。它支持真正的多点触摸功能，可以应用于许多便携式设备，例如蜂窝式电话、移动互联网设备、上网本和笔记本个人电脑等。FT5X06 系列芯片包括 FT5206、FT5306、FT5406 等，下面我们对其进行简要介绍。

1. FT5X06 特性

FT5406 具体特性如下。

- 电容触摸技术。
- 支持多点触摸。
- 采用子校准技术。
- 支持 8，9 寸触摸屏。
- 大于 100HZ 的数据上报率。
- 触摸分辨率为每英寸 100 点。
- 2.8V～3.6V 工作。

- 12 位 ADC 精度。
- MCU 内置 28K 编程空间、6KB 数据内存和 256B 的数据存储空间。
- 工作温度为-40℃～+85℃。

FT5406 的引脚分布如图 12-10 所示，其中与 S5PV210 通信的引脚有以下 5 个。

（1）INT 引脚：中断信号引脚，用来通知 CPU 端 FT5X06 已经准备好，可以进行读数据操作。

（2）WAKE 引脚：唤醒引脚，将 FT5X06 从睡眠状态转换到工作状态。

（3）/RST 引脚：复位信号引脚。

（4）SCL 引脚：I2C 时钟信号引脚。

（5）SDA 引脚：I2C 数据信号引脚。

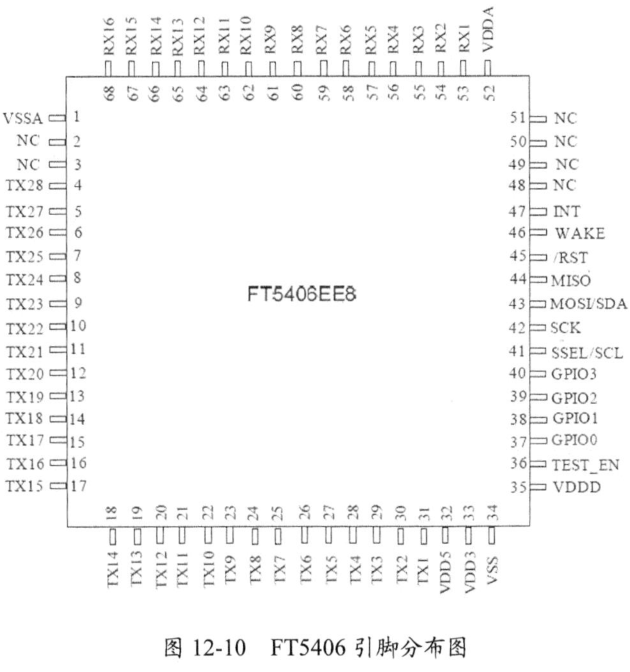

图 12-10　FT5406 引脚分布图

2. FT5X06 硬件设计

FT5X06 既可以工作在 SPI 接口方式，也可以工作在 I2C 接口方式，Smart210 开发板采用的是 I2C 接口方式。如图 12-11 所示，FT5X06 的 I2C 通信接口与 S5PV210 的第 2 条 I2C 通道相连接，FT5X06 的唤醒通过 S5PV210 的 nRESET 引脚来提供信号，FT5X06 的中断信号引脚接到了 S5PV210 的 EINT14 引脚上面。

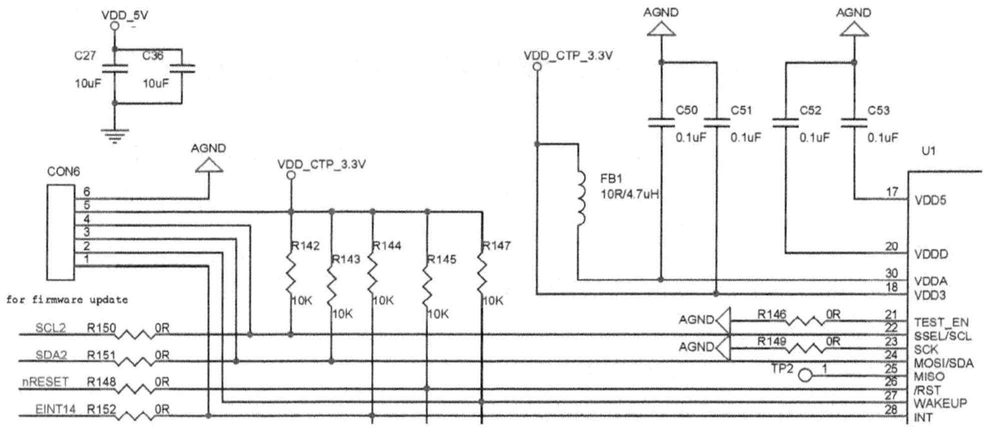

图 12-11 FT5X06 连接示意图

12.6.2 FT5406 设备驱动程序

FT5406 的驱动代码由 FT5X06.c 与 FT5X06.h 两个文件组成，下面对其内容进行简要介绍。

1. FT5406 设备驱动分析

FT5406 设备驱动程序由 Platform 虚拟总线管理，分为设备和驱动两部分，其代码如下。

```
static struct platform_device ft5406_ts_device = {
    .name     = "ft5406-ts",
    .id       =-1,
};
static struct platform_driver ft5406_ts_driver = {
    .driver       = {
        .name     = "ft5406-ts",
    },
    .probe        = ft5406_ts_probe,
    .remove       = ft5406_ts_remove,
    .suspend = ft5406_ts_suspend,
    .resume       = ft5406_ts_resume,
};
```

ft5406_ts_device 内容很简单，仅声明了设备名称为“ft5406-ts”，此名称与 ft5406_ts_driver 中的设备名称一致，Platform 虚拟总线正是根据两者名称一致完成了设备与驱动的绑定。

ft5406_ts_driver 结构体中的 ft5406_ts_probe()成员函数完成设备探测工作，实现代码如下。

```
static int ft5406_ts_probe(struct platform_device * pdev)
{
    struct i2c_adapter * adapter;
    struct i2c_client * client;
    struct i2c_board_info info;
    int ret;
    adapter = i2c_get_adapter(FT5406_I2C_BUS);
    if(adapter == NULL)
        return -ENODEV;
    memset(&info, 0, sizeof(struct i2c_board_info));
    info.addr = I2C_CTPM_ADDRESS;
    strlcpy(info.type, "ft5406-iic", I2C_NAME_SIZE);
    client = i2c_new_device(adapter, &info);
   if(!client)
   {
       printk("Unable to add I2C device for 0x%x\n", info.addr);
       return -ENODEV;
   }
   i2c_put_adapter(adapter);
    ret = i2c_add_driver(&ft5406_iic_driver);
    if(ret)
    {
        printk("ft5406 iic add driver error!\r\n");
        return ret;
    }
    return 0;
}
```

FT5406 属于 I2C 设备，I2C 设备驱动由 i2c_client 和 i2c_driver 来描述，上述代码中，通过 i2c_board_info 结构体 info 初始化了 i2c_client；由于 S5PV210 具有 3 个 I2C 总线接口，通过 i2c_get_adapter()函数获得 FT5406 所连接的 I2C 总线，然后通过 i2c_new_device()函数加入到 i2c_bus_type 总线管理的设备链表中；与此同时；将 i2c_driver 驱动结构体加入到

i2c_bus_type 管理的驱动链表中，关于 ft5406_iic_driver 驱动结构体代码如下。

```
static struct i2c_driver ft5406_iic_driver = {
    .driver       = {
        .name     = "ft5406-iic",
        .owner     = THIS_MODULE,
    },
    .probe        = ft5x0x_ts_probe,
    .remove       = __devexit_p(ft5x0x_ts_remove),
    .id_table     = ft5x0x_ts_id,
};
```

代码中 ft5x0x_ts_id 内容如下。

```
static const struct i2c_device_id ft5x0x_ts_id[] = {
    { "ft5406-iic", 0 },{ }
};
```

由代码中可见，i2c_board_info 结构体中描述 i2c_device 的设备名称与 i2c_driver 中的内容一致，都是"ft5406-iic"，i2c_bus_type 总线正是依靠两者相同完成了 I2C 设备与驱动的绑定。

敦泰生产的电容触摸屏驱动芯片具有 FT5206、FT5306、FT5406 等多个型号，各个型号使用方法大同小异，因此通用初始化代码在 ft5406_iic_driver 的 ft5x0x_ts_probe()函数中实现，该函数代码较长，在此不再列出，读者可以查看源码，它主要完成了如下工作。

（1）检测适配器是否支持 I2C_FUNC_I2C 的通信方式。

```
i2c_check_functionality(client->adapter, I2C_FUNC_I2C);
```

（2）申请内存，存储驱动程序相关数据，而且把驱动数据赋值给系统传过来的 i2c_client 数据"t5x0x_ts = kzalloc(sizeof(*ft5x0x_ts), GFP_KERNEL)"。

```
this_client = client; i2c_set_clientdata(client, ft5x0x_ts);
```

（3）创建触摸事件的工作队列并初始化工作队列。

```
INIT_WORK(&ft5x0x_ts->pen_event_work, ft5x0x_ts_pen_irq_work);
ft5x0x_ts->ts_workqueue = create_singlethread_workqueue(dev_name(&client->dev));
```

（4）申请系统中断并声明中断处理函数。

```
request_irq(client->irq, ft5x0x_ts_interrupt, IRQF_DISABLED | IRQF_TRIGGER_RISING,
```

```
"ft5x0x_ts", ft5x0x_ts);
```

（5）分配一个输入设备实例，初始化数据并注册进输入子系统。

```
input_dev = input_allocate_device();
input_register_device(input_dev);
```

（6）earlysuspend 结构体相关代码用于对触摸屏类设备的电源管理，降低功耗，如果定义了 earlysuspend 相关宏，则声明其处理函数。

```
#ifdef CONFIG_HAS_EARLYSUSPEND
    printk("==register_early_suspend =\n");
    ft5x0x_ts->early_suspend.level = EARLY_SUSPEND_LEVEL_BLANK_SCREEN + 1;
    ft5x0x_ts->early_suspend.suspend = ft5x0x_ts_suspend;
    ft5x0x_ts->early_suspend.resume   = ft5x0x_ts_resume;
    register_early_suspend(&ft5x0x_ts->early_suspend);
#endif
```

（7）对执行过程中可能出现的错误进行处理。

```
exit_input_register_device_failed:
    input_free_device(input_dev);
exit_input_dev_alloc_failed:
    free_irq(IRQ_EINT14, ft5x0x_ts);
exit_irq_request_failed:
    cancel_work_sync(&ft5x0x_ts->pen_event_work);
    destroy_workqueue(ft5x0x_ts->ts_workqueue);
exit_create_singlethread:
    printk("==singlethread error =\n");
    i2c_set_clientdata(client, NULL);
    kfree(ft5x0x_ts);
……
```

2. 触摸事件数据处理

当有触摸动作时，触摸屏将会执行 request_irq 中声明的中断处理函数 ft5x0x_ts_interrupt。

```
static irqreturn_t ft5x0x_ts_interrupt(int irq, void *dev_id)
```

```
{
    struct ft5x0x_ts_data *ft5x0x_ts = dev_id;
    disable_irq_nosync(IRQ_EINT7);//lqm changed
    if (!work_pending(&ft5x0x_ts->pen_event_work))
    {
        queue_work(ft5x0x_ts->ts_workqueue, &ft5x0x_ts->pen_event_work);
    }
    return IRQ_HANDLED;
}
```

我们可以看到，中断处理就是在判断工作队列没有被挂起的情况下，将触摸事件加入工作队列中去，等待工作队列处理函数 ft5x0x_ts_pen_irq_work()的处理。

```
ft5x0x_ts_pen_irq_work()的实现如下：
static void ft5x0x_ts_pen_irq_work(struct work_struct *work)
{
   int ret = -1;
#if CFG_SUPPORT_READ_LEFT_DATA
   do
   {
      ret = ft5x0x_read_data();
      if (ret >= 0)
      {
         ft5x0x_report_value();
      }
   }while (ret > 0);
#else
   ret = ft5x0x_read_data();
   if (ret == 0)
   {
      ft5x0x_report_value();
   }
#endif
   enable_irq(IRQ_EINT7);
}
```

ft5x0x_ts_pen_irq_work()函数从设备中读取数据并且把数据上报到输入子系统中，从设备中读取数据 ft5x0x_read_data()函数又调用了 ft5x0x_i2c_rxdata()函数。

```
static int ft5x0x_i2c_rxdata(char *rxdata, int length)
{
    int ret;

    struct i2c_msg msgs[] = {
        {
            .addr    = this_client->addr,
            .flags    = 0,
            .len    = 1,
            .buf    = rxdata,
        },
        {
            .addr    = this_client->addr,
            .flags   = I2C_M_RD,
            .len     = length,
            .buf     = rxdata,
        },
    };
        ret = i2c_transfer(this_client->adapter, msgs, 2);
    if (ret < 0)
        pr_err("msg %s i2c read error: %d\n", __func__, ret);

    return ret;
}
```

函数里面会构建一个 i2c_msg msg 结构去调用 i2c_transfer()函数读取数据，i2c_transfer()函数最终调用的就是 I2C 总线驱动层代码中 master_xfer()函数进行的实际的数据传输。

ft5x0x_ts_pen_irq_work()函数把数据上报到输入子系统中，由函数 ft5x0x_report_value()实现，因为触摸屏使用的是绝对坐标系，上报数据使用 input_report_abs()函数。上报完数据要同步，这里使用 input_mt_sync()表示单个手指信息结束，使用 input_sync()表示整个触摸动作的结束。

至此我们从总线、设备、驱动及输入子系统的角度讲述了整个触摸屏驱动的结构，同时详细分析了触摸屏驱动中的具体实现过程。

第五篇
项目实战篇

第 13 章 基础实例

本节要求：

掌握 Qt4 开发图形化应用程序方法。

本节目标：

初步熟悉 Qt4 编程及调用设备驱动程序控制硬件的方法。

13.1 LED 流水灯

本节完成一个利用 Qt 界面来控制 Smart210 开发板上面的 LED 发光二极管的示例。

1. 界面设计

（1）首先建立一个 Qt Gui 工程文件，如图 13-1 所示；将项目命名为 LEDS，如图 13-2 所示。

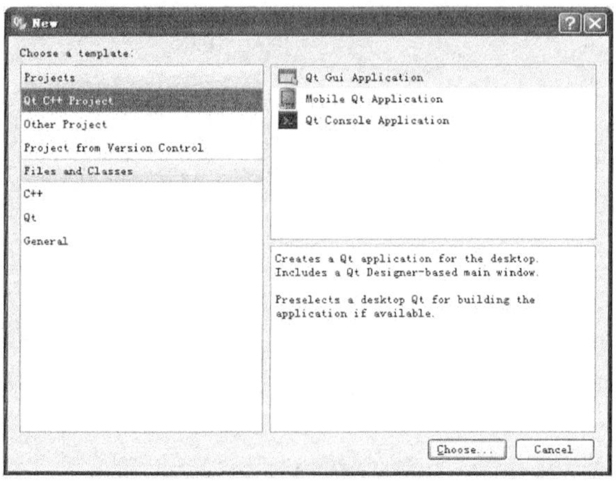

图 13-1　新建 Qt 工程

基类选择为“QDialog”，如图 13-3 所示；创建后的项目代码及界面如图 13-4 和图 13-5 所示。

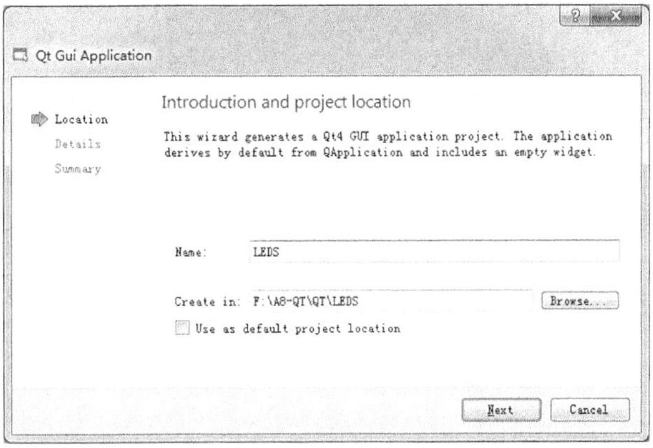

图 13-2 工程命名

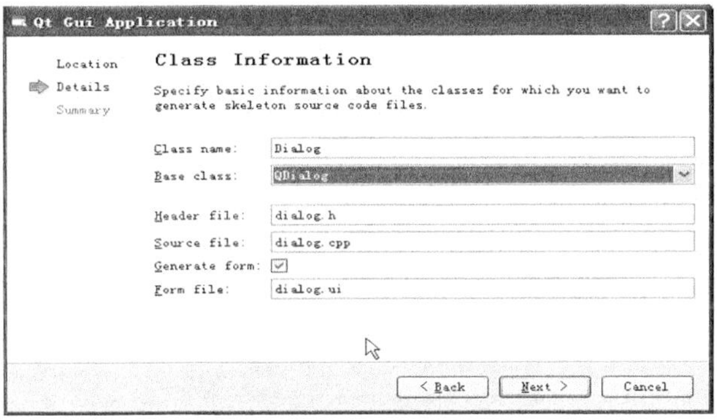

图 13-3 选择工程基于对话框来设计

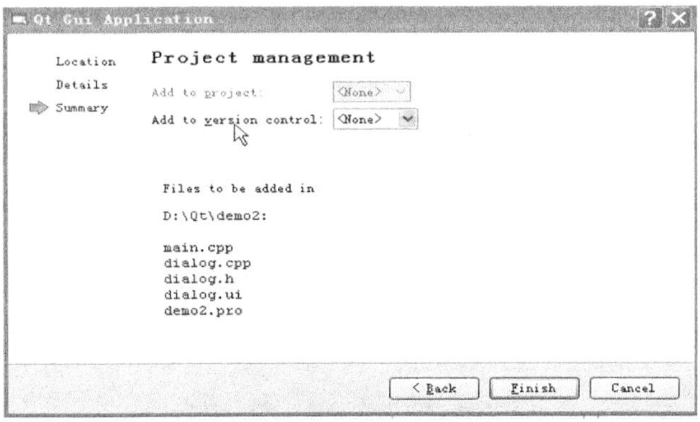

图 13-4 工程框架

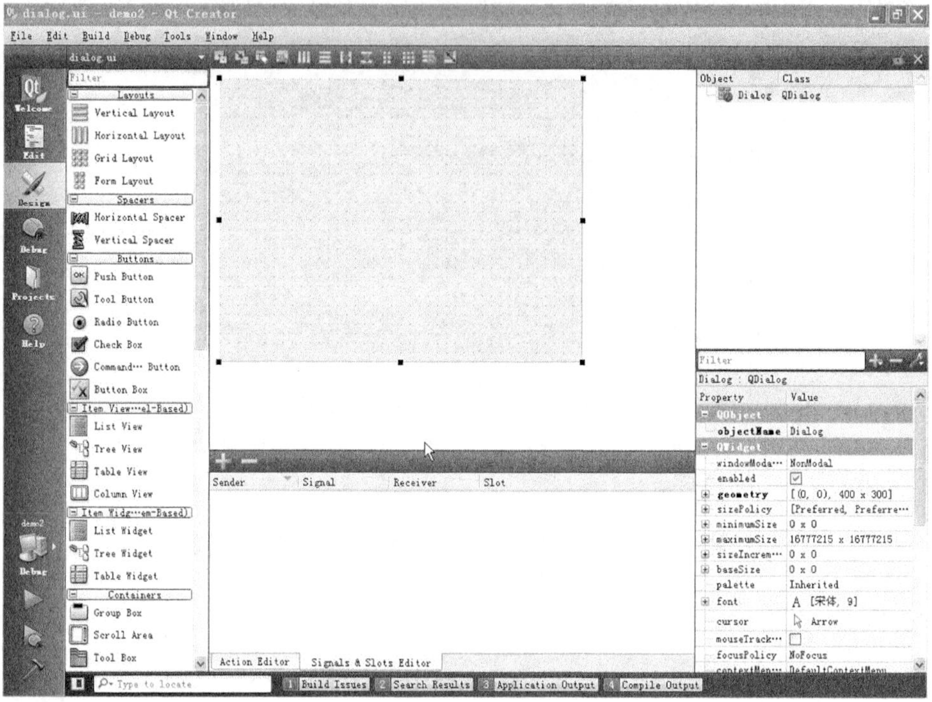

图 13-5　创建成功界面

（2）修改对话框大小为宽 320，高 240，如图 13-6 所示。

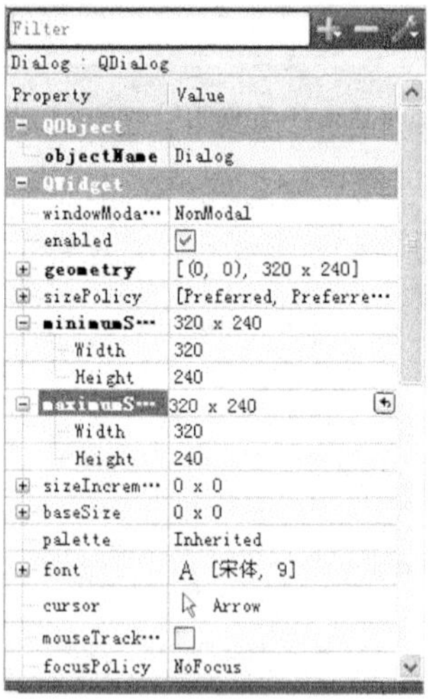

图 13-6　对话框设置窗口

（3）在对话框上放置 4 个 pushbutton，名称分别为 btn1、btn2、btn3、btn4，按钮上面的文本内容分别为 1、2、3、4，如图 13-7、图 13-8 所示。

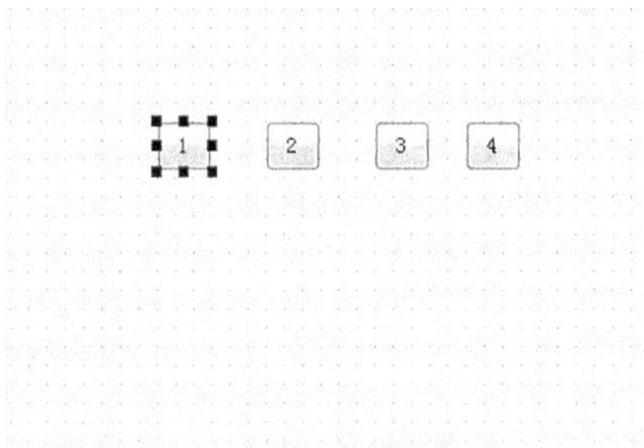

图 13-7 放置 LED 四个按钮

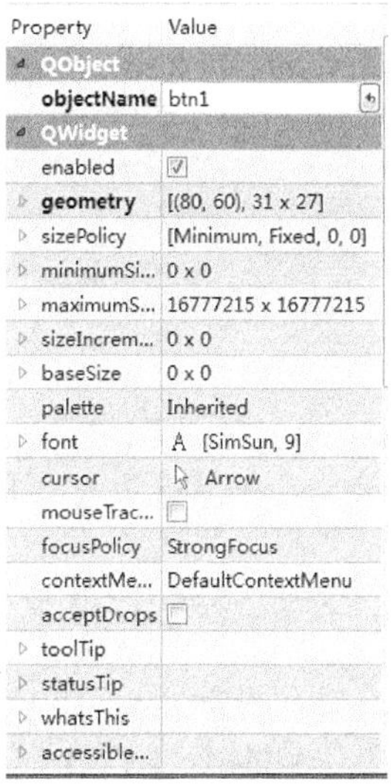

图 13-8 按钮命名

（4）选中刚才添加的 4 个 button，对它们使用水平布局管理器进行管理，如图 13-9 所示。

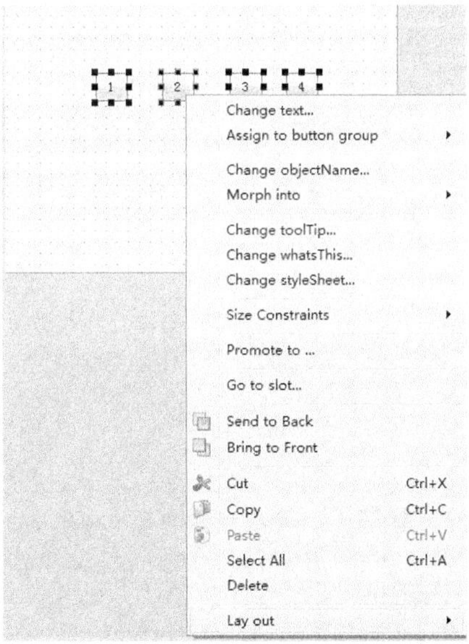

图 13-9 按钮布局

（5）按照前面相同的方法，建立 start 和 exit 按钮，如图 13-10 所示。

（6）编译运行，如图 13-11 所示。

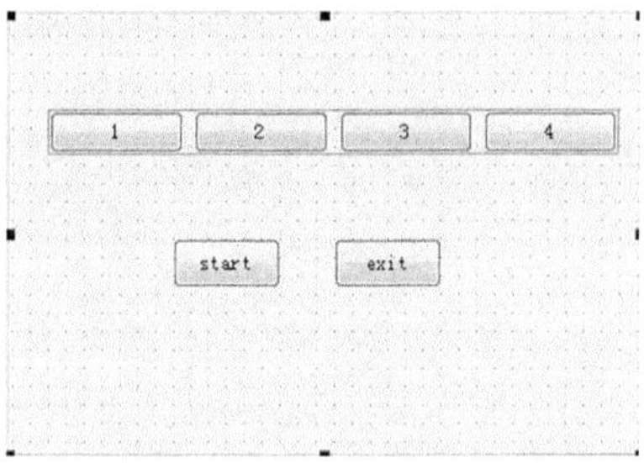

图 13-10　所有按钮整体布局

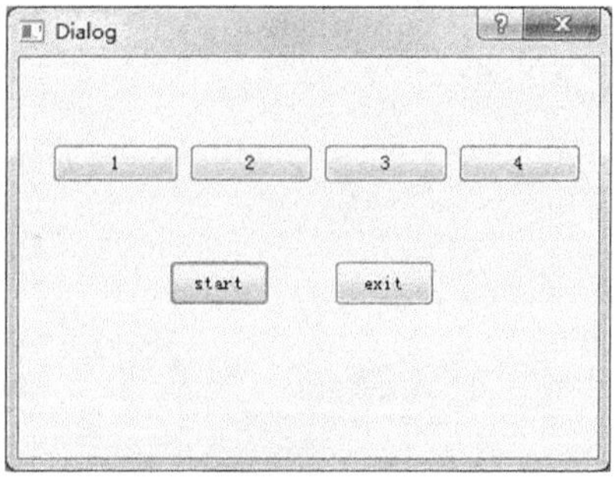

图 13-11　编译运行界面

2．开始与结束按钮控件单击响应代码编写

（1）在 dialog.h 头文件中添加按钮的响应槽函数 BtnStartProcess、BtnExitProcess 和定时器槽函数 OnOff，如图 13-12 所示。

```
#ifndef DIALOG_H
#define DIALOG_H

#include <QDialog>

namespace Ui {
    class Dialog;
}

class Dialog : public QDialog
{
    Q_OBJECT

public:
    explicit Dialog(QWidget *parent = 0);
    ~Dialog();

private:
    Ui::Dialog *ui;
public slots:
    void BtnStartProcess();
    void BtnExitProcess();
    void OnOff();
};

#endif // DIALOG_H

```

图 13-12　添加按钮响应槽函数

（2）在 dialog.cpp 文件中添加头文件内 3 个槽函数的具体实现，同时在 dialog 的构造函数中实现按钮的单击信号和刚才建立的槽函数的链接，如图 13-13、图 13-14 所示。

```
#include "dialog.h"
#include "ui_dialog.h"

Dialog::Dialog(QWidget *parent) :
    QDialog(parent),
    ui(new Ui::Dialog)
{
    ui->setupUi(this);
    setWindowTitle("LED Display");
    this->connect(ui->btn_start,SIGNAL(clicked()),this,SLOT(BtnStartProcess()));
    this->connect(ui->btn_exit,SIGNAL(clicked()),this,SLOT(BtnExitProcess()));
}
```

图 13-13 建立信号与槽函数之间的链接

```
dialog.cpp                    Dialog::OnOff()
#include "dialog.h"
#include "ui_dialog.h"

Dialog::Dialog(QWidget *parent) :
    QDialog(parent),
    ui(new Ui::Dialog)
{
    ui->setupUi(this);
    setWindowTitle("LED Display");
    this->connect(ui->btn_start,SIGNAL(clicked()),this,SLOT(BtnStartProcess()));
    this->connect(ui->btn_exit,SIGNAL(clicked()),this,SLOT(BtnExitProcess()));
}

Dialog::~Dialog()
{
    delete ui;
}
void Dialog::BtnStartProcess()
{
}
void Dialog::BtnExitProcess()
{
}
void Dialog::OnOff()
{
}
```

图 13-14 槽函数具体实现

（3）在 dialog.h 中添加头文件#include <QTimer>，声明定时器变量 QTimer *qtimer 与 int which_light，如图 13-15 所示。

（4）在 dialog 的构造函数中再添加如下代码，如图 13-16 所示。

```
ui->btn1->setStyleSheet("background:gray");
ui->btn2->setStyleSheet("background:gray");
ui->btn3->setStyleSheet("background:gray");
ui->btn4->setStyleSheet("background:gray");
qtimer=new QTimer;
```

```
which_light=0;
this->connect(qtimer,SIGNAL(timeout()),this,SLOT(OnOff()));
```

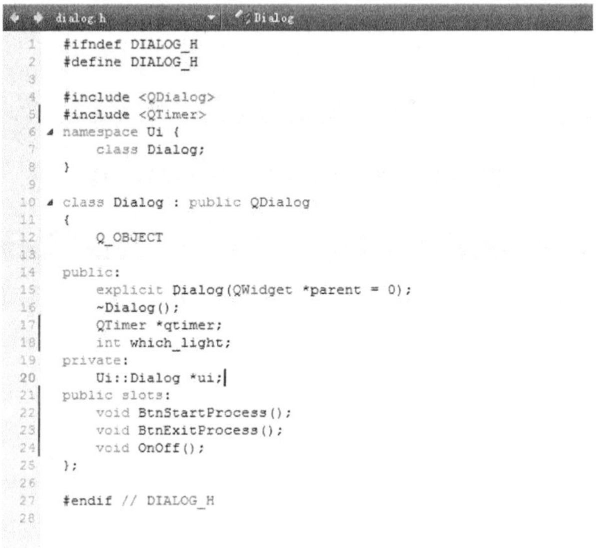

```
#ifndef DIALOG_H
#define DIALOG_H

#include <QDialog>
#include <QTimer>
namespace Ui {
    class Dialog;
}

class Dialog : public QDialog
{
    Q_OBJECT

public:
    explicit Dialog(QWidget *parent = 0);
    ~Dialog();
    QTimer *qtimer;
    int which_light;
private:
    Ui::Dialog *ui;
public slots:
    void BtnStartProcess();
    void BtnExitProcess();
    void OnOff();
};

#endif // DIALOG_H
```

图 13-15　dialog.h 文件具体实现

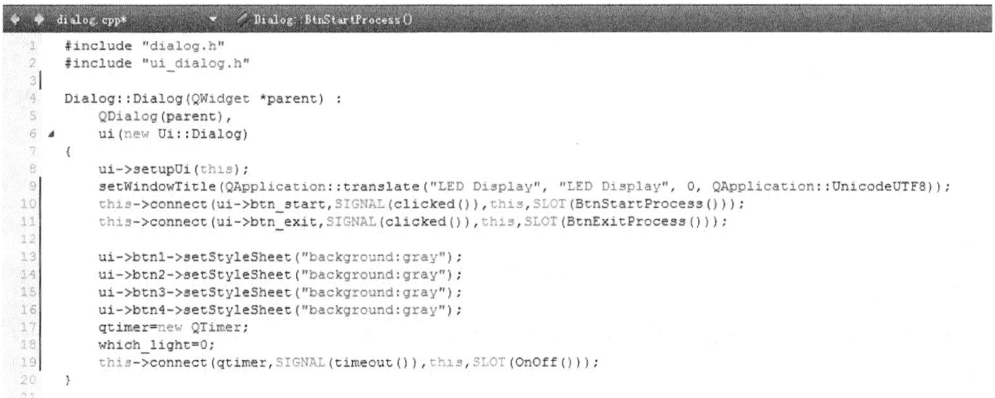

```
#include "dialog.h"
#include "ui_dialog.h"

Dialog::Dialog(QWidget *parent) :
    QDialog(parent),
    ui(new Ui::Dialog)
{
    ui->setupUi(this);
    setWindowTitle(QApplication::translate("LED Display", "LED Display", 0, QApplication::UnicodeUTF8));
    this->connect(ui->btn_start,SIGNAL(clicked()),this,SLOT(BtnStartProcess()));
    this->connect(ui->btn_exit,SIGNAL(clicked()),this,SLOT(BtnExitProcess()));

    ui->btn1->setStyleSheet("background:gray");
    ui->btn2->setStyleSheet("background:gray");
    ui->btn3->setStyleSheet("background:gray");
    ui->btn4->setStyleSheet("background:gray");
    qtimer=new QTimer;
    which_light=0;
    this->connect(qtimer,SIGNAL(timeout()),this,SLOT(OnOff()));
}
```

图 13-16　dialog.cpp 文件具体实现

（5）start 按钮和 exit 按钮的响应槽函数实现如下。

```
void Dialog::BtnStartProcess()
{
    qtimer->start(200);
```

```
}
void Dialog::BtnExitProcess()
{
    qtimer->stop();
}
```

（6）定时器 qtimer 的响应槽函数 OnOff 实现代码如下。

```
void Dialog::OnOff()
{
    if(which_light>=4)
    {
        which_light=0;
    }
    switch(which_light)
    {
        case 0:
            ui->btn4->setStyleSheet("background:gray");
            ui->btn1->setStyleSheet("background:red");
            break;
        case 1:
            ui->btn1->setStyleSheet("background:gray");
            ui->btn2->setStyleSheet("background:red");
            break;
        case 2:
            ui->btn2->setStyleSheet("background:gray");
            ui->btn3->setStyleSheet("background:red");
            break;
        case 3:
            ui->btn3->setStyleSheet("background:gray");
            ui->btn4->setStyleSheet("background:red");
            break;
    }
    ++which_light;
}
```

（7）编译后运行结果如 13-17 图所示。

我们可以看到，代表四个发光二极管的 1、2、3、4 四个按钮轮流闪亮，至此，界面开发工作完毕，接下来编写适用于 Smart210 开发板的程序，实现硬件的流水灯和界面按钮同步闪亮。

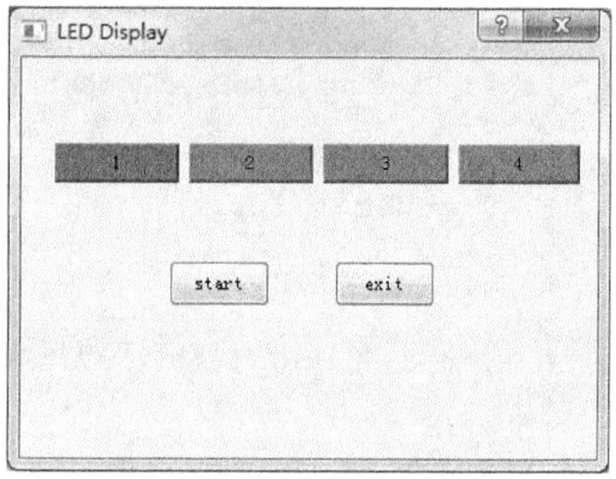

图 13-17　槽函数具体实现

3. 控制硬件设备程序

（1）将如下代码输入到 dialog.h 中。

```
#ifndef DIALOG_H
#define DIALOG_H
#include <QDialog>
#include <QTimer>
extern "C"
{
#include <stdio.h>
#include <stdlib.h>
#include <sys/types.h>
#include <asm/types.h>
#include <linux/fb.h>
#include <linux/kernel.h>
#include <linux/fs.h>
#include <sys/ioctl.h>
#include <fcntl.h>
#include<string.h>
#include<unistd.h>
#include<sys/mman.h>
#include <sys/poll.h>
}
namespace Ui {
    class Dialog;
}
class Dialog : public QDialog
{
    Q_OBJECT
```

```
public:
    explicit Dialog(QWidget *parent = 0);
    ~Dialog();
    QTimer *qtimer;
    int which_light;
     int devfd;
private:
    Ui::Dialog *ui;
public slots:
    void BtnStartProcess();
    void BtnExitProcess();
    void OnOff();
};
#endif // DIALOG_H
```

（2）在 dialog.cpp 中输入如下代码。

```
#include "dialog.h"
#include "ui_dialog.h"
#define DEV_FILE_NAME "/dev/ioctrldev" //设备名称
/* 应用程序执行 ioctl(fd, cmd, arg)时的第 2 个参数*/
#define IOCTL_GPIO_ON 1 //设备驱动提供,表示亮
#define IOCTL_GPIO_OFF 0 //设备驱动提供, 表示灭
/* 应用程序执行 ioctl(fd, cmd, arg)时的第 3 个参数,由设备驱动可知它取值为 1-2 */
#define LED1 0 //对应硬件上的 led1, 设备驱动提供
#define LED2 1 //对应硬件上的 led2, 设备驱动提供
#define LED3 2 //对应硬件上的 led3, 设备驱动提供
#define LED4 3 //对应硬件上的 led4, 设备驱动提供
Dialog::Dialog(QWidget *parent) :
     QDialog(parent),
     ui(new Ui::Dialog)
{
     ui->setupUi(this);
     setWindowTitle(QApplication::translate("LED Display", "LED Display", 0,
QApplication::UnicodeUTF8));
     this->connect(ui->btn_start,SIGNAL(clicked()),this,SLOT(BtnStartProcess()));
```

```
    this->connect(ui->btn_exit,SIGNAL(clicked()),this,SLOT(BtnExitProcess()));

    ui->btn1->setStyleSheet("background:gray");
    ui->btn2->setStyleSheet("background:gray");
    ui->btn3->setStyleSheet("background:gray");
    ui->btn4->setStyleSheet("background:gray");
    qtimer=new QTimer;
    which_light=0;
devfd =-1;
    this->connect(qtimer,SIGNAL(timeout()),this,SLOT(OnOff()));
}

Dialog::~Dialog()
{
    delete ui;
}
void Dialog::BtnStartProcess()
{
    devfd = ::open(DEV_FILE_NAME,O_RDWR); //打开设备， 权限是读写
    if(devfd < 0) //失败返回小于 0,成功返回大于 0
    {
        return ;
    }
    qtimer->start(1000);
}
void Dialog::BtnExitProcess()
{
      if(devfd<0)
      {
          close();
          QApplication::exit();
          return ;
      }
      qtimer->stop();
      ::ioctl(devfd, IOCTL_GPIO_OFF,LED1);
```

```
        ::ioctl(devfd, IOCTL_GPIO_OFF,LED2);
        ::ioctl(devfd, IOCTL_GPIO_OFF,LED3);
        ::ioctl(devfd, IOCTL_GPIO_OFF,LED4);
        ::close(devfd);
        close();
}
void Dialog::OnOff()
{
    if(which_light>=4)
    {
        which_light=0;
    }
    switch(which_light)
    {
        case 0:

            ui->btn4->setStyleSheet("background:gray");
 ::ioctl(devfd,IOCTL_GPIO_OFF,LED4);//关闭LED。
            ui->btn1->setStyleSheet("background:red");
        ::ioctl(devfd,IOCTL_GPIO_ON,LED1);//控制LED亮。
            break;
        case 1:

            ui->btn1->setStyleSheet("background:gray");
    ::ioctl(devfd,IOCTL_GPIO_OFF,LED1);//关闭LED。
           ui->btn2->setStyleSheet("background:red");
        ::ioctl(devfd,IOCTL_GPIO_ON,LED2);//控制LED亮。
            break;
        case 2:
            ui->btn2->setStyleSheet("background:gray");
            ::ioctl(devfd,IOCTL_GPIO_OFF,LED2);//关闭LED。
            ui->btn3->setStyleSheet("background:red");
        ::ioctl(devfd,IOCTL_GPIO_ON,LED3);//控制LED亮。
            break;
         case 3:
```

```
            ui->btn3->setStyleSheet("background:gray");
            ::ioctl(devfd,IOCTL_GPIO_OFF,LED3);//关闭 LED。
            ui->btn4->setStyleSheet("background:red");
        ::ioctl(devfd,IOCTL_GPIO_ON,LED4);//控制 LED 亮。
            break;
    }
    ++which_light;
}
```

（3）将 Qt Creator 的编译器设置为 ARM 版本编译器，执行 qmake，重新生成 Makefile 文件，然后编译生成最后可执行文件，复制至根文件系统目录（/work/rootfile/rootfs）下，执行./LEDS–qws 观察结果。

13.2 按键监测

1. 界面设计

（1）仿照 13.1 节示例的方法建立一个 Qt Gui 工程文件，将项目命名为 KEYS，基类选择为 Qmainwindow，创建后项目代码及界面如图 13-18 所示。

（2）在界面上放置 8 个按钮，名称为 btn1～btn8，按钮上面的文本内容为 K1～K8，按钮名称设置界面如图 13-19 所示。

2. 按钮控件代码

（1）Maindows.h 添加如下代码。

```
#ifndef MAINWINDOW_H
#define MAINWINDOW_H
#include <QMainWindow>
#include <QSocketNotifier>
#include <stdio.h>
#include <stdlib.h>
#include <unistd.h>
```

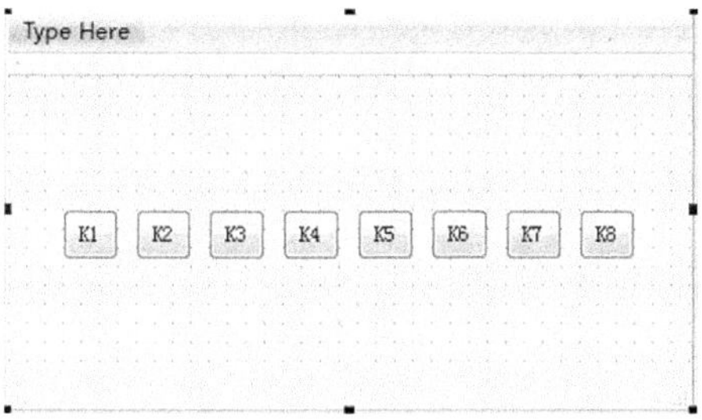

图 13-18 按键测试示例界面

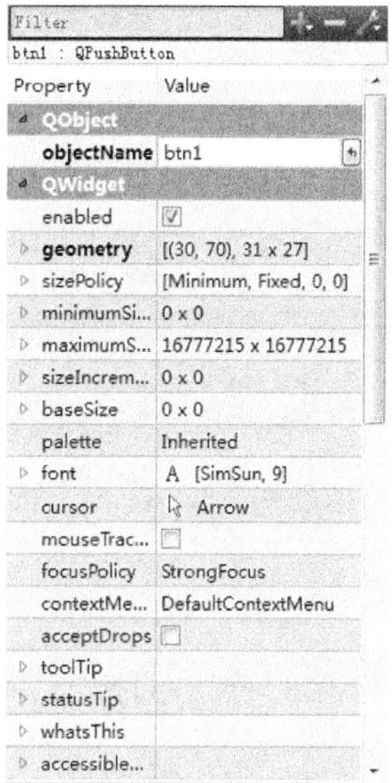

图 13-19 按键属性设置界面

```
#include <sys/ioctl.h>
#include <sys/types.h>
#include <sys/stat.h>
#include <fcntl.h>
#include <sys/select.h>
#include <sys/time.h>
#include <errno.h>
#include <string.h>
namespace Ui {
class MainWindow;
}
class MainWindow : public QMainWindow
{
   Q_OBJECT
public:
    explicit MainWindow(QWidget *parent = 0);
    ~MainWindow();
     QSocketNotifier *notifier;
```

```
        int fd;
        int which_key;
        char current_button_value[8];
        char prior_button_value[8];
        int i;
        void infer(int i);
    private slots:
        void ShowKey();
    private:
        Ui::MainWindow *ui;
    };
    #endif // MAINWINDOW_H
```

（2）Maindows.cpp 添加如下代码。

```
    #include "mainwindow.h"
    #include "ui_mainwindow.h"
    MainWindow::MainWindow(QWidget *parent) :
        QMainWindow(parent),
        ui(new Ui::MainWindow)
    {
        ui->setupUi(this);
        fd=-1;
        which_key=-1;
        fd=open("/dev/buttons",O_RDONLY);
        if(fd<0)
        {
            printf("open /dev/button fail!\n");
            return ;
        }
        setWindowTitle(QApplication::translate("Button Test", "Button Test", 0,
QApplication::UnicodeUTF8));
        memset(current_button_value,0,sizeof(current_button_value));
        memset(prior_button_value,0,sizeof(prior_button_value));
        notifier=new QSocketNotifier(fd,QSocketNotifier::Read,this);
        connect(notifier,SIGNAL(activated(int)),this,SLOT(ShowKey()));
```

```
}
MainWindow::~MainWindow()
{
    ::close(fd);
    delete ui;
}
void MainWindow::ShowKey()
{
    ::read(fd,current_button_value,sizeof(current_button_value));
    for(i=0;i<(int)sizeof(prior_button_value);i++)
    {
        if(prior_button_value[i]!=current_button_value[i])
        {
            prior_button_value[i]=current_button_value[i];
            infer(i);
        }
    }
}
void MainWindow::infer(int i)
{
    switch(i)
    {
    case 0:
        if(current_button_value[i]=='0')
        {
            ui->btn1->setStyleSheet("background:gray");
        }
        else
        {
            ui->btn1->setStyleSheet("background:red");
        }
        break;
    case 1:
        if(current_button_value[i]=='0')
        {
```

```
            ui->btn2->setStyleSheet("background:gray");
        }
        else
        {
            ui->btn2->setStyleSheet("background:red");
        }
        break;
    case 2:
        if(current_button_value[i]=='0')
        {
            ui->btn3->setStyleSheet("background:gray");
        }
        else
        {
            ui->btn3->setStyleSheet("background:red");
        }
        break;
    case 3:
        if(current_button_value[i]=='0')
        {
            ui->btn4->setStyleSheet("background:gray");
        }
        else
        {
            ui->btn4->setStyleSheet("background:red");
        }
        break;
    case 4:
        if(current_button_value[i]=='0')
        {
            ui->btn5->setStyleSheet("background:gray");
        }
        else
        {
            ui->btn5->setStyleSheet("background:red");
```

```
            }
            break;
        case 5:

            if(current_button_value[i]=='0')
            {
                ui->btn6->setStyleSheet("background:gray");
            }
            else
            {
                ui->btn6->setStyleSheet("background:red");
            }
            break;
        case 6:
            if(current_button_value[i]=='0')
            {
                ui->btn7->setStyleSheet("background:gray");
            }
            else
            {
                ui->btn7->setStyleSheet("background:red");
            }
            break;
        case 7:
            if(current_button_value[i]=='0')
            {
                ui->btn8->setStyleSheet("background:gray");
            }
            else
            {
                ui->btn8->setStyleSheet("background:red");
            }
            break;
        }
    }
```

3. 关键技术分析

本实例中使用了一个类 QSocketNotifier，用来监听系统文件操作，将操作转换为 Qt 事件进入系统的消息循环队列并调用预先设置的事件接受函数，处理事件。

QsocketNotifier 能够监听 3 类事件：read，write，exception。

- QSocketNotifier::Read 0 There is data to be read.
- QSocketNotifier::Write 1 Data can be written.
- QSocketNotifier::Exception 2 An exception has occurred. We recommend against using this.

QsocketNotifier 原型如下。

```
QSocketNotifier::QSocketNotifier ( int socket, Type type, QObject * parent = 0 );
```

每个 QSocketNotifie 对象只能监听一个事件，如果要同时监听两个以上事件，必须创建两个以上的监听对象。

在使用 open 方法打开按键设备文件后，我们可以使用 Qt 的类 QSocketNotifier 来监听是否有按键按下，即是否有数据可读，它属于事件驱动，配合 Qt 的 signal/slot 机制，当有数据可读时，QSocketNotifier 就会发射 ativated 信号，只需要创建一个 slot 槽连接到该信号即可,代码如下所示。

```
notifier=new QSocketNotifier(fd,QSocketNotifier::Read,this);
connect(notifier,SIGNAL(activated(int)),this,SLOT(ShowKey()));
```

在上述代码中,首先使用 QSocketNotifier::Read 作为参数构造了一个 QSocketNotifier 的实例，其中的 QSocketNotifier::Read 参数表示需要关心按键是否有数据可读，如果有按键按下的话，将 QsocketNotifier 的 activated 信号连接到 ShowKey()，当有数据可读时，ShowKey()会被调用，显示按键的状态。

下面是 ShowKey()的代码，它的代码比较简单，只是调用 read 函数读取数据。

```
void MainWindow::ShowKey()
{
    ::read(fd,current_button_value,sizeof(current_button_value));
    for(i=0;i<(int)sizeof(prior_button_value);i++)
    {
        if(prior_button_value[i]!=current_button_value[i])
        {
```

```
                prior_button_value[i]=current_button_value[i];
                infer(i);
            }
        }
    }
```

13.3 模拟量采集

1. 界面设计

我们仿照 13.1 示例 1 的方法建立一个 Qt Gui 工程文件，将项目命名为 ADC，基类选择为 QDialog，在其上建立一个 QwtDial 对象，名称为 myDial，同时放置两个按钮，名称为 btn_start 和 btn_close。Qwt 控件列表如图 13-20 所示，建立完成后界面如图 13-21 所示。

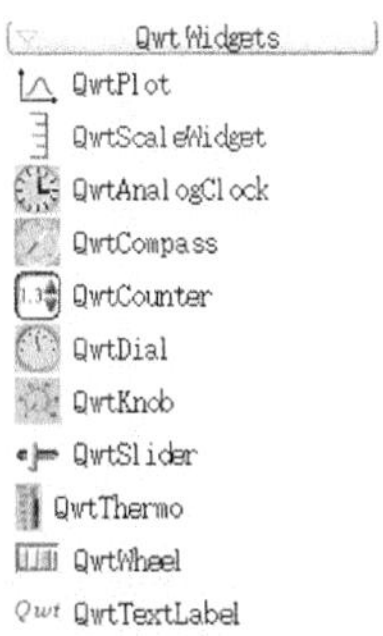

图 13-20　Qwt 控件示意图

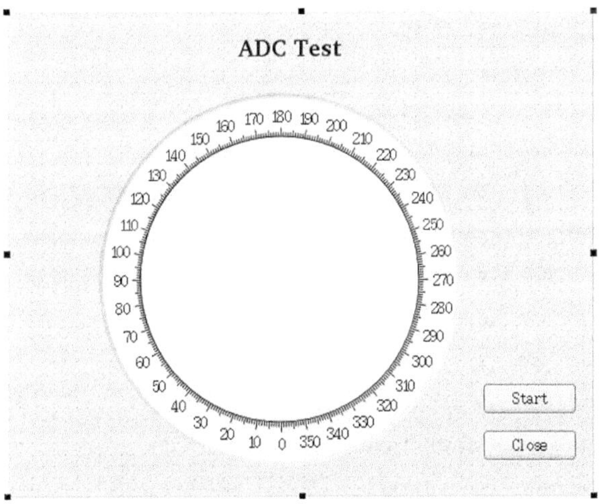

图 13-21　ADC 示例界面示意图

2. 程序编写

（1）添加 Start 按钮和 Close 按钮的响应槽函数，添加方法如图 13-22 所示。

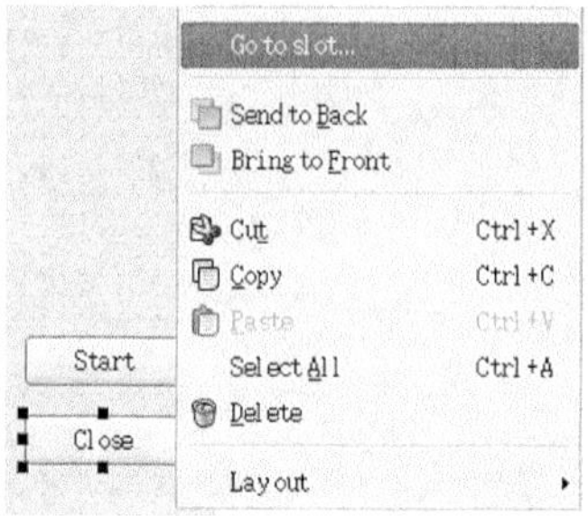

图 13-22　添加响应槽函数示意图

（2）在 dialog.h 头文件中添加定时器 timer 和槽函数 convert()，代码如下。

```
#ifndef DIALOG_H
#define DIALOG_H
#include <QDialog>
#include <qstring.h>
#include <qwt_dial.h>
#include <qpainter.h>
#include <qwt_dial_needle.h>
#include <QTimer>
extern "C"
{
#include <stdio.h>
#include <unistd.h>
#include <stdlib.h>
#include <sys/types.h>
#include <sys/stat.h>
#include <sys/ioctl.h>
#include <fcntl.h>
#include <linux/fs.h>
#include <errno.h>
#include <string.h>
}
namespace Ui {
    class Dialog;
}
```

```
class Dialog : public QDialog
{
    Q_OBJECT
public:
    explicit Dialog(QWidget *parent = 0);
    ~Dialog();
    void setLabel(const QString &);
    QString label() const;
    QTimer *timer;
private slots:
     void on_btn_close_clicked();
     void on_btn_start_clicked();
     void convert();
private:
    Ui::Dialog *ui;
    QString d_label;
    int fd;
};
#endif // DIALOG_H
```

（3）在 dialog.cpp 文件中设置 QwtDial 控件的属性，实现 convert()函数，convert()函数在定时时间到达时读取 ADC 的数值，赋值给 QwtDial 控件，代码如下。

```
#include "dialog.h"
#include "ui_dialog.h"
Dialog::Dialog(QWidget *parent) :
    QDialog(parent),
    ui(new Ui::Dialog)
{
    ui->setupUi(this);
    setAutoFillBackground(true);
    ui->myDial->setOrigin(135.0);
    ui->myDial->setScaleArc(0.0,270.0);
    ui->myDial->scaleDraw()->setSpacing(8);
    QwtDialSimpleNeedle *needle = new QwtDialSimpleNeedle(
```

```
            QwtDialSimpleNeedle::Arrow, true, Qt::red,
            QColor(Qt::gray).light(130));
    ui->myDial->setNeedle(needle);
    ui->myDial->setScaleComponents(
        QwtAbstractScaleDraw::Ticks | QwtAbstractScaleDraw::Labels);
    ui->myDial->setScaleTicks(0, 10, 20);
    ui->myDial->setRange(0,3.3);
    timer=new QTimer;
    connect(timer,SIGNAL(timeout()),this,SLOT(convert()));
}
Dialog::~Dialog()
{
    delete ui;
}
void Dialog::convert()
{
    unsigned int i;
    read(fd, &i, sizeof(unsigned int));
    printf("adc = %d\n",i);
    ui->myDial->setValue((i*3.3)/4096);
}
void Dialog::on_btn_start_clicked()
{
    fd = ::open("/dev/adc", O_RDONLY);
    if (fd < 0) {
            perror("open ADC device:");
            return;
    }
    ::ioctl(fd,'S',0);
    timer->start(500);
}
void Dialog::on_btn_close_clicked()
{
    ::close(fd);
}
```

（4）在 Qt Creator 中设置编译器环境为 ARM 环境，编译结束，下载至目标板后执行结果如图 13-23 所示。

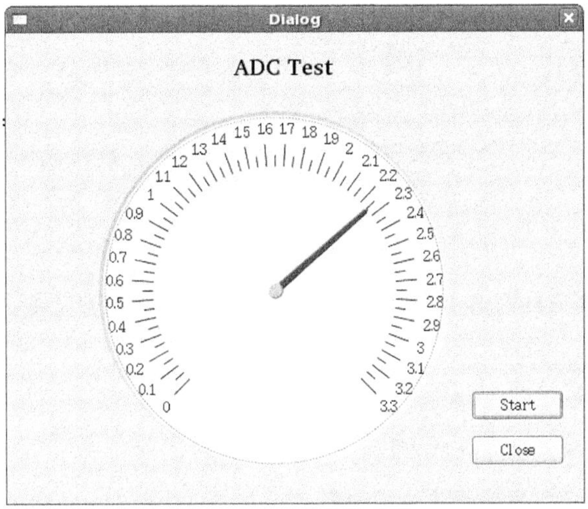

图 13-23 模拟量采集示例执行结果示意图

第 14 章 综合实例

本节要求：

熟悉嵌入式产品设计思路，能够根据项目需求合理选择硬件设备，开发相应驱动程序，并根据用户需求编写相应软件。

本节目标：

- 进一步熟悉硬件平台设计方法；
- 进一步熟悉设备驱动程序编写过程；
- 熟练掌握 QT4 应用程序编写方法。

14.1 智能家居系统

1. 开发背景

随着全球信息化时代的不断升温，人们的生活方式、工作习惯也开始悄然飞跃，对千百年来赖以生存的住宅，也提出了智能化与人性化的要求。智能家居系统是以住宅为平台，利用综合布线技术、网络通信技术、安全防范技术、自动控制技术、音视频技术，将家居生活有关的设施集成，构建高效的住宅设施与家庭日程事务的管理系统，目的在于提升家居安全性、便利性、舒适性、艺术性，同时实现环保节能。

本节所介绍的智能家居系统是集信息技术、网络技术、传感技术、无线电技术、现代控制技术等多种技术的综合应用，硬件以 S5PV210 微处理器为核心系统，软件开发平台为嵌入式 Linux 系统，利用无线网络平台，将家电控制、家庭环境监测、家庭安全防范集为一体。

2. 系统构成

该系统由灯光控制、窗帘控制、空调控制模块，气体检测、温湿度监测模块，Wi-Fi 通信、GPRS 通信及视频监控模块构成，系统总体框图如图 14-1 所示。各个模块的功能如表 14-1 所示。

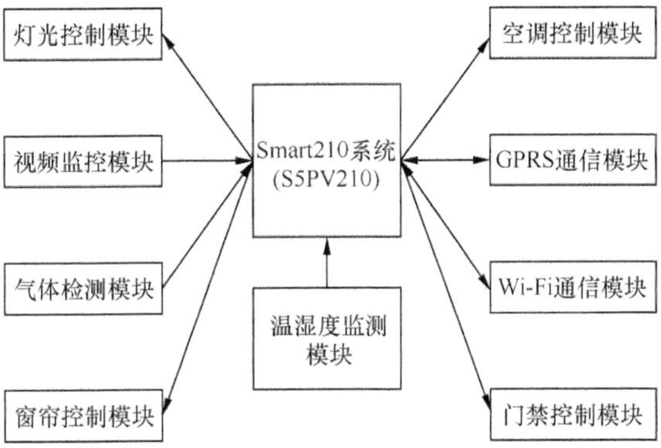

图 14-1 智能家居系统总体框图

表 14-1 智能家居系统各模块功能

类 别	功 能 描 述
空调控制模块	1. 控制空调开关 2. 设置空调在某温度阈值下自动开关
灯光控制模块	读取当前灯光状态，手动控制灯光开关
窗帘控制模块	1. 读取当前窗帘状态，手动控制窗帘开关 2. 设置窗帘在某光强阈值下自动开关
气体监测模块	超过烟雾浓渡阈值时启动报警
门禁控制模块	控制门禁系统继电器开关
GPRS 通信模块	1. 允许设定接收信息的手机号 2. 当有报警信息的时候，系统会自动将警报信息发送到指定的手机号码
Wi-Fi 通信模块	支持用户通过网页看到视频监控图像
视频监控模块	用于浏览摄像头捕捉到的运动图片
温湿度监测模块	监测环境温度与湿度

以上 9 个模块中，分别包含硬件电路设计、设备驱动程序编写及 Qt4 下应用程序编写三部分，接下来我们对其进行介绍。

14.2 硬件系统设计

1. 灯光与门禁控制模块

灯光与门禁控制模块硬件电路为带光耦隔离的继电器电路，如图 14-2 所示，电路中 U3 为 TLP521 光电耦合器。当 U3 的 2 脚为低电平时，光耦内部左侧发光二极管发光，导致 U3 的内部右侧光电三极管导通，U3 的 4、3 脚导通后，Q1 截止，进而继电器断开。反之，当 U3 的 2 脚为高电平时，继电器吸合。这样，通过控制 U3 的 2 脚高低电平进而来控制继电器的闭合与断开，从而来控制灯光与门禁的开关。

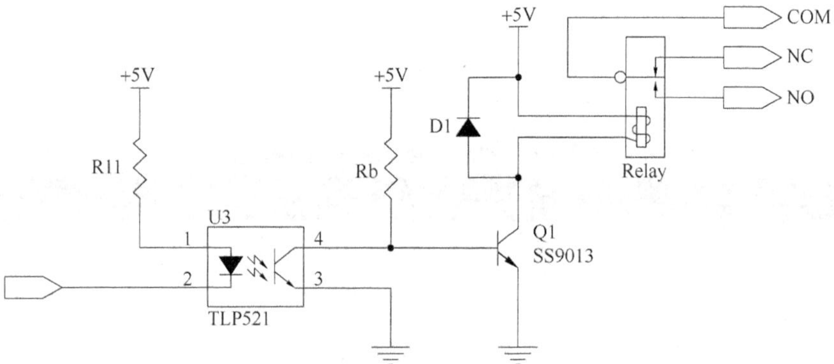

图 14-2 灯光与门禁控制电路原理图

2. 温湿度监测模块

（1）DHT11 电路设计

温湿度监测模块采用的是 DHT11 传感器模块，DHT11 数字温湿度传感器是一款含有已校准数字信号输出的温湿度复合传感器。传感器内部包括一个电阻式感湿元件和一个 NTC 测温元件，单总线串行接口，模块为 4 针单排引脚，各个引脚的功能如表 14-2 所示。DHT11 电路如图 14-3 所示。DHT11 在使用过程中，当连接线长度小于 20 米时使用 5K 上拉电阻，大于 20 米时根据实际情况进行选择。电源引脚（VDD，GND）之间增加一个 100nF 的电容，用以滤波。

表 14-2 DHT11 各引脚功能

引脚编号	名　称	功　能
1	VDD	电源（3.3V～5V）
2	DATA	串行总线接口
3	NC	-
4	GND	地

（2）DHT11 单总线通信数据格式

DHT11 采用单总线数据格式进行通信，一次通讯时间 4ms 左右，数据分小数部分和整数部分，一次完整的数据传输为 40 位（bit），高位在前，低位在后。

数据格式：

湿度整数数据（8bit）+湿度小数数据（8bit）+温度整数数据（8bit）+温度小数数据（8bit）+校验和（8bit）

校验和为 32 位温度与湿度数据相加所得结果的末 8 位，DHT11 内部输出的数据小数部分现读数为零，是为了以后扩展需要特意预留。

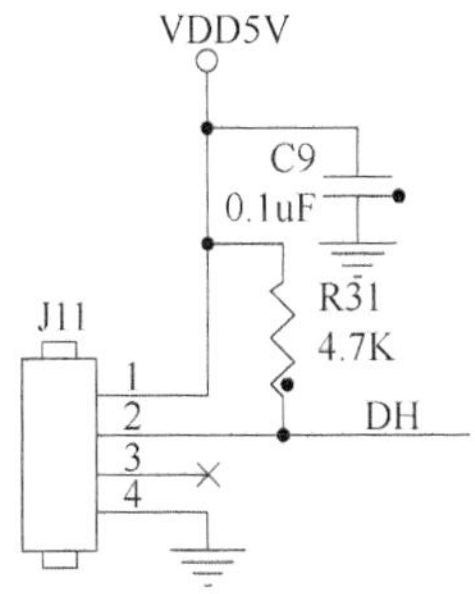

图 14-3 温湿度监测电路原理图

通常情况下，DHT11 工作于低功耗模式。当微处理器（如 S5PV210）发送一次开始信号后，DHT11 从低功耗模式转换到高速模式，等待主机开始信号结束后，DHT11 发送响应信号并送出 40 位的数据，用户可根据选择读取湿度或者温度部分数据。

（3）DHT11 单总线通信时序

如图 14-4 所示，DHT11 总线空闲状态为高电平，需要读取温湿度数据时，主机（S5PV210）把总线拉低等待 DHT11 响应，总线拉低时间必须大于 18 毫秒，保证 DHT11 能检测到起始信号。DHT11 接收到主机的开始信号后，等待主机开始信号结束，然后发送 80us 低电平响应信号。主机发送开始信号结束后，延时等待 20～40us 后，读取 DHT11 的响应信号。读取到总线为低电平时说明 DHT11 发送了响应信号，DHT11 发送响应信号后，把总线拉高 80us，准备发送数据。

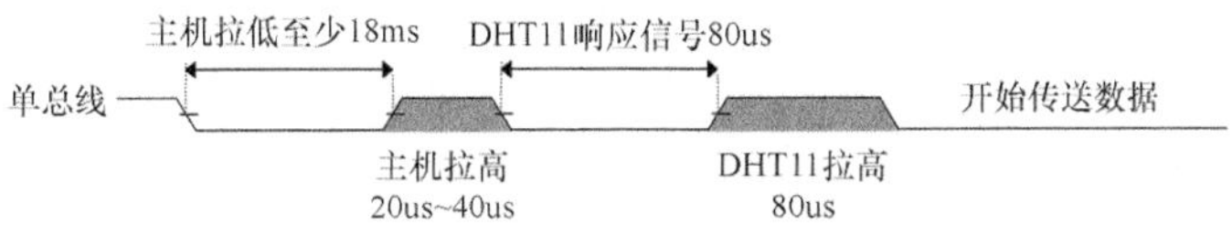

图 14-4 DHT11 通讯时序图

DHT11 传输数据过程中，每一 bit 数据都以 50us 低电平开始，高电平的长短定了数据位是 0 还是 1，具体时序如图 14-5 和图 14-6 所示。当最后一 bit 数据传送完毕后，DHT11 拉低总线 50us，随后总线由上拉电阻拉高进入空闲状态。

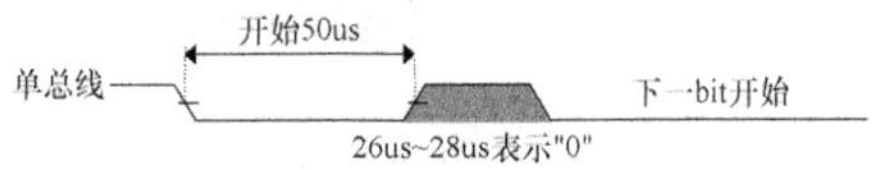

图 14-5 数字 0 信号表示方法

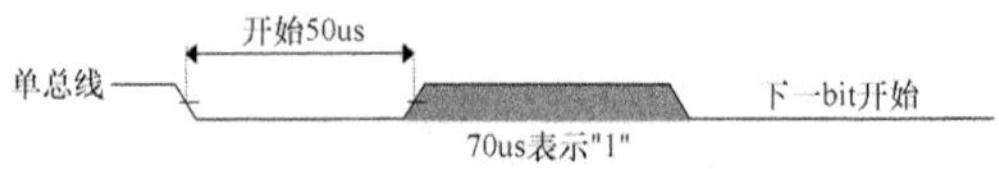

图 14-6 数字 1 信号表示方法

3．窗帘控制模块

窗帘控制模块分为手动和自动控制两种方式。自动方式是通过光敏电阻测量当前环境光强，根据光强值控制 ULN2003 达林顿管，进而驱动步进电机关闭或者打开窗帘；手动方式则是直接打开或者关闭窗帘，不检测当前环境光强。下面我们对光敏电阻及 ULN2003 达林顿管的工作原理进行介绍。

（1）光敏电阻

光敏电阻概念

光敏电阻又叫光感电阻，是利用半导体的光电效应制成的一种电阻值随入射光的强弱而改变的电阻器；入射光强，电阻减小，入射光弱，电阻增大。光敏电阻一般用于光的测量、控制和光电转换等。

光敏电阻分类

根据光敏电阻的光谱特性，它可分为以下三种。

紫外光敏电阻：对紫外线灵敏，用于紫外线探测仪器等。

红外光敏电阻：对红外光灵敏，常用于非接触测量、人体病变探测、红外通信等。

可见光敏电阻：对可见光灵敏，主要用于各种光电控制系统，如光电开关，航标灯、路灯和其他照明系统等，窗帘控制模块使用的是可见光光敏电阻。

光敏电阻使用

光敏电阻有两个很重要的参数，分别是亮电阻和暗电阻。亮电阻指的是光敏电阻接收光照射时的电阻值；暗电阻指的是光敏电阻无光照射（黑暗环境）时的电阻值。当有电流通过光敏电阻时，光照的变化引起阻值变化，进而影响其电压的变化，窗帘控制模块的光强监测正是利用了电压变化来间接地测量光强，其电路如图 14-7 所示。D10 为光敏电阻，AIN1 引脚为 S5PV210 的模数转换器第 1 通道，S5PV210 通过测量 D10 上面电压的降落进而得到当前环境的光强值。

（2）ULN2003 简介

ULN2003 是高电压、大电流的达林顿管阵列，内部由 7 个达林顿管组成，每一个单路驱动单元还集成了一个消除线圈反电动势的二极管。ULN2003 内部构成如图 14-8 所示，单路驱动单元图 14-9 所示。在图 14-8 中，引脚 1～7 为输入端，10～16 为输出端；8 脚接地，9 脚空置即可。从图 14-9 可以看出，ULN2003 可以看成一个反相器，当输入引脚为高电平时，输出端为低电平；当输入为低电平时，输出端则呈现高阻态。在实际使用中，我们通常将被驱动设备（比如电机）的一端连接到 ULN2003 的输出端，另一端接驱动电源，利用 ULN2003 低电平输出来驱动设备。

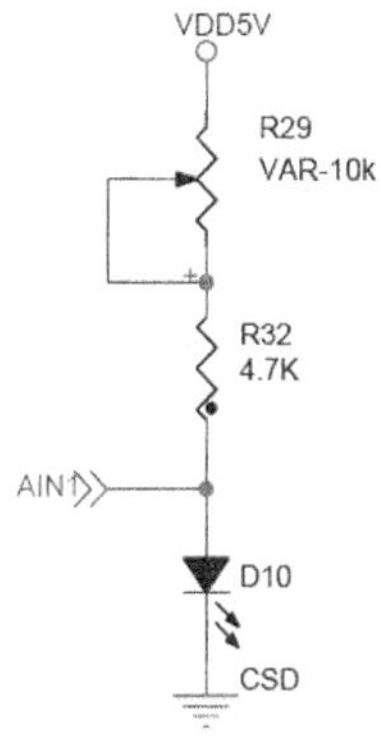

图 14-7 光敏电阻电路原理图

ULN2003 的 9 号引脚是内部 7 个续流二极管负极的公共端，各二极管的正极分别接达林顿管的集电极。当 ULN2003 用于感性负载（比如直流电机）时，该脚接负载电源正极，实现续流作用；其他情况下将该引脚接地，实际上就是达林顿管的集电极接地。

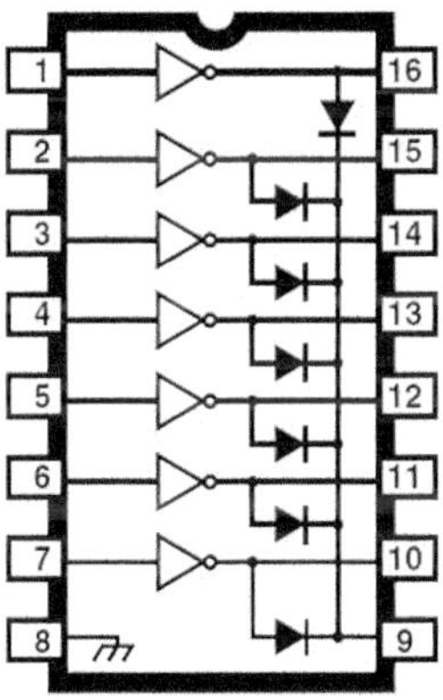

图 14-8 ULN2003 内部构成示意图

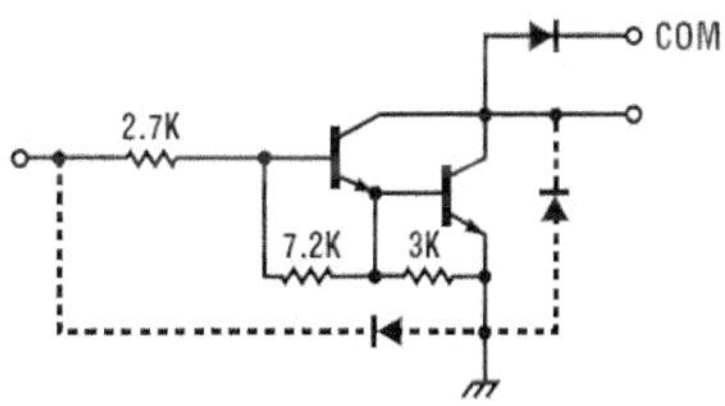

图 14-9 ULN2003 单路驱动单元原理图

在窗帘控制模块中，使用 ULN2003 驱动两相四线制步进电机，只用到了 ULN2003 的四路驱动单元，驱动电路如图 14-10 所示。

4．气体监测模块

气体监测模块使用的是 MQ-2 烟雾传感器，它是一种可燃气体探测器，使用二氧化锡半导体气敏材料制成，能够将空气中的氧离子密度转化为电信号，进而来测得当前环境气体浓度。MQ-2 烟雾传感器可用于家庭和工厂的气体泄露监测装置。

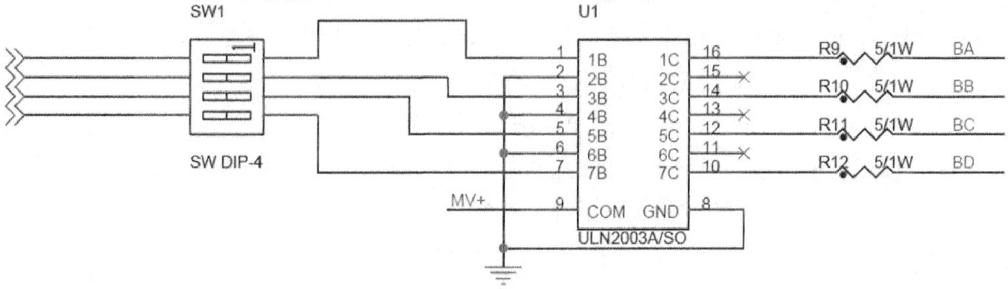

图 14-10　步进电机控制窗帘电路原理图

MQ-2 烟雾传感器有如下特性。

- 对天然气、液化石油气等有很高的灵敏度，对烷类烟雾更为敏感，具有更好的抗干扰性。
- 具有良好的重复性和长期的稳定性，初始稳定，响应时间短，长时间工作性能好。
- 检测可燃气体与烟雾的范围是 100～10000ppm（1ppm=1 立方厘米/立方米）。
- 工作电压范围宽，24V 以下均可。

MQ-2 烟雾传感器的 1、3 脚为回路电压引脚，接电源电压；4、6 引脚为电压信号输出引脚，当气体浓度增大时，其输出电压会增大。MQ-2 烟雾传感器初次使用时，需要调节图 14-11 中的 R41 电阻，将危险气体置于传感器前一定距离处（例如 10cm），观测输出信号变化；将 MQ-2 的电压输出调节至 0.3V～1V 之间。

在图 14-11 中，气体检测模块具有两种信号输出方式，AOUT 为 MQ-2 烟雾传感器直接模拟信号输出引脚，可以通过 S5PV210 的 AIN0 通道来读取信号值；AOUT 同时也是 LM393 比较器输入端，当通过 R39 设置好阈值后，如果 AOUT 输出电压大于 R39 输入至 LM393 的 3 号引脚电压值，则 LM393 的 1 号引脚输出低电平，触发 S5PV210 的 EINT3 中断，与此同时，起指示作用的 D12 发光二极管点亮。

5. 空调控制模块

空调控制模块采用的是二级三极管组成达林顿方式驱动直流电机。

工作原理如下。

如图 14-12 所示，控制信号由 Q3 基极输入，当 Q3 基极为高电平、Q4 基极为低电平时，Q3 集电极与发射极导通，进而 Q1 导通，Q6 导通，VDD 电源输出电流经过 Q1 流经至 J1，经过 Q6 至地，电机正向转动。

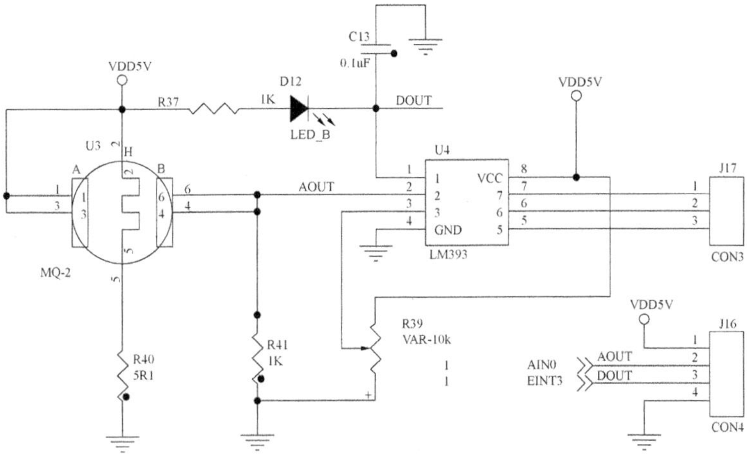

图 14-11 MQ-2 气体监测电路原理图

当 Q3 基极为低电平、Q4 基极为高电平时，Q4 集电极与发射极导通，进而 Q2 导通，Q5 导通，VDD 电源输出电流经过 Q2 流经至 J1，经过 Q5 至地，电机反向转动。

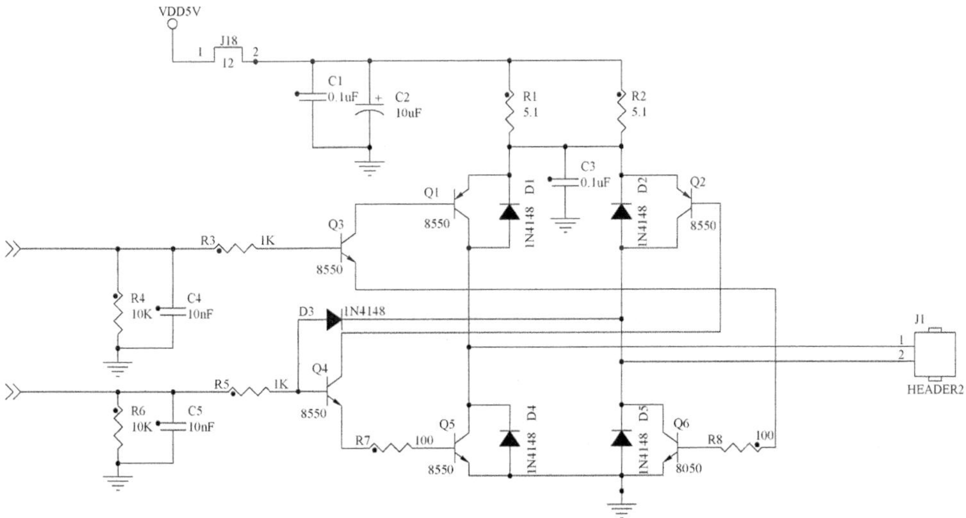

图 14-12 直流电机控制空调电路原理图

6．GPRS 通信模块

GPRS 模块采用的是正点原子公司的 ATK-SIM900A 板卡，板卡实物如图 14-13 所示。

ATK-SIM900A 板卡搭载 SIMCOM（希姆通）公司 SIM900A 模块。SIM900A 模块是 SIMCOM 公司专门为中国大陆设计的双频 GSM/GPRS 模块，工作频段为 900/1800Mhz，可以低功耗实现语音、短信、数据和传真信息的传输。SIM900A 模块支持 RS232 串口并带硬件流控制，可以与 Smart210 开发板的串口直接相连。

图 14-13　ATK-SIM900A 模块实物图

使用 GPRS 模块主要是编写 Linux 下应用程序，通过 Smart210 开发板串口向 SIM900A 模块发送 AT 指令，下面我们对 AT 指令集进行简要介绍。

AT 指令集是从终端设备（Terminal Equipment，TE）或数据终端设备（DataTerminal Equipment，DTE）向终端适配器（Terminal Adapter，TA）或数据电路终端设备（DataCircuit Terminal Equipment，DCE）发送命令的集合。终端设备通过发送 AT 指令来控制移动基站，进而与 GSM 网络业务进行交互。用户可以通过 AT 指令进行电话呼叫、短信收发、数据传输等方面的工作。

我们首先介绍几个常用的 AT 系统测试指令。

（1）AT+CPIN

该指令用于查询 SIM 卡的状态，主要是 PIN 码，如果该指令返回：+CPIN:READY，则表明 SIM 卡状态正常；返回其他值，则是没有 SIM 卡。

（2）AT+CSQ

该指令用于查询信号质量，返回 SIM900A 模块的接收信号强度，如返回：+CSQ:24,0，表示信号强度是 24（最大有效值是 31）；如果信号强度过低，则要检查天线是否接好。

（3）AT+COPS

该指令用于查询当前运营商，它只有在连上网络后才返回运营商名称，否则返回空，如返回：+COPS:0,0, "CHINA MOBILE"，表示当前选择的运营商是中国移动。

（4）AT+CGMI

该指令用于查询模块制造商，如返回：SIMCOM_Ltd，说明模块是 SIMCOM 公司生产。

（5）AT+CGMM

该指令用于查询模块型号，如返回：SIMCOM_SIM900A，说明模块型号是 SIM900A。

（6）AT+CGSN

该指令用于查询产品序列号（即 IMEI 号），每个模块的 IMEI 号都是不一样的，具有全球唯一性，如返回：869988012018905，说明模块的产品序列号是：869988012018905。

（7）AT+CNUM

该指令用于查询本机号码，必须在 SIM 卡在位的时候才可查询，如返回：+CNUM: "","14902020353",129,7,4，则表明本机号码为：14902020353。另外，不是所有的 SIM 卡都支持这个指令，有个别 SIM 卡无法通过该指令得到其号码。

（8）ATE

该指令用于设置回显模式（默认开启），即模块将收到的 AT 指令完整地返回给发送端，启用该功能，有利于调试模块。如果不需要开启回显模式，发送 ATE0 指令即可关闭，这样收到的指令将不再返回给发送端，方便程序控制。

以上就是几个常用的 AT 测试指令，当发送给 SIM900A 模块的指令时，如果模块执行成功，则会返回对应信息和“OK”，如果执行失败或指令无效，则会返回“ERROR”。

在智能家居系统中，利用 GPRS 模块可实现报警功能，即当有非法人员进入房间时，向家庭主人发送短信息，因此我们还需了解关于短信息发送的若干 AT 指令，短信的读取与发送将用到的指令有 7 条，下面我们对其进行简要介绍。

（1）AT+CNMI

该指令用于设置新消息指示。发送：AT+CNMI=2,1，设置新消息提示，当收到新消息且 SIM 卡未满的时候，SIM900A 模块会通过串口输出数据，如：+CMTI: "SM",2，表示接收到新消息，存储在 SIM 卡的位置 2。

（2）AT+CMGF

该指令用于设置短消息模式，SIM900A 支持 PDU 模式和文本（TEXT）模式等两种模式，发送 AT+CMGF=1，即可设置为文本模式。

（3）AT+CSCS

该指令用于设置 TE 字符集，默认为 GSM7 位缺省字符集，在发送纯英文短信的时候，发送：AT+CSCS="GSM"，设置为缺省字符集即可。在发送中英文短信的时候，需要发送：AT+CSCS="UCS2"，设置为 16 位通用 8 字节倍数编码字符集。

（4）AT+CSMP

该指令用于设置短消息文本模式参数，在使用 UCS2 方式发送中文短信的时候，需要发送 AT+CSMP=17,167,2,25，设置文本模式参数。

（5）AT+CMGR

该指令用于读取短信，比如发送：AT+CMGR=1，则可以读取 SIM 卡存储在位置 1 的短信。

（6）AT+CMGS

该指令用于发送短信，在“GSM”字符集下，最大可以发送 180 个字节的英文字符，在“UCS2“字符集下，最大可以发送 70 个汉字。

（7）AT+CPMS

该指令用于查询/设置优选消息存储器，通过发送 AT+CPMS，我们可以查询当前 SIM 卡最大支持多少条短信存储以及存储了多少。

以上就是短信读取与发送需要用到的一些 AT 指令，为方便实现中英文短信的读取与发送，通常使用 SIM900A 时，设置其为采用文本模式和 UCS2 编码字符集工作方式。

本节仅介绍了 SIM900A 模块支持的基本 AT 命令，关于其编程使用方法在 14.4 节进行详细介绍。

7．Wi-Fi 通信模块

Wi-Fi 通信模块采用的是内置 RT3070 芯片的无线网卡，兼容 IEEE 802.11b/g/n 三种标准，传输的速率可达 140Mbps，具有 USB2.0 接口，可以很方便地与嵌入式设备相连接。Smart210 开发板具有一个 USB Host 接口，可以直接将 Wi-Fi 通信模块插入连接。

8．视频监控模块

视频监控模块采用的是 OmniVision 公司的 CMOS 图像传感器 OV9650，它是一款彩色图像传感器芯片，内部集成了一系列功能部件，用户通过其 SCCB 总线控制传输方式、数据格式和图像尺寸等参数。

OV9650 内部结构如图 14-14 所示，下面对其中各部分功能进行简单介绍。

（1）图像阵列

OV9650 支持的最大像素容量为 1300 × 1028，每一个像素位置上都设置有颜色滤镜，使一个感光位置只负责感应一种原色。感光位置采用贝尔模板分布，因为人眼对绿色最为敏感，所以 RGB 采样格式为 1:2:1。在 YUV 模式下，只有 1280 × 1028 的阵列为有效像素。

（2）视频时序发生器

它输出像素时钟信号和场、行同步信号，接收的输入时钟为 24MHz。

（3）模拟信号处理

它能对感光阵列取得的原始彩色图像信号进行白平衡调整、自动增益控制等图像处理。

（4）SCCB 总线接口

与 I2C 协议相似，两者通信兼容，主要是配置图像传感器中特殊功能寄存器参数，控制 CMOS 传感器的运行。

（5）数字图像处理

由于颜色滤镜的作用，生成的原始图像中每个像素点只包含红绿蓝中的一种颜色信息，要还原每个像素点的全部颜色信息，需通过 DSP 插值计算；同时数字图像处理单元对图像质量进行控制，例如色彩饱和度和色相控制、原始信号到 RGB 或者 YUV/YCbCr 格式颜色空间的转换等。

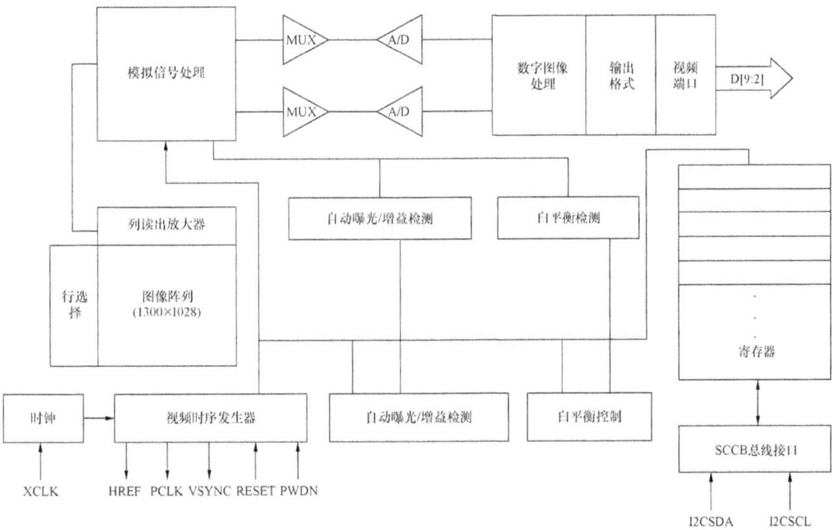

图 14-14 OV9650 内部结构

S5PV210 与 OV9650 硬件连接方法如图 14-15 所示，OV9650 的 PWDN 引脚与 S5PV210 的 CAM_A_FIELD 引脚相连，通过此引脚控制 OV9650 的工作状态。当无需采集图像时，将 CAM_A_FIELD 输出高电平，OV9650 芯片处于掉电模式，节省能耗，PWDN 引脚在 OV9650 正常工作时应始终为低电平。OV9650 的图像数据输出引脚 D[9:2]用于输出

8BitYUV 或者 RGB565/RGB555 格式数据。D[9:0]用于 10BitRGB 格式数据。本系统中使用 8Bit 模式，因此用到数据线的 D2～D9，它们与 S5PV210 的 CAMDATA0～CAMDATA7 相连，S5PV210 的 0 号通道 I2C 总线接口连接 OV9650 的 SCCB 总线接口。S5PV210 的摄像头接口还包括一个主时钟输出信号和 3 个来自摄像头的输入同步时钟信号（HREF 为行同步信号，PCLK 为像素同步信号，VSYNC 为场同步信号），将两者直接相连即可。

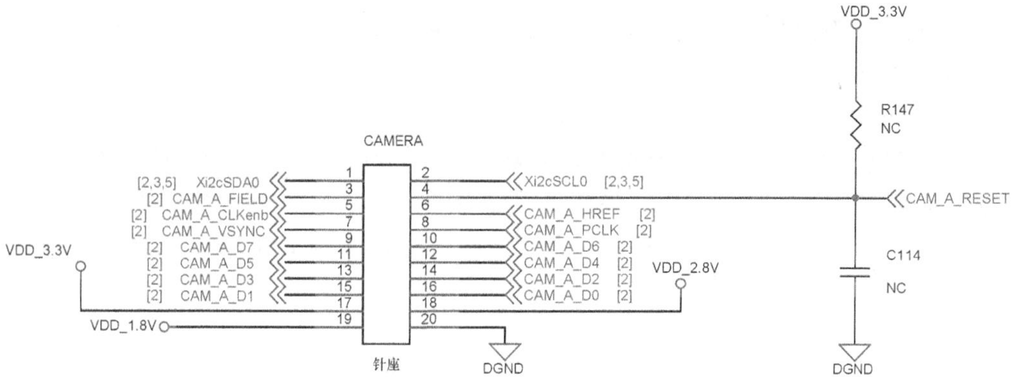

图 14-15　OV9650 与 S5PV210 硬件连接示意图

14.3　设备驱动程序

灯光与门禁控制模块、窗帘控制模块、空调控制模块四部分的设备驱动程序只是简单的 I/O 端口控制，与 11.7 节设备端口的访问内容基本相同，窗帘控制模块中光强检测部分，用到 ADC 模数转换器驱动，在 2.6.35 版本内核中已经提供，因此上述内容在本节不作过多介绍，本节主要介绍 DHT11 温湿度检测设备驱动程序的实现过程以及 RT3070 无线网卡驱动移植过程。

1．DHT11 驱动程序

由 14.2 节的 DHT11 数据格式分析可知，DHT11 返回的数据分为 5 字节，前 4 字节为湿度数据和温度数据，最后 1 字节为校验信息，按照通信时序完成的驱动代码如下。

```
void humidity_read_data(void)
{
```

```
unsigned int flag = 0;
unsigned int u32i = 0;
receive_value = 0;
receive_jy = 0;
data_out(0);
mdelay(20);
data_out(1);
udelay(40);
/*首先完成主机与 DHT11 握手，即主机发出信号，DHT11 响应*/
if (data_in() == 0)
{
  flag = 0;
  while (data_in() == 0)//响应 80us 的低电平
  {
    udelay(10);
    flag++;
  if (flag > 10)
    return;//超过 100us，器件还是没有响应，认为其出现问题，退出
  }
  flag  = 0;
  while (data_in() == 1) //响应 80us 的高电平
  {
    udelay(10);
    flag++;
    if (flag > 10)
    return;//超过 100us，器件还是没有响应，认为其出现问题，退出
  }
  flag  = 0;
  /*接下来读取温湿度信号,4 字节，32 位数据,存储在 u32i 变量中，右移 32 位，正好 32 次*/
  for (u32i=0x80000000; u32i>0; u32i>>=1)
  {
    flag = 0;
    while (data_in() == 0) //响应 50us 的低电平 ,开始接收数据
    {
      udelay(10);
```

```
        flag++;
        if (flag > 10)
        break;
      }
      flag = 0;
      while ( data_in() == 1) //响应高电平， 持续高电平时间最多不超过 70us
      {
        udelay(10);
        flag++;
        if (flag > 10)
      break;
    }
    if (flag > 5) //低电平持续时间为 26us-28us 为数据 0 高电平持续时间为 70us 为数据 1
    {
      receive_value |= u32 i;
    }
    }
    /*最后读取校验信息，为 1 字节,u32i 变量赋值为 0x80，右移 8 位，正好读取 8 次*/
    for (u32i=0x80; u32i>0; u32i>>=1)
    {
      flag = 0;
      while (data_in() == 0) //响应 50us 的低电平 ,开始接收数据
      {
        udelay(10);
        flag++;
        if (flag > 10)
        break;
      }
      flag = 0;
      while ( data_in() == 1) //响应高电平， 持续高电平时间最多不超过 70us
      {
        udelay(10);
        flag++;
        if (flag > 10)
        break;
```

```
    }
    if (flag > 5) //低电平持续时间为 26us-28us 为数据 0 高电平持续时间为 70us 为数据 1
    {
      receive_jy |= u32i;
    }
}}}
```

2. 移植 RT3070 无线网卡驱动

首先去除 Linux 内核中的 ralink 选项。

```
#make menuconfig
  Device Drivers→
    Network device support→
      Wierless LAN→
        <>Ralink driver support
```

然后修改配置无线网卡驱动源码，步骤如下。

（1）解压 2010_0203_RT3070_SoftAP_v2.4.0.1_DPA.bz2 压缩包，进入解压后的目录。

```
#tar jxvf 2010_0203_RT3070_SoftAP_v2.4.0.1_DPA.bz2
#cd 2010_0203_RT3070_SoftAP_v2.4.0.1_DPA
```

（2）修改 Makefile 文件,修改为 IXP 平台、指定内核源码路径和编译链。2010_0203_RT3070_SoftAP_v2.4.0.1_DPA.bz2 驱动中有三个文件夹，分别为 MODULE、NETIF、UTIL，在这三个文件中均有 Makefile，所有的 Makefile 都需要作如下修改（“-”表示删除的行，“+”表示添加的行）。

```
RT28xx_MODE = AP
TARGET = LINUX
CHIPSET = 3070
-PLATFORM = PC
+PLATFORM = IXP
………

ifeq ($(PLATFORM),IXP)
-Linux_SRC = /project………..
```

```
-CROSS_COMPILE = arm-linux-
+LINUX_SRC = /home/linux-2.6.35.7-gec        //内核源码绝对路径
+CROSS_COMPILE = arm-linux-
endif
```

（3）修改 config.mk 文件。把大端模式去掉，改为小端模式，分别修改以下文件：源码顶层目录 config.mk、MODULE/os/linux/config.mk、NETIF/os/linux/config.mk、UTIL/os/linux/config.mk。

```
ifeq ($(PLATFORM),IXP)
WFLAGS += -DRT_BIG_ENDIAN
+#WFLAGS += -DRT_BIG_ENDIAN
endif
………
ifeq ($(PLATFORM),IXP)
  CFLAGS := -v -D__KERNEL__ -DMODULE -I$(LINUX_SRC)/include -I$(RT28xx_DIR)/include
-Wall -Wstrict-prototypes -Wno-trigraphs -O2 -fno-strict-aliasing -fno-common -Uarm
-fno-common -pipe -mapcs-32 -D__LINUX_ARM_ARCH__=5 -mcpu=xscale -mtune=xscale -malignment-
traps -msoft-float $(WFLAGS)
#也就是把句末的“-mbig-endian”删除
EXTRA_CFLAGS := -v $(WFLAGS) -I$(RT28xx_DIR)/include
export CFLAGS
endif
```

（4）修改 UTIL/os/linux/rt_usb_util.c。

因为 Linux 2.6.35.7 内核没有“usb_buffer_alloc”和“usb_buffer_free”这两函数，会提示错误。

```
/home/2010_0203_RT3070_SoftAP_v2.4.0.1_DPA/UTIL/os/linux/../../os/linux/rt_us
b_util.c:126:2: error: implicit declaration of function 'usb_buffer_alloc'
/home/2010_0203_RT3070_SoftAP_v2.4.0.1_DPA/UTIL/os/linux/../../os/linux/rt_us
b_util.c:136:2: error: implicit declaration of function 'usb_buffer_free'
```

更改函数为以下内容。

```
usb_alloc_coherent(dev,size,mem_flags,dma);
usb_free_coherent(dev,size,addr,dma);
```

（5）修改 NETIF/os/linux/usb_main_dev.c。

```
#gedit NETIF/os/linux/usb_main_dev.c
MODULE_AUTHOR("Paul Lin <paul_lin@ralinktech.com>");
MODULE_DESCRIPTION("RT2870 Wireless Lan Linux Driver");
MODULE_LICENSE("GPL");
```

（6）回到 2010_0203_RT3070_SoftAP_v2.4.0.1_DPA 目录下，如果只是用#make 编译的话，系统会提示“Fix it to use EXTRA_CFLAGA”错误。正确进行编译方法如下。

```
# make ARCH=arm KBUILD_NOPEDANTIC=1
```

编译完成之后，产生了如下文件。

```
MODULE/os/linux/rt3070ap.ko
NETIF/os/linux/rtnet3070ap.ko
UTIL/os/linux/rtutil3070ap.ko
```

（7）把以下四个文件复制到根文件系统目录。

```
MODULE/os/linux/rt3070ap.ko
NETIF/os/linux/rtnet3070ap.ko
UTIL/os/linux/rtutil3070ap.ko
MODULE/RT2870AP.dat(此文件为建立 AP 的配置文件，如果需要，可以修改一下)
```

（8）创建/etc/Wireless/RT2870AP/和/lib/modules/相应目录（注意大写）。

```
#mkdir -p /etc/Wireless/RT2870AP/
#mkdir /lib/modules/
```

把 RT2870AP.dat 复制到/etc/Wireless/RT2870AP/，其他的文件复制到/lib/modules/。

```
#cp RT2870AP.dat /etc/Wireless/RT2870AP/
#cp rt3070ap.ko /lib/modules/
#cp rtnet3070ap.ko /lib/modules/
#cp rtutil3070ap.ko /lib/modules/
```

依次插入相应的模块如下。

```
#cd /lib/modules/
#insmod rtutil3070ap.ko
#insmod rt3070ap.ko
#insmod rtnet3070ap.ko
```

终端打印信息如下。

```
rtusb init --->
=== pAd = e0991000, size = 420792 ===
<-- RTMPAllocAdapterBlock, Status=0
usbcore: registered new interface driver rt2870
```

（9）模块都插入成功后，查看网卡。

```
#ifconfig -a
ra0  Link encap:Ethernet  HWaddr 00:00:00:00:00:00
    BROADCAST MULTICAST  MTU:1400  Metric:1
     RX packets:0 errors:0 dropped:0 overruns:0 frame:0
     TX packets:0 errors:0 dropped:0 overruns:0 carrier:0
     collisions:0 txqueuelen:1000
     RX bytes:0  (0.0 B)  TX bytes:0  (0.0 B)
```

（10）启动路由功能并配置 IP（注意不要跟有线网卡冲突了）。

```
#ifconfig ra0 192.168.0.23
1. Phy Mode = 9
2. Phy Mode = 9
NVM is Efuse and its size =2d[2d0-2fc]
3. Phy Mode = 9
MCS Set = ff 00 00 00 01
SYNC - BBP R4 to 20MHz.l
SYNC - BBP R4 to 20MHz.l
SYNC - BBP R4 to 20MHz.l
SYNC - BBP R4 to 20MHz.l
SYNC - BBP R4 to 20MHz.l
SYNC - BBP R4 to 20MHz.l
SYNC - BBP R4 to 20MHz.l
SYNC - BBP R4 to 20MHz.l
Main bssid = 00:e0:4c:d8:11:5c
<==== rt28xx_init, Status=0
0x1300 = 00064320
#iwconfig ra0
```

```
ra0 RTWIFI SoftAP  ESSID:"RT2860AP"  Nickname:""
   Mode:Managed  Channel=11  Access Point: 00:E0:4C:D8:11:5C
   Bit Rate=140 Mb/s
```

至此，一个默认的名为 RT2860AP 的网络就建立起来了，相关参数的修改可在 RT2860AP.dat 文件中完成，只要手机和电脑设置静态 IP（同一网段）就可以连上网络了，我们可以通过以下命令卸载模块。

```
#ifconfig ra0 down
#rmmod rtnet3070ap
#rmmod rt3070ap
#rmmod rtutil3070ap
```

14.4 Qt4 应用程序

本系统的应用程序组成如图 14-16 所示，主要由四大模块组成，分别是主界面模块、控制界面模块、数据中心模块和网页服务模块。数据中心模块负责实时采集各个硬件设备的状态并提供给其他模块使用；网页服务为后台运行，主要来响应来自网页端的需求。

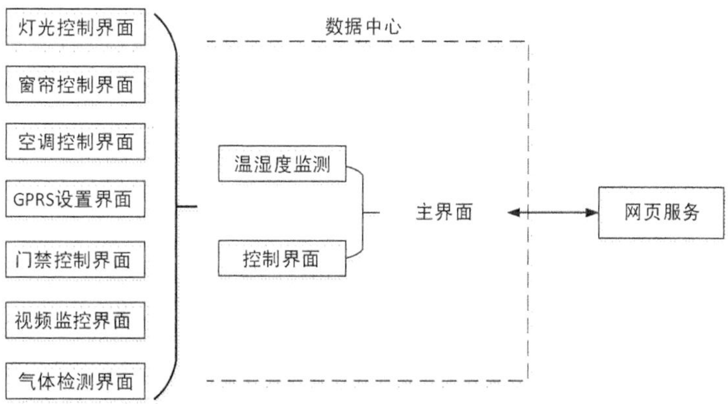

图 14-16　应用程序模块示意图

程序运行后首先进入主界面，如图 14-17 所示，主界面能够实时显示各个硬件模块的状态及温湿度数据，当点击手动控制按钮后，进入控制界面，如图 14-18 所示。控制界面提供了手动控制查看硬件设备的子界面入口，通过点击响应按钮，我们可以进入空调、窗帘、灯光、门窗等控制界面以及用户报警电话设置和摄像头图像查看界面，例如其中 GPRS 报警电话设置界面如图 14-19 所示，窗帘控制界面如图 14-20 所示。关于其他界面读者可以查看本书附带光盘中代码内容。

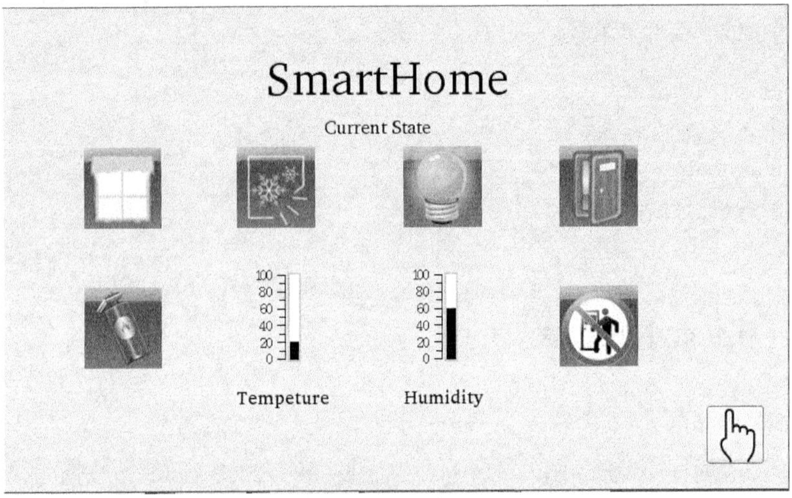

图 14-17　主界面示意图

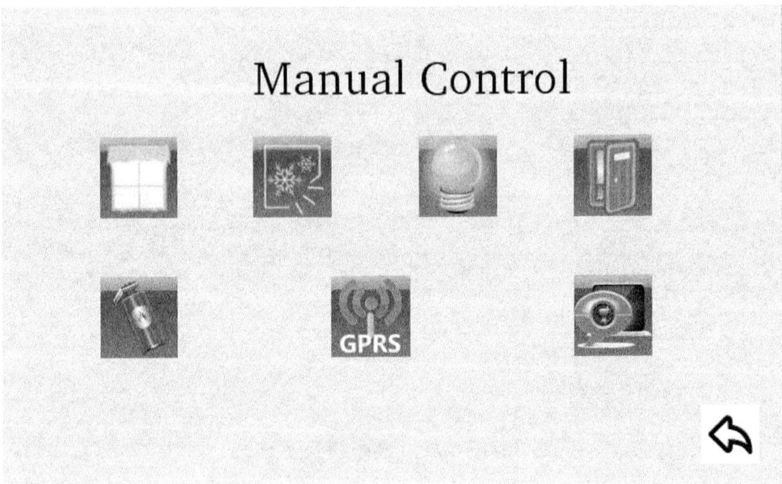

图 14-18　控制界面示意图

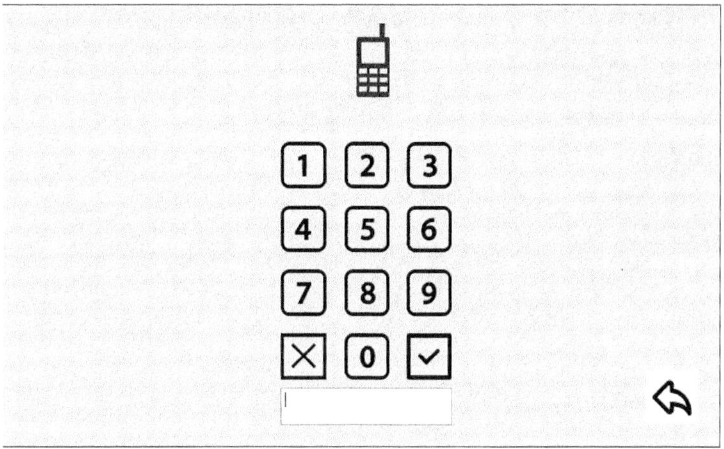

图 14-19 GPRS 设置子界面

图 14-20 窗帘控制子界面

本系统应用程序部分涉及的大多数为开关量的控制及显示，代码大部分较为简单，接下来我们仅对应用系统中涉及的关键技术进行介绍，更为详细的代码请查看本书附带光盘内容。

1．关键技术点一

当系统进入控制界面后，我们点击各个按钮会进入控制各个模块的子界面；当子界面使用完毕后，单击返回按钮会从子界面返回至控制界面。为了实现控制界面与子界面的交替显示，我们以窗帘控制子界面和控制界面为例，介绍其实现代码。

首先我们在控制界面头文件 manualform.h 中声明窗帘控制子界面类并添加表示窗帘控制子界面成员指针 p_Curtain。

```
#ifndef MANUALFORM_H
#define MANUALFORM_H
#include <QWidget>
#include <mainwindow.h>
#include <curtain.h>
……
namespace Ui {
    class manualform;
}
class MainWindow;
class Curtain;
……
class manualform : public QWidget
{
    Q_OBJECT
public:
    explicit manualform(QWidget *parent = 0);
    ~manualform();
    MainWindow *p_MainWindow;
Curtain *p_Curtain;
……
private:
    Ui::manualform *ui;
private slots:
    void on_Btn_Thief_clicked();
    ……
};
#endif // MANUALFORM_H
```

在控制界面跳转到窗帘控制子界面按钮响应函数中，将控制界面指针 this 复制给控制界面指针 p_Curtain 的成员 p_manualform。

```
void manualform::on_Btn_Curtain_clicked()
```

```
{
    this->p_Curtain = new Curtain;
    this->p_Curtain->show();
this->p_Curtain->p_manualform = this;
    this->hide();
}
```

相应的，我们在窗帘控制子界面头文件 cuitain.h 中声明代表控制界面的类 manualform 及指针成员 p_manualform。

```
#ifndef CURTAIN_H
#define CURTAIN_H
#include <QWidget>
#include <manualform.h>
namespace Ui {
    class Curtain;
}
class manualform;
class Curtain : public QWidget
{
    Q_OBJECT

public:
    explicit Curtain(QWidget *parent = 0);
    ~Curtain();
 manualform *p_manualform;
   ……
};
#endif // CURTAIN_H
```

经过以上步骤后，在窗帘控制子界面返回控制界面的按钮响应函数中，由于代表控制界面的 p_manualform 是 cuitain 类的成员，当我们返回控制界面时，只需要执行 show 函数即可，其他子界面的实现方法与此类似。

```
void Curtain::on_Btn_Return_clicked()
{
    this->p_manualform->show();
```

```
    this->hide();
}
```

2. 关键技术点二

在利用 GPRS 模块发送 AT 指令集时，我们需要首先对 S5PV210 的串行通信端口进行初始化，设置其波特率、帧位数、是否奇偶校验等，其中涉及串行口编程等内容，现对其进行介绍。

（1）串口编程头文件

串口编程通常需要一些相关的头文件，这样才能正常使用串口操作函数和数据类型，其涉及内容如下所示。

```
#include <termios.h>//PPSIX 终端控制定义
#include <stdio.h>//标准输入/输出定义
#include <unistd.h>//Linux 标准函数定义
#include <fcntl.h>//文件控制定义
```

（2）串口设备文件

嵌入式 Linux 中串口文件位于/dev 下，串口 1 为/dev/ttySAC1，串口 2 为/dev/ttySAC2，打开串口是通过使用标准的文件打开函数操作，第一个参数为要打开的串口设备名，第二个参数为打开的方式，如果函数返回值小于零，则打开失败。示例代码如下。

```
#define COM1 "/dev/ttySAC1"
fd = open(COM1,O_RDWR);
if(fd<0){
perror(COM1);
exit(-1);
}
```

（3）串口通讯参数设置

正确设置串口的通讯参数才能保证串口正常工作，串口设置包括波特率设置、校验位和停止位设置。串口设置主要是设置 termios 结构体的各成员值，该结构体定义在 termios.h 头文件中。

```
struct termios
{
    unsigned short c_iflag;/*输入模式*/
```

```
    unsigned short c_oflag;/*输出模式*/
    unsigned short c_cflag;/*控制模式*/
    unsigned short c_lflag;/*本地设置*/
    unsigned char c_cc[NCC];/*控制特性*/
}
```

简单地说，输入模式用来控制终端的输入，例如是否允许输入奇偶校验等；输出模式用来控制终端输出方式，例如是否输出回车符等；控制模式用来指定终端硬件控制信息，例如指定波特率、字符帧长度、是否进行奇偶校验等；本地模式则用来控制终端的编辑功能。

（4）串口结构体相关函数

Linux 提供了两个操作串口终端的函数。

```
int tcgetattr(int filedes,struct termios *termptr)
```

该函数用来获得串口终端 filedes 的属性值并将其值保存在 termptr 中。

```
int tcsetattr(int filedes,int opt,const struct termios *termptr)
```

该函数使用 termptr 来设置指定的 filedes 串口终端，第 2 个参数用来指定什么时候新的终端属性才会起作用，可以指定为下列常量中的一个。

TCSANOW 更改立即发生。

TCSANRAIN 发送了所有输出后更改才发生，如果更改输出参数则应使用此选项。

- TCSANFLUSH 发送了所有输出后更改才发生，在更改发生时未读的所有输入数据都被删除。

串口设置示例代码如下。

```
struct termios oldtio,newtio;//oldtio:原设置，newtio:新设置
tcgetattr(fd,&oldtio);
newtio.c_cflag = B114200|CRTSCTS|CS8|CLOCAL|CREAD//波特率 114200，启用硬件流量控制，数据位 8 个，停止位 1 个，本地连接，只能接收字元
newtio.c_iflag = IGNPAR;//忽略奇偶校验位
newtio.c_oflag = 0;//Raw 模式输出
newtio.c_lflag = 0;//非标准型输入，不回应
newtio.c_cc[VMIN] = 1;//在读取到 1 个字元前先停止
newtio.c_cc[VTIME] = 0;//不使用分割字元组的计时器
tcflush(fd,TCLFLUSH);//清除串口缓冲区
tcsetattr(fd,TCSANOW,&newtio);//设置串口新参数
```

3. 关键技术点三

本系统能够实时响应来自网页端的访问控制需求。为了实现上述功能，我们建立了两个 Qt 线程，分别是 server_for_web 线程和 dev_opt_thread 线程，server_for_web 线程实时监测网络端口的状态，当有访问需求到达时，开启 dev_opt_thread 线程，访问结束时，关闭 dev_opt_thread 线程。dev_opt_thread 线程的工作主要是监测系统各个模块的状态并返回给来自网页端的需求，实现代码如下。

```
void dev_opt_thread::run()
{
    if (cmd == "air-condition_on")    //打开空调
    {
        Setmotorflag(true);
        ioctl(motorfd,AIR_ON,0);
    }
    else if (cmd == "air-condition_off")
    {
        Setmotorflag(false);
        ioctl(motorfd,AIR_OFF,0);     //关闭空调
    }

    if (cmd == "Door_on")
    {
        Setdoorflag(true);
        ioctl(doorfd, DOOR_ON, 0);    //打开门禁
    }
    else if (cmd == "Door_off")
    {
        Setdoorflag(false);
        ioctl(doorfd, DOOR_OFF, 0);   //关闭门禁
    }

    if (cmd == "Curtain_on")          //打开窗帘
    {
        SetStepmotor(true);
```

```
        for(int i = 0; i<10; i++)
            ioctl(stepmotorfd,CURTAIN_ON,100);
    }
    else if (cmd == "Curtain_off")    //关闭窗帘
    {
        SetStepmotor(false);
        for(int i = 0; i<10; i++)
            ioctl(stepmotorfd,CURTAIN_OFF,100);
    }
    ……
}
```

4. 关键技术点四

本系统涉及多个传感器模块及控制机构，主界面、控制子界面及网页端需要实时采集各模块状态。为了提高数据可靠性，我们建立了存储系统目前各模块状态的结构体GDATAS，其代码示例如下。

```
struct GDATAS /*表示目前系统状态的结构体*/
{
    int max_temperature;/*最大温度*/
    int auto_temperature;/*自动开关空调温度值*/
    int min_temperature;/*最小温度*/
    int max_humidity;/*最大湿度*/
    int min_humidity;/*最小湿度*/
    int max_light;/*最大光强*/
    int min_light;/*最小光强*/
    int Auto_light;/*自动开关窗帘光强值*/
    int local_temperature;/*本地当前温度*/
    int local_humidity;/*本地当前湿度*/
    int local_light;/*本地当前光强*/
    int local_rfid;/*本地当前射频卡号*/
    char zigbee[1024];/*ZIGBEE 数据存储的空间*/
    char zigbee_len;/*ZIGBEE 数据长度*/
    char phone[12];/*报警电话*/
    char alarm_mode;//no/*报警模式*/
```

```
    bool en_alarm_temperature;/*温度报警使能标志*/
    bool en_alarm_humidity;/*湿度报警使能标志*/
    bool en_alarm_light;/*光强报警使能标志*/
……
};
```

在对系统状态进行访问时，我们使用 QMutex 互斥量，防止并发现象产生，保证数据一致性。示例代码如下。

```
func_lock.lock();
if (doorflag != Getdoorflag())          //门开的状态
{
    doorflag = !doorflag;
    if (doorflag)
        emit change_state(2);
    else                                //门关的状态
        emit change_state(3);
   }
func_lock.unlock();
```

5. 关键技术点五

在主界面下，代表各个模块的图标需要实时地反映设备的运行状态，因此我们在主界面的构造函数中建立了一个 state_check 线程。此线程主要用来监测各个模块的状态，下面是 state_check 线程的 send_Temp_humidity 信号与主界面中的 readTempShow 槽函数连接程序。

```
connect(state_check,SIGNAL(send_Temp_humidity(QString, QString)),this,SLOT(read
TempShow (QString, QString)),Qt::QueuedConnection);
```

需要注意的是，此处信号与槽的连接中，第三个参数为 Qt::QueuedConnection，代表的是消息的传递方式，Qt::QueuedConnection 表示信号既可以在线程内传递消息，也可以跨线程传递消息。可以看出，主界面与 state_check 属于不同线程，故我们选择以上参数。